从黎明到衰落

西方文化生活五百年，1500 年至今（下）

FROM DAWN TO DECADENCE

500 YEARS OF WESTERN CULTURAL LIFE, 1500 TO THE PRESENT

[美] 雅克 · 巴尔赞
著

林华
译

中信出版集团 | 北京

目录

第三部分　从《浮士德》第一部到《走下楼梯的裸女》第二号　549

第四部分　从“大幻想”到“西方文明不能要”　818

第三部分

从《浮士德》第一部到《走下楼梯的裸女》第二号

灵与智的结合

滑铁卢战役惨败之后，拿破仑只能听任英国摆布，法国被盟军占领，波旁王室重登大宝。随着《维也纳条约》的签署，战胜国组成了防御性联盟。当时欧洲面临着双重任务：遏制革命，重建文化。而对这两个重大问题都有人表示反对。遏制革命要通过俄国沙皇或是列强的四方联盟得以实现。但是，总得等爆发了新的起义之后才能动用武力实行镇压。因此，仍需某种力量来起到防范、限制的作用。我们将在本书稍后的章节看到这是一种什么力量以及它是如何发挥作用的。

与此同时，激情之潮汹涌澎湃。1789—1815 年之间提出的希望和思想，包括那 25 年间激励着人们奋斗，遭受压制，被人误用或误解的主张，都需要重新审查和修改以适应新的时代，形成某种秩序。这种反对抽象推理，寻求秩序的努力形成了一种持续不断的运动，历史上称之为浪漫主义。开始时是一组运动，发展到后来变成了一个时代的精神。结果，一些批评家认为浪漫主义这个名称是用不得的，因为它涉及几类互不相干的事实和倾向。首先是犹如璀璨群星的各类艺术家，从诗人、画家和音乐家，到艺术理论家和社会理论家，各种人才大量涌现，为有史以来所罕见；其次是多方面的宗教复兴，相形之下，18 世纪的自然神论和无神论作为应对神秘世界的理论则显得枯燥而浅薄；再次，浪漫主义也包括新提出的，或从早期观点发展而来的政治和经济思想；最后还有浪漫主义的哲学、道德、态度、科学发明以及浪漫主义史学对过去某些历史时期的重新诠释。

这些理由说明了为什么浪漫主义不是普通意义上的运动。它不是某个群体采纳的一个纲领，而是一种意识的状态，展现了每一个时代中都存在的分歧。因此，给浪漫主义下定义的任何企图都注定是徒劳的。批评家会问："这个因素应不应该算进去？"或者："某某人的思想放在什么地位？"一位备受尊重的美国思想史学家发现有18种不同的浪漫主义，这样还不如干脆把这个名字废弃不用算了。当然，这么做是不可能的，因为此名已立，它深深地植根于历史之中，载于亿万本书里，烙印在人们的心间，必将继续被使用下去。像清教徒一样，浪漫主义一词必须保留。我要强调，必须把它看作一种时代精神，而不是一种意识形态。这种精神具有很大的包容性，包括自由派的维克多·雨果、他的反动派同胞约瑟夫·德·迈斯特、激进的黑兹利特及其敌人柯勒律治和骚塞。他们现在和过去都被称为浪漫主义者，除此之外没有更合适的名称。而且，他们是同等的浪漫主义者，没有程度的不同。他们的共同之处在于他们对人的观念有了改变。他们都身历理论革命带来的震撼，目睹欧洲自我奋斗的霸主的崛起和由国家而不是王朝发动的一系列战争，这些是造成这种思想改变的必然原因。

19世纪20年代，浪漫主义者司汤达提出了一个很有用的区别。他说，浪漫主义作品"给我们今天活着的人带来愉悦，而古典主义作品则是为了给我们的祖父们带来快乐。"这句话虽不能界定浪漫主义，但指出了三代人的心境和感受。因为18世纪的人——祖父们——信奉理性，于是有些人就把浪漫主义在这方面的不同说成是"对理性的反抗"。这种歪曲夸大自那时以来常常对学术研究和批评产生破坏性的影响。理性这个用语意思含糊不清，应用"智力"来取代。浪漫主义认为智力是不够的，但它不排斥智慧和推理。18世纪热衷于理性，而浪漫主义者热衷的是灵与智的结合。

一旦认识到浪漫主义同文艺复兴一样，只是一种现象，就不再需要为其下定义。从广阔的范围到丰富的人才，从内在的相互对抗与矛盾到整体的统一，这两个时期在一系列方面都十分相像。在文艺复兴那个较早的年代，一些人是柏拉图派，另一些是亚里士多德派；一些人怀有信仰，另一些人不抱信仰或是假装信奉某种东西；一些人认为“典雅文字”是最高艺术，另一些人则将绘画视为至高无上。还有一大批虔诚的神职人员守着新思想所鄙视的中世纪经院哲学死死不放。同样，占主导地位的浪漫主义也无时无刻不受到保守派的极力抵制。

浪漫主义时期距我们的时代较近，它的内部分歧也就显得比文艺复兴时期的更大、更剧烈。有人可能会问，既然有这么多分歧，哪里还有统一可言？对此问题的答案适用于所有时期。一个时代最终的统一力量在于它所面临的种种困难：急迫的要求、阻挡社会和平或进步的障碍、对司汤达所说的新艺术的需要。对于这一切，思想敏锐的人不可能视而不见。每一个思想家或艺术家都努力达到时代的这些要求，或是以某种方式阻止其实现。方法各不相同，但都是为了迎接历史的挑战。

在浪漫主义者当中，有人想要君主制，其他人则想要议会制；一些是天主教徒，另一些则是新教徒；一些人为中世纪所吸引，另一些人则崇尚东方；一些人对诗体散文欣赏喜爱，另一些人却对此深恶痛绝。还有一些人，如雨果，在漫长的一生中从保王派变为社会主义者，先是信奉正统天主教，后来却像卢梭那样，没有具体的信条但抱有热忱的信仰。诗歌用语有的含义丰富，也有的明了通俗；绘画手法有的华美夸张，也有的朴实无华。巴赫的巴洛克式音乐戏剧在长期默默无闻之后重获生机。与此同时，大歌剧也按其自有的规律兴旺发达。

使人无法冷静客观地理解浪漫主义的障碍之一是这个用语本身。清教徒只有一种含义，浪漫却有上百个意思。这绝非夸大其词。我在50多年前青年时期发表的著作中，除了对浪漫主义时期作了论述之外，还加上了对浪漫这个词的用法的实例，例子取自从学术著作到广告的各种印刷品，共有90小段，还加上了注解，以通过上下文显示出作者说的浪漫（主义）所指何物。结果，没有任何两个例子的意思是一致的，甚至不像通常的多义词那样，虽然意思不同，但彼此之间还有一定的联系。各种意思中一些极端的例子包括“没有形状的”和“形式主义的”、“色情的”和“禁欲的”、“不真实的”和“现实的”。在关于马志尼在统一意大利方面作用的一段话中，居然先说他的作用是浪漫的，但下一句又说是非浪漫的。关于这种混乱的状态需要说几句——

关于一个词的题外话

英语中浪漫（romantic）一词的用法可追溯到17世纪。当时，这个词指讲的故事有想象力，有新意。不久之后又用来形容景色和绘画，成为和谐的（harmonious）和栩栩如生的（picturesque）的同义词。显然，这个形容词的核心是Rome（罗马）和Roman（罗马人）。从一开始，这个词涉及的形象就是多方面的。罗马帝国消亡几世纪之后，沿地中海一带居住的人讲的方言不再是俗拉丁语，而是一种叫作罗曼语（roman）的多变的方言，由此派生出法语、西班牙语、意大利语和罗曼语系（romance）的其他语言（学术部门依然在使用这个名称）。一段时间以后，以法国南部所讲的这种方言写就的故事也被称为roman（韵体故事）。

这些故事的主题通常是爱情和历险，与史诗或者讽刺作品完全不同。时至今日，法文中的“小说”一词仍是roman，而英文里的romance指的只是小说中的一种，并通过进一步引申，指一种恋爱。在这个意义上，浪漫的（romantic）用来形容恋人那种飘飘欲仙的幸福状态和特征。但罗曼史如果以不幸的结局而告终，这个词的意思就进一步发展。于是，浪漫的（romantic）获得了一大批新的含义：虚幻、愚蠢、不实、不吸取教训、笨到家了——好像原先恋爱的快乐从来没发生过，毫无价值似的。诸如“浪漫的计划”和“浪漫得不可救药”这种套话广为流传，沦为陈词滥调，而被看作它反义词的现实的（realistic）则逐步成为对一种计划、观点或行动的最高赞誉。尽管如此，“浪漫”这个表示鄙夷的字眼依然保留了原有的一些光彩——当旅行社代理人允诺您乘坐邮轮度过“浪漫之夜”时，指的就是风光旖旎的意思。并非所有已婚夫妇都鄙夷自己当年风华正茂时的浪漫。

在18世纪末的德意志和英国，浪漫的尾部加上了主义，产生了浪漫主义者（Romanticist）这个词，指那些不满意新古典主义风格，热衷于新的艺术和思想形式的人。浪漫这个色彩斑斓、含义众多的词没有一个意思能反映这些人的观点。这个时代在每个艺术领域都留下了大量杰作，提出了至今依然流行的独到见解。生活在当时的人显然不可能都是些判断力极差，情场连连失意，并且常常陷入幻觉之中不能自拔的男男女女。这个时代的特点和浪漫主义一词原意之间的唯一联系是，浪漫主义确认了激情和冒险的合理。这两者是不可避免地紧密相连的。但是，正如我们将要看到的，它们既不排斥理性，也不忽视真实。相反，浪漫主义中的冒险精神就是要通过探索真实世界来增加阅历。

在由笼统转到具体之前，介绍两个与浪漫同词根但另有他义的词也许会有所帮助。罗马风格（Romanesque）是一种早于哥特式的建筑风格的名称，这种风格源于但又有别于古罗马风格。现代法语中的romanesque指的不是建筑风格，而是小说（roman）。它的意思是像小说一样或如小说中所描写的，用来形容一种经验或者行为方式。既然如此，也许可以把浪漫的（romantic）和浪漫主义的（romanticist）两者的意思严加区分，将词中乱七八糟的含义与19世纪上半叶的辉煌成就区分开来。但是，当浪漫的这个较短的形容词自然而然地适合句子韵律，或者在讲话时用“浪漫主义的”做形容词显得笨拙或造作时，将这两个词加以区分的建议就被人们抛到脑后了。更好的保障措施是了解关于浪漫主义作品的第一手知识。

当然，classic（古典的）和 classical（古典主义的）的意思也含糊不清，不过没那么严重。在德意志、波兰和俄国，浪漫主义者是第一批扬名欧洲的诗人和小说家。因此，他们很快就被称为本国的古典或古典派作家。歌德和席勒、普希金和密茨凯维奇分别是他们祖国的古典作家。但是，他们却不是古典主义者，也不是新古典派。席勒把古希腊和古罗马之后的所有文学都笼统称作感情文学（sentimental），从而造成进一步的混乱。他的意思是，古诗发自内心，思维呈直线性，不受任何模式的束缚。他把这种风格称为天真的（naive）。他指出，从那以后，诗人除了要了解生活本身和古人的经典著作之外，还必须研究自己的感情（sentiments）。席勒所谓的感情即现代的自我意识。

※

浪漫主义作为时代精神的年代大概是 18 世纪的最后 10 年和 19 世纪上半叶。三代人在这 60 年里进行了努力和斗争。不过从时间上看，这种努力并不是在各个国家同时进行的。德国和英国是先锋。18 世纪 70 年代出生的艺术家在 18 世纪 90 年代和 19 世纪初做出了发明创造（如华兹华斯、柯勒律治和康斯特布尔）。当时，在大革命时期和拿破仑的统治下，法国、意大利、西班牙和中欧东部的文化处于停滞不前的状态。1800 年左右出生的第二代到 19 世纪 20 年代开始崭露头角（如普希金、拉马丁、德拉克洛瓦和爱默生），他们是最后一批充分吸取了当时时代特征的人。再下一批则出现了断层，生于 1810 年之前的人继承了一部分原有的传统（如瓦格纳、李斯特、戈蒂埃和梅尔维尔），但是，在他们的事业中途，世界却发生了重大变化，促使他们重新转向，改变信念。

由于浪漫主义的创造远远超出了艺术范畴，而且仅艺术品就极为丰富，因此，要介绍全面的情况，一章的篇幅远远不够，而是需要三个章节。本章介绍的是对人的观念的改变和先驱们在几个艺术领域对新人的描绘。“1830 年前后巴黎所见”将介绍直到 19 世纪中期艺术创作和哲学思想的发展过程。第三章“议会之母”将介绍当时的社会理论和制度以及科学的进步。若要想象当时的情况，就需要把这三部分直线式的叙述合在一起考虑。

看完了这些章节后，读者应该认识到，当今的时代并不仅仅是许多人抱怨或吹嘘的“对启蒙时期的继承”，而是也继承了对启蒙时期的错误进行了修正的另一个时期，那个时期虽然有它自身的谬误，但是它加深和扩大了所有领域的艺术和思想。[可参阅雅克·巴尔赞（Jacques Barzun）写的一本小书《古典派、浪漫派和现代派》（*Classic, Romantic, and Modern*）。]

首批明确无误的浪漫主义作品的基础思想来自卢梭、伯克、康德和歌德，他们四人生活于 18 世纪，却与之格格不入。卢梭在生前和死后都是诗人、艺术家和政治学家深入研究的对象。读了他的著作后，人们了解到，激情是人的动力。思想或“理性”是欲望的工具，不是欲望的对头；思想或“理性”选择目标并为实现这些目标选择办法。即是说，灵与智或者智与灵是推动道德、社会和科学进步的唯一火车头。德斯蒂-德特拉西也如是说。被视为纯粹的 18 世纪理性思想家的休谟持有同样的观点。但是，由于他对此没有明言，因而也就从未被指责为抛弃理性，凭冲动行事。假若西方语言对“灵与智”有一个像中文里的“心”这样的词，也许就可以省去大量无谓的辩论了。

浪漫主义把人视作有感觉、会思维的动物。他的每一个思想都具有某种情感。这种观点在文化中刚刚出现时，人们觉得需要研究灵与智这种单一力量的运作方式，也应当表现其未上升到意识高度的骚动。浪漫主义的幽灵骑士就象征着思想跨越的两个层面。这种对内心生活的密切注意说明了浪漫主义作家的“唯我主义”和“主观性”。这个时期的诗歌主要是抒情诗——以第一人称讲述对自己内心的发现。这样的探索又带来许多新发现。想象力成为首要的天赋，因为它想象的事物是立体的，如同平时所看到、摸到的，而不仅仅是通过文字描述的。热情原来被视为危险的愚蠢行为，现在却成为所有壮举的先决条件。正如歌德的浮士德在开始其历险时所说的，“先有的不是语言，而是行动”。语言这种抽象的东西是后来才有的。华兹华斯看到“有感觉的理智”产生了人对所有生物的同情，而光靠理性是不能唤起这种同情心的，此说证实了卢梭的理论。

对这些思想深信不疑，并能将自己的发现广为传播的人是天才。对浪漫主义者及之后的人来说，“天才”这个词代表了创作力。我们现在说某人是天才，而这个词原来的意思是在某项活动方面“具有天赋”。天才非同常人，这样的人想象力如天马行空，并且有能力把想象力表达在具体作品之中，这些作品都是传世之作。

宗教感情如同天才一样，是先天生成的，但不只限于少数人。许多浪漫主义者证实了人内心宗教感情的存在，这种感情的结果就是有组织的宗教，它在浪漫主义时代重新振兴，成为灵与智不可或缺的一大产物。在欧洲每一个国家，古老的信条都取代了自然神论的抽象理论。不过，这得归功于对正统观念的修改。经修改的观念首先是基于宗教冲动，另外，它在不同程度上依靠那个时代特有的两种感情——对自然的热爱和对历史的尊重。卢梭在《爱弥儿》中提出了关于信仰的雄辩表述，提出大自然，即上帝的造物，证明了上帝的存在和他的各种特性。大自然具体的美使接受力强的心灵得到直接的感知。我们在前面还看到，由此还产生了对大自然的崇拜，如热爱树木花草；从园艺中寻找乐趣；在野外观察鸟类动物和露营；认为一个人一年至少应有一次离开自然环境差的城市，以便在乡间恢复某种对生命至关重要的东西。

同时，大自然给予我们欣喜的触动。拜伦在他的游记里写道："高山是一种感觉。" 18 世纪的人畏惧高山，将它们视为妨碍旅行的丑陋的可怕的障碍物，怜悯依山而居者。对浪漫主义者来说，无垠的宇宙令人生畏，令人意识到人自相矛盾的本性，用帕斯卡的话说，既强大又柔弱，既伟大又可怜。为了给自己爱和服从的冲动找到安息地，人们遂试图通过大自然或者在大自然中寻找上帝。在这方面，斯宾诺莎是引路人。在此前的 150 年里，斯宾诺莎一直被当作无神论者遭到谴责，但这时他却作为"陶醉于上帝的人"而恢复了名誉，因为他认为神明是无所不在、遍及万物的，而信上帝的人具有"对上帝的理智之爱"。泛神论是浪漫主义信念的一种形式。

振兴了英国圣公会的牛津运动走的是另一条道路，即历史的道路。在纽曼（他后来皈依天主教，当了主教）的激发下，牛津运动，又称小册子教派（因为它靠大量发行单行本小册子来进行宣传）的成员循本溯源，用早期基督教神父的训谕来振兴宗教信仰和仪式，以图恢复热情和正确的礼拜活动。这些宗教改良者宣称，根据传统，圣公会与天主教会有许多相似之处，于是在圣公会内部建立了一个高教会派。与他们同时的另一批信念同样坚定的人——循道宗信徒，在早些时候也成立了自己的教派，以满足下层中产阶级相应的需要。他们属于第一批"宗教狂热者"。在美国，约瑟夫·史密斯连续 10 年受到启示之后，于 1830 年建立末世圣徒教会，又名摩门教。

与此同时，法国出现了一部名为"基督教真谛"的非凡之作。标题本身就是一个主张。作者把真谛一词用于既是一种制度又是人们所熟悉的宗教的基督教，以表达传达天机和掌握天命的双重意思，证明了它作为制度的伟大和作为宗教的精神真理。这位作者是勒内·德·夏多布里昂子爵，他是政论作家、历史学家、小说家，还当过政治家，最后成为自圣西门公爵以来法国最伟大的传记作家。

夏多布里昂这部论述基督教的大部头著作包括了所有同宗教感情稍微沾上点儿边的题目，有日常生活、大自然、内在的自我、社会、政府、历史和艺术，林林总总，不一而足，特别注重唯美和幻想的方面。在简单叙述了耶稣基督的故事，讲解了圣礼对生活是如何合适的道理之后，接着是一连串短评和启发性的联系，把诸如天文学、洪水灭世、大地和生物、鸟巢等各种题目联成一个连贯的整体，让人读来津津有味。之后是爱国主义、良知、永生和最后审判日。若是跳过这些内容，下面会看到诗歌部分，里面有但丁、塔索和弥尔顿的史诗，对维吉尔和拉辛的比较，爱洛漪丝和阿伯拉尔；然后是现代文学史、多神教诸神、圣人、天使，还有撒旦手下的邪魔；再其后是对一些高雅艺术发明的描述；还有地狱、炼狱和天堂。这些丰富的内容反映的正是此书的小标题——“基督教的诗意与道德的美”。该书十分走俏，夏多布里昂不得不奔走于法国各地，阻止印刷商偷印盗版。这本书的成功正逢拿破仑重立罗马天主教为国教之时。今天，夏多布里昂那种文字简洁优美的写作风格已经一去不复返，但是，他的论点的精髓依然影响深远，每一代人当中都有许多人是因为基督教对艺术感性的吸引而皈依教门的。

※

夏多布里昂本想把《勒内》作为一系列故事中的一个，但它一开始是合在《基督教真谛》中出版的。这本书也反映了浪漫主义的兴起。故事的主人公是一个少年，和姐姐相依为命。但当姐姐发现自己对弟弟的爱是一种罪恶的爱慕之情后，便出家进了修道院。少年吓坏了，逃到美洲。在那里，他向一个印第安人酋长倾诉了自己的身世，以卸去自己心灵的重负。他们一起崇拜大自然，少年深入剖析他所称的“感情模糊状态”，即感情强烈但没有重点的混沌状态。这种情绪——法语中叫 mal du siècle（时代病）——显然是广泛存在的，因为勒内引起了许多人的共鸣。圣伯夫就说过："勒内即我。"柏辽兹在《回忆录》中记载了与勒内相似的感情。他的《幻想交响曲》开始时的旋律是他在青少年时期谱写的，这段旋律毫无疑问表现了同样的青春期特有的情感起伏。在稍早时期的德国，这种漫无目的状态曾经是绝望的、暴力性的。所有这些迹象提醒我们，那个时期的许多艺术家十分早熟。考虑到他们是在动荡不安的世界里成长的，这也就不足为奇了。

这样的情况使人们自然而然地向宗教靠拢。德国牧师施莱尔马赫领导了新教的复苏，他召唤人们信教，因为人有"自发的宗教感情"，如卢梭所说，这种感情是与生俱来的。有关上帝的想法不是来自思维或意志，而是来自天生的依赖感，这是人在自我意识的时刻所察觉到的软弱。有了这个前提，就可以争论某些信念的合理性和用途。19 世纪的新教徒就像在 16 世纪时一样，力主摆脱迷信和盲从的好处。此中浪漫主义的模式昭然若揭，即先有感觉，理性赋予感觉形式和方向，生命则是由信念所驱动的历险。

总的说来，新一代教徒认为他们的信条与"上帝没有理由打乱自然法则"这种现代科学的假设是一致的。但诗人们，不管是否信徒，都有尊重迷信的理由。一来迷信为虚构故事提供了大好机会，产生了如彭斯的《汤姆·奥桑特》和司各特的《流浪汉威利的故事》这样伟大的作品。二来迷信可以视为人民的诗意想象。《浮士德》里有两个很有感染力的场景描绘了撒旦的仪式，发泄了我们心中和大自然的黑暗力量。迷信的含义在启蒙时期遭到了忘却或罔顾，例如，德意志有关于幽灵骑士的传说，那是一个时隐时现，紧跟在纵马奔驰的骑手身后的影子，与骑士一模一样。它代表的是人内在的第二个自我，可能正直端方，也可能像魔鬼一般邪恶。但是，这些充满智慧的寓意却被人们所忘却，直到 19 世纪 90 年代心理学和人类学以神话的名义把它们重新发掘出来，才再度受到诗人和小说家的欢迎和采用。

将神话同文学联系起来的是浪漫主义者最卓越的能力——想象力。如前所见，这个能力重新获得了尊敬，但是这个词仍然语义不清。柯勒律治指出，想象力并不仅仅是幻想；胡思乱想不费吹灰之力，比如说幻想一只动物会讲话。发挥想象并不是编织出动听的虚构故事，而是要使自己编写的寓言中会讲话的动物对某种社会现象进行机智犀利、鞭辟入里的嘲讽。想象力利用已知或可知的事物，把表面上全不相干的东西联系起来，对人们熟悉的事物重新进行解释，或者揭露出隐藏的现实。作为一种发现事物的办法，它应称为"对真相的想象"。科学中的假设起着同样的作用，它们本身就是想象力的产物。

这种观点解释了为什么在浪漫主义派的眼中，艺术不再是愉悦感官的精美作品或文明生活的装饰物，而是对生活最深刻的思考。雪莱在捍卫自己的艺术时声明：诗人是"世上不被人承认的立法者"。艺术传载真理，是想象力的结晶，在改变观者心灵的同时也改变了他的世界观，甚至人生。实现这一壮举需要天才，因为这不是一种机械性的行为。诚然，所有艺术都利用常规。但是，光靠因循传统规则和遵守既定模式不可能实现思想和形式的融合，也就是创作。正是浪漫主义派的讨论才使创造（creation）这个词固定地应用于艺术作品。如前所述，雪莱认为最先使用这个提法的是 16 世纪的塔索，但无法找到这方面的证据。值得注意的是，19 世纪天才的创造和 20 世纪末的创造性（creativity）是完全不同的两回事。

这些被赋予新内容的浪漫主义字眼为艺术宗教的建立助了一臂之力。不管人是否把艺术接受为一种信仰，艺术都一视同仁，为他们服务。把对艺术的钟爱称为一门宗教完全是实至名归。自 19 世纪初以来，艺术爱好者一再将艺术定义为"人类最高的精神表现"。这种说法表明，没有比艺术更高的境界了，而最高的境界对一般人来说就是宗教。对 19 世纪的艺术崇拜者来说，艺术是上天启示的宝库，是经文教义的全部，而这些教义的制定者就是先知先哲。时至今日，他们当中的幸运儿仍被奉若神明。

※

从艺术宗教刚刚发源的时候，先知们就严厉批评他们所生存的社会。社会陷入了贸易和工业的泥沼，这类活动造成人的感官迟钝，思想狭隘，想象力萎缩。本着这些原则，开始了反对中产阶级的运动。戈蒂埃在《模斑小姐》精彩绝伦的序言中，批驳了当时由于资产阶级唯一关心的贸易所造成的普遍流行于世的物质主义人生观。

可鄙的资产阶级的标志是，他们不会理解或欣赏艺术，除了传统刻板的或感伤的艺术。而且，他们不明白真正的艺术并非道德说教的工具。艺术只为自己的目的服务，除了让有欣赏能力的观者赏心悦目之外，别无他意。这就是“为艺术而艺术”的理论，人们普遍认为它是 19 世纪 90 年代提出的新思想。就在艺术家追剿资产阶级的同时，不懂艺术的庸人批评家诞生了。他们来自资产阶级，他们最热情的支持者和崇拜者也是资产阶级的成员。

应当说，崇拜之情并非所有时代的共同特征。像启蒙运动这种严谨审慎的时期就鄙视热情洋溢的人，因为热情暗示着对自己一窍不通的东西目瞪口呆的凝视。在浪漫主义时期，狂热的崇拜重新兴起，尤其是年轻人，他们认为这是对他们想象力的考验。一个人之所以崇拜天才，是因为他具有足够的想象力，看得出天才或他的作品中没有机械性的东西，没有可以分析或推理的东西。比崇拜更高一层的是一种同等强烈的激情，一种由爱情的力量所引发的激情。它也许可以追溯到浪漫的性爱含义，但远远超过了那个范围。浪漫简单、天真，是全身心投入的目眩神迷。19 世纪唾弃 18 世纪的爱情观，因为它如同典雅的小步舞，舞伴双方都熟悉舞步，他们不仅是要追求异性，更重要的是把求爱作为一种乐趣来享受。当然，两性之间如同猎人和猎物之间的粗陋关系也同样不能接受。像在音乐艺术中一样，浪漫主义者坚持认为，在爱情中仅是感官愉悦是不够的，关键是要具有崇高的意义，要触及灵魂最深处。有一本书描写了当时的一些著名恋爱关系，题目就是“作为艺术的恋爱”。可是，到了 20 世纪，传记和心理学著作对爱情的描述往往模糊了 19 世纪在这方面的看法。浪漫主义的恋爱结合了富有想象力的激情和带有危险的欲望。激情意味着遭受煎熬之苦，堕入情网的人身不由己，大自然黑暗的一面，狂荡的因素（在《浮士德》中被描写为魔鬼的因素）控制了他。但另一方面，他所爱恋的人的美丽——不仅是外貌的美，而且是天性与精神的和谐之美，即德意志人所谓的心灵美——又使他的感情得到升华。浪漫主义者把爱情放到如此崇高的地位，进一步肯定了这种产生艺术的原动力。

歌德在《浮士德》中把这种鞭策称为“永恒之女性”。爱导致对某一个人的钟情。双方都试图在所爱的对方身上找到另一个自我，一个不同但是与己平等的自我，尤其是在感情和艺术感性方面。这种观念产生了实际的结果。卢梭的《新爱洛漪丝》出版后，雪莱对它进行了仔细研读，先进思想家都一致认为，女子所受的教育必须同男子的教育一样完整，质量也应向男子看齐。在实践中，当时的艺术家找到了很多激发他们灵感的“缪斯”，她们都是才华横溢、英勇果敢和名声显赫的女性。仅举几例：卡罗琳·施莱格尔、普鲁士的路易莎王后、拉赫尔·冯·瓦恩哈根、利芬公主、让娜·雷卡米耶，和最活跃的人物之一热尔曼娜·德·斯塔尔。自然，这种关系有其通常的起伏变迁，社会条件和个人的缺失也产生了众所周知的影响，而且高级的浪漫爱情也并没有排除其他形式的爱情。

以眼光锐利闻名的司汤达根据德斯蒂的心理学和在不止一个国家的亲自观察，写了一篇题为“论爱情”的论文。他区分了四种爱：肌肤之爱、高雅之爱（18 世纪的调情嬉戏）、虚荣之爱（男方或女方因爱人的美貌或者地位而沾沾自喜）和激情之爱。司汤达说，最后一种爱是最大幸福的源泉；它在法国十分少见，在意大利却遍地开花。在这方面，想象力再次起了创造的作用，它将一个人的惊异和爱慕之情（用他的术语）“加以结晶”，再将这些感情投射到所爱的人身上。这就是埃洛伊兹和阿伯拉尔以及许多浪漫主义者的爱，包括司汤达本人。

在社会里，这种激情需要情人之间关系平等，因为快乐感更多是来自相依相伴和相互交谈，而不是来自性方面的乐趣。司汤达认为女子具有男子所有的一切才干，希望男女都能获得同等教育，尽管女子可能会以不同方式发挥自己的能力。无论如何，能够产生出激情之爱的男子不会对爱人称王称霸，因为他在恋爱关系中缺乏自信，他是爱情的奴隶，就像臣服于高等艺术一样。

与美丽心灵之间激情之爱的理论形成无声的对比的是不加掩饰的肉欲。戈蒂埃的《模斑小姐》以欢乐的笔调描写异性和同性之间的肉欲，还写到变性人。同年，卡尔·古茨科发表了《多疑女人瓦莉》，书中的女主人公在同另一个男人结婚的前夜，一丝不挂地站立在她所爱的男人面前，以示“象征性结婚”。另外，施莱格尔的《路清德》和门德特的《圣母马利亚》也都颂扬了性自由的冒险。

因为司汤达说他写的是“爱情生理学”，所以他提出爱情和艺术这两种意识最集中的经验都是由于神经和大脑的兴奋造成的。他还说，随着人历经世事，同情心和慷慨心这类年轻人的感情会很快枯竭，但激情之爱可以使这些感情常青不老。他对于爱情并不是孤立地论述，而是涉及了历史、传记、当代政治和各种法律及民族性格，这进一步证明了浪漫主义的爱情绝非头脑空空、心无激情的人能够享受的一种消遣。

在司汤达的有生之年，他这本书始终没有市场，因为书的形式和格调都太奇怪了。15 年间仅印了 3 版，且印数有限。他本人就说过，他这本书也就是有 100 个读者。不过，他表达的信念和态度都广泛地适用于他的时代。他关于人的同情心和慷慨心的见解就是一例。就社会观而言，19 世纪堪称“爱的世纪”。个人和团体都行动起来，有组织、有计划地保护穷人和弱者不受贫寒生活的煎熬。在英格兰尤其如此：早在 18 世纪 80 年代，约翰·霍华德就着手进行监狱改革；沙夫兹伯里伯爵力促通过立法，使妇女和儿童免于长时间的劳作；工人们自己组织慈善团体，以同舟共济渡过危难之时；在边沁的追随者的努力下，刑法得到了修改，变得较为人道；教会团体为“失足”妇女建立庇护所；从没心肝的牟取暴利者手中夺回了孤儿院；虐待动物开始被视为凶残可恨；对《济贫法》的管理进行了整顿；克拉拉·巴顿建立了红十字会；达米安神父为医治夏威夷的麻风病人献出了自己的生命；国内外的传教士在布道的同时又从事社会福利工作。虽然并非所有方案都计划周全，但是到了 19 世纪中叶，这些方案都已经付诸实施。而且，从狄更斯起，小说家运用他们手中的宣传工具来唤起公众良知，揭露社会罪恶。欧洲大陆也逐步跟进。

诚然，倡导关爱他人的人并不全是出于爱情与音乐结合而成的司汤达式的激情；他们的动机往往有政治或宗教因素，但目标却是经仔细斟酌后确定的新目标。这个目标产生于对人的观念的总的转变，这种转变反映在人们逐渐变得彬彬有礼，温和克制。半个世纪前，患病在身，跛足而行的菲尔丁离开英格兰前往气候温暖的葡萄牙时，船上的水手看见他孤弱无援的可怜样，都对他大肆侮辱挖苦。正如菲尔丁本人在小说中描述的一样，当时，出身高贵的人态度往往十分粗鲁，而普通贵族的态度则更是恶劣之至。经过缓慢的发展过程，端庄淑女和恭良君子的理想形象开始深入人心。这种理想形象是从贵族和中产阶级上层的最佳行为中提炼出来的。同时，权利的抽象概念唤起了一种愿望，要使法律和常规成为实现对所有人的公平和尊重的工具。

※

司汤达长达400页的书大约载有100件逸事，讲的都是爱情和情人，并多半把真名实姓公之于众。他这样做并不是为了哗众取宠或是制造丑闻，而是为了进行“一项精确的科学研究”。他十分重视微小的事实。与普遍印象相反的是，其他浪漫主义者同样注意实事求是。他们不仅知道自己所处的世界已经变化，必须为它制订合适的计划，同时也认识到许多“启蒙”知识由于太过笼统而毫无用处。这个新世界必须用具体细节加以描绘。因此，华兹华斯在《抒情歌谣集》的序中引述了18世纪的一首十四行诗，谴责诗中的一连串抽象概念。他坚决要求诗歌使用普通老百姓的常用话语来记录他们的思想和感情。后来的诗人维尼、缪塞、普希金、雪莱和莱奥帕尔迪都同意这种观点。简单易懂的用词和普通生活成了文学的素材。维克多·雨果说，哪怕是丑陋的东西都可用于艺术。需加注意的是，华兹华斯的民谣不是像昔日苏格兰边区的民谣那样的爱情故事，而是模仿街头的歌谣，用不加修饰的音步和粗略的细节讲述极为平凡的事件。

事实、细节和平凡的东西是真相的标记，或者说是一种真相的标记。巴尔扎克的小说中详细描述了银行业务、乡村诊所、小职员的生活方式、金手镯的制造和无穷无尽的其他实际现象。司各特尤其在关于他的故土苏格兰的系列作品中如实准确地记载了历史的某个阶段中平民百姓和绅士贵族的生活。是他发明了历史小说，在他以后的曼佐尼、大仲马、司汤达、尤金·苏和一大群其他历史小说家通过对气氛和环境的渲染描述，给杜撰的情节注入了真实性。维克多·雨果的《巴黎圣母院》中描写乞丐栖身之地的一章使人想起左拉，运用的完全是自然主义手法。

普希金给俄国诗歌带来了一种新鲜的直率，尤其是他的韵体故事。他用词平实，好似谈话般娓娓道来，描述普通的小事。然而，他的作品千真万确是诗歌，而不是把散文切开，分为长短不齐的句子。在绘画领域，藉里柯取材于刚触礁的沉船，戈雅描绘拿破仑与威灵顿的军队为争夺西班牙和葡萄牙而厮杀所造成的战争疮痍，德拉克洛瓦展示土耳其人在希腊进行大屠杀的受害者。画家着力追求画作的逼真，这促使他们去描绘现时的事件。与此同时，英国的约翰·康斯特布尔展示出在自然光中，各种颜色比当时的画法所表现的要明亮得多。他的示范办法很简单：他拿了一把由于年深月久而变为棕绿色的小提琴——小提琴是当时常用的绘画题材——把它放在窗前的阳光下。他的赞助人乔治·博蒙特爵士对此心悦诚服。另一方面，年轻的水彩画家博宁顿采用不同层次的颜色来描绘海滨景色，导致德拉克洛瓦完全改变了他绘画中的选色。画家的术语地方色彩（local color）很快被文学界采用，意指准确地描绘举止和服装，作为反映现实的一种方法。青年雕塑家安托万·巴里同样是为了准确描绘现实，仔细研究巴黎动物园的大型动物（后来他成为该动物园的教授），并在克服了古典派的极力抵制之后，受委托塑造了好几组与实物一般大小的青铜野兽雕像，用来点缀市里的几个花园。与此同时，奥杜邦在美国正在乘船沿密西西比河顺流而下，沿途寻觅鸟类进行临摹和写生，终于在 1838 年完成了 435 张实物像，实现了心愿。

这些作品证明了浪漫主义艺术家为人所忽略的一大特点：他们是现实主义者。可是，“众所周知”，现实主义源于 1850 年，是作为对浪漫主义的反动而兴起的。其实，该世纪前半叶的作品若能得到上述准确描写的话，批评家这句老生常谈的话就不会引起任何疑惑了。人们会看到，浪漫主义本身就包含在它之后兴起的三个运动的特征，这些运动是现实主义、象征主义和自然主义。浪漫主义是它们共同的祖先，差别在于这三个运动各自专长于由浪漫主义发展出来的一种技巧。不过，由于浪漫主义的这些后代是在以一种不同的情绪争取实现不同的目的，所以才模糊了与浪漫主义的联系。

换言之，新古典主义时期之后的艺术经历了四个阶段，最初的阶段是全面性的，后面的三个阶段则是排他性的，各自充分发展最初阶段的某一个倾向。这里还要再提一下《抒情歌谣集》。关于它的一部分内容前文已经作了概括：日常的题材、普通的用词——这是现实主义的部分；接下来是关于爱情或大自然的抒情诗，仍然是用简朴的语言写就，并如实反映生活，但却又不是标志着真正现实的平凡氛围的重现。第三部分是柯勒律治的《古舟子咏》，这首叙事诗中奇异、“不真实”的事件象征了道德世界的真理，俨然是一首象征主义的诗。

在法国，到了下一代人的时候，不仅雨果、缪塞和维尼，而且热拉尔·德奈瓦尔也表现出同样的全面性。他翻译了歌德的《浮士德》，包括其中的各种风格，从粗俗不堪到高贵华丽；他在《幻景》中写下了“浪漫”的十四行诗；他收集自己家乡的民间诗歌；他的《金色诗篇》中有些诗句中每一个名词都是一种象征，专指一种暗藏的精神领域。他是一个十足的象征主义诗人，至今人们还在就他的十四行诗《落魄者》的种种模棱两可的意思争辩不已。他的散文诗《奥蕾丽亚》亦是如此。

除了讽喻之外，布莱克的《天真与经验之歌》这部诗集中的大部分作品之所以意义重大是因为它们具有象征主义的特点。在荷尔德林、诺瓦里斯和克莱斯特的作品中，对大自然和感情的描绘也是为了象征的目的。克莱斯特深信所有经验都是模糊不明的，他被视为里尔克，甚至是卡夫卡和皮兰德娄的先驱者。有意的模糊是最佳的象征手法。与模糊和象征相似的是幻想，这是让-保罗·里希特尔的作品中常用的手法；里希特尔似乎是在回应阿克曼的主张，说诗歌的素材应当取自梦想。让-保罗·里希特尔的名字家喻户晓，因此人们常常不叫他的姓，而是直呼其名让-保罗（或叫他“独一无二的人”）。卡莱尔把德国文学介绍给英国人时，首先谈到的就是他。与他形成对照的是海涅。海涅像拜伦一样运用讽刺笔法，用通俗语言写诗，描写日常生活中的小事，偶尔涉足传说和历史。

至于后来被称为自然主义的含义丰富的现实主义，或许能在戈蒂埃和雨果的一些诗歌以及彼得吕斯·博雷尔的作品里找到种子。彼得吕斯·博雷尔甚至敢于把他的小说命名为“伤风败俗的故事”。这种大胆的行动属于浪漫主义的年代，但是这并不意味着后来者仅仅在模仿或者利用业臻完善的文体。它只是说明当革命已铲平一切，需要重新建设的时候，人们会做出各种各样的尝试，但并非一切努力都会不懈地坚持下去，而且，许多尝试都是白费力气，这都是解放通常的结果。

在形式的范畴内，浪漫主义的解放功夫可是一点儿没有白费。如今艺术享有的自由就是浪漫主义的成就。当雨果夸口说他的辞典中没有不能用的词的时候，华兹华斯早已发出了同样的信号：绝不因任何字眼不雅而禁止使用。为使丑陋的东西获得接受，雨果宣布：“自然乃艺术。”各国的诗人使用不同语言在音步、韵律、诗节和长诗的形式等诸多方面任意而为。雨果则更自由，采用了许多“不规范的手法”。当今学者认为，这些手法为20世纪末的诗人指出了道路。

文学开放的一个副产品是早年文学的复兴：德意志的中世纪文学、英国乔叟的作品、伊丽莎白时期的文学和盎格鲁-撒克逊时期的《贝奥武夫》、法国的龙萨和普莱亚德，还有维永和拉伯雷。前面说过，巴尔扎克对拉伯雷推崇备至，甚至采用近似16世纪的语言写了一些精彩的模仿作品，载于《滑稽故事集》。

散文也经历了改革，只要将伏尔泰和夏多布里昂的风格比较一下便知。伏尔泰的文章清晰、灵活、流畅、充分达意，可是完全是他自己在说。夏多布里昂表达的意思也同样清楚，对行文一样驾驭自由，但是他却唤起读者的想象，刺激读者的所有感官使他去看。这会引出读者一些意想不到的思想和感情。浪漫主义派的司汤达和另外几个人拒斥这种做法，因其偏离了他们采用的求实手法。司汤达甚至有意先阅读拿破仑简短的《民法典》当中的一两页，然后才坐下来写小说。夏多布里昂后来又有了进一步的发展。在他的一部作品中，一些人看到了后来兰波的《灵光篇》的影子。文学批评家认为，夏多布里昂《回忆录》里的复合动词、间断和其他句法技巧预示了纪德、普鲁斯特、乔伊斯以及超现实主义派的现代散文手法。这种相似并不能证明前者对后者造成了直接的影响，因为艺术中常常会出现相似的发明。但是，通过回顾这些创新可以清楚地看到，这个时期之所以能形成新的艺术流派，正因为它不是整齐划一的。

※

浪漫主义者在文学艺术方面不断探索，具有丰富的想象力，因此可以想见他们在知识上绝不会狭隘排他。这表现在他们认为中世纪是值得尊敬的文明；喜好民间艺术、音乐和文学；学习东方哲学；欢迎不同的民族习俗和性格，甚至包括那些在 18 世纪他们所处的世界范围以外的东西；怀着极大的热情调查各种方言和语言。这是一种真正的多文化主义，全心全意地接受遥远、奇异、传统和被遗忘的东西。维克多·雨果一头钻进他能弄到的所有史学和文学作品当中，将其中的人物和事件编写成全景式的《历代传说》。当他碰到一种隔行同韵的马来诗体时，马上就仿着写了一篇。热拉尔·德奈瓦尔收集法国各地区的方言歌曲并进行翻译。钢琴大师李斯特经常旅行于欧洲各地，把当地的流行音乐记录下来，并谱写这类的曲子，他的歌曲集就像介绍各个地方的指南一样。他复兴了匈牙利的本地音乐，发掘出一直不为人所知的吉卜赛人（更确切地说是罗姆人）的音乐。维也纳作曲家们创作的所有吉卜赛艺术音乐都是源于他的努力。

这些兴趣一直保留了下来，有些现已成为学术专科。然而，批评浪漫主义的人毫不迟疑地把它们统统称为“逃避现实”。众所周知，逃避现实是对基督教教义的违背。也许，把浪漫主义多方面的好奇视为冲破狭隘的一种努力更有道理。在它之前的那个时代只注重一般真理，认为那就是全部现实。更糟糕的是把文明仅限于六个国家的四个时期之内。确实，伏尔泰在关于风俗礼仪的长篇历史记述中提出了与这种看法——也是他自己所持的看法——相反的事实。不过，他的内心却仍然深信这种看法的正确性，百科全书派也是如此，只有狄德罗除外。

自满的世界主义派也持同样的看法。他们尽管创造了许多好的新东西，但却为他们的思想所局限。比如，休谟写了一篇关于民族特性的短文，显示出他虽有历史知识，却缺乏深切的历史感。在他看来，法国人就是新的罗马人，英国人就是希腊人。19 世纪的文坛对过去有着一种深切的感觉。它首先来自如潮涌般的个人回忆录和大型史学著作，其中以多种多样的方式描绘了 1789 年之后的 25 年里的经验。在这么短的时间内出版了这么多详细记述，实为史上罕见；那些记述有的热切，有的偏激，有的真实，有的虚假。其次，这些作品促使人们产生了一个想法，要收集所有能够说明国家历史的现存文件。在法国、英国和德意志，谁若拥有档案记录，便会常常有人上门求阅，公共机构阁楼里存的文件被搜索一空，政府开始斥资编撰历史巨著。在政治辩论中，人们越来越多地援引历史作为行动的先例或者未来的模型。读史在 19 世纪蔚然成风，成了当时流行的消遣。很快，在处理任何问题时都自然而然地采取历史的角度。即使在这种习惯已经成为过去的今天，医生也是先询问病人的病史，然后方才进行诊断；实业家在年度报告中也要回顾过去，作为光明前途的预兆。

鉴于当时这种对历史的热切和由此产生的大量史料，20 世纪的历史学家 G. M. 特里威廉引用卡莱尔的话，说“司各特教欧洲学会了历史”，这话的意思是，司各特关于苏格兰和中世纪的小说使公众习惯于把过去看作一幅巨大无比、色彩斑斓并且在不断运动的全景画面，里面充满了忙于平凡工作的男男女女。签署条约或在御座上发表演讲的国王和女王固然也是历史，但远非历史之全部。司各特以一种自我解嘲的语气，将他第一本“经调查研究写成”的小说《艾凡赫》献给了神父大人德里亚斯达斯特博士。他更早的苏格兰小说是全靠他的丰富记忆写成的，根本没有参考过任何书籍。法国史学家阿尔贝·索列尔认为，必须“阅读并吸收”巴尔扎克的小说之后，方能动手写史。若想了解“情况”，则需假定人及其习惯、言谈和衣着都因地而异，因时而异。历史上发生的变化被认为是领导者和被领导者之间的互相作用，加之偶然和巧合的因素，会产生出的奇特结果。历史读起来就像一本小说，而小说几乎就是历史。

拿破仑离开欧洲的前一年，司各特的“威弗利”系列丛书以匿名方式问世。这套书广受欢迎，历时久远。在德意志有 5 种译本出版，舒曼的父亲就是凭其中一个版本发达起来的。实际上，司各特的普遍历史观早在 10 年前就由德意志的赫尔德提出过，他的《关于人类历史哲学的思想》描述了由于不同的历史而变得多种多样的各民族所组成的整体，表明每一个民族（Volk）都是自己群体文化的创作者和捍卫者，它通过与其他民族的交往而意识到自己的特征。这种理论得以产生是因为革命军和拿破仑的军队在人们的脑海中重画了欧洲版图。西方不再是 18 世纪由多个王朝和没有国界的上层阶级占统治地位的横向世界，其构成已改为不同的纵向单位——民族国家，虽未完全分开但是却互不相同。至此，国家间尚未产生敌意；欧洲是由五彩缤纷的花朵组成的花束；浪漫主义者因国家而感到的自豪是文化民族主义。这方面有一件事意义重大：司各特关于他的国家的小说使英格兰人一改对苏格兰的态度，从蔑视变为带有同情的好奇。乔治四世甚至御驾北巡，穿上当地男人的裙子以示对（苏格兰）那个国家以及描绘那个国家的文学巨匠的敬意，并将司各特封为爵士。

历史小说这种新体裁带来了历史英雄。看看这些英雄人物在司各特的心中酝酿成长的过程很有意思。他在青年时期就因读珀西主教收集的边境区民谣激起了好奇心，遍览关于部落仇斗和同英格兰人战争的书籍，还大量阅读法国的浪漫小说和德意志小说，并翻译了歌德的《葛兹·冯·贝利欣根》。经过这些准备后，他写出了6篇故事诗，使他诗名远扬。《最末一个行吟诗人之歌》和其他诗作的情节想象力丰富、充满动作的描写带有浓厚准确的地方色彩。这些故事诗既非诗歌又非小说，但是里面的有些诗句美妙无穷，颇值得一读。

在创作两类小说之余，司各特还编辑出版了许多地方民间故事和英格兰作家的著作，并撰写历史和传记。他在他非凡的晚年撰写的《日记》也不应忽略。今天，他的小说鲜有人问津，这是一大损失，因为其中所载的人物和场面感染力非常之大，一经阅读，终生难忘。当时，这样的场面的描写被比作莎士比亚剧中最有戏剧性的片段，这一判断非常恰当。不过，必须知道在书中何处去寻找这些精彩部分，还须耐心读完前面的铺垫。[可参阅埃德加·约翰逊（Edgar Johnson）所著《沃尔特·司各特》(*Walter Scott*)。]

※

鉴于重建文化的工程浩大，浪漫主义者必须有关于英雄的理想。他们在这种理想中放入了五花八门但并不矛盾的内容。他们也许知道，hero（英雄）这个词与servant（仆人）和protector（保护者）是同源词。首先，他们崇尚天才，即能洞察一切的艺术家。歌德先在威廉·迈斯特身上刻画了英雄的模型，最后定型为浮士德：他是求索者。在关于浮士德博士最初的传奇中，他对魔鬼提出的要求中三分之二是物质上的——食物和现金，但是他的最后一项要求却是“在群星之间飞翔”，而这也正是19世纪的人所向往的。浮士德的冒险紧扣浪漫主义者的心弦，它的目的就是要去探索，去发现；宇宙和人的意识是无限的，对它们的探索也是无穷的。莎士比亚之所以对这种性情的人具有吸引力，正是因为他的戏剧不提出任何命题。对生命和人物的结论都是暂时性的、可以推翻的。歌德写的一篇文章就题为“莎士比亚与没有结局”。

拿破仑甘冒巨大风险的意志确定了他在艺术家和各国人民心中的位置。黑兹利特记载了他的一生，使他成为革命的象征；司各特也写了他，但对他只勉强表示钦佩；在从俄国大撤退时曾参加过拿破仑的军队的司汤达专门著书论述他的性格；拜伦在时而称赞他，时而谴责他之后，最终对他的去世深表哀悼；歌德说他无法仇恨这个敌人；贝多芬将自己的第三部交响曲献给了波拿巴，只是在他从军人突然变成皇帝之后，贝多芬才收回给他的颂辞，但“英雄交响曲”的名字一直流传至今；拉马丁、曼佐尼、雨果和许多文人写了颂扬他或对他的行为表示忧心的诗篇；柏辽兹受波拿巴率领大军跨越阿尔卑斯山壮举的激发，创作了一首音乐作品，其中一些部分载于现存的《凯旋交响曲》和《感恩赞》中；无数画家描绘了他，靠发挥想象力在一幅幅画布上展现了他的许多决定性战役的辉煌场面。拿破仑的丰功伟绩遍及全欧，这个征服一切的英雄是进军中的人类的杰出代表。

黑格尔在《历史哲学》一书中把这种角色称为“世界历史人物”，指一个在某一特定时刻体现了他的时代的广泛意志并神秘地被授权执行这种意志的人。一种来自群众，逐渐积聚的力量解释了为什么每隔一段时间就有一个本来是普通的人会变得如同超人，他能改变社会的面貌，尽管原先所有这方面的努力都遇到了坚如磐石的抵抗。由黑格尔来描绘这幅肖像最合适不过了，因为他有亲身经历为凭。拿破仑在地上向胜利进军时，他正躲在耶拿的地窖里。尽管拿破仑最终被拉下台时，整个欧洲都像他曾经预言过的大大松了一口气，但是人们放心宽慰之余，并未抹去对他的记忆。对大多数思想家和艺术家来说，他依然是一位天才，他们从他身上看到了他们自己的影子并为之欢呼，但他们所欢呼的不是作为个人的他们，而是他们争取成就的驱动力。几乎所有人都对这位英雄的黑暗面——他的弱点、一些被人称为罪行的错误和他的毁坏力——深感痛心。可是，他的另一面依旧是光明的。他绝不是只顾发战争财的一般征服者，而是建立了新欧洲的人。他的广泛影响、他的高效率管理、他颁布的法典、他在艺术和科学方面的积极作用，甚至他残忍但崇高的野心，都显示了他的英雄性格。

这些褒贬不一、零零碎碎的印象在拿破仑垮台后所作的反思中得到了证实，他的回忆是由流放地圣赫勒拿岛上的同伴收集发表的。一些敌人对他的仇恨因此烟消云散。

在中欧，他建立了良好的道路网，改善了港口，尤其是把多如牛毛的国家从300个减至36个。人们对这些好处心怀感激，因为此举彻底铲除了封建残余。他对君主王公的睥睨使人永远把他视为人民的捍卫者。今天，全世界似乎仍站在他一边，而不是站在威灵顿一边，因为无论在哪里，滑铁卢都代表着失败而不是成功。

滑铁卢之败的意义超出了政治方面，它使拿破仑作为英雄的理想形象增加了一个层面。生活是悲剧性的，所有英雄都逃不出命运的捉弄。对这一点的事先认识反映了浪漫主义对人的观念——人既伟大，又软弱，其软弱常常是邪恶所为。一些天性特别敏感的人从他们的艺术生涯初始就意识到这种宿命的无奈，其中一个常常被视为最典型的浪漫主义者，并通过作品和自己的生活实践生动地体现了这种意识。他就是青年诗人——

拜伦

他以自己的言行像拿破仑一样给人们留下了永不磨灭的印象。拜伦主义成为西方思想史上一个阶段的名称，它的组成部分包括勇敢、反叛、忧郁、自责和对灾难的想象。拜伦的故事和话剧中的主人公与他本人一样，是伟大和失败的生动体现。1812 年，他发表了《恰尔德·哈罗德游记》的头两个篇章，一时声名鹊起。这并非偶然。在此之前的 10 年里，英国人一直害怕外来入侵。在英吉利海峡对面，波拿巴驻扎着一支装备有气球的讨英大军。英格兰西部谣传四起，说波拿巴的军队在夜间已经登陆侦察。焦虑与仇恨引起各种传闻和报道。就在这个时候，出现了这部用流畅的诗句撰写的故事，讲述的是一个年轻人在欧洲南部边冥想边悠闲地旅行。主人公的名字恰尔德[1]暗示了一个年轻的游侠骑士，他喜爱艺术和大自然，所到之处的描写使读者觉得自己的情感也在随他一起变化起伏。对被困的英国人来说，诗中景色的变化俨然像打开了一扇窗户，吹进了新鲜空气，让人看见晴朗的天空。可以把这种享受称为逃避，不过它好比战俘脱逃获得自由，而且不是遁入幻想中的仙境，诗中描写的是欧洲的一些地方，谁都知道它们的确存在，很多人都去过。

《恰尔德·哈罗德游记》是拜伦式英雄的第一幅素描。此后，他很快又写出了《海盗》《异教徒》《阿比多斯的新娘》和其他三首故事诗。在这些作品中，他的英雄开始定型，尽管在不同的作品中形式稍有不同。欧洲各地的读者都如饥似渴地争阅拜伦的这些诗作。这些传奇故事的主人公都有一个令人感到可亲可爱的特征，那就是他反叛现

1. Childe，与英文中“孩子”（child）同音。——译者注

行制度，或者正在成为叛逆者。学生、知识分子和艺术家都是天生的叛逆者，他们在波拿巴所到之处都尝到了他建立的自由制度的甜头。随着时间的推移，1815 年实现和平之后掌权的镇压性政府夺走了人的权利，躁动不安的人们从拜伦笔下强壮、深沉、恩怨分明的强盗兼冒险家身上找到了自己的代表；拜伦式的英雄对敌人残酷无情，尽管热爱女性，但是并不对她们百依百顺。女性读者同样心怀钦慕。对她们来说，作品中笼罩的邪恶和挥之不去的罪恶感造成了阴沉惨淡的感觉，这是造就具有诱惑力的亲密的点睛之笔。各种诗歌和小说纷纷推出拜伦式的英雄，他们的魅力持久不衰。艾米丽·勃朗特的《呼啸山庄》中的希斯克里夫、乔吉特·海尔的摄政王时期的小说，以及通俗言情作品和电影就是这方面的明证。

不过，正如上面所指出的，浪漫主义者关心的不只是一个问题，拜伦的作品就充分证明了这一点。他的爱情诗、政治诗、《威尼斯颂》、《塔索的悲叹》和《梦》这部令人神往的作品表现了他丰富的思想。他还有另外一个为今人所喜爱的特点：诗人拜伦一生自始至终都是讽刺家。他以抨击“英格兰的吟游诗人和苏格兰的评论家”开始，以《唐璜》结束。这部杰作是与两篇类似的讽刺文同时写成的，其中描述了生活的种种表现，时而滑稽，时而悲惨，妙语连珠，挖苦嘲讽。在感情正激动或情节正紧张的时候，忽然笔锋一转，变成发表评论，针砭时事或自讥自嘲。这是浪漫主义的一种手法，在《唐璜》中，由于对双音节步韵的精湛运用而增加了力度。这首史诗没有完成，因为拜伦认为帮助希腊人赢得独立更加重要。他在迈索隆吉翁死于热病，年仅 36 岁。

在关于拜伦的各种传记中，他婚姻的失败与他同女人的情爱关系完全占据了人们的注意力。关于他生平的书籍层出不穷，他与苏格兰的玛丽女王和拿破仑属于同一类，是后人永远说不尽的话题。但是，人们对拜伦的“罗曼史”过于好奇，却忽略了他与同性朋友的友谊以及他从事的活动。在这种关系中，他冷静过人，判断准确；在希腊，他表现出出色的组织能力；在英国议会上院，他像政治家一样口才雄辩。他大声疾呼反对严惩“卢德分子”，即由于机器的使用失业，愤而捣毁机器的工人。最后，拜伦像司汤达一样，是注重事实的批评家，还是一流的书信作者。在莎士比亚与蒲柏之间，拜伦更喜欢后者，并且说他自己的诗不值一提，不过里面的历史细节还是真实可靠的。[参阅由雅克·巴尔赞（Jacques Barzun）编写的《拜伦书札》（*The Letters of Byron*），书中概述了他的生平和见解。]

※

本书开始介绍浪漫主义运动时，指出卢梭的《爱弥儿》通过阐明宗教信念而震撼了19世纪许多人的心灵。该书的其他部分对教育也具有同等影响力。卢梭认为，培养好一个孩子可以造就一个成功的共和国所需要的“人和公民”。这是一种有责任心的自由人，他们享受的不是没有文明艺术和科学的自由，而是没有旧制度那种虚伪做作和不平等的自由。后来，旧制度被摧毁，于是制定完美的教育计划对从事重建工作的人来说更加成为燃眉之急。除了政治目的之外，还加上了新时代所特有的爱的冲动——对个人的同情和慷慨。而当所涉及的个人是孩子的时候，帮助他们的愿望就更加坚决。19世纪20年代和30年代，有三位思想家几乎同时提出了新型教育的主张。其中热情最高的是弗里德里希·福禄培尔。他信奉卢梭所倡导，今已得到普遍接受的观点，即真正的教育是个人的充分发展，通过从事自由但又有人引导的活动来发展天赋才能。他自己不幸福的童年与这一理想恰恰相反，这反而令他更加勇于创新，发愤图强。

福禄培尔的继母歹毒刻薄，父亲不闻不问，身边又没有玩伴。在这种环境中长大的他情绪多变，适应不良，做事没有常性，叛逆而且霸道，人见人厌。他识字很吃力，被认为愚笨不可造就，遂被送去当伐木工学徒。他对大自然的热爱成了他躲避羞辱的庇护所。一个兄弟为他打开了智慧乐园的大门，把他从自杀性的绝望中拯救出来。他在哥廷根大学学习之后，成为浪漫主义教育学的另一位理论家裴斯泰洛齐的助手。福禄培尔先为他五个失去双亲的侄子建立了一所学校，其纲领是要“教育人成为自由人”。他否认原罪的存在，坚称所有社会邪恶都源于教育不得法，并认为，除了母亲的哺育之外，孩子成长中的最大需要是自我表达。福禄培尔在著述中掺杂了一些完全无关的奇思异想，加上他性格孤僻古怪，对他的所有努力造成了妨碍。

然后，在年已 55 岁仍一事无成的时候，他发明了幼儿园。幼儿园起初是为穷苦孩子开办的，他感到终于找到了自己的归宿。他给这个新办的机构起了一个令人难忘的名字——Kleinkinderbeschäftigungsanstalt[1]。直到 3 年以后才偶然想出了幼儿园（Kindergarten）这个名字。爱好大自然的福禄培尔认为，儿童如同一株植物，应让其自由成长。福禄培尔这个发明很快得到效仿。母亲的作用开始得到重视，编写了很多儿歌，“表现世界大同”的玩具作为礼物赠送给孩子们。福禄培尔把剪纸、橡皮泥、编织和“玩手指”游戏编进教程。这些教学内容看来无伤大雅，但是却遭到了强烈反对，幼儿园只好关门。福禄培尔设法找到冯·马连霍尔兹-布洛夫男爵夫人做他的赞助人。她在国内外四处发表演说，宣传他的发明，并到伦敦将狄更斯争取了过来，成为一名支持者。到了世纪中叶福禄培尔与世长辞的时候，尽管幼儿园在俄国被视为具有颠覆性而禁止开设，但是在美国却取得了长足的进展，先是在威斯康星州的沃特敦开设，然后发展到波士顿，这完全是伊丽莎白·皮博迪积极活动的功劳。20 年之后，幼儿园发展到了纽约。

1. 可大致译为“为幼儿所开办的机构”。——译者注福禄培尔曾在裴斯泰洛齐手下当过一段时间助手，把他视为恩师。裴斯泰洛齐也是卢梭的狂热信徒，因此，他们两人其实是受同一来源的启发，而不是其中一个启发了另一个。裴斯泰洛齐先出版了他的理论，在整个西方久负盛名。他的实践工作始于1798年，当时法国军队摧毁了瑞士卢塞恩湖畔的一个村镇，弃下大批孤儿无人照料，人数远远超过了福禄培尔的五个侄子。裴斯泰洛齐为他们提供食宿，在他们身上试验他的学说。他的学说古来有之——教事物，而不是词语；用大师的话说，要教的是"活着的生灵而不是死去的人物，信念与爱的行为而不是深奥玄妙的信条，实质而不是幻影"。

后来，法国人又回来了，赶走了裴斯泰洛齐。于是他去别处开了一所学校。开始也遭到了通常的反对，但是，在短短不到6年内，他就获得了巨大成功，引起人们的惊异和赞许。他的方法是任学生自然发展，心智作为一个有机的整体随年龄增长而发育；顺应自然，直接用感官进行观察，老师只加以引导而不是填鸭式地强灌知识。这些人们今天耳熟能详的观点当时被认为是翘盼已久的解放。这种现象在历史上一再重现，最后导致了自己的失败。在福禄培尔和裴斯泰洛齐的努力之外，前面提到的巴伐利亚小说家，"独一无二的让-保罗"，写了厚厚的一本书，对卢梭及其追随者的理论中关于老师的作用提出修改。他认为，卢梭式的老师过于消极，老师应该积极地超越现状，努力实现理想中的目标。

里希特尔辞世30年后，在大洋的彼岸，一位任美国马萨诸塞州州参议员的青年律师应邀出任新成立的教育局局长。虽然他从未思考过教育问题，但还是接受了这个机会，把所有法律书籍都卖掉，并不顾朋友的劝阻，放弃了法律事务所的租约。他就是霍拉斯·曼。在从政期间，他就一贯坚守原则；他后来形成的一套教育思想综合了政治和道德的内容。他关心的不是改革教育，而是倡导教育。如同杰斐逊早些时候为弗吉尼亚州立法时提出的那样，曼认为教育与共和国息息相关。这又与卢梭的理论相同，不过它可能是曼自己自发的信念。知识必须广为传播，自由开放，向全民普及，这样才能造就自尊自立的人。没有这样的人，任何宪法、权利和司法制度都是不可能长久的。曼深深地意识到美国人民族裔和传统的多样性，不管是世俗的，还是宗教的。公立学校必须通过他所谓的“公共哲学”来培养一种共同感，这种哲学尽管尚未编写出来，但是它显然要以公民学、伦理和历史为基础。

在这些前提的基础上，曼写了 12 份报告，提出并阐述了自由教育的计划，从向学生介绍优秀著作到教授声乐，强调阅读、算术和写作三项基本功，再加上人体生理学（用我们今天的术语来讲就是卫生教育）。要实现他制定的头脑好、身体好的标准的第二点，校舍必须通风、清洁、采光好。虽然曼实现了他的各项目标，成为美国教育史上的重要人物，但是，今天却有人指责他要求太低：为什么不实行免费高等教育？为什么不规定只能有公共教育？这第二条批评也许会得到重新考虑。无论如何，对曼的思想加以评判的时候，应当考虑到 19 世纪 40 年代的社会和政治状况。当时社会上还指望孩子帮助父亲干农活，而当农民的父亲觉得读书毫无用处，立法者并不喜欢用公款来办学。曼呼吁建立免费公立学校的论点同共和国制度下的权利与义务是密不可分的。这也提醒我们，在 1840 年的世界里，并不是所有政府都实行了共和制，很少国家制定有宪法，1789 年在法国宣布的权利当时被欧洲和其他地区的许多人认为已被废除，一去不复返了。

横断面：1830 年前后巴黎所见

如果前面对浪漫主义的灵与智所作的概括和说明尚属准确恰当，

那么，读者应当得到这样的总体印象：在浪漫主义作品中，思想和感情融为一体；浪漫主义执着于探索与发现，哪怕犯错误，冒风险，甚至失败都在所不惜；宗教感情与生俱来，必须表达；神灵确实存在，但所置的地方不同，而且在哪里并不重要，通过大自然或者艺术均可接触上帝。人必须根据自己的知识和判断采取行动，因为如同20世纪的存在主义者所说，人是积极参与的。要有所作为，热情就必须战胜漠然或绝望，冲动必须遵从想象和理性。求索的目标是真理，而真理寓于具体事物当中，而不是在于泛泛之论；世界比任何一组抽象的概念都要庞大、复杂得多，而且它包括过去，因为过去是永远不会完全消失的。通过对过去和现在的沉思，认识到人既伟大又可怜。但是，英雄是实实在在、不可或缺的。他们来自人民，而人民的灵与智是构成高级文化的基础材料。英雄和人民历经坎坷找到了知识、宗教和艺术，人生本身就是一出壮丽的悲剧。

在经历了25年的斗争和怀疑之后，浪漫主义时期就是抱着上述这些自觉或不自觉的认识从事重建文化的工作的。到了1830年，基础已经整平。正如缪塞所说："旧的都已清除，新的尚未建立。"实际上，这个时代并不缺乏有独到见解的伟大思想家，他们在政治、经济和科学领域的思想和行动从一开始就受到了注意，直至今天成为高级文化的内容。

19世纪20年代和30年代的巴黎明显地成为国内外艺术家和作家的荟萃之地。也是在30年代期间，涌现出了第二代浪漫主义者的领袖。不过，先要来看看巴黎市本身。假使当时有人乘坐气球飞越巴黎上空的话，他根本看不到今天连从未到过那里的人都耳熟能详的标志——没有埃菲尔铁塔，没有协和广场，只有一大片沟壑纵横的泥地，中间找不到一块方尖碑。香榭丽舍还只是一条很宽的泥路，末端只有一些石头墩子，那是尚未完工的凯旋门。

污浊不堪的塞纳河从城市中心穿流而过，河上挤满了驳船、浆洗船，以及停泊在尚未砌上石块、高低不平的河岸边的浮动式水上浴室。14座桥横跨河面，这个数目大约为今天数目的一半。其中一些桥上还沿桥盖了一些房子或店铺。卢浮宫几近完工，里面摆设了一些艺术作品，一些艺术家在里面住宿，还有一些房间由政府用作储物室。对面的杜伊勒里花园里有一座宽敞的宫殿（现已被毁），里面住着复辟的波旁国王查理十世。旁边的德里沃利大街像今天一样通往皇家大道，路的尽头还看不见建筑风格像庙宇般的马德兰教堂，只有刚刚奠定的地基。不久之后，投机土地的人们（其中包括巴尔扎克）将竞相争夺周围的地皮，因为从巴黎至圣-日耳曼的第一条铁路即将开通，他们都认为将要在那里建造火车站。当时还没有设想过要建造宏大的歌剧院。至于另一座纪念碑——用战争年代缴获的大炮铸成的纪念柱，它依然耸立在旺多姆广场，但柱顶去掉了拿破仑的塑像，改为一朵硕大的鸢尾花。

走小路十分危险。其中多为隘巷，不少是死胡同，且大都没铺路面，两边也没有人行道。相当一部分横街小巷当中都有一条古老的污水沟，供道路两旁的住家每日倾倒脏水。简言之，当时法国首都的相当一部分地区仍旧是最初时的那个杂乱无章、拥挤不堪的小镇。曾经去过干净、卫生的米兰的司汤达就总是咒骂巴黎到处都是黏糊糊的污泥，树木稀少。巴黎周围的城墙限制了它的向外发展，直到19世纪40年代中才将城墙外移，把周围的村庄纳入都市的范畴。而在那以前，肖邦和维尼去蒙马特探访柏辽兹就算是到乡下郊游了。

即使如此，巴黎还是显露出一些进步的迹象。在长期遭受忽视之后，楼房开始被刷洗一新，主要街道的路面全部铺齐。开辟了新的住宅区。维克多·雨果就搬到埃图瓦勒附近的一个新区去住了。12 000盏路灯改用煤气，取代了冒浓烟发怪味的灯油。两项发明开始一点点地得到实施，它们是刚由约翰·麦克亚当发明的铺路法和使用公共马车的公共交通。人口在30年内几乎增加了50%，达到78.6万人，这个城市越来越需要现代式的住房——高大的公寓楼。虽然楼里的房间布局很差，但总的来说已经是一大进步，各社会阶级在其中混居，就像在大街上或者市里的14家剧院里一样。大楼的底层也许是一家店铺，店主同家人、仆人和学徒都住在里面；上面的二楼住的是有钱人；再往上一层则是“小康人家”住的，如一对退休的夫妇或是领取养老金的将军；店员或手艺人（不是工厂里的工人）住得更高；最上面的阁楼里则可能住着制帽女工和饥肠辘辘的诗人，他们俩挤在一起，相互分担彼此的困苦。

对那些组成所谓的全巴黎（Tout Paris，不是指所有巴黎人，而是指文化界举足轻重的人们及其追随者）的巴黎人来说，三件大事使1830年成为令人难忘的一年。第一件大事发生在2月间，是由法国新青年（或称才俊青年）对卫道士发起的“《欧那尼》之战”。在雨果的《欧那尼》话剧首演那天，青年诗人泰奥菲勒·戈蒂埃身穿红色马甲作为招引大军的旌旗，指挥着他的斗士占据了剧院的重要地形，以确保演员不会被观众嘘下台。此前，人人都听说了浪漫这个字眼，这种手法到了法国新青年手里就意味着冲破诗歌的条条框框，摒弃舞台上的高雅语言。当晚的演出造成了巨大的震撼：句子不按意思来分行押韵，而是直接连着下一行，挤掉了当中的停顿；优雅的吟诵没有了，变为结结巴巴的念白。更糟糕的是台词不成体统，下里巴人挤掉了阳春白雪。一个角色在某处说道：“现在是半夜了。”而不是用婉转的方式加以表述。连手绢这种不检点的词居然也说了出来，听在观众的耳朵里如同炸雷一般震耳欲聋。

那次危机发生很久以前，一向稳重的观众就已经对这种新戏剧喝倒彩（在法国是吹口哨）、顿足、高喊“谋杀”。与此相对应的是年轻的文人学士的阵阵掌声，加以高声回骂。剧院二楼前排坐着一大批备有带线鱼钩的人，随时准备把下面坐着的资产阶级观众的假发钩掉。法文中假发（perruque）一词的词义因此而引申为“知识或艺术方面的死硬派”。青年军首战告捷，次日的演出又获全胜。顺便提一下，欧那尼是一个强盗，他赢得了一位同时被一个贵族公子和一个国王追求的侯门淑女的芳心。在观众中的青年艺术反叛者眼里，这个最终做出了高尚牺牲的拜伦式英雄就是他们的手足，而这出话剧就像活生生的寓言故事一般。

第二件使人感到解放的大事发生在同年 7 月底。由于连续两任波旁国王尽力恢复旧制度的形式与权力，结果发展成对新闻出版实行检查，以压制各种抗议之声。这种压制最终引发了火山爆发。经过三天的搏斗，推翻了法国国王查理十世，立其堂弟路易–菲力普为法国新国王，以此来暗示一国之君须为其行为负责。这次起义有一位银行家和其他受人尊敬的公民撑腰，有记者从旁助威，由学生和工匠参加战斗。起义的信号是高唱（在此之前一直被禁的）革命歌曲《马赛曲》和高举鲜艳的三色旗，取代原来的白色旗。在德拉克洛瓦绘制的《自由领导人民》中，飘扬的三色旗处于中心的位置。那幅画并不完全是宣传作品。画中，象征自由的女子昂首挺胸，大步向前，身旁一个栩栩如生的街童手持着枪，站在被战火摧毁的颓墙断壁之中。在这场战斗中，2 212 人丧生，5 451 人受伤。起义军筑起了 4 054 座街垒，共用了 812.5 万块石头，都是从路上撬起来的。原本不结实的路面和狭窄的街道成了他们的天赐武器。

起义爆发之日，一位年轻的积极分子正和其他一些竞争对手被关在法兰西学院里进行角逐罗马奖的作曲比赛。当他正午时分走出来的时候，恰好看见一群人在街头交谈，遂上前跟他们打招呼，率领他们唱起《马赛曲》来。他的名字是——

柏辽兹

是他造成了那一年第三件惊天动地的大事，不过那是当年12月，也就是4个月以后的事了。当时，他年方26岁，6年前从老家，阿尔卑斯山附近的一个村庄，来巴黎学医。他的父亲就是医生，家庭经济富裕，备受尊重。家里希望柏辽兹这个孩子早年显露出来的弹奏和作曲的才华只作为他的业余爱好。但是他到了巴黎之后，只顾着上歌剧院听格鲁克的曲子，没有时间学医。音乐界的耆宿勒絮尔收下了这位20岁的弟子。当柏辽兹因疏于学业而引起家人极力反对时，这位原来皇帝的宫廷作曲家向他们苦苦恳求千万不要耽误了柏辽兹的远大前程。

接着，柏辽兹进入音乐学院就读，一边忍受着同父母的紧张关系——生活费时寄时停——一边跟着教程刻苦学习，每年都得参加争夺罗马大奖的比赛。今天，柏辽兹一些当年三次都未能获奖的作品在世界各地的音乐厅广为演奏，可以想见，他采用的独到创新的手法曾使当时的评委大惑不解。1830年，他终于赢得了大奖。与此同时，他又谱写了三首前奏曲、两首大合唱、一首安魂曲、一部歌剧的若干乐章，外加一部由五个乐章组成的交响曲，他希望在赴罗马长住两年之前，这部交响曲能得到演奏。他把这首交响曲命名为"幻想交响曲"。

他与歌剧院和别处的音乐演奏家广交朋友，他们都愿意演奏他的作品。这时他已经开始撰写音乐评论文章，因此发现了新闻的威力。圣伯夫告诉我们，在那个时候，报纸的发行量不大，读者就像一家人一样，人人都知道正在发生的事情。柏辽兹考虑到这一点，便为自己的交响乐撰写说明，用文字将几个乐章连接起来，编成故事。它有一种自传的味道，因而引起了人们的好奇。其实，这部交响曲并不是叙述诗；音乐是不能讲故事的。里面的五个乐章表达的是不同的情感：第一乐章表达的是对爱情的憧憬，第三乐章描绘了美丽的田园风光，其他的乐章则充满了动作——华尔兹舞曲、进行曲和巫者之舞。

柏辽兹在《幻想交响曲》中使用了这样一种音乐手法：他确定了一个主题，同每个乐章的音乐或是融为一体，或是形成对比；正是这一纯音乐的手法使人相信他的交响曲讲的是一个故事。这种创新手法为后来被称作“交响诗”的体裁提供了模型，使后来的作曲家得以谱写出像《塔索》《但丁》《堂·吉诃德》或者《英雄的一生》这样的作品。这些“故事”被人们自然而然地接受了。但是柏辽兹把音乐和节目单说明结合起来的做法造成了一个不幸的后果，它创造了“节目单音乐”（标题音乐）的神话，使人认为一些音乐是“纯音乐”，是独立的，而其他一些音乐则是“文学音乐”，需要书面印刷的文字相助才能理解和欣赏。其实这种区别是凭空想象出来的，后面的章节讲到晚些时候的情况时将会提出此说的论据；晚些时候出现了一种教条，规定所有艺术都要“纯粹”，禁锢了艺术评论家和美学家的心灵。这里只需指出，柏辽兹的第一部交响曲过去和现在都是纯音乐，因为以能够辨认的方式组合而成的音乐性声响只能是音乐。一部音乐作品可能通过给它贴上的标签与某种其他东西建立联系，但这并没有改变它的特征，而且这种联系可以随时不予考虑。

同时，纯粹和节目单这两个词造成的混淆提醒人们注意音乐史上的一个重要事实。从《英雄交响曲》开始，贝多芬的各部交响曲听众初听时都觉得深奥难懂。于是，能听懂这种音乐形式的内行就撰写评注，帮助茫然的听众理解音乐。既然贝多芬的交响乐目标宏大，效果感人，那么最好的办法就是编出一个有人物有情节的故事，如同人们所熟悉的歌剧一样。为一部交响曲提出的“情节”不必同音乐完全吻合，只要暗示某些章节的意思，就能让听众尽情发挥想象力了。贝多芬的早期崇拜者之一是 E. T. A. 霍夫曼，他是一名指挥家兼作曲家，不过他的精彩经历（奥芬巴赫从他的故事中取材创作了大型歌剧《霍夫曼的故事》）反而掩盖了他作为歌剧作家的才华。他为贝多芬的交响曲编写节目单解说词，开了这种做法的先河。接着，舒曼、李斯特、柏辽兹、瓦格纳和许许多多的后来者都为自己谱写的音乐编配上剧情。到了 19 世纪最后的三分之一时期，公众已经完全习惯于在听一首器乐曲的时候，根据它的标题进行联想，或先听作曲家介绍创作该曲目时自己的想法、参考的书籍，以及创作的场所或缘由。今天，聪明的听众不会去猜想德彪西在创作《从黎明到正午的海上》的时候，面前是否摆着一份分小时的时间表。然而，他们心里依然会怀疑这是一首标题音乐。1830 年 12 月的大事是非凡之举，为节目单说明的撰写人树立了绝妙的榜样，从此以后他们就不厌其烦地一再承袭。

柏辽兹说自己继承了贝多芬未竟的音乐事业。他的意思是，由贝多芬创始的器乐曲的连续表现艺术（贝氏称之为“诗歌化”）是浪漫主义派对音乐的贡献。柏辽兹认为，自己的使命是通过增加表达的方式来进一步发展这种艺术。他打破了旋律中“四个和谐”的常规，摒弃了僵硬死板的节奏以及千篇一律的和声程式。他不仅扩大了音色的使用来增加音调色彩，而且还使之成为结构和对位效应的要素，同时又没有放弃他所崇拜的大师们——格鲁克、施邦蒂尼、韦伯和贝多芬——业已运用的办法。柏辽兹的风格自成一体，这一点是毫无疑问的。《幻想交响曲》中女巫横冲直撞的声音或《哈罗德在意大利》中强盗大逞威风的意境是史无前例的。［欲了解这方面的技术分析，可读布赖恩·普里默（Brian Primmer）的《柏辽兹风格》（*The Berlioz Style*）。］

新音乐并不光是喧闹热烈。诗人威廉·欧内斯特·亨利在《浪漫主义注评》里说“1830 年意气风发的青年”群情激昂，“痛恨节制”，决心“返回真理与大自然”。这个说法貌似有理，但将两件事混为了一谈。在伟大的艺术时代，聚集在一起辩论和竞争的艺术家确实会热血沸腾。但是，这种“疯狂”，如同《欧那尼》和《幻想交响曲》等作品所掀起的兴奋一样，并没有改变艺术创作永恒不变的规律。长时间单独埋头苦干，获取大量知识，长期的思考和修改——所有这些因素汇总起来，才能提高对艺术的掌握。

柏辽兹的第一部巨作问世10年之后，他又出了五部作品：《哈罗德在意大利》、《安魂曲》、歌剧《欢迎切利尼》、戏剧交响曲《罗密欧与朱丽叶》（年方26岁、初到巴黎的瓦格纳曾被它深深打动）和受拿破仑的启发而作的《葬礼和凯旋交响曲》。在他生命的后30年中，他在欧洲各地指挥自己（和贝多芬）作品的演奏。他向整个音乐世界教授浪漫主义音乐的实质和诗意，这方面的努力全靠他自己，没有经理人，也不拿补贴；同时，他还为巴黎最大的报纸撰写音乐评论文章，又尽力创作出另外五部大作，其中包括史诗音乐剧《特洛伊人》。他死于普法战争前夕，从而幸免了战乱的疯狂和艰辛。

从他没有明显的继承人这个意义上说，柏辽兹没有形成自己的流派，这是他风格独特和教授广博的结果。他在旋律上的创新是无法仿效的，范·迪埃伦评价说这是继莫扎特之后最伟大的成就。罗伯特·克拉夫特说：“柏辽兹靠他的旋律进入了20世纪。”这表明他带来的解放涉及面之广，超过了他的同代人所能利用的发明创新，例如，使用线间空白来修饰音色。但是，研习作曲者发现他的乐谱和《配器法》不仅仅是实际指南，而且是音乐美学，其中没有规定一套必须遵从的体系，而是提出可以进一步探索的一种观念。同样，除了其他作曲家（尤其是瓦格纳）所借用的一些主题与和声之外，真正对研习者影响至深的并不是乐谱和配器，而是柏辽兹进行创作的方式，他利用音乐要素创作出象征性的艺术语言，那些表意丰富的转折和附加旋律诱使别人忍不住自己也一试身手。在任何艺术中，感染力最大的是风格。这一点是千真万确的。

※

在1830年这个不平凡的年度前后的几十年里，大多数巴黎人耳闻目睹的许多事情无疑比任何艺术事件都有意思得多。在西班牙、葡萄牙、那不勒斯、教皇国、波兰和美国南部等许多地方，叛乱的硝烟四起；比利时揭竿而起反对荷兰，不久后成为独立国家；德国发生了暴乱；在英国第二大城市布里斯托尔，即将通过的《改革法案》引起了暴力冲突；路易-菲力普统治的法国新政府尽管征服了阿尔及利亚，将它收为殖民地，而且还在组织外国军团，但是有整整两年的时间，它一直在与罢工的里昂丝织工人纠缠。

在首都巴黎，源于远东并横扫欧洲的霍乱已经开始肆虐。它会用一种戏剧性的，可以说是浪漫主义的方式进行袭击——在歌剧院举行的舞会上，有人会突然一声大叫，继而瘫倒在地，顿时毙命。致死的直接原因是虚脱。苏格兰的一位内科医生发明了一种疗法——喝一杯盐水。不过，这种疗法只是在当地流传。在巴黎，尽管各种偏方数不胜数，广受人民爱戴的首相卡西米尔·佩里耶仍然死于此病；在柏林，黑格尔也因此倒下。[参阅诺尔曼·龙梅特（Norman Longmate）所著《霍乱王》（*King Cholera*）。] 与此同时，巴黎人又掀起了一波英国热。英国摄政王的行事之道成了人人争相模仿的榜样。像所有摄政王时期一样，这个时期道德弛荡，奢侈浪费。娱乐成为首务，因为乔治五世和他的宫廷需要娱乐。他们开始搞更多的赛马"会"，把拳击提升为最时髦的观赏活动之一。在英国南部海滨城市布莱敦建造了一所豪华的庭宇和一座伸出海外的码头，作为各种娱乐活动，包括洗海水浴的场所。海滨胜地纷纷建起，而内地的巴斯则成了社会渣滓、流氓赌棍麇集的地方。[若想阅读这方面的叙述，请看狄更斯的《匹克威克外传》（*Pickwick Papers*）第25章。]

接着出现了花花公子时尚。这个别致的发明是布赖恩·布鲁梅尔的功劳。他并非贵族出身，是一个上等仆人的儿子。作为摄政王的朋友，他硬性规定了一套新颖独到的男士时尚和行为。花花公子常被人与 18 世纪的纨绔子弟混为一谈，实际上正好相反。花花公子毫不炫耀招摇，穿着朴素低调，但又十全十美：一针一线、每一个衣褶都恰到好处，头发一丝不乱。他并不以妙语连珠、风趣诙谐的表现让周围的人为之倾倒，而是寡言少语，沉默庄重，好像生怕过于活跃会弄乱他的领巾似的。不过，他虽然不苟言笑，活像从时装画片上走下来的模特儿，但不时也会冒出几句伤人的妙句。[参阅埃伦 · 莫埃斯（Ellen Moers）所著《从布鲁梅尔到比尔博姆的花花公子时尚》（*The Dandy From Brummel to Beerbohm*）。]

在法国，很快就有人起而效仿，出名的有多尔赛伯爵和著名诗人缪塞。采取这种做派的唯一一个英国作家是小说家布沃尔–利顿。对艺术家来说，它向资产阶级的礼仪提出了挑衅，甚至表现出蔑视。布鲁梅尔原先的风格很难一直维持。但是，当他的风格同过去的社交要素——贵族的优雅和上层资产阶级的诚挚——结合起来的时候，就帮助形成了绅士的理想形象：如同花花公子一般潇洒冷静，但比他更加温文尔雅。[参看哈罗德 · 尼科尔森（Harold Nicholson）所著《高雅行为》（*Good Behavior*）。]

在英国的其他时髦中，法国采纳了赛马并成立了赛马俱乐部。青年人乘坐着轻型马车到处游玩，这种马车以山羊（cabriolet）命名（后来美国英语中的出租车俗称“cab”，就是由此而来）。如果要严格符合社交礼仪，他们还需让一个男孩，有时是一个黑人男孩，坐在马车背后。不知出于何种原因，这种孩子被叫作“老虎”（tiger）。至于着装，法国人改良了花花公子风格，身穿色彩鲜艳的紧身短大衣招摇过市，尖尖的领子竖起直抵下巴，裤腿用一条蹬在脚底的带子绷得紧紧的，头戴擦得锃亮的高帽。当局称这种服装体现了“本世纪第二个时装独创时期”。一个真正的进步是，由于这种衣着太过死板，没法给孩子穿，于是孩子们不再穿得像小大人一样了。

不太时髦的娱乐也同样存在并颇受欢迎。三大天才——贝利尼、罗西尼和多尼采蒂——谱写和制作了大量意大利歌剧。他们的音乐使司汤达心醉神迷，就像他过去聆听到他们的先驱西马罗沙时所感觉的一样。在这些作曲家的启发下，他写出巨著《罗西尼的一生》，再现了整个这个音乐流派所创造的气氛。意大利歌剧的迷人之处在于其无穷无尽的旋律，抒情性大于戏剧性，但是又变化多端、生动活泼、易于记忆。它表述人物和场景，但并不强调忧郁的一面。例如，贝利尼的《罗密欧与朱丽叶》与莎士比亚的同名话剧不同，是音乐喜剧。多尼采蒂在 19 世纪 40 年代中叶因病无法继续作曲之前，本来在朝着悲剧风格发展。他那类作品故事的展开胡编乱造，处理方法异想天开，结果没能流传下来，致使许多美妙的音乐无人知晓。罗西尼的一些歌剧剧名得以留存全靠其中的前奏曲。在这个时期，歌剧里的前奏曲正在成为另外一种独立的音乐体裁。

柏辽兹的《幻想交响曲》曾在法国国家音乐学院的音乐厅里演奏过。别处的听众，如歌剧院的听众，也许会说，1830 年真正的音乐大事是奥柏在布鲁塞尔上演的新歌剧。这部歌剧讲述的是 17 世纪那不勒斯一位名叫马萨尼尔罗的叛逆者的悲惨故事，上演之后，它在比利时激起了叛乱的燎原烈火，最终使比利时摆脱了荷兰人的统治。正巧，歌剧的最后一幕表现了维苏威火山的爆发。这部歌剧获得了不同寻常的艺术成功之后，梅耶贝尔的《魔鬼罗伯特》次年在巴黎首演。回想起来，这是第一部被称为大歌剧的作品，因为全剧既规模宏大（分五场），又奢侈豪华（道具用天鹅绒和黄金制作）。这部新作品庄重严肃，但虚假做作，可是观众信以为真，因而广受欢迎，成为作曲家和歌词作者争相效仿的榜样，直至后来瓦格纳另辟蹊径。歌剧中充满抑扬顿挫的咏叹调和激动人心的宣叙调，使歌唱家有机会通过表演给观众留下悲剧的印象。

为了使场面逼真，运用了新的道具。家具、地毯、木门、圆柱、回廊、墓碑全都货真价实（后来还发展到将活山羊和真正的瀑布搬上舞台），不由人不信。由于舞台上装了地板门，剧中人物能在云雾中突然出现或消失得无影无踪，新的汽灯照明使日间时辰随意变化。在《魔鬼罗伯特》首演当晚，一片云彩掉落下来砸到女芭蕾舞演员身上，男高音又掉进了地板门。不过，他们没有受伤，又继续演出，赢得观众热烈的掌声。在这个世纪，各种风格形式的歌剧占了主导地位，而由歌剧派生出来的芭蕾舞成为另一种既独立，又依附于歌剧的豪华、奢侈的艺术形式。《魔鬼罗伯特》问世一年之后，舞姿曼妙、扣人心弦的玛丽亚·塔廖尼将大型芭蕾舞首次搬上舞台。这期间，音乐会的规模通常也相当庞大，一场音乐演唱会可能汇集多名钢琴演奏家和主要歌唱家，分别登台表演十几个节目。一位音乐评论家注意到，到午夜时分，一部分观众纷纷离席。听众中既有注重音乐的爱好者，也有醉心钢琴弹奏技巧的人；不过，无论是哪一种听众，对于抒情曲、浪漫曲、各种乐器独奏，都听得如醉如痴，尤其钟爱由女高音演唱的著名歌剧中的咏叹调和由钢琴家演奏的这些调子的“精彩”改编曲。李斯特曾一度因为迎合这种需求而颇受欢迎。不过，他后来厌于此道，转而写作更扎实的作品。肖邦从一开始就决定不与李斯特和塔尔贝格这两位旗鼓相当的钢琴大师争高下。另外还有两颗灿烂夺目的明星：帕格尼尼和贝里奥两位小提琴家。著名歌唱家来自国外，28 岁即英年早逝的女高音玛丽亚（加西亚）· 马利布兰生前和身后都盛名难及。缪塞为她写了一首世上最伟大的挽歌，称她为典型的艺术家，把一生都献给了艺术。尽管她广受赞誉，但是真正欣赏和珍爱她的艺术的人却为数寥寥。

广受欢迎的新兴艺术形式还包括新式舞蹈。此前，华尔兹已登上舞坛，现在又引进了西方世界之外国家的舞蹈形式，还借鉴了乡村舞蹈的形式。波兰的波尔卡舞和马祖卡舞、西班牙的塞吉迪亚舞、加洛泼舞以及其他的乡村舞蹈都被采纳或稍作改动，以配得上漂亮的舞鞋和打蜡的木地板。舞会中悠扬着外国音乐。肖邦甚至采用他家乡舞曲的节奏写出令人陶醉的曲目在音乐会上演奏。一大批名不见经传的音乐家对这种时尚加以利用，将每一首曲子都改写成舞曲。

至于华尔兹舞，应该说，它使人的行为举止发生了巨大变化；事实上，它标明了性关系史中的一个重要日子。所有舞蹈都有肉欲的成分，但是在此之前的几个世纪里，只有农村的低等阶层才有权充分享受它。城里人自认为有尊重文明的义务，只限于跳集体舞，整批人按规定的步伐斯文地走动，将舞步简化成有节制的行走，当中不时停下来相互行礼，只有在转圈或更换舞伴时才摸触对方的手。

源于德意志的华尔兹舞改变了这一切。如前所述，华尔兹舞长期以来一直是工匠在行会会所中的一种休闲消遣方式，当移植过来时，把《哦，亲爱的奥古斯丁》的传统曲调也一块儿带了进来。歌词和音乐永远地打破了优雅的集体舞，把它变为双人舞，将不同形式的蹦跳变成旋转。看到（和参加）男女成双成对地紧紧相拥，按四分之三的拍子以令人眩晕的速度旋转，这给人造成的震惊是巨大而长期的。人们花了整整 10 年的时间才无可奈何地接受了这种不雅的舞蹈（理由如通常的一样："没有办法，它已经扎下根了"）。1812 年，拜伦写了一首讽刺性短诗《华尔兹》。1830 年，柏辽兹已经可以用华尔兹舞曲作为他的《幻想交响曲》的第二乐章。[请读拜伦的诗作和聆听柏辽兹的音乐。]

室内乐在巴黎不大受人青睐，除了一位小提琴家拜洛特还对它孜孜以求。歌德却对室内乐大为欣赏，他把这种乐趣描述为聆听四个文明人的谈话。如果其他人也有同感的话，也许是因为它的氛围太像18世纪的沙龙了。此外，贝多芬的四重奏还无人知晓，试演的新作品让听众感到迷惑不解。

※

1830年，法国有一个重大事件却没有使巴黎艺术界激动起来。说起来这也是很自然的事，因为它是在科学院发生的事情。不过，这则消息传到了住在魏玛的歌德耳中。虽然他通常不为任何事情所打动，但是这次他却表现出极大的兴奋。在那段日子里，一位名叫埃克曼的青年诗人一直紧随他的左右，埃克曼将他们之间的对话记录了下来。以下是那一年8月2日他们对话的中心内容：

"告诉我，"我刚一进门，歌德就大喊道，"你对这件大事有何感想？火山已经爆发，一切都熊熊燃烧起来了，再也不是关着的门后面发生的事了。"

"真可怕，"我回答说，因为我知道1830年的革命刚刚爆发。"王室就要去国流亡了。"

"我的好朋友，你没明白我的意思，"歌德回答说，"我说的不是那些人。我说的是居维叶和杰弗洛伊·圣希莱尔在科学院里就最重要的科学问题公开决裂。你无法想象我听到7月19日会议的消息时的那种感觉。"

这一科学上的争论是围绕拉马克提出的生物变化的假设——进化论——而进行的。圣希莱尔以在埃及进行的大量研究为后盾，反驳了居维叶这位当时首屈一指的解剖学家——自称能从一块骨头重新建造出整个动物的人。歌德之所以对此感兴趣，不仅仅是出于一个爱好科学的外国知识分子的好奇心，其实他本人也是科学家。他对植物变种的研究成果当时已经得到园艺学家的接受；他对颌骨的发现也为解剖学家所认同；他在地质学方面提出了有益的见解；尽管他对光所做的长期研究未能推翻牛顿的理论，但是他完全有权认为自己是可与那些倾其一生进行科研的人一比高低的实验家。

生物进化的思想对他具有吸引力，这是十分自然的，因为它同“一切事物具有生命且不断运动”的浪漫主义观点不谋而合，用现代的术语来说就是“宇宙充满活力”。因此，生物学是“周期性科学”，而不是物理学。如同在18世纪一样，探险队不断被派往世界各地去研究各种生命形式，包括“各个种族的人”。刚从剑桥毕业，不打算从事神职的年轻的查尔斯·达尔文于1831年出海，参加了一个包括这类研究内容的探险。洪堡同邦普朗漫游中美洲，采集了6万种植物标本，其中10%是欧洲所没有的。他返回欧洲后，为广大读者写了一本既严肃又引人入胜的书——《宇宙》，帮助形成了“科学”是一种单一的事业的思想。与此相比，在这10年里出现的一些新事物，如罗斯测定了北磁极的位置，或是罗巴切夫斯基提出了三角形的三个内角之和不等于180度的非欧几里得几何学，都没有引起公众的兴趣，因为它们比生物进化难理解，而进化论由于同《圣经》中的《创世记》相悖，因而有一定的新闻价值。1844年，就在达尔文的《物种起源》问世之前十几年的时候，一部匿名作在虔诚的教徒当中引起轩然大波。这本书名为“造物遗迹的自然历史”。它把进化论的思想扩大到全宇宙的范围，激发了人们想象力的自由翱翔，迪斯累里在他的小说《坦克雷德》中对此作了嘲讽。

生物进化论之所以得以成立，是因为生物的进步是看得见的，同时也是因为史学风行的缘故。从19世纪20年代起，对过去的记载往往把过去描述为成长的过程，是某种主张或制度的发展过程。伯克就曾经指出，社会是一个有机体，因为它是由生命链组成的，因此即使个人消亡了，人类还是在不断获得新生。有机体学、生物学、史学和进化论都声称，它们解释当今社会或具体事物的方法是通过发现其以前的状况。尽管这种方法能揭示很多东西，但却有其危险之处。当把某种东西只看作它过去所有状态的总和时，所得出的结论只能像分析一样，是简化的结果；这种简化误以为一组要素能够代表一个发展中的物体，也等于否认今后进一步的变化。这种易犯的错误被称为“遗传学的谬误”。

※

对事物发展的研究必然会包括语言史。18 世纪对语言的起源和语法形式进行了大量思考，因为这两者对理性的崇拜者来说都十分重要。19 世纪初，人们从这些题目转入语言的具体事实及其在各地的异同。这种研究产生了被称为“规则”的一些固定出现的语言现象，如格林兄弟制定的日耳曼语言中元音变化的次序，又如日耳曼语和罗曼语的各大方言组以及可确定的小语种（如凯尔特语和闪米特语）之间的相像之处。当人们把可追溯到梵语的东方语言与西方语言组相比较时，发现了它们之间的相像，从而认定所有这些语言都有一个共同的鼻祖。从此以后,“印欧语系”中的各种语言遂成为那些自诩为语文学家（philologist，原为“文字爱好者”的意思）的西方学者最感兴趣的语种。

话语意味着人的存在，而各种语言则意味着不同民族的存在；语文学开始讨论凯尔特人、拉丁人、闪米特人、印度人以及书面记载中有案可稽的许多其他种族和民族。由于这些记录杂乱无章，难以核实，因此引起了学者之间的争执。19 世纪期间，成百上千的学者各执一词，争得难分难解，倒是无暇去捣别的乱了。印欧语言的渊源被认定为一种据信是最早的语言形式，叫“雅利安语”，从这种起始语言推断出存在这么一个民族。既然雅利安一词是“崇高”的意思，这个想象中的民族就被视为最高等的民族。

下一步可想而知，不同的种族各具专属特征这一概念从此大行其道。塔西佗的《日耳曼尼亚志》再次被挖掘出来作为日耳曼“种族”的定义。至于其他民族，恺撒的《高卢战记》派上了用场，一切载有任何“种族”资料的古老著作也都搬了出来。过去曾经有人声称欧洲各地的贵族都是征服了罗马的日耳曼人的后裔。修辞学再次提出了这个主张，在它的基础上形成一种信念，认为存在一个优等民族，即日耳曼民族或北欧民族，有时也叫别的名字。例如，19 世纪初的学者约翰·平克顿就是语法方面的“撒克逊派”。

人们理所当然地认为，古代作家注意到的一个民族的体形和道德特征经历了几个世纪的世事沧桑之后依然故我，并且整个民族人人如此。日耳曼人身材高大，头发金黄，眼睛碧蓝。在东方的古代记载中，有证据表明雅利安人也有类似的相貌。所以，19 世纪生活在欧洲北部的人就是远古的雅利安民族留下的纯种后代。这种理论违背进化论，认为世代繁衍中不发生任何变化。它是毫无批判态度的史学、粗制滥造的种族学和轻率傲慢的语文学混成的大杂烩，完全是为了迎合民族自豪感。因此，对人的特征的研究转变成对头型的研究并非偶然（如前文所述）。颅相学根据头颅的凸凹形状确定一个人生性风流或是舐犊情深。迷信这一理论的人不仅限于文盲，许多受过良好教育的人也对其深信不疑并据此行事。当达尔文申请“猎犬”号探险船上自然学家的职位时，船长菲兹洛埃就把他的头摸了个遍，而且那位懂得相面术的船长还仔细观察了他那个令人起疑的鼻子。今天，我们也许会嘲笑颅相学，但是它的直系后裔“头颅人类学”这一暗示种族有优劣之分的学说虽然现已被抛弃，却是出自 19 世纪科学界的一些佼佼者。

※

东方，不管是近东、中东，还是远东，对西方一直有着巨大的吸引力。对西方而言，前往耶路撒冷的远征军带回了文明的生活方式；文艺复兴时期向东方派遣传教士并从那里进口货物；17 和 18 世纪对东方文学已有相当的了解，足以模仿其文体写成游客札记，作为破坏基督教神学和君主论的一种手段。浪漫主义派中的拜伦、拉马丁、夏多布里昂、金莱克等人亲自前往东方，记述了那些生活在基督教王国之外的人们完全不同的生命观。与此同时，第一流的学者，如德意志的葆朴和布罗克豪斯、巴黎的比尔努夫和英国的威廉·琼斯，都精通波斯语、梵文或印地语。他们通过四处演讲和出版著述，广为宣传诗人和哲学家阅读的东方著作。1800 年左右，歌德被他们所打动，写了一批"东方"诗歌。最终，诗集由马克斯·米勒编辑成《东方圣书集》供广大读者欣赏，在英国由东印度公司出版。

像《梨俱吠陀》这些古代手稿和著作证实了旅行家介绍的另一个世界，在这个世界里，时间并不急迫，因而不会使人把运动和变化当作首要关心的问题。因此，在这个宇宙中，时间有意义但没有力量，而是周而复始，永远循环。努力是徒劳无益的，因为个人在永恒不变的大千世界里只是微不足道的尘埃。一些浪漫主义者怀着沮丧的心情同意了这种生命观，叔本华就是其中一个。更了不起的是，一批十分活跃的青年思想家居然设法修改东方思想来实现他们的乐观目的。他们就是美国新英格兰的超验主义者——北美出现的首批艺术天才。

从 1830 年的巴黎和其他欧洲中心看来，美国并不是令人喜欢的地方。有些访问者在美国受到良好礼遇，对当地的东道主普遍称赞，但对该国的其他地方则有诸多批评。1789 年的法国革命者曾错误地把 1776 年的美国自由战士看成跟他们是同一类的人，但是这种印象已随着 18 世纪的结束而烟消云散。在下一个世纪中，从巴兹尔·霍尔船长到查尔斯·达尔文和特罗洛普夫人，他们的印象都是：这个民族举止粗鄙，头脑简单，而且喜爱吹嘘。只除了一个一会儿要讲到的例外，其他从未去过美国的批评者都认为这个新的国度为维持和平而牺牲了思想和艺术，结果在美国这两者几乎完全不存在，取而代之的是人人拼命挣钱，自我感觉良好。1828年，一介平民杰克逊当选总统，从而彻底扫光了国父们从法国和英国的启蒙运动中获得的任何优雅素养的残余。

尽管这种刻画太粗线条了一点儿，但是，19世纪30年代的美国知识界越来越少向英国和法国寻找思想，这倒确有其事。为他们提供思想的是德意志。即使在美国人阅读英国先进思想的先导柯勒律治和卡莱尔的著作时，他们接受的也是德意志的一些思想。美国的亲德派中居于首位的是哈佛的乔治·提克诺教授。他和乔治·班克罗夫特（后来成为全国第一位史学家）以及其他数人曾在德意志大学深造，带回了赫尔德和歌德的主张，以及康德和席勒的所有诗歌和哲学思想。提克诺又反过来把这些思想灌输给年轻的爱默生和他的同学们。

新大陆的处女地没有类似中世纪的历史以供重新发现，而当地的人民对波旁和拿破仑之类的王朝也没有直接的记忆。所以，美国的青年才俊心中所充满的是宗教的感情、对大自然的热爱、艺术的精神、个人主义的价值观以及要在美国独特经验的基础上创造出一种民族文化的希望。在所有这些方面，爱默生都是具有代表性的。他本来要学习成为“一位派”这个教规最宽松的基督教派的牧师，但是，在蒙田的影响下，他放弃了神职，像蒙田那样思索大自然的启示，发展了自己反映东方思想的生动活泼的诗歌形式。漫射于全宇宙的泰然神力赋予他的是乐观的宁静，而不是他所阅读的《毗瑟拿往事书》里面的那种听天由命的无奈感。

19世纪30年代中期，爱默生在美国优秀大学生PBK联谊会上发表了一篇讲话，号召他称为“美国学者”的本地思想家和艺术家摒弃欧洲模式。这篇讲话对许多人的思想产生了巨大影响，老奥利夫·温德尔·霍姆斯称赞它为“我们知识界的《独立宣言》”。一批定居在马萨诸塞州坎布里奇或康科德的志趣相投的学者成立了第一家具有自我意识的美国“学院”。这批人包括梭罗、霍桑、霍姆斯、奥雷斯蒂斯·布朗森、玛格丽特·富勒、西奥多·帕克、琼斯·威利、布朗生·阿尔科特、伊丽莎白·皮博迪。爱默生还宣布宗教已告灭亡，所有布道的形式都已过时，因此而疏远了他的另外一些朋友。但他仍然是一名布道者：他将演讲改写成文章，阐述他的哲学思想自然涉及的一些问题，就像世俗的布道词；他作为演讲家深受欢迎（演讲费是他的主要生计来源），这足以说明波士顿地区以外的人对他的独到见解和信条反应热烈。德意志新哲学所界定的精神领域自然而然地同爱默生“超灵”观念中的东方宇宙论合二为一，接受德意志新哲学的众多美国人也很容易就接受了他的理论。

这种理论的强大号召力也体现在爱默生的近邻和伙伴梭罗的生涯中。出版商同意出版梭罗的书。康科德镇政府，尤其是镇税务官，对他多方宽容，尽管他对税务官要他交税的要求总是不予理睬。假如有人要问：建立美国本土文化同梵天（超验论的代名词）有何相关之处？答案是：梵天所起到的主要作用正如欧洲艺术家对资产阶级世界的否定。艺术家生活在理想王国中，他们赋予社会文化。一位美国批评家发表过同类观点，说爱默生和梭罗（以及后来的惠特曼）都表现出他所称的“帝王般的自我”。这种自我对自己的个人主义充满自信，主张切断与社区的联系，要享受自我创造的纯真世界。

这种教导，尤其是通过梭罗的解说后，在许多美国人当中引起共鸣。时至今日，瓦尔登这个词仍具有神奇的魔力[1]，它意指逃离日常的平庸，生活在大自然之中，自由地呼吸和冥想。它倡导的是自给自足的原始主义，但是梭罗的避世隐居并不能完全达到那种境地，他身边还是有文明的产物：衣服、钉子、种子和木材，这一切都不是他自己

1. 梭罗就是在瓦尔登湖畔度过了两年的隐居生活。——译者注

生产出来的。就像鲁滨逊一样，他靠了社会努力的基本成果才得以生存。实际上，梭罗的木屋上顶的时候，还需要朋友直接相助，而且，他在两年的独居示范生活期间也从未放弃回康科德居住。不过，当人们在阅读他对自己隐居生活的叙述，分享他的巨大幸福的时候，是注意不到这些矛盾之处的。度假露营者、狩猎者和伐木工、男女童子军等都认为，他们生来有权过一种类似于首批移居美洲的英国清教徒开拓者的野外生活。

梭罗比爱默生走得更远，他在每一代人心中都唤起了"非暴力反抗"的欲望。他以此为题的小册子是有史以来论述政府的文章中最吸引人同时也是最没有条理的一篇。文中提出的非暴力反抗的各种理由有的言之成理，有的则站不住脚，所作的论述充满了自相矛盾，最后却令人吃惊地冷静指出要遵守国家的正当要求。这篇短文之所以有影响力，是因为它迂回曲折、漫无中心的风格同即将进入大千世界的青年人和各种年龄的艺术家所共有的那种反叛情绪很合拍。梭罗是个诗人。他的旅游丛书和散记应当作为围绕一根哲学叙述主线的散文诗来阅读。他的描述更倾向于寓言性的比喻，而不是像吉尔伯特·怀特或约翰·缪尔那样勾画大自然。

同国外的浪漫主义者不同的是，美国的超验论者极少在文化上表现出对人民的兴趣。其中一个原因是他们的历史感不强——梵天主宰一切时就该如此：过去、现在和将来都是一统的。霍桑倒是回顾了过去，但认为它没有一点儿可取之处。没有历史观，人民就失去了光彩，"人民"一词只能令人想起自己愚蠢错误的同代人，联想不到那些创造了目前宝贵遗产的默默无闻、坚忍不拔的前辈。而且，在新英格兰，见不到过去留下来的遗产。没有祖传的宅第、古老的教堂、残缺的废墟、角逐的战场。歌德是欧洲人当中例外地对美国有好感的人，他反而把美国的这个缺陷看作好事。

新英格兰以外的其他地方同样存在着这种沾沾自喜、满不在乎的情绪。纽约的华盛顿·欧文刻意仿效英国作家的风格和关注点，以幽默的笔法对当地人进行描写。在南方，天才的诗人和批评家爱伦·坡对千人一面的群众表示轻蔑，大力贬斥那些模仿名家诗歌和散文，期望有朝一日成为文人学士的人。他不信超验论，但对鬼魂作祟和三段论法推理学深感兴趣；他发明了侦探小说和恐怖小说来表现这种神秘和推理，灵感主要来自法国文学而不是英国文学。

当然，19 世纪 30 年代晚期的法国公众可以通过参考托克维尔的《论美国的民主》来对这个新国家建立正确的认识。虽然该书的标题或许会吸引担忧欧洲会爆发革命的读者，但是它却令艺术家和知识界兴趣索然，固守原来的偏见。应当记住，对这两种人来说，民主这个字眼并不意味着代议制政府和法制，它指的是一种自古希腊以来从未尝试过的一种政府形式，意思是由目不识丁的平民掌权。

※

乍看起来，似乎是美国东北部几个意志坚强、头脑聪明的人不动声色地就把全国对宗教的强烈情感一下子打消了。实际的情况却是，他们身边许多人仍然坚信上帝，全国各地的人亦是如此。不过，在知识分子当中，对德意志文学和思想的了解带来了一种替代性的宗教，那就是康德为解决休谟遇到的问题所提出的古典唯心主义（Idealism）这一哲学。这个词应拼写为 Idea（l）ism，以免与理想主义混淆起来。休谟的难题是这样的：如果推理表明我们所谓的因果关系仅仅是我们常常看到一件事发生在另一件事之后而已，而这样的顺序又并非绝无例外，那么，我们大事吹嘘的科学又如何呢？人的一切知识都来自经验，而经验并不确定，因人而异；因此，任何要建立体系的希望都只能沦于幻想。

康德并不质疑这种分析，但是他对经验重新作了定义。他进行了

“对纯理性的批判”，将两个范畴加以区分：一个是事物的本身，另一个是事物在人心中的呈象。我们永远也不可能了解事物的本质，而当我们凭经验来观察事物时，我们的思想对事物模样的形成起到了一定的作用。我们是在时空里看见它们的，它们由于被时空隔开才能被计数，等等。思想的贡献之一就是因果关系，这不是幻想出来的东西，而是像时间、空间和数目一样实实在在的东西。有了这种理论，科学家又可以安心了，可以相信自己的调查研究揭示了一种真的联系。常识也再次站稳了脚跟。

休谟的理论是认为思想受“外部”事物形成的经验主义逻辑推理的必然结果。康德则提出思想形成事物，如同烙饼的铁锅对面糊的作用。唯心主义即因这种区别而得名——哲学家不是从事物推及思想，而是从思想推及事物。康德的学说以及它的各种变种在大西洋两岸赢得了大批坚定的追随者。直至 19 世纪 90 年代，唯心主义，尤其是在第一代康德派之后由黑格尔发展起来的形式，一直是在西方占统治地位的哲学。

在黑格尔的思想体系中，理想和真实乃“绝对”的两个方面：真实靠经验或历史得到体现；理想乃万物之精神，相当于人的灵魂。人死之后，精神-灵魂回到绝对世界（相当于上帝）的宿处。对于不再相信基督教解说的现实，但出于内心的宗教感情又需要一种能证实确有灵魂和永生的人来说，这种世界观必定有其吸引力。由于黑格尔对于世界万物丰富多样且形态各异的敏锐注意，他提出的学说就更加有说服力。所有事物和生物都在不停地运动，处于敌对和混乱之中。黑格尔最易读懂的著作《历史哲学》通过运用一种新奇的“逻辑”解决了这种矛盾：各种思想的斗争最终造成两种相对的“主题”，即正题与反题之间的决战，通过斗争形成统一，保留了两者的精华。历史就是通过这样的发展演变而成的。思想不是静止不动，而是不断前进的。

而且，黑格尔断言，思想的前进就意味着自由的不断扩大。卡尔·马克思为了建立自己的历史观和前进的目标，全盘照搬了黑格尔的逻辑。对生活在法国大革命和拿破仑时代的黑格尔来说，西方人显然得到了自由。

既然是这样，为什么黑格尔会被视为国家暴政和德国侵略的鼓吹者呢？对这个问题的解释只能是两次世界大战的影响，再加上拘泥于字面理解的毛病。黑格尔确实明确表示过赞成国家强大。哪一个对德意志 200 年软弱无助的历史记忆犹新，有头脑的德意志人会想要一个弱小的国家呢？在黑格尔的年代，由于普鲁士的觉醒而创立的德国只有短短不到 20 年的历史，绝不能让它再次衰败。如果无视这些历史条件的话，也可以说美国宪法的缔造者也鼓吹建立强国。黑格尔也的确说过国家比个人更重要。然而，早在 1821 年，他就要求建立代议制政府。10 年之后，他在即将辞世时撰文称赞英国行将通过的《改革法案》。他的立场十分鲜明，一直到 19 世纪晚期，他都被视为革命家。

另一位思想家既不同于康德，又有异于黑格尔，需要在此一提，因为他最近重新获得了哲学界的重视。他就是谢林。他把自己的思想体系称为自然哲学。这种理论通过肯定自然世界的独立客观性，减少了思想的抽象性。自然世界的精髓是能量，而人的意识也是能量。谢林将艺术定义为一种有机形式，这对柯勒律治产生了影响；他还把"人的状况"描绘为造成焦虑的原因，是存在主义理论的先驱。

在形而上学方面，德国唯心主义在 19 世纪的唯一对手是奥古斯特·孔德的理论体系。孔德认为，形而上学是一大错误，应予以摒弃。原始社会信奉泛灵论，认为每一种自然现象都是灵性操纵的结果。其后，中世纪思想用抽象的字眼来解释事物的起因，即藏在事物后面的力量，英文"形而上学"（meta-physical）的意思就是"物体的后面"。

现代科学终于跟事实打交道了。这就是实证主义。孔德把各种科学从低往高排列起来，并给它们下了定义，从数学到天文学，一直到生物学和社会学，每一种科学都从低一级的科学中取材并加入自己的复杂因素。为了不将任何东西漏在科学方法的天网之外，他创立了一门新的科学来完成对真实世界的全面观察，并为这门科学起名为社会学。

实证主义的追随者有两种人，一种是对休谟感到失望的经验主义者；另一种是一些科学家，他们认为自己的工作不需要哲学思想的支持，也不为康德和黑格尔的高深语言所动。在英国，年轻的斯图亚特·穆勒信仰实证主义哲学，并将其广为宣传。哈丽特·马蒂诺这位论述道德和社会问题的多产作家将孔德的四卷著作缩略成一册。英国的实证主义者热诚地鼓吹他们的哲学，他们的努力一直持续到 19 世纪 90 年代，但从未撼动过英国版唯心主义的主导地位。毕竟，作为实证主义者不需要苦苦思索，也没机会发表洋洋洒洒的长篇大论。对不善思辨的科学家和商人来说，孔德的学说显得不那么深奥难懂，就让那些爱好形而上学的人去想入非非好了。孔德的思想在南美洲造成影响的时间最长。

与此同时，在法国发生的一个常见的变故促使孔德在他脚踏实地的思想体系基础上建立了一层半宗教性的上层建筑：他坠入了情网。他开始时是数学家，后来做了圣西门的秘书，结了婚但不幸福。在他的巨著问世之后，他遇到了丈夫正在坐牢的克洛蒂尔德·德沃克斯。他对她充满激情，但她仅把他作为挚友。感情上的觉醒使孔德成了女权主义者，他专门建立了一个教派，奉克洛蒂尔德为保护神，他本人则任大祭司。这一教派所崇拜的人除了他们二人之外，还包括一些特选的英雄和造福于人类的人。实证教没有什么超凡脱俗的光彩，它的每一个方面都是有关尘世的。可是它的教义问答，包括要教徒通读约 100 本巨著的规定，却旨在满足严格意义上的实证论所不能满足的需要。

孔德的教派在各地的教众为数寥寥，但他平实易懂的思想体系产生了广泛的影响；它长期以来一直是在阿根廷最受欢迎的哲学。虽然对他的名字鲜有提及，但是他对科学的简明看法在世界各地深入人心。

※

1830年有一个人与世长辞。他的去世并未引起巴黎人的注意，在英国也几乎没人理会。但是，他的死有着重大意义。它标志着这一时代最伟大的文学和政治评论家的消失，这个人是——

黑兹利特

他也许可以算作“被遗忘的大军”中的一员，因为他的名字并非家喻户晓。不过，与其说他是被人遗忘，还不如说他的知名度不高。他的思维方式不合时宜，他的涉猎面太广，结果无法将他归类。他与他的朋友查尔斯·兰姆不同，别人不会去奉承他，为他建立一个“某某之友”的学会，出版半学术性的业务通讯。

黑兹利特开始是画家和玄学家，然后成为戏剧批评家、政治评论家、自传作家和人们所熟悉的散文大师。他在所有这些领域中都成就过人。他写的每一行文字都体现了批评理论，而且，他还是英国最出色的文体家之一。史蒂文森在回顾半个世纪的文坛时说过：“我们大家都是聪明人，但是我们的写作无法与黑兹利特相比。”黑兹利特作为文学评论家没能得到柯勒律治、德昆西和兰多尔那样的名声，因为他是他们的政敌，被他们所痛恨，并遭到他们出版的刊物的谩骂。《季刊》说，他的文章中用的是伦敦东区的土话，并说他“满脸疙瘩”，其实他皮肤干净平滑。他的罪过是没有对法国大革命做出像柯勒律治那伙人一样的评判，也没有同国人一道将拿破仑视为面目可憎的怪人。他跟司各特一样写了一部四卷的传记，介绍这位皇帝的生平，但他的立场是站在拿破仑一边。

介绍黑兹利特所写的评论文章的内容比描述它们给人造成的印象要容易得多。也许人们读了他的文章后最强烈的感觉是，他的思想不是“在宁静中思考得出的”结论，而似乎就是在读者面前临时想出来的。他文章中长长的、含义广泛的句子就像是边想边说，娓娓道来。在《莎士比亚剧中的人物》中，在《关于英国诗人的演讲》中，在《论天才与常识》这篇文章中，可以说在黑兹利特注意的任何问题中，他都能找到问题的深刻根源，追溯其含义和影响。他纵观事件、冲动或思想的形成过程，将它们与同一作品的其他部分联系起来，与其他人的作品联系起来，同作者的生活、普遍的生活以及他自己的生活联系起来。他不是分析，而是进行全面的评判，整体的诠释。

如前所述，这种批评风格今天已不受欢迎，因为它没有系统，不用术语，读来有趣。这样的批评怎么可能“严格”呢？它是“主观的，仅凭印象做出的”。这些和其他的非难其实是艺术与科学之间竞争的一部分。现今，要跟上潮流，被人接受，任何思想活动都必须使用专门的抽象术语来表达，并形成一种体系。在黑兹利特的评论文章中，除了从作品中得出的印象之外，作品的其他含义并没有明说。不过，只要不带成见地阅读黑兹利特的著作，不坚持认为他必须怎么写，就不难发现实际上他的批评既严谨又详尽。他的做法是：先描述，再下定义，然后再描述。这里加一行，那里加一笔，形成一个完整的形象，像是画家在作画。他努力让所有读者以他的方式看待事物，不是力图说服别人接受他的主张，仅仅是要使人成为像他一样的好读者。这样的好读者不仅能比漫不经心、无人指导的一般读者从书中了解到更多的东西，而且能比他们获得更大的享受。

黑兹利特为人们所熟悉的散文如同蒙田的文章一样，给人带来愉悦和智慧。他也同样把自己说成是目击者，而且几乎与蒙田一样经常地引经据典，所不同的是他用的是英文，且更紧密地围绕他所宣布的主题：《论有一个主张的人》《论印度杂耍人》《论为己而活》《遥远的物体为何赏心悦目？》《论青年的不朽感》《演员应否坐在包厢里》。他的题目可分为两种：难以预料的和根据平常经验形成的。[宜先阅读由他的孙子 W. C. 黑兹利特（W. C. Hazlitt）编辑的《漫长的冬天》（*Winterslow*）一书中收集的一小批短文。]

读上了瘾的读者可以朝着两个方向继续读下去：《爱情之书》和《时代之精神》。后一本书载有关于当时主要政治人物的生平介绍兼评论的文章，其中对人物的刻画笔触尖锐，但从无嘲讽。例如，黑兹利特在描写上议院议长埃尔登勋爵时是这么说的："他性格细腻而油滑，可随时将掀起的激情狂涛一一抚平。"更精彩的是关于伯克的文章。伯克的主张加强了英国反革命思想的力量，他是英国保守主义的象征。没有他，英国保守党对改革只能顽固抵抗，却说不出任何道理。简言之，伯克是黑兹利特的头号敌人。可是，黑兹利特的文章对他的评价褒贬适度，持论平衡，成为一篇最佳的颂词。他在文中明确无误地指出了（他所认为的）伯克对自由、政府、宗教、英国议会等种种主张的错误，同时又高度赞扬并细致描绘了伯克作为思想家和作家的过人天赋和正直品质。这篇佳作最完美地表现了黑兹利特作为批评家的才华。

《爱情之书》讲述的是黑兹利特所爱的一位年轻姑娘的古怪行为，以及他自己手足无措的反应。同样，讲述的方式既直接，又超脱，介乎于案例研究和小说之间，就像邦雅曼·贡斯当的《阿道尔夫》一书中的叙述者向热尔曼娜·德·斯塔尔剖析他的爱情与屈从一样。黑兹利特的另一部著作《与诺思科特的谈话》描述了他与一位画家的交谈和探讨，这是因为他早年习画，终生爱画的缘故。[欲了解黑兹利特其人的各个方面，应读约翰·金奈尔德（John Kinnaird）所著《威廉·黑兹利特》(*William Hazlitt*)。]

作为哲学家，黑兹利特也有其独到新颖之处，稍后在谈到德国唯心主义及其他有关流派在 19 世纪末失去影响时，会简短地提到他(688 >)。至于一般意义上的"富有哲理的通达"，黑兹利特是名副其实的。在遭受了多年的折磨和失意之后，他躺在病榻上奄奄一息时，大概是想到了自己与艺术和文学的紧密联系，因为他与世长辞之前说的最后一句话是："啊，我的一生是幸福的。"

※

诺思科特属于较老的一代，没有迹象表明黑兹利特注意过自己同时代的艺术家。在黑兹利特的时代，特纳和德拉克洛瓦这两位艺术家是伟大的先驱，为后来的几十年指明了道路。可是，1830 年时他们的地位却并不明朗，因为他们虽有奇才但不符合当时的品味。只是在罗斯金写了一本热情赞美的书后，特纳才赢得了他理应获得的地位，而德拉克洛瓦的成名则要归功于其他画家，一直到毕加索，而不是大多数艺术批评家。这也是可以理解的，因为这两位画家做了许多重大的创新。实景在特纳笔下变成了光芒四射的斑斓色彩，他大胆使用光和色彩的结合，使看惯了实在轮廓和人体的观众大吃一惊。强烈的反差是他运用的手法之一。有一次，罗斯金发现他在正创作中的作品的一个地方贴上一张黑纸，因为"别的都不够黑"。无独有偶，从未见过这些作品的巴尔扎克写了一篇名为"无名的杰作"的中篇小说，里面有一位神秘的画家仅靠光和色创造出一种新型的作品。

浪漫主义画派的特点就是光和色，色和光。1834 年，德拉克洛瓦被政府派往摩洛哥出差，深感当地的阳光和巴黎所谓的阳光之间的不同。此前，博宁顿已经启发德拉克洛瓦修改了用色，而北非的黄沙、蓝天、动物、白色的包头巾外套和人们古铜色的肤色又再次改变了他的风格，使他得以在画布上表现出戏剧性的效果，而这也是特纳努力要达到的目的。那个时代的这一特点也激发了维克多·雨果作品中的幻想和“抽象”的色彩。

特纳和德拉克洛瓦都给世人留下了大量作品，包括油画、蚀刻画、素描、水彩画。此外，德拉克洛瓦还为法国众议院和参议院的两座会议大厅装饰了四壁。这一时代的另一个特点是大量艺术作品如雨后春笋般涌现。创作的散文、诗歌、随笔、小说、历史、传记、教堂音乐、舞台音乐、音乐会作品的数量之多，令人瞠目。虽然有不少失败之作，但也有大量的杰作，可说是硕果累累。也许有人会说，在这个天才辈出的时代，这是预料之中的事，但遗憾的是，其中许多人都英年早逝。促成这大批杰作产生的因素就是浪漫主义可以称为“文化勇气”的精神。创作者不怕失败，也不怕出丑。他们没有小心翼翼地去达到合时、尊严、“成熟”或“现实”的要求。

浪漫主义在两个领域没能创造出流芳百世的杰作，只有一大堆荒诞的尝试和失败。这两个领域就是建筑和戏剧。18世纪中叶，“浪漫”倾向尚属一种情绪的时候，倡导者决定向哥特式的废墟寻求灵感，从此即深陷其中。哥特式风格的力量在中世纪经人研究而获得加强，变得实在太强大了。英国多才多艺的普金提取了哥特式风格的一些要素并加以修改以适应实际需要，创造了哥特复兴风格。1834年英国议会大厦被大火烧毁之后，他也参加了新议会大厦的设计工作。但是，除了他之外，哥特复兴思想带来的只是抄袭模仿。法国的维奥莱-勒-迪克对哥特式风格十分着迷，花了毕生的精力与才华为修复哥特式建筑大声疾呼，并亲自参加了许多修复项目，这种做法今天遭到了否定，然而哥特式风格也因此得到保存。当时，大批美丽的教堂已年久失修或被革命者所毁。柏林的申克尔也按哥特复兴风格从事建造，但他并没有因此放弃新古典主义。勒杜的事业没有后人来继承，实为一大遗憾。

那个时代有一项创造毫无疑问对建筑起到了限制作用，那就是希腊的新形象。18 世纪主要是通过罗马的作品来看希腊，维吉尔比荷马更被看重。而在 19 世纪 20 年代，由于对奋起反抗土耳其的希腊人的支持，使西方在感情上更接近古希腊。这种同情心不仅使拜伦前往希腊参战，而且还唤起了整个欧洲的精神。泛希腊学社在欧洲各地纷纷成立，诗人写诗歌颂希腊（柏辽兹为其中一首配了乐），学者把古罗马和古希腊这两种文明严加区分，特别是在埃尔金勋爵把土耳其人用来储存火药的帕提农神殿的浮雕拯救下来并运到英国之后。“新希腊”成了西方文明的摇篮和完美艺术之家，雅典城的居民个个是艺术家；希腊悲剧被认为蕴涵了人生的最高智慧；苏格拉底被视为有史以来最睿智的人。尽管他是被那些出类拔萃的艺术家通过表决处死的，但这无关紧要，只要读了柏拉图的著作，就能宽恕他们。19 世纪对希腊的崇拜、现在市中心大街上银行的希腊庙宇风格和教室里的帕提农神殿图片，都可追溯到那个充满热情的时期。

德国的诗人和思想家常常把对自己祖国传统的依恋同对南方胜地的向往结合在一起。曾访问过意大利，并以自己渴望看见柠檬花盛开的心情为题材作过一首名诗的歌德就是一个典型例子。他在几部作品中力图重现温克尔曼首先讴歌的古典式平衡。1832 年，歌德刚刚与世长辞,《浮士德》第二部终获出版。这部诗剧的第一部已经把浪漫主义精神写为世界的一个特点，而续集在一个象征性的场景中再次唤起了这种精神。这个场景中表现了歌德把浪漫主义和古典主义相结合的意愿：浮士德同特洛伊的海伦结婚，生下的孩子名叫欧福里恩（Euphorion），即“有福的人”的意思。大诗人歌德要让全世界知道，他在缅怀拜伦。浮士德历尽世事艰辛的长途跋涉当中的这一段很重要，因为歌德在早期曾一度对古典主义充满狂热，说浪漫主义是病态的，而古典主义则是健康的。对 19 世纪整个文化持敌对态度的批评家喜欢引述歌德这句对比鲜明的话作为他的最终态度，虽然歌德在《浮士德》第二部问世之前就收回了这句话，而《浮士德》第二部才是他的最终表态。这部剧结束时浮士德本应死去，因为他恳求多给他点儿时间，认为眼下的时刻太美好了。他同魔鬼谈成的交易规定，他一提这个愿望，撒旦就会夺走他的灵魂。但是，浮士德却因他想获得更多时间的理由而得救。他想得到更多时间不是为了自我享受，而是因为他尚未完成一项公益工程的监督工作。

《浮士德》第二部里，主人公在自然和自我内心中冒险之后，经历了世俗的世界。不管诗剧中的事件是否反映实际生活，这些象征性的事件涉及歌德所关心的当时大事。一位现代研究学者指出，这部作品描述了完善的经济学理论。它的优点在于面面俱到。不过，不管《浮士德》有何含义，它都不是一部可以搬上舞台的戏，而且（可以说）也不是自始至终都具有戏剧性。这是它与众多浪漫主义戏剧的通病。拜伦的六部悲剧，维尼、巴尔扎克和大仲马用散文写成的戏剧，还有兰姆和柯勒律治这类的作品并非令人不感兴趣，但缺乏戏剧感染力。整个时代都有这种缺陷，不过也有一些颇有意思的例外。雨果的诗剧读起来就使人深感他的才华横溢，不过，现在上演并受观众欣赏的话剧是他摆脱当时的传统“自由地”写作而成的，在他在世时从未公演过。它们的吸引力在于对事物奇怪的看法以及时断时续、不连贯的对话，二者都有 20 世纪荒诞派戏剧的影子。

19 世纪 30 年代德国的叛逆者格奥尔格·毕希纳的作品也有同样的特点。他 24 岁即英年早逝，给世人留下两部话剧和一部自然主义剧作的片段。阿尔班·贝尔格利用他的半成品编写了歌剧《沃伊采克》。毕希纳两部话剧中的《丹东之死》以巨大的感染力描绘了几乎是受害者有意造成的失败那种戏剧场面。这部作品由马克斯·赖恩哈特原封不动地搬上舞台。这是一部动作很多，充满冲突的话剧。至于毕希纳的《莱翁采和莱娜》，它很像雨果的作品，有意地不连贯，并与缪塞的几部戏剧和寓言剧一样有悖常理。缪塞的这些作品如今仍在法国上演，大受欢迎。除了浪漫派这些预示了自然主义和潜意识的作用的作品，大概也应加上普希金的所谓活报剧，它是浪漫主义在戏剧方面的又一表现。不过，既然西方没有上演过普希金的戏，将他包括进来或许有一定风险。

一个与此有关的例外是芭蕾舞。它是一种哑剧形式的戏剧，和哑剧一样必须在动作和导向高潮和结局的情节方面清楚达意。18 世纪末的人喜欢用神话和人们熟悉的古代历史作为芭蕾舞题材，这两类题材的芭蕾舞采用传统的肢体语言和集体造型，容易表述剧情，观众一看便知舞蹈的意思。19 世纪的三幕芭蕾舞采用了不太常见、难度较大的主题，取自浪漫派诗人和作曲家喜好的一些不为人所知的题材。1827 年，一个名叫尤金·斯克里布的多产青年剧作家编写了一部复杂的歌剧剧本《梦游者》，也叫《新大陆的来临》。编舞让·奥默尔在剧本的基础上加进了具象征性的细微动作，使内容变得更加丰富。5 年之后，《仙女》一剧以各项创新的动作和发明使观众兴奋得如痴如狂。该剧由玛丽亚·塔廖利主演。她苗条的身段、头发的造型和将足尖舞与其他舞步揉合起来的舞姿为 19 世纪的芭蕾舞风格确定了标准。从那以后，芭蕾舞剧本的写作成了一种专门的职业。戈蒂埃的《吉赛尔》只是关于各种各样题材的大量作品中的一部，还有相当多的优秀作品至今还在上演，要么原汁原味，要么为了迎合现代口味而被改动歪曲。

为什么浪漫主义戏剧中杰作为数不多呢？原因可能有好几个。关于革命者和拿破仑这样的英雄的戏剧在人们心中还挥之不去，因此剧作家在编撰剧情和人物时受到很大掣肘。不过，他们的戏剧感依然敏锐，体现在诗歌、小说和我们在前面看到的绘画和音乐方面。所有这些艺术形式都有效地调动了观赏者的想象力，无须借助于身体动作。

另一个阻力强大的障碍是——

莎士比亚

前面已经谈到，他是一位雅俗共赏的16世纪剧作家，深受比他学识更深、造诣更加高超的文学巨匠本·琼森的钦佩和喜爱，但是，琼森和其他人也批评他创作匆忙草率，“缺乏艺术”。在其后的两个世纪里，人们注意莎士比亚是因为他的作品相当拙劣（佩皮斯语），或者是一些作品值得剪裁和加工，因为里面有些部分还不错（加里克语）；诗人则发现他剧中的诗句有些精湛优美，有的却漏洞百出，令人难以置信（德莱顿和约翰逊博士语）；最后，英国有一个声音宣称他是不朽的戏剧家和性格描绘家（摩根语）。

不过，在摩根讲这番话之前，莎士比亚在德意志已经是第二次盛名远扬了。莱辛首先对他备加珍视，赞扬他的作品，贬低伏尔泰的悲剧；赫尔德、席勒、歌德、蒂克和施莱格尔通过赞扬、评述和翻译他的作品，树立了他的高大形象。可以说，我们今天所尊敬的莎士比亚是德意志人创造出来的。接着，在19世纪头20年，德意志对莎士比亚的尊崇得到了注意之后，柯勒律治、兰姆和黑兹利特才开始热诚地宣传莎士比亚。

他们的评价是：莎士比亚的作品同他的天才一样伟大，他对性格的刻画和剧情的安排无懈可击，他对生活和人的了解使任何其他的诗人或剧作家瞠乎其后。与他的力量相比，他的缺点不足挂齿，而且许多错误根本不应算在他的身上，而是我们的过错，或者是他那个时代的错误。在这个宣传运动接近尾声时，卡莱尔把他的精髓一言以蔽之，称莎士比亚为“有史以来最伟大的诗人”。

“吟游诗人”的称号就是这样诞生的。在“莎士比亚热”的推动下，莎士比亚的作品被改写后收入学校课本，并在书店中大量出售。

查尔斯·兰姆和他的姐姐玛丽合写了极为吸引读者的《莎士比亚的散文故事》。耐心细致的托马斯·鲍德勒博士把莎士比亚的剧作全部梳理一遍，删去所有可能有污清听的词句，使这些话剧适于一家人在茶余饭后大声朗读，每人扮演其中一个角色。鲍德勒的《莎士比亚全家通》在这个商业化娱乐尚未问世的时代填补了一个真空，而他这一善举为英语增添了一个源于他的姓氏的动词 bowdlerize，意指删除书中不当之处，尤其是有害于青少年道德成长的东西。

莎士比亚原来被称为“纯洁的自然之子”，说他的诗歌如“林中鸟啭”般自然朴素。这种印象需要改变，而且早就应该改变。此前，人们只能看见小半个莎士比亚，就像安格尔在《荷马的礼赞》中只画了莎士比亚的小半身那样。安格尔是古典派，难怪对莎士比亚如此评价。在法国和意大利，对“哥特式的野蛮人”的反击证明了艺术新潮流的胜利。英国一家演出莎士比亚戏剧的剧团刚在巴黎被人在一片嘘声中赶下台，司汤达的《拉辛和莎士比亚》就问世了。5 年之后的 1827 年，当另一个剧团抵达巴黎时，法国新青年已成了莎士比亚的狂热戏迷，许多年长者也受到了感染。

人们终于看到，莎士比亚是首位将完整的人物而不是人物类型搬上舞台的诗人，我们对这些人物的了解甚于对生活中的任何人，包括我们自己。莎士比亚把这些人物放在扣人心弦的行动和情景之中，这些行动和情景是现代的，不是古老的，是来源于国家、君主制和基督教的。此外，为了表述生活中进退维谷的境地和由此产生的感觉，莎氏创造了上百个定义性的短语；当然还有一篇篇词语优美、感人肺腑的诗句。

批评家、演员和学校校长的努力宣传使莎士比亚的大名如日中天，神圣不可侵犯。在学术界和演出界之外围绕着莎翁兴起了一个行业，整个莎士比亚体制由此愈加坚不可摧。从此以后，人们就不好意思批评这位吟游诗人了，除了专爱唱反调的人。19 世纪 30 年代在美国发生的一件趣事很好地说明了这种正统态度。生了两位小说家的弗朗西斯·特罗洛普为了重振家业，移居到辛辛那提市开了一家小杂货店。一天晚上，她拜会城里的一位名人，她后来在生动活泼的《美国人的家庭举止》一文里将此人描述为“一位表情严肃的绅士”。他们交换了对拜伦及其他诗人的看法。

“先生，那莎士比亚呢？”

“夫人，莎士比亚下流龌龊。我们聪明地及时发现了这一点，真是要感谢上帝。”

这个人的评价可能有点过于简练，但是此话表明他读过莎氏的剧本并理解其中很多章节，而特洛罗普夫人所表现出的鄙视和愤然则是出于她对莎士比亚的盲目崇拜。比特罗洛普夫人和那晚聚会的主人更高明的批评家一直静悄悄地在日记、信函、短文和评论文章中表达着对莎士比亚的思想和艺术的反对意见。这些意见都立论牢靠，认为莎剧大段的行文和双关语枯燥乏味，往往低级趣味，过于冗长；感情被有意夸大，塑造的形象荒诞可笑；句法错得不可救药；细节自相矛盾，剧情转折拙劣，应该简短或沉默的地方却长篇大论。纪德这样深谙舞台艺术的人对莎氏的整部剧本都嗤之以鼻；叶芝只看见“美丽的片段”；其他一些人，如约翰·克罗·兰塞姆，则发现莎士比亚是“诗人当中最不准确的”。歌德曾在颂扬莎士比亚的一篇评论中插入一段话说,“《罗密欧与朱丽叶》一剧十分滑稽”，而这两个主人公“令人难以忍受”。但长期以来，诸如兰姆和托马斯·哈代这样坚定不渝的支持者一直说莎氏的话剧实际上是供人阅读的。这样一来，剧中的瑕疵就看得不那么清楚了。

莎氏剧作这些缺陷的一个明证是，自莎士比亚以来的演员和制作人都觉得有必要大量剪裁和调换他的场面。他的剧作从未原封不动地上演过。37部话剧中只有一半被搬上过舞台。而且，尽管今天的制作人不用像18世纪时那样靠狗熊玩杂耍来吸引观众，但他们还是大做手脚，改变事件发生的时间和地点，加上现代服装和电话，对剧情也硬要加以与其简单的原意截然相反的解释。简而言之，这些16世纪的作品就像高质地的布料，供人任意剪裁。

这些为历代批评家所指出的缺陷并未影响19世纪30年代莎士比亚拥护者的热情。他们并不是眼瞎耳聋，而是在莎氏的作品中找到了他们“所需要的要素”，即可以用来为当时的奋斗目标服务的思想、形式和名字。这是每一代人都孜孜以求的东西。《浮士德》具体表现了浪漫主义的向往和信念，而莎士比亚的话剧，无论哪一部，则认可了浪漫主义艺术的基调和因素。莎士比亚的戏剧无所不有，从一般散文和粗言秽语到高雅飘逸的抒情诗，从逆来顺受的绝望到不可一世的暴力，因而满足了浪漫主义者拥抱一切、表达一切的雄心壮志。

议会之母

尽管1789年的法国大革命有着种种自相矛盾的行为，但是，必须称其为自由革命。诚然，自由一词获得了政治和经济方面的含义之时，那5年的狂热时期早已结束，不过，正如前面多次指出的，革命的思想会留存下来。而这场革命的思想问世不到两年，它的中心意思就落实为实际的法律。法律阐明“只存在个人的具体利益和全民的总体利益，别无其他利益可言。任何人皆不准用中间利益来召集公民，以此通过结社精神把他们与公共利益切断。”

法律明确反对行会或其他集团及其特别需要，因此规定国家须致力于为个人主义服务，人人均可自由地以各种方式按自己的爱好行事，只要不侵犯他人的权利，不管他人指的是单独的个人还是整个国家。整个19世纪就为这个主张唇枪舌剑，兵戎相见；20世纪的一部分时间也花在这上面。人们之所以要求获得选举权，要求有宪章和宪法，要求对政府进行改革，就是想要实现这个简单的计划。它将由民选的代表来执行，它会使大家能有机会公平竞争，去争取各种各样的利益。

要求获得新权力的呼声响彻整个欧洲，使1815年胜利复辟的君主们如坐针毡，导致了由奥地利首相梅特涅组织的共同封杀政策。在整整一代人时间里，形势十分艰难。愤怒的诉求不断，武装起义烽火连连。学生、教授和其他教育程度较高的资产阶级成员大肆鼓动争取选举权，提出宪章或高喊建立共和。他们在斗争中有时得到艺术家的支持，偶尔还有银行家和制造商相助。19世纪20年代，西班牙首次使用自由派一词来称呼反对君主制，要求保留拿破仑规定的《1812年宪章》的"自由斗士"。稍后，在这典型的"西班牙内战"又一次爆发之时，尚未成名的年轻的艾尔弗雷德·丁尼生毅然从军，不过他到了法国南部之后又改变主意而退出。在邻近的葡萄牙，同样的要求也导致了武装冲突，君主制也是大获全胜。

在德意志，大学和学生联谊会是抵制梅特涅制度的中心。路德的《九十五条论纲》发表300周年的纪念日成了以"自由"的名义鼓动人们起来反对"反动"的大好机会。两年之后，耶拿的一位名叫卡尔·桑的学生刺杀了非自由派的剧作家科策布，以此种方式表现了同样的反抗精神。这也是一场"三十年战争"。同第一个"三十年战争"一样，它也是时断时续，但不同的是，它波及的地域更为宽广，遍及法国、希腊、波兰、俄罗斯、意大利北部、那不勒斯、罗马教会辖地和比利时，搞得俄国沙皇和欧洲的皇帝、国王们寝食难安，鸡犬不宁。这场战争之后，除了比利时获得了独立，建立了国家之外，其余几乎全部依然如故。在英国，1831—1832年发生了暴乱，人们支持当时尚未通过的改革议会的法令，差一点儿酿成全国性起义；在美国，杰克逊当选总统是“人民”打败当初国父们建立的“贵族”的一场决定性胜利；在加拿大，八年的动乱和武装冲突以统一了各省和牢固确定了政治权利而告终；在南美洲，为摆脱西班牙统治，争取独立的斗争始于 18 世纪，在 19 世纪初全面铺开，最后在十几个国家获得胜利。巴西也同样摆脱了葡萄牙的桎梏。实现解放的愿望遍及全球。

有意义的是，尽管英国与欧洲的其他国家一样坚决镇压国内的反叛运动，但是却为西班牙和葡萄牙的叛军提供军事上的帮助，不过那些叛乱者没有成功。英国还支持美国警告欧洲列强不得干涉西半球事务的门罗主义，从而确保了南美各殖民地获得自由。

启蒙时代的人把英国的政府形式看作自由的保障。或者应该说，他们认为是平民院起了保障自由的作用。卢梭本人就曾说过，对大国而言，纯粹的民主是行不通的，应以代议制政府来取代。19 世纪所有的反叛者都希望在自己国家建立这种制度。当时的每一种语言里，议会这个词都包含了人们在这方面所有的向往。

后来，民主制度普遍建立起来，但不应因此而认定梅特涅的镇压政策从一开始就注定会失败，或者认为君主主义者全都罪大恶极。若要问谁想再打 25 年的仗，闹 25 年的革命，恐怕没人愿意。稳定与和平是人们普遍的需要，而要达到稳定和平，除了靠合法性，似乎别无他法，而建立已久的制度和长期在位的统治者正是合法性的体现。这是常识的看法。18 世纪后期最伟大的思想家埃德蒙 · 伯克曾经指出，稳定的政府依靠的不是武力，而是习惯——这是一种根深蒂固的东西，完全不同于对国家新老法律和治理方式的盲从。

同理，靠颁布法令来用一套某个改良者想出来的形式取代另一套形式，不管新的形式如何合理明智，都会以失败而告终。以为这种做法能获得成功只是不合理的奢望，因为习惯不可能在一夜之间形成。

变革是不可避免的，常常也是有益的。但是，若要产生良好的作用，就必须循序渐进。造成改善的是演变，不是革命。一个起码的原因是，任何时候的人民都包括几代人，他们对问题的看法不尽一致，甚至最年轻的一代也缺乏使新生事物获得成功所需的习惯，尽管他们当中有些人也许会赞成大规模的剧烈变革。就连革命的拥护者对革命的具体内容都达不成一致，1789 年之后所发生的事件就是明证。这种既缺乏习惯上的同意，又就变革内容达不成一致的情况造成国家永无宁日。这就凸显了合法性的价值和必要，而合法性其实就是习惯性的同意。应补充说明的是，伯克晚年虽然没有接受"1789 年的主张"，但他承认，出于某种原因，在历史的某些时刻不可能出现政治演变；汹涌澎湃的革命浪潮会冲垮大堤，把大地完全淹没，直至新的合法性建立起来为止。

合法性还会恢复"欧洲的和谐"，或称力量均衡。在丹东和拿破仑统治下的法国破坏了这种和谐，打破了这种平衡，把作为保持平衡办法的战争变成一种掠夺性的为害手段。任何得到了解放，靠国民大会投票制定政策的人民都会以同样的方式行事。战争也许是必要的，但是只有当它范围有限的时候，战争才有正当的理由。不能全民皆兵，一心要消灭各个民族国家，建立多语种帝国。[可参阅亨利 · A. 基辛格（Henry A. Kissinger）所著《恢复了的世界：拿破仑之后的欧洲》（*A Word Restored: Europe After Napoleon*）。]

※

伯克本人后来也认识到，到了 1790 年，历史已经渡过了政治和社会层面的难关。从旁观察的人一定会说，文化方面也是如此。崇尚古人的文艺复兴时期已经奉献了它的累累硕果。盛行三个世纪的古典主义和新古典主义依然是批评家的评判标准和老古板贬斥敌人的利器。不过，这三个世纪创造的大批杰出作品这时都已被送进了博物馆和图书馆。现代派在大论战中赢得了胜利。而且，由于科学和工程所树立的榜样，现代这个字眼增添了新的力量，它不再意味着仅是对于我们已经拥有的东西的新的补充，而是对一切过去的东西都不屑一顾。19世纪典型的声音是喋喋不休地大谈特谈所有事物的进化、改良和进步。讲这种话的人天生就是未来主义者。这种新的性情使合法性原则很难在政府里发挥作用，同时也说明了为什么要通过武力来维护这项原则，尽管这样做似乎是自相矛盾的。

不过，如果革命和浪漫主义打破的缺口如此之大，它难道没有打断本应在这 500 年间持续不断的主题的延续性吗？若是问这种问题就是忘却了主题不仅指内容或者结果，而且还涉及希望和诉求。愿望会改变，主题却不移。19 世纪对自治议会的期盼成为解放的主题。科学不断扩大的疆界将分析普及到生活的其他领域，同时也带来了现世主义的影响。而这三者都使得抽象这个巨大的云团更加扩大。自由、平等、国家、进步和演变都是抽象的主张，可装进多种内容。同样，在这个世纪，人们越来越经常地把艺术、科学、政治作为实体，评论它们是否履行了自己的职责；劳方、资方和人民亦属此列。如果这些字眼所代表的东西与具体的世界紧密相连的话，使用这些抽象概念即十分便利。不然的话，对政策的讨论就会沦为文字战争。

19 世纪 30 年代和 40 年代为“自由”而战的人之间发生的正是这样一场文字战，尤其是在中欧和意大利。他们争论的问题是：自由是在于赢得政治权利，还是在于成为独立的国家？同样，在法国和英国，要求扩大选举权和支持扩大宪章涵盖面（以便改革议会）的人也认为，政治权力必然会带来经济收益。这些相互重叠的目标驱动了几个持不同政见的团体——英国的宪章主义者、德意志的青年协会、烧炭党和青年意大利，还有法国的地下共和党人，直至 1848 到 1851 年间它们在一片嘈杂混乱中遭到致命的惨败。

与此同时，一批唱对台戏的人则在社会评论中直截了当地指出：为争取选举权而鼓噪是找错了目标。改变政治制度并不能医治新工业秩序的弊病，因为机器的出现已经改变了一切。机器操纵在一小撮冷酷无情的工厂主手中，破坏了社会纽带，沉重地打击了个人，使之处于孤立无援的困境。更糟糕的是，齿轮取代了人的双手，“技工”工作因此失去了自然韵律，也不再能带来满足感。产品的大批生产并未带来广泛的繁荣。“丰足中的贫穷”这个一再出现并使西斯蒙第深感不安的事实最恰当不过地代表了这个时代的主要特征。

首先对工业提出批评且最具影响力的是圣西门伯爵的弟子们。圣西门伯爵是17世纪的圣西门公爵的远房亲戚，他在《新基督教》一书中描绘了一个工作和产品得到有序分配的社会，这个社会由银行家和科学家治理，因为他们长于计划，精于计算，在任何使用机器的社会都起着不可或缺的中心作用。后来，圣西门的学说变成了一场运动，因为他的浪漫主义者信徒认为专长和计算还不够，思想只有在受感情驱动时才能变得积极活跃，得以传播，所以必须招募艺术家来增加这种理想社会的吸引力，使新生活变得令人向往。为此，他们设计了一种半宗教的仪式，用歌声和庆祝活动为科学和金钱的精确严格披上神秘的外衣。例如，信徒穿着浅蓝色的行吟诗人服装在巴黎街头游行，为市民表演，沿着大道边走边唱。

这种诉诸艺术的做法是革命中的常用手法。它可以取悦百姓，唤醒本来对政治漠不关心的人们心中的社会良知。19世纪30年代的热心响应者当中，有已经大名鼎鼎的青年音乐家李斯特和一位异常活跃的人物——乔治·桑。她的情事、友谊和倡导女权主义的小说使她成为许多领域中的一位重要人物。李斯特参加集会，谱写宣传歌曲，还撰写了一篇雄辩流畅的文章描述资产阶级社会里艺术家艰难的境遇。李斯特和桑结成好友，但不是情人。他们一度都信奉圣西门的理想。不过，圣西门的思想也不是当时理论界独一无二的学说，因为改造社会是各种知识分子日思夜想的期盼。这可以追溯到巴贝夫和他的理论阐述人波纳洛蒂，他们两人是欧洲大陆第一批有觉悟、有意识的社会主义者。19 世纪，人们普遍而迫切的愿望是要通过社会革命来完成政治革命。所以，持有此种坚定信念的拉梅内神父提出了建立基督教社会的远大理想，（再次）吸引李斯特加入他在拉夏内组织的以祈祷为主的活动圈子，并请李斯特为这项事业谱写了更多的音乐。

与此同时，乔治·桑与鼓吹靠铁与血来夺得革命胜利的共和党人米歇尔·德布尔热陷入热恋，同时也积极接近拉梅内神父，但神父被桑在性爱方面的开放吓得退避三舍。对于女性和爱情的低下地位愤懑不平的桑后来转到皮埃尔·勒鲁门下。皮埃尔·勒鲁是个小发明家，靠为畅销全欧的《环球》杂志撰稿而开始其公共生涯。《环球》是圣西门派的刊物，歌德是它的读者，约翰·斯图亚特·穆勒为它撰文。不过，勒鲁后来另立门户，鼓吹要逐步取消财产，实现男女平等（不管婚否均有权自由恋爱），通过转世化身而保持灵魂的不朽，再加上为撒旦正名。桑是勒鲁忠实的门徒，虽然她没能完全遵从他的所有原则，但是她终生都是坚定不移的社会主义者。

还有一位理论家是查尔斯·傅立叶，注意不要把他和成就非凡的大数学家让·傅立叶混淆起来，他们两人的生卒年月几乎完全一样。前一个傅立叶重振社会的计划是最详细的。这个计划力图实现同工同酬，把工作、能力和动力加以分类，根据个人的性格调整工种的分配，因为情感上的满足是人民认同和社会稳定的先决条件。应当补充说明，作为圣西门原来的秘书，奥古斯特·孔德思想的许多内容都来自他早期同圣西门的这种联系，包括为了社会的凝聚需要神话和宗教仪式的主张。

19 世纪初法国人提出的各种主张被笼统地归纳为一种思潮，冠之以“乌托邦社会主义”或“空想社会主义”的称号。其实，他们的理论很快就被付诸实践，在为此目的建立的殖民地中指导着人们的生活。上天注定美国是最适合进行这种实践的地方，那里有广阔的空间和廉价的土地，最好的是那里的传统，对有特色的群体与其说是容忍，不如说是不闻不问。早在这些新来的欧洲人抵达之前，美国就有十几个奇特的社团，首先是1694年在宾夕法尼亚成立的“荒野妇女会”。两个世纪之后，社团总数超过了80个，散布在从缅因州到得克萨斯州的各个地方。其中最负盛名的社团都是在傅立叶的激励之下成立的，因为他对新英格兰浪漫主义者的思想产生了很大影响。爱默生、霍桑、玛格丽特·富勒和C. A. 达纳都是傅立叶派的头面人物，而纽约州的艾伯特·布里斯班、霍勒斯·格里利和老亨利·詹姆斯则都是坚定的支持者和宣传家。新英格兰人在布鲁克农场和福鲁特兰兹先后建立了傅立叶大师做过明确描述的法郎吉（phalanx，也称作法伦斯泰尔），但是没有遵行他规定的繁文缛节。霍桑的《福谷传奇》一书写的就是布鲁克农场这个地方，书中的故事其实是个悲剧。

几十个其他种植园虽然做法各异，但都以不同的方式来实践它们所用的名字中包含的思想——和谐。印第安纳州的新和谐社区特别值得一提。创办人是罗伯特·欧文。欧文在苏格兰经营纱厂，在位于新拉纳克的工厂旁试建立了一个模范城镇，大获成功。他为工人提供良好的住房、学校、娱乐和令人满意的生活。在美国如法炮制的社区在他负责管理期间也十分成功。欧文还在英国和爱尔兰进行演说，发表文章，宣传他通过推理得出的理论，吸引了大批支持者。不过，那些支持者没有建立社区，而是根据他的建议成立了“合作社”，使入社的消费者通过以批发价买入商品和共同分成的方式从中获得实惠。

有一点所有力图改造社会的人都一致同意，即当时占统治地位的政治经济学派从根本上来说是错误的。亚当·斯密、李嘉图、马尔萨斯、纳索·西尼尔、J. B. 萨伊、巴斯夏和J. S. 穆勒宣称，他们已经找到了经济生活的永恒定律。目前的条件是由事物的性质所决定的，人只能服从现状，就像服从万有引力一样，由此产生了“放任主义”（laissez-faire）的教条。这是重农主义者早在18世纪就教授的一种学说，后来又由亚当·斯密以充分的历史证据为基础重新加以阐述，同时也作了适当调整，而到这时则依据经济学法则靠演绎法获得验证。

使用经济学法则证明了什么呢？那就是：人的本性决定了他要追求自我利益。在货币经济里，他力求以最低价买进，最高价卖出。价格不是硬性规定、一成不变的，而是随着供求关系的变化而起伏。例如，一块土地的地价或者地租取决于它生产的农作物的价值跟邻近土地的产值相比孰高孰低。“经济人”是要严加比较，货比三家的。

至于工资，它来自一个“固定基金”，而该基金的多少则由资本（货币与设备）市场的条件和劳动力的供求状况来调节。倘若劳动力供应丰富，工资水平就会相对降低。制造商付出的工资不能超过上述这些因素综合在一起所确定的水平。远在苏格兰的罗伯特·欧文可以为他的那帮人不切实际地胡来，但如若人人都这么做的话，整个英国的经济就会崩溃。欧文的做法罔顾了“古典经济学”。

如果认为古典经济学的创始人和倡导者全是些伪君子，提出这种理论是为了他们的朋友——工业巨头——进行辩护，完全漠视工人疾苦的话，那就大错特错了。这门科学同样不顾由于过量生产而时常导致一连串失败的工厂老板的痛苦。像托马斯·马尔萨斯牧师这样的经济学家就十分关心贫苦的工人。他们的人数在以不同寻常的速度激增。从经济角度来看，他们不应当生育这么多孩子，因为这样一来增加了劳动力的供应量，结果使自己变得更穷。可以猜想，当时的劳动人民除了床笫之欢以外，没有什么其他乐趣。马尔萨斯没有否认这一点，但是他除了建议人们清心寡欲之外，也没有什么锦囊妙计；想到战争和瘟疫会造成人的大批死亡时，他尽管也感到痛苦，但同时也觉得宽慰，因为根据他的计算，粮食供应量只能按 1—2—3—4 的算术级数少量增加，而人口则是以 2—4—6—8 的几何级数飞速蹿升。他所担心的问题至今没有消失。人口学家一直在预测，不断改进的卫生和医药条件延长了人的寿命，却完全不顾造成的后果，致使人口急剧飙升。

美国的大多数“反经济学”团体只持续了短短不到几年。其中一个原因是，同那些顶住外来压力生存下来的震颤派教徒、严紧派教徒、摩拉维亚教徒和门诺派教徒不一样，傅立叶主义者和其他派别的人缺乏强有力的宗教纽带。19 世纪宗教信仰的恢复不够教条化，不足以产生同等力度的约束力，而新编的神话是不太站得住脚的想象。教条化不足的原因在于第二个不利于团结的因素——个人主义占了上风。只要逐个想想新英格兰的超验论者，然后再设想一下他们在布鲁克农场生活的情景，那种奇观会使人哑然失笑。这一群奇才颂扬独立思想和自力更生的性格，他们周围正在建立新国家的千百万平民百姓不在他们的思考之中。他们生活中和想象中的英雄是像梭罗那样的天才、孤身一人的拓荒者、孤独的流浪者，或者像费尼莫尔·库珀的小说中描写的形单影只的林中人纳蒂·邦泊。能有什么魔法让这些人和谐地融入傅立叶式的法郎吉呢？

另一类社会批评家对进步提出怀疑，甚至常常是否定。他们指出乌托邦至少在原则上是正确的。他们认为，必须建立计划有序的社会来扭转生活状况的恶化。陷入“生产过剩”（后改称为“商业周期”）重围的贫苦工人和运气不佳的制造商都是政治经济僵硬法则的受害者。真正的工作处于衰落之中，大批（“廉价粗劣的”）低质产品充斥市场，新的思维方式一味强调数量：价格、成本、产出和增长，这一切降低了所有人的道德标准。无情的数字压倒了慷慨之情，打乱了心境的平和，削弱了道德良知和宗教信仰。

这种意见的主要倡导者是卡莱尔。他天生具有鼓动家的禀赋，设计了一套独特而有效的布道方式，在英国当了整整半个世纪的良知导师。其他谴责工业化、功利主义和进步的人来自教会、文学界和英国托利党的成员。这些人大多数都是地主。他们尖锐地指出制造商制度的种种毛病，因为后者是同他们争夺财富和权力的敌人。他们在第七代沙夫兹伯里侯爵的影响下，通过法律来限制工时以及对女工与童工的剥削。这是管制机器工业的庞大法典中最早的一部分。自那以来，西方各国每时每刻都在对这部法典补充新的内容。不过，卡莱尔不大相信立法的作用。他认为，立法只能医治这种邪恶的表象；议会是空谈的场所，只要两派拉锯战式的争吵不停，就不会得出什么好结果；应由一位领袖掌控全局，率领大家奔向一个方向——正确的方向。这个他称之为英雄的领袖必须得到人们的承认和崇拜。

因为这些字眼在我们这个世纪会引起可怕的联想，所以卡莱尔的初衷尚需解释一番。首先，他所说的英雄并不一定是“军事强人”。他在《论英雄和英雄崇拜》的六篇演讲词中列举了历史上一些英雄的例子，如北欧神话中的最高之神奥丁这种异教的半神半人、宗教创始人（如穆罕默德）、伟大诗人（如但丁和莎士比亚）、“文学巨匠”（指卢梭和约翰逊博士这样的知识分子）等。简而言之，英雄就是那些出类拔萃，对事件的发展产生影响的人。当然还有军事英雄，如克伦威尔和拿破仑，但是卡莱尔却明确提出：现在需要的英雄是思想家和作家，是靠主张和语言来统率民众的领袖，而且“可以指望（他）在今后所有时代继续作为英雄主义的主要源泉”。同样，崇拜并非迷信的卑躬屈膝，而是衷心的景仰。今天，受人欢迎的演员所得的酬劳高于所有其他人才，这样的时代是没有资格对英雄崇拜评头品足，说三道四的。

卡莱尔在后来一篇题为“过去与现在”的布道词里举例说明了他

的意思。他利用12世纪的一本编年史向人们展示了在圣埃德门兹伯里的一群僧侣如何陷入了道德混乱、财务亏空的局面，他们又是怎样在院长萨姆森的领导下重返经门，实现经济自立的。萨姆森是一个态度谦虚但立场坚定的人，并不特别为周围的众僧所喜爱。在被任命为修道院院长之前，他并不知道自己是一个天生的领袖。为了重整教业，他不得不临时制定种种政策。这些政策十分严格，但毫无独裁的成分。他同手下众僧讲道理，有时也不得不做出妥协。唯一必须服从的命令是工作——要老老实实、兢兢业业、刻苦勤劳地劳动。所有的善都由此而来，这就是人活着的理由，是保护心灵不受邪恶侵害的方法。

这就是卡莱尔从历史中找到的榜样。相比之下，眼下是一片混乱。没有领导，因而缺乏明确的方向；努力徒劳无功，毫无意义的冲突频频出现。行为受贪婪所主宰，因为物质标准成了效用的唯一衡量尺度。自私自利优先于所有其他考虑。边沁不是说过对可以从中得到乐趣的人而言，“（保龄球）球柱的功用就跟诗歌一样”吗？把“最多人的幸福”作为制定政策的指南，这把标准降低了一大截。这一切产生了目前被误称为“文明”的非人道状态中普遍的痛苦。关于卡莱尔的介绍就到此为止。分散在英国其他地方的十几个反对资本主义的作家都敦促建立某种社会化的社会。威廉·汤姆森（女权主义者）、J. B. 布雷、查尔斯·霍尔、托马斯·霍奇金、玛丽·亨内尔等人今天被视为率先提出具体纲领的社会主义者，他们的纲领不是要建立小社区，而是要消除经济学家的影响，力挽狂澜，使社会朝着人人享有正义的方向迈进。

约翰·斯图亚特·穆勒的情况相当特殊。他曾一度追随圣西门和奥古斯特·孔德，还为《环球》杂志撰写过文章，不过却中途而退，因为他预见到，在孔德的制度下，人的生活会“像在围城里一样”。穆勒通过改写自己的《政治经济学原理》而与自由派分道扬镳。他指出，国家产品的分配可以任意改向，而且应当为了大众的福祉进行有秩序的重新安排。最后这句话是一条预言，被后人一再重新解释。所有这些不同的设想，即先后失败的各种乌托邦、卡莱尔及其追随者的种种抱怨、英国的五位社会主义大师和国外同类人物的理论，在长达一个世纪的时间里一直属于少数派；他们吵吵嚷嚷，却未能阻止历史的进步，也没能扑灭公众对进步的热情。然而，他们的基本思想——实质上的社会主义——最终获得了胜利。这胜利有两种形式的表现，一是由一个政党及其领袖实行集权的社会主义，一是由民主议会和政府机构来统治的福利国家。

这个世纪充满了各式各样的自发运动。各种基督教社会主义把改善社会的责任赋予教会，无论是天主教、路德教，还是英国圣公会教；拉萨尔（为德意志倡导的）的社会主义"公司国家"可以指导企业实现经济正义；在这方面，拉萨尔门下不断壮大的激进分子队伍还决心建立一个工人国家，即在一个国家建立最先进的社会主义。流亡法国的诗人海涅看见自己的国家除了积聚已久的建国激情之外，还因这些愿望而骚动不已，遂告诫欧洲警惕对文明的双重威胁——德意志和共产主义。此时，马克思还不太为人所知。

※

与进步同样显要的是自由主义者提出的建立议会和扩大选举权的要求。他们保证，这样做不会产生改变社会习惯和社会等级这种匪夷所思的结果，只是将政治权力赋予所有受过良好教育并拥有财产的个人，这样会保证言论自由和新闻自由，而自由的公众舆论则会导致和平与繁荣。在这方面，英国是领路人。这种中产阶级的理想政府的观念得到了许多工匠和其他工人的拥护，他们举行示威，发动骚乱，以期实行完全的民主。

通常以为，对于像英国议会这样历史悠久，长期受人敬佩的政府机构，人们一定了解透彻，效仿起来也比较容易。实际上并非如此。两个半世纪以来令世界瞩目，蜚声海外的议会之母至今也没有生出过同等美丽的孩子或真正健康的后代，她的所有后代都需要改造治疗；不止一个极不光彩地夭折；幸存者当中有一些明显患有疟疾，忽冷忽热。欧洲基本上都是这种情况。令人高兴的是，美国是个例外，这是因为它直接继承了英国的传统。在非西方世界里，民选立法机构要么是装样子骗人的，要么就一再陷入混乱。

这些议会的不稳定和无效主要是由它们建立时所编写的繁杂冗长的宪法造成的。制宪者通常想力图保护立法机构不被行政权力机构凌驾于头上，因为他们想遵循（他们当时以为的）让国王统而不治的英国先例。他们没弄明白，严格地说来，英国并非由平民院（House of Commons）独家管理，而是由“王在议会”，即贵族院（House of Lords）和平民院一道统治。这个短语标志着规定三方当中的任何一方能做什么，不能做什么的一整套习惯规矩。例如，为了使上院通过1832年的《议会改革法案》，要求国王给足够多的自由派封爵，以压倒在上院占多数的反对派，而国王尽管本人持反对意见，也会遵从这一要求。这种当时机成熟时在压力下让步的特点，英伦三岛之外的人是无法理解的，过去如此，现在依然如此。

这种习惯无法写入宪法，即使可以也不应写入，因为情况是在不断变化的，而习惯如属适当的话，可以比宪法更顺利地加以改动。因此，英国可以说是唯一一个在任何时候都拥有最新宪法的国家。所有其他国家（包括美国）的宪法中的一些根本性安排都会变得过时，从而导致现代史中各国不时发生议会“危机”。法国、意大利和德国自实行民选议会制度以来，各自都经历过五部宪法，而西班牙同巴尔干国家一样，宪法一换再换，令人眼花缭乱。

英国人这种判断何时及如何进行更改而又不扰乱整个局面的本事

是通过几个世纪的痛苦经验摸索得来的。他们本来素以难以管理而著称，不过他们最终还是感到了疲倦，不愿再闹事。一种根深蒂固的反唯理智主义使改变得以不触及制度而静悄悄地进行。形式、头衔和装饰都保持不变，在下面却采取各种行动；这样一来，视觉上的稳定保持了人们的信心。这是一种超越原则的本事，是精明的言行不一的好处。应当指出，这种状态不是矛盾，因为矛盾会使一项制度自毁长城。不一致的东西依然可以发挥作用，也许以后就能理顺了。当然，有些时候一次仅修整一项是不够的，需要搞一次大扫除。19世纪下半叶英国的宪法就出现过这种情况，当时，在持续了20年的顽固反革命镇压之后，辉格党中称为极端派的人成立了自由党，把托利党赶下了台。有一个辉格党极端派的代表性人物同时也是值得大家认识的天才辩论家兼幽默家，他就是——

悉尼·史密斯

他登上历史舞台时，英国已经就改革问题进行了50年的辩论，但是一项改革措施也没有施行。虽然史密斯只是偏远乡村一个小教区的一名小牧师，但是他却在匿名发表了《彼得·普利姆莱书信集》一书之后一举成为领袖。这本书讨论的是“天主教解放”这个久辩未决的题目，即取消阻止天主教徒进入议会、大学、各种专业职业和政府机构的种种障碍。他刚刚加入辩论，意见也与众不同。他写作的方法旨在既说服一般老百姓，又说服专业政客，还要把坚定的反天主教分子争取过来。史密斯赢得了胜利，因为他了解反对者的思想感情，通过对实际问题的讨论来进行说服。史密斯的语言通俗易懂，常常语带幽默；他通过夹叙夹议的办法使他的主张更加深刻生动，语言雄辩有力，重点得当。他在小册子中深刻阐述了何谓正义、人道和宽容，同时，他自己也遵守这些美德，写作时态度并不狂热偏激。

悉尼·史密斯很快就成为辉格党领袖的密友。他们发现，这位胖墩墩的牧师是极为理想的晚餐客人。他机敏过人，风趣诙谐，明达事理，在待人处事和政治方面具有敏锐的判断力，而且通今博古，无所不知。这个新加入他们行列的人才华横溢，使人们的思想不断受到激励；他的大无畏精神更是令人欢欣鼓舞。他撰文与"迫害不同信仰者的主教"论战，虽然不能使对方信服他的观点，但是也不会引起对方的敌意，同时还使旁观者从中获得熏陶。悉尼·史密斯发动进攻的次数不胜枚举，体现了他的自由主义性格，也揭示了当时的社会态度和文化倾向。天主教于 1829 年最终获得"解放"之后不久，英国议会议员的选举方式进行了改革。一些勋爵封地里的选区被取消，因为那里剩下的只有长满草的山丘，没有选民。议会代表的席位分配给原来没有代表的城镇，如伯明翰、曼彻斯特、利兹等；选民范围扩大，包括了拥有或租赁中等规模财产的人。粗略算下来，六个家庭里就有一家成为选民。[欲了解《改革法案》通过之后英国选民的实际情况，请参阅狄更斯《匹克威克外传》第 13 章中关于伊坦斯威尔选举的介绍。]

史密斯关于该法案发表了四篇讲话。在其中一篇中，他提到当时的一种反对意见，说如法案获得通过，鼓动家肯定不会就此罢手，不再打搅人民，而是会得寸进尺，变本加厉。对此他的答复是："如果大风不打搅波浪的话，就不会出现风暴。如果绅士不打搅女士的话，就不会出现不幸的婚姻和被弃的怨女。而我们的人民一定还会被打搅，所以，我们必须立即着手为他们制定法律。"史密斯那约翰逊式的聪明头脑总是能够找到优雅、精确的语言明确地表达他的意思。关于法官自谋私利的做法，他写道："多干一天巡回判案的工作，肯定比坐在法官的位置上快速谋杀要好。"同时，他知道光靠敏锐的辨别力是不能实行改革的。"所谓不要凭恐惧感行事的说法不过是议员们言不由衷的论调。我要问，除了恐惧感之外，还有什么动机促使我们对宪法进行改进？如果我说：人民要什么，就给他们什么，因为这是正义之举，你们想会有 10 个人听我的话吗？使大众看见正义之美的唯一办法是用简单明了的语言告诉他们不正义的后果。"

虽然他口齿清楚，声音温和动听，并不咆哮威胁或故作高深，但是他更喜欢用笔与敌人交锋。他同几个朋友创办了《爱丁堡评论》，这份季刊很快就作为宣传辉格党观点的喉舌成为政坛和文坛上的一支新生力量。《爱丁堡评论》是一本形式全新的杂志，它不再是由出版商控制，雇用文人撰稿的一言堂，而是独立评论家的论坛。里面的文章按当今的标准来看，篇幅很长，几乎就是专题论文。整篇评论的引子也许是一首新诗、一篇新小说、新历史文章或者是某人的游记，但是评论也许只用一段就把作品或作者打发掉了，文章里通篇评述的则是作者所涉及的题目，因为评论员认为理应如此。

麦考利著名的散文就是先发表在《爱丁堡评论》上的，读者对他给予热烈的期待。一个初露头角的作家的作品如能登载在这份"浅黄加深蓝封面"的杂志里，就算是成名了。尽管文章没有署名，但是读者一眼便能看出是他所写。除了麦考利之外，这份评论杂志的主要支柱有史密斯、黑兹利特、霍纳及杂志编辑弗兰西斯·杰弗里。拜伦在早期题为"英国的吟游诗人和苏格兰的评论家"的诗中讽刺的就是他们。史密斯写给杰弗里的一封信中反映了他自己的性情："我恳求你在分析问题时收敛禀性暴躁的倾向，培养综合归纳的嗜好。何谓美德？真理有何用处？荣誉又能派何用场？几尼[1]又有什么了不起？只不过是区区一个小黄圆片而已！你的全部身心都用在破坏上面了。因为别人急切建造起的房屋质量不好，你就把它一脚踢毁，并且从此不

1. 几尼，当时的英国金币。——译者注

愿意从事认真建造这种困难的工作。”

史密斯费了九牛二虎之力争取废除一项不合理的法律，这项法律不允许被指控犯有重罪的人得到辩护律师。他站出来鼓动大家群起反对，攻击“尊敬的议会提出的最为荒谬的论点，说雇用律师对犯人来说太昂贵了，似乎还有什么比被绞死更昂贵一样！‘没错，你明天会被处以绞刑，不过想想看你省下了多大一笔钱啊！’”议会开了七次会进行辩论之后才做出允许被控犯了叛国罪的人请律师的决定。对此，史密斯抨击说：“人类就像孩子，他们总是朝着那些对他们有好处的东西做鬼脸；有时非得捏着他们的鼻子把汤药灌进去。”

同样残忍和不公正的是保护地主以及他土地上野生禽鸟的狩猎法：“没有狩猎许可的人如果打死一只雉鸡会被处以5英镑的罚金，但是地主老爷却认为该用枪打死他，于是在偷猎者经过的小道上装上伏击枪。较有人性的地主则埋设抓动物的夹子使他致残，最仁慈的乡绅只用机器将他囚禁起来以防他逃跑，但是并不打得他皮开肉绽。毫无疑问，这种做法是严重违法行为。假如人人都私设公堂，定罪量刑的话，那么法律也就不复存在了。”

悉尼·史密斯和布莱克一样痛斥烟囱清扫行业的种种做法：“精美的晚餐是最令人愉快的事，是文明生活的一大成就。它不仅包括让人大饱口福的美味佳肴和色香味俱全的调味酱（而且还包括精美的餐具和一同就餐的伙伴）。晚餐期间厨房的烟囱失了火，由一个可怜的六七岁的孩子冒着浓烟大火钻进烟囱把火扑灭，正在享用美食的人哪里知道这些？年方五六岁的男孩就成了烟囱清扫工。四处揽活的烟囱清扫工留在各家门上的卡片上常有‘小男孩钻细烟囱’这样的宣传。有时甚至还雇用女童。”史密斯最后不无嘲讽地写道：“驳回禁止男童清扫烟囱法案十分正确，因为人性只是一种现代发明。如果采取这种措施的话，必定会对财产造成极大破坏，并会大大增加失火的风险。”

有一些自由党人当时关心的问题不能形成法案让议会表决，其中一个引起史密斯关注的问题是妇女教育问题。“如果它能得到改进，男子的教育也会得以改进”，因为“人生头七八年的性格形成看来几乎完全仰仗妇女”。此外，一个国家应尽可能发挥“理解心”，包括“妇女所拥有的能力——机智、才赋和与男人同样出色的所有其他品质”。目前，“世上一半的才干被白白浪费掉了”。至于有人认为“教育妇女是荒谬的主张”，试想一下，“一个世纪之前，谁会相信能教会乡绅自如地阅读和准确地拼写呢？而我们今天却看到这已是事实。将现实误认为以后才可能的事是最愚不可及的”。

这并不等于史密斯对英国的公学（实为私立中小学）或是英格兰的两所大学有何敬意，因为所有这些学校的做法都是教育的理想与实践的耻辱。这些学校花很多年的时间教授不情愿的孩子写拉丁文诗句。史密斯说，一个听话的学生到毕业时“已经学写了上万句，超过了维吉尔 12 卷史诗《埃涅阿斯纪》的篇幅，但从此以后就连一句也不再写了”。岁数大一些的男孩因无所事事而变得十分顽皮，甚至为老师建立了“小石子基金”，作为可能被石子打伤的理赔金。大学的教育涉及面狭窄且内容贫乏，把一名青年送进去只能保证他“学坏并浪费钱财”。

在宗教和道德方面，这位牧师显示了同在政治和社会事务方面一样的犀利。他是虔诚而坚定的圣公会教徒，但是却不坚持要别人改变宗教信仰。他嘲笑循道宗、皮由兹派（小册子教派）和狂热福音传道者中的“克拉彭教派”，并与他们迫害异教徒的行为做坚决的斗争。他的所作所为使人想起斯威夫特。跟他一样，史密斯也无微不至地关怀自己教区的教友，关心他们的身体健康、住房条件、纠纷争吵和其他繁难琐事。他在道德观方面的智慧最明显地体现在他对“压制邪恶会”的深恶痛绝之中。“压制邪恶会是几乎不可能不超越理智和节制的范围的。叫得最凶的总会欺负社区里的老实人；最激烈的就是最守道德的。”至于铁路的发明使人们遇到的新情况，他一贯的逻辑最终占了上风：“仅锁车门这一项就会经常引起事故。不管（大西部铁路公司的）董事们怎么想，人是不耐烦忍受混乱的，会尽力从窗口挤出去。而且，为什么只锁门呢？为什么不让大家穿紧身衣呢？为什么不把引发事故的乘客绑起来使之动弹不得呢？”

悉尼·史密斯不仅对政治问题感兴趣，他的文学判断力也十分敏锐。当人人都诋毁司各特的杰作《米德洛西恩的监狱》时，他却对其大加称赞；他几乎是唯一对诗人塞缪尔·罗杰斯评价不高的人；他不喜欢描写当时生活的小说，但狄更斯的《尼古拉斯·尼克尔贝》却赢得了他的喜爱；德·斯塔尔夫人的《黛尔菲娜》中的伦理使他想起了王政复辟时期的喜剧；他还率先拥护罗斯金在《现代画家》一书中为特纳的艺术风格进行的辩护。

由于史密斯被推为常识的化身，因此有人误以为他缺乏想象力。其实，像史密斯那种最高水准的幽默才是纯粹的想象。史密斯在回忆他在南美的旅行时，对总是挂在树枝上的树懒作了这样的描述：“它一生都悬在那里，像是一个和主教沾点儿远亲的年轻教士。”《爱丁堡评论》的印刷商总是迟迟印不出杂志，理当将他开除“并强迫（他）以公开兜售低级下流的刊物为生”。有人说麦考利说起话来滔滔不绝，不容别人插嘴，这确有其事，不过“他偶尔出现的沉默使人十分愉快”。麦考利评判史密斯是“自斯威夫特以来英国最伟大的讽刺大师”。尽管史密斯常常逗得众人捧腹大笑，但是他却跟许多幽默家一样，时常会陷入忧郁。与他们一样，他由于揭露严肃问题的荒唐一面而招致责备。他深知此中的原因：人凭表象做出判断，而“蠢人和智者的表象彼此一样，轻薄者和机敏者的表象也各自相同”。他所说的天才的条件正好适用于他自身：“他不是孤身一人，而是八条大汉；他机智过人，却似乎不通常理；他世事练达，又好像不解风趣；他为人处事大智若愚；他浮想联翩几近疯狂。”

悉尼·史密斯的前半生是在贫困和失望之中挣扎过来的。他家境贫寒，须养活一大家人。他在伦敦刚刚成为备受欢迎的人物之后，就被（他所拥护的）新法律所迫迁居至自己的教区，从而失去了与知识分子交谈的机会。他那种令人开怀大笑的幽默是强者的意志战胜挑战的结果，就像他对教友的热心关怀是道德良心对容易产生的自我怜悯的胜利一样，在这一点上，他跟远在爱尔兰的斯威夫特又是相同的。史密斯的政治界朋友最终为他谋到伦敦圣保罗大教堂牧师的职务，使他晚年经济宽裕，得以生活在他的挚友当中。其中一个朋友说的这段话可以作为他的墓志铭：“悉尼，20 年来你一直在取笑我，可你没有说过一句我但愿你没说出口的话。”[若想了解他的一生，可读赫斯基思·皮尔逊（Hesketh Pearson）所著《独一无二的史密斯》（*The Smith of Smiths*）；如想阅读他的著作和书信节选，可读由 W. H. 奥登（W. H. Auden）编辑的《悉尼·史密斯选集》（*Selected Writings of Sydney Smith*）。]

※

在 19 世纪的大部分时间里，要求选民必须拥有一定的财产是理所当然之事，也是符合逻辑的。一个人若想负责任地运用自己享有的那份权利，就得拥有社会共同财产的一部分，就像股东投票选举公司董事会一样。老套的想法认为这些限制是因为自私自利的“新兴资产阶级”——制造商和银行家——想自己把握所有权力。不过如前所述，这种以偏概全的解释其实是一个神话。19 世纪所谓工业革命的成功确实使新的一批人致了富，这些人包括手巧的机械师、商贾中的佼佼者和幸运的投机商。照例并不是整个阶级共同致富，而是有些人富起来，其他人却穷下去。当法国的中产阶级下层抱怨他们手中的财产未达到资格而不能参加选举时，基佐首相告诉他们："赶紧发财！"当时的观念是有钱就表明有能力。这种规定还可以保证新获得选举权的人不会用自己的选票破坏财产权。而至于世代贫困的人，当时还没有普及教育，也没有一便士一份的廉价小报，这些无权过问公共事物的文盲的无知和心胸狭隘的程度，今天的人是无法想象的。他们体现了任何地方、任何时代争取解放的目标所在——不是将权力交给那些应该获得权力的人，而是提高那些无能为力的人的水平，使他们有能力学会如何行使权利。

反对这种自由的人说，文盲、奴隶和孩童管不了家。话说得不错却不开明。西方政治史就是一场持续不断的战争，一方是"现实主义者"，这样那样的自由都不想给；另一方胸怀慷慨，将赌注押在另一条真理上面——人人均有能力，能力大小只取决于有否发展能力的有利条件。

1832 年英国通过的《改革法案》为无选举权的民众打开了一条门缝，使其与法国类似的情况有所改进。由于生意成功或具有工业才干而"飞黄腾达"的"资产阶级"这时已有代表人物进入议会，在那里跟代表豪绅贵族的托利党争夺利益。如前所见，豪绅贵族铁了心要推动不受工厂主欢迎的劳工法。敌对双方斗争中各有胜负。当托利党人失去了长期享有的粮食保护税时，获益者并不全是资产阶级商人和雇主，而是全体人民。

先是新的《济贫法》，然后扩大到对劳工条件实行控制，这些标志着社会立法的开始。值得注意的是，社会立法需要的两种工具可以说是划时代的，更不用说也预示着未来。它们是：检查员和统计。现代的个人不再遭受社会等级的压迫，取而代之的是对他生活中所有活动的"检查"。这种控制手段的形式是颁发准许证、执照，宣布种种限制以及实际进行检查。与此同时，国家机构和私人研究人员分类汇总并发表数字，其目的多半是为了显示为什么要推动或限制一项活动。这样一来，关心国事的公民逐渐形成了靠统计数字生活的习惯。可以说，他们过的是“统计生活”（Stat Life）。这种情况在所难免。工业的性质起了变化，不再需要专心专意地致力于工作，而是要一味服从机器，管制因而成为必然。而且，由于技术闯入了人们生活需要的每一个领域，从衣、食、住，到火车、医药和娱乐，所以为了生活，需要无尽的统计和控制。

※

别国模仿英国建立起来的议会之所以时运不佳还有另一层原因。长期以来，议会的母体模型由于所含的种种不正常因素，代表的不是人民，而是利益，如土地、贸易、教会和大学。这些利益可能会分成各派，随着问题的变化，它们在议会的代言人彼此形成不同的联盟。当“一人一票”的办法被取代之后，这一制度的基础也暗地里发生了变动。个人主义通过“公众舆论”取代了一些利益。所谓的公众舆论是模糊不清、动摇不定、没有成型、不可预测的，（用白哲特的话来说）是公共马车中秃顶人的观点。要将千百万个人的意见收集起来再归纳成相当明确的利益，这需要有新的办法。靠直接行贿来笼络选民已经再也行不通了。若想利用人们的自私心理，再加上间接的收买，就需要有政治党派、公共纲领和严格的选举纪律。而且，要使政策稳定，就必须只能有两个政党，其中一个须是明显获胜者。

英国的两党制之所以巩固，还要归功于另一个从来未被仿效的传统安排——议会大厅当中的走道。1834年的大火把议会两院烧塌之后，大厦仍按原样重建，将议员分成两批，相向而坐。由于这种两军对峙的阵势，讲话成为你来我往的对话。面对近在咫尺注视着你的敌人是很难“海阔天空地发表演说”的。相反，所有其他议会的设计都是半圆形的，像剧院一样，除了造成左派、右派和居于其中的各种中间派之外，这种形式容易使人发表不着边际、抽象难懂的长篇大论。

即使在竞选期间，英国人对人群演讲时都像只同一个人聊天一样。这并不排除聚众闹事抑或许诺种种好处来明显收买选民。实际上，在举行真正选举的民主国家里，这两种做法都是常见的。但是，如果把这种行为说成是“煽动情绪而不是唤起理智”，那是一种愚蠢的陈词滥调。所有呼吁要唤起的都是人民的思想。没有候选人会说：“让我唤醒你们愤怒的情绪吧。”他必须以某种东西为依托才能煽动群众的感情。竞选中所用的主张是附有强烈情感的熟悉主张：宁死不屈；为了上帝，为了国家；反对新移民，对富人征重税，创造更多报酬高的工作，我的对手是个骗子；等等。这些主张就像基督教“十诫”一样正当。像环保或堕胎这种奇怪的新主张同样可以被人熟知，具有同样的调动情绪的力量。

不过，随着工业社会变得更加复杂，个人的观点也变得更加多样、模糊，党派也多如牛毛。一党获得稳定多数的情形已十分罕见。联合政府合了又散，散了又合，原本正在采取的行动被搁置，或者干脆撤销，使得政府的管理没有章法，前后矛盾。人民变得猜疑、不满，甚至厌倦。民主国家在经历了长期的斗争赢得选举权之后，对选举权表示出一种特别态度：他们对自己的政府形式大吹大擂，但是对他们自己选出来的领导人却只有鄙视。更糟糕的是，享有选举权的人当中，运用这种权利的还不到半数。最后，“院外游说集团”通过对人民的代表施加影响，大规模地重现了过去有组织的利益集团的作用。

1870 年之前不久，威廉·阿克顿博士和亨利·梅休分别对伦敦的地下社会做了两项调查。阿克顿博士研究的是卖淫现象。伦敦是全世界卖淫业的中心，或者说它在数量和花样上占据了当初威尼斯的地位。德·昆西向人们介绍了这个令人难以忘怀的世界的景象，他在那里邂逅了亲切的“被遗弃的安娜”，她救了他的命。30 年后，阿克顿博士经过大量的采访面谈，得出了这样的结论：对很多妇女来说，卖淫只是一种权宜之计；少数人以此为业是出于嗜好；绝望无助的人实在太多，慈善组织应当加倍努力，大大增加服务设施。

梅休长达四卷的《伦敦的劳工与伦敦的穷人》知名度更高，今天还印有节选本。这部著作关注书名中两类人之下再加以细分的各种群体，他（常常使用实际人物自己的话）尖锐、细致地描述了每一种人所过的生活。他的书同阿克顿所涉及的领域有所重叠，包括离家出走者和罪犯。两位作家都坚称他们采取了超然的态度，是实际内容本身引起人们的各种情感：同情或厌恶，渴望或绝望。

尽管如此，城市里的物质生活还是出现了一些改善。平均寿命增加了，拥挤的居民楼总比衰败农庄中污秽肮脏，被日晒雨淋得不成样子的破茅屋要好；大批的人挤在一起住能给彼此空虚的头脑装进思想。当然，19 世纪的社会思想家表示对“民主”的恐惧时，想到的就是这些黑暗的形象。他们所说的民主指的不是一种政府制度，而是民众，“从不洗澡的大众”。他们对法国两次革命的巴黎暴民依然记忆犹新。直到 1870 年之后，免费教育才把这些暴民变成群众。

造访美国之后返回欧洲的人撰文发表他们的旅美见闻，表明民治的政府不像欧洲人想象得那样可怕，但是他们也从未像后来访问苏俄的人那样表现出巨大的热情。实际上，只有一篇关于美国的报道是翔实可靠的，即托克维尔的《论美国的民主》。第一卷写得最详细，是他花了近 18 个月的时间集中精力写成，在 19 世纪 30 年代中期出版的。该书完全是描述，没有掺杂个人情感，它展示了人因自治和平等所表现出来的许多令人钦佩的优点：刚直不阿、不屈不挠的性格；对地方事物的轻松泰然，因为这些问题都是在有关各方出席的情况下公开讨论和决定的；还有一种不受历史的巨大失误和不公束缚的自由感；以及可以为团体利益或公益事业随意运用权力建立不受管制的自由社团的正当权利感。

托克维尔对美国宪法、联邦政府、地方机构、新闻界和当时人们对政治构架几乎所有方面的想法和态度进行了细致入微的介绍，充分证明了美国并不是由最无能的人统治的国度。相反，人人皆可成为而且通常都确实成为负责任的公民，不分贫富或学识，均有能力参加决策。这种情况证明了卢梭、杰斐逊和启蒙运动精神的正确性。这个形象很对美国人的胃口，托克维尔的话几乎具有《圣经》的威力。后来的美国历届总统卸任离开白宫时没有一个不引述他的话。当时，应托克维尔本人的要求交给他的使命是研究美国的监狱制度，他年方 24 就已是法官。他就此问题写的另一份报告使读者对美国产生了更美好的印象。这份报告的读者甚众，对当时正在实行改革的好几个欧洲国家证明十分有用。但是，托克维尔的《论美国的民主》第一卷除了介绍了民主的明显好处之外，也提出了甚至连同情美国的读者都会为之一怔的观点和预言。他写道：最大的危险是多数人的暴政。鉴于美国实行的是一人一票的原则，因此对此危险没有，也不可能有保护措施。而且，这种暴政不仅限于法律方面，而且也包括社会方面，如来自邻居的压力，不管是无声的还是明示的。至于平等，它会在邻居之间滋生妒忌，使人们憎恨任何优越的表现，其结果是把所有工作的质量降低至平均水平，有时甚至低于平均水准。托克维尔运用他非凡的预言天赋，预测会出现一位伟大的“美国诗人”，所介绍的具体特征就像是沃尔特·惠特曼其人及其主题，但是他在美国的文学作品中找不到出类拔萃之作（那时新英格兰学派尚未出现），美国文明还没有哪一个方面可以使人联想起“优雅”这个字眼。托克维尔在总结了美国人民的真正成就和繁荣昌盛之后问道：这主要是归功于什么？他的答案是：“得归功于他们妇女的优秀。”

《论美国的民主》第二卷是另一种杰作，书中没有罗列大量事实或做长篇解释，而是根据选择的数据得出一整套推论，为西方政治机构的未来提出建议。托克维尔认为，民主的前进是不可阻挡的，他所说的民主既指代议制机构，也指群众的力量。虽然他不喜欢这种前景，但是他也不高声反对；他只是摆出其种种弊端，正如他举出了它的各类好处一样。

令人遗憾的是，另一部与《论美国的民主》同时问世的关于美国的作品没有受到注意。托克维尔不是孤身到美国来的，伴他同行的还有他的朋友古斯塔夫·德·博蒙特。他们决定一同观察，但分开写作，其结果是，他们的调查几乎没有重叠。博蒙特关心的主要是礼仪和民众的道德观念。他写了三篇很长的文章，分别是《黑奴和自由人之社会和政治状况》《美国的宗教运动》和《北美洲印第安人部落的早期状况与现状》。不幸的是，博蒙特使用了题为“玛丽”的小说作为媒介来传播他的调查结果。这个故事讲的是一个与南部“混血”姑娘结婚的法国青年。该书直到1958年才被译成英文本出版。作为小说，这本书乏善可陈，尽管里面有一些描述精彩的场面。但是，书中所载的许多短文和章节则纯粹是批评社会时弊的上乘佳作。博蒙特在书中叙述了一次种族骚乱和对乌托邦试验地奥内达的访问经过，讨论了美术问题，预言对黑人实行奴隶制和虐待印第安人这种做法本身有很多危险。他缺乏同伴托克维尔综合归纳的天分，但是他具有同等的洞察力。

托克维尔在第二卷达成的结论使他进而研究另一个问题——旧制度和1789年的法国大革命。他研究得出的结论是：在路易十四、十五、十六三代国王统治下实行的官僚集权制已经打破了各种权力之间的内部平衡，为产生一个新的国家铺平了道路。在这个新国家里，人人服从于一个单一的权威，不再享受每个阶级长期确立的自由。个人毫无权利，陷入相互竞争之中。这样一来，自我利益成为纯属个人的孤立东西，使公共舆论沦为“某种思想尘埃，四处散布，无法聚合”。

※

在民主思想、社会正义计划、改革立法和镇压时期的残余力量改变着欧洲文化的同时，另一种力量正在悄悄地朝着同一方向增加着影响。起初，机器只影响管理使用它们的人和工厂里的男女工人。但到了 1830 年，一种类型不同的机器问世，改变了所有人的生活和思想。今天，人们对这件大事几乎已经完全忘却了，但它代表了人类自从游牧部落择地定居，开始种植粮食，豢养牲畜以来所经历的最完全的变化。实际上，它恰恰是那种定居生活的反面。以蒸汽为动力的火车头和铁路将人类连根拔起，使之重新得以浪迹天涯。第一条公营铁路线穿过的那片地区很快就感受到了火车的影响和其他文化方面的后果。

那段路是曼彻斯特和利物浦之间 30 英里长的路程，首次发车的日子是 1830 年 9 月 15 日。在那次首发式上，工程师乔治·史蒂芬森的支持者与政府官员和来宾同坐在火车上，其中包括威灵顿公爵和著名的经济学家，贸易局局长威廉·哈斯金森。8 个火车头牵动着 8 列火车，共有 33 节车厢。火车以时速 20~25 英里的高速风驰电掣地载着他们穿越乡村，跨越名叫查特默斯的大片沼泽地。在此之前，人们一口咬定说这片沼泽地是无法通过的，会使车厢陷没，整个铁路业也会随之夭折。但是，史蒂芬森找到了一种使铁轨浮在沼泽表面的办法，而火车上的乘客全然不知经过沼泽地需要克服多大的障碍。

但是，他们走到半路停下来给火车头加水时，发生了历史上第一宗铁路事故。惊喜赞叹的乘客们从停在铁轨上的第一列火车中涌出的时候，另一列火车正好沿另一条铁轨缓缓而过。哈斯金森正站在惠灵顿公爵包厢敞开的门旁边与人交谈，听到有人高喊“进去！进去！”一下子给弄糊涂了，正在绕过车厢的门时被那辆行进中的火车头撞倒在地，尽管25分钟之内就被送到医院，但仍不治身亡。

这宗事故有着特殊的意义。从那时起，人在面对运动中的物体时不得不增加警觉，加强条件反射。人的神经系统不断在进行调整，各种各样新的视觉和听觉警报命令人体停下来或朝着安全方向行动。人要能做到眼观六路，目测来往车辆的速度，还要耳听八方，揣测尚未看见的物体的远近。除了为保证生存之外，日常生活还需要人接收种种不断增加的灯光、鸣响、喇叭声和永不停歇的铃声，并对其做出反应。

从一开始就必须防范铁轨上出现的种种危险。起初是雇一个人骑马在火车前面挥舞着旗子奔驰，但由于看起来太滑稽，很快就弃之不用了。但是，在发明火车之后的25年里，事故连连，形式多样。最早的一次灾难发生在巴黎—凡尔赛线上，那是火车在英国首次行驶十几年之后发生的。造成死亡人数倍增的令人震惊的原因是“出于安全考虑”把乘客锁在了车厢里。当两个牵引火车头中前一个的车轴断裂之后，第二个火车头及其后面的车厢由于惯性叠了起来，引发的熊熊烈火将死伤者一同火葬，殒命者逾50人。这种把乘客锁起来的做法在英国实行的时候，悉尼·史密斯曾提出尖锐的批评，但后来仍在欧洲继续实行多年。这种做法是一个旁证，证明人被装在箱子里快速飞越空间，精神上会感到极大的恐慌。

作为一种机械发明，铁路交通不仅仅是将一个蒸汽发动机安装在一架车上去牵引另一辆车。同样重要的是（有凸缘的）火车车轮和路基。车轮的轮缘扣住铁轨，因而自动确定行进的方向，而路基则能承受经常出现的巨大压力，使两条路轨始终稳定并保持同等距离。不善观察的丁尼生对铁路深感惊讶。他最初以为火车的轮子是在路沟里走的，难怪他在诗中写道：世界在“变化的环形路沟里”永恒转动。在火车首次试行之前不久，德·昆西写下了他最杰出的短文之一，论及

“英国的邮递马车”。文中大肆称赞改善的道路、坚固的座车、飞快的骏马和熟练的马车夫，这些优良条件综合在一起提供了有史以来最快捷的邮政服务，邮车以 9 英里的时速疾驰，使乘客，尤其是坐在车顶的四个乘客大为开心。

邮政还需要遍及各地的驿站，里面备有马匹接替刚刚抵达的已经筋疲力尽的驿马。不过，这种组织工作与不久之后建立的铁路系统相比真是简单多了。首先，须将路轨围起来，与人畜隔开；其次，须使用一种信号方式使列车有可能单轨行进，即所有列车在同一条轨上沿同一方向行走。幸亏这时已经有了电报，这得感谢 S. F. B. 莫尔斯和他发明的电码。整个铁路系统除了需要有机车上的司机和铲煤工之外，还需要发送和接收电报的人，即列车调度员，另外还需要站长、信号员、巡道工、扳道工和检票员。交通道口需要修建栅栏，安装信号灯，沿铁轨每隔不远就需建筑信号和扳道站。这些设施需要不断改进，还有大量后加的配套部分：汽闸、轨道电路、钢制车厢、火车头的自停装置、中央调度等，不一而足。所有这些项目共花了 75 年，还有许多人的生命作代价，但它们使铁路成为人类一项几臻完善的成就。

铁路工人很快就形成了一支浩浩荡荡的大军，由一大批官员和一大本规章制度统管。他们在持续不断的压力和严格的纪律下进行工作，如因违章导致事故或死亡，还会遭到法律惩处。这种情况也改变了工作的性质。此前，工厂意味着组织严密的工作，不过工作简单明了，相对静止，不像铁路工人那样须做出人命攸关的决定。而且他们工作的性质使工伤更容易发生。铁路工人因而成为工人中的贵族，他们身体强健，有特殊的技能和别人没有的判断力。至于通过采取新的规定或装置来增加旅客安全的问题，起初认为它不是政府的责任。在稳步向前发展的英国，一批（多来自军队的）卓越工程师承担了这项任务。他们研究每一宗事故，发表建议提供给各家相互竞争的公司；这些建议并不是可通过法律加以执行的结论。后来，与飞机旅行有关的问题也是采取同样自由的方式来加以处理的。

在相当长的一段时间里，乘火车旅行的男男女女对铁路一再惊叹不已，同时也有人为之骇惧。就此，他们写下了大量描述，做了不少预言，还进行过不少论证。华兹华斯猛烈抨击铁路对宁静山谷的破坏，维尼用诗歌描述人类从牧羊人变为从事无数次旅行的飞行冒险家的神奇变化，拉马丁从铁路带来的旅行方便当中展望到跨越疆界增加相互理解和带来国际和平的前景，总是具有灾难感的狄更斯在小说中不止一次把旅行者的感受描写得如同噩梦一般。常人则不可避免地洋洋得意："不管你信不信，我搭乘早上8点去某处的车，中午12点就到了；我做完生意搭下午2点的车回来，6点就到家了。"福楼拜在他的《庸见词典》里举了这个例子和好几十个类似的陈词滥调予以嘲笑。对爱思考的人来说，这项新奇迹只能使他们悲伤地想到从一个地方移动到另一个地方完全没有增加任何思想或精神价值，在旅途的两端，无赖照旧是无赖，傻瓜依然是傻瓜。而且生意做得更快只会加强物质主义的统治。自然，生意人对这种带有妒忌和偏见的看法不加理睬，只要筹集到资金，就立即建造铁路。19世纪40年代，英国患上了"铁路疯狂症"，计划要修筑几十条铁路，摊子铺得太开；于是造成有的铁路破产，官司连连，乡村被毁，有的城镇因被铁路线绕过而深感愤怒，煤炭和钢铁工业生意兴隆，设计师竞相改进机车、铁轨、道渣、车厢、刹车闸、信号灯和铁路的运作。

对美国这样的国家来说，铁路是飞速开发广阔空间及其自然资源的唯一办法。尽管最近出现了一种修正性的观点，但是，如果当初光靠运河与马车，美国的中部和西部不会这么快就人丁兴旺，繁荣发达。俄国的内地就是因为缺乏贪婪的铁路修筑商而长期处于落后状态。在非洲和远东，西方人的铁路把贸易从条约口岸和15、16世纪就已建立的古老通商地点向内地推进，导致了新帝国主义的抬头。虽然铁路没有形成各国人民习惯和看法上的“一统世界”，但是它却为西方在全球各个地区的深入挺进提供了最强大的推动力。

铁路与工业时代的其他产物一道造成了一种特殊的仰慕，一种同诗意交织在一起的爱慕之情，即所谓的铁路浪漫情结。夜间火车鸣笛的声音，快车飞速奔驰的瞬间留下的一个个光亮方格，白天火车缓缓停下时冒出的嗞嗞作响的白烟，司机与铁路站长之间交换的神秘术语和类似情书里的暗语，还有这么一个钢铁铸成的庞然大物满载乘客离我们而去的壮观场面，这一切都激起人们的浪漫情怀。这些和其他类似的印象已被无数次记录下来，直到今天还激励着人们为之吟诗作赋。火车充斥了 19 世纪的文学，这是飞机在 20 世纪所没有做到的。左拉的《人形野兽》、哈代的《旅行中的男孩》和安娜·卡列尼娜选择卧轨自杀仅仅是为数众多的例子中的几个而已。

顺便要提一下，托尔斯泰认为铁路是魔鬼的发明；对他那个时候的俄国火车的描述往往证实了他的揣测。挤坐在马车里意味着四个人手脚都不得动弹，僵硬发麻；火车则由于它所聚集运载的众多人数而产生另一种压迫感。弗里思的名画《火车站》表现了这种新的拥挤杂乱。而从杜米埃的画作《三等车厢》中可以看到，车厢中拥挤的状况如同轮船上的下等舱或者 20 世纪末的喷气式客机。不过，1890 年到 1940 年之间，头等车厢的乘客不仅能舒适地快速旅行，而且还能得到一整套独特的享受，从在风格优雅的餐车享用现场烹制的美味佳肴，到在宽敞安静的卧铺车厢休息，从沿途各站起始准时，到一路上可以尽情观赏乡间美景。今天，“火车”一词只能使人想起欧洲毫无魅力的方便和美国距离过长的不适。人们再也没有出远门那种特殊的感觉了，因为他们再也不是长在地上的庄稼，而是总在不同目的地之间奔波的物体。运动反而成了正常状态。[参阅 L. T. C. 罗尔特（L. T. C. Rolt）

所著《铁路革命》（*The Railway Revolution*）。]

处于鼎盛时期的铁路使建筑艺术获得一种新方向，因为它需要一种前所未闻的建筑——城市火车站。这种建筑中使用钢铁和玻璃的方式不是来自教科书或巴黎的美术学院，而是由工程师发明的，也是这些工程师找到新办法建成了可承受火车重负的高跨度桥梁。在所有这些工程中，他们都采用功能主义的手法，也就是说，他们坦然地把结构显露在外，而不是掩藏起来。在这些革新者当中，伊桑巴德·金登·布鲁内尔是卓越超群的天才，这位杰出的工程师也应当算是出色的艺术家。最近建造的摩天大楼和早期使世界眼花缭乱的1851年（伦敦）世界博览会会场水晶宫都是用钢架玻璃结构建成的高大建筑，它们都得归功于铁路及其建造者尽情发挥的天才。[可翻阅卡罗尔·米克斯（Carroll L. V. Meeks）所著《火车站》（*The Railway Station*）。]

铁路史初期产生了三个文化副产品。一是车票，它于1838年突然闯入世界，现在业已成为拥有权的普遍凭证，身份证、戏票、旅馆房间钥匙和信用卡都是从它派生出来的。另一个文化副产品是人为规定的标准时间。在没有铁路和全球旅行之前，每一个城镇乡村都有自己的计时办法，基本上是根据太阳正当空就是正午的规律而推算出来的。50英里以东的地方，正午来临的时间要早一些，西边的正午就到得晚一些。这种时间多元化的现象是同铁路时间表格格不入的。必须为辽阔的地域硬性规定一个时间，这是沿着一条经线制定而成，对所有其他地方来说都是虚构的、非自然的时间。这种抽象遇到了出乎意料的强大抵制。美国的标准时间是靠一位积极奋斗者一个州一个州地宣传鼓吹才得以确立的。

第三个新鲜事物较容易为人接受，那就是对威士忌酒的爱好。威士忌先在平民百姓当中普及开来，最终为上层绅士所接纳。是修筑铁路路基的爱尔兰挖土工（navvies）将威士忌引进习惯饮用杜松子酒的英格兰的，他们（用双手）挖土并用手推车将土运到高处以修筑路堤。Navvies 是 navigator（领航员）的简称，之所以给他们起这个绰号，是因为原来他们是被招聘来修建人工运河的，但是却转为来回奔跑的泥土挖掘搬运工。自那时起，这个词已成为“苦工”的代名词。

※

蒸汽发动机和火车机车发明过程中的反复实验推动了纯科学家的研究。在铁路疯狂症的时代，出现了开尔文、焦耳和迈尔，是迈尔提出了机械功与热等值的理论。科学家对高压下气体中分子的运动进行了测量，对光的速度也加以测定。光到底是通过粒子还是光波传播这个问题引起了争论，因为光谱仪显示出不连续的色带。因为没有人相信远距离以外可以产生作用，于是便提出存在着一种叫作“以太”（ether）的不可见介质，所有的波、粒子和其他压力都通过它产生可见现象。大如天穹，小到试管，任何地方都处于机械论的巨大推力和拉力的统治之下，就像拉普拉斯和拉格朗日发明不久的数学理论所预言的一样。

这种研究需要全神贯注，致使同时还追求其他兴趣的业余研究者因而无法参与。鉴此，剑桥的威廉·休厄尔决定需要有一个比“自然哲学家”更确切的名字。他提出使用“科学家”这个词，没人表示反对。当时人们没有注意到的是，在电学这个也在同样飞速进步的领域，正出现某种抗衡的东西，后来会打乱机械论的制度。法拉第异常丰富活跃的头脑创造出电磁理论和电动机，显示出化学作用能产生电流，电流可以产生热能和磁场。同等优秀的奇才——安培、奥斯特、欧姆、（美国的）亨利——也做出了关键性的发现。虽然这门新科学的实际应用是后来的事，但是他们的发现帮助证明了能量守恒这一令人满意的原理。不仅如此，各种能量还可以相互转换。确实，转换而成的能量不如原来的能量有用；驱动火车头的蒸汽一旦完成其任务就消失了，我们所看见的白色水蒸气中的分子就“不能用了”；不过它们却没有被消灭。这就是热动力学第二定律中所说的“熵”，能量的退降。作为一项原理，它预见了宇宙的末日。

与此同时，在生物学领域，除了关于进化论的继续研究以外，李比希和巴斯德在有机化学方面的研究取得了进步；施万找到了细胞；其他科学家在神经和大脑方面进行了开创性的研究。这一切都证实了拉瓦锡的理论，即生物的生命如同蜡烛一样燃烧，而这又转而意味着对生命也可以适用机械学的法则。亥姆霍兹对这所有的转换和学说加以综合，提出了全面的宇宙观，他认为宇宙由众多的原子所组成，被几股中心的力量联系为一体。

※

前面讲到，一些浪漫派作曲家把歌曲和历史情节及舞台上的真道具结合起来，创造出了该时期最受欢迎的音乐娱乐形式——大歌剧。与此同时，其他的浪漫派艺术家创造了大型管弦乐队，将大约 100 件乐器加以均衡组织，按一定比例配备不同的乐器，以确保演奏时无论音量大小，都不会盖住各种乐器不同的音色。这种组合产生了全新的效果，就像风琴因许多音栓和音管的组合获得它特有的音色一样。这种大型管弦乐队和所谓的浪漫式风琴都是新工业的产物。18 世纪末，图尔特发明的琴弓大大改善了弦乐器的清晰度和音量，木管乐器的管子也有所改进。不过，直到使用了按键和发明了栓塞，木管乐器和铜管乐器才变得发音准确，音质独特，从而使管弦乐队真正丰富多彩，各部分都具有表现力。

为了保持音调正确，有些发音孔本应排列在远处，但那样演奏者的手指就够不到。现在有了按键，就可以把发音孔排在一起，演奏者只需把它们打开或关闭就可以了。这样一来，长笛、双簧管、单簧管、巴松和英国管就发声完美，可以演奏过去无法演奏的乐章了。同样，栓塞使法国管、小号和其他铜管乐器的音调变得精准，音域加宽。在所有管乐乐器中，金属都取代了木头（“木管乐器”中的“木”字现指一个几乎完全过时的事实）；新的铜管乐器是从原来虽不够完善但仍然可取的旧铜管乐器发展而来的。大号来自一种造型类似大蛇的号——奥菲克莱德号。阿道夫·萨克斯发明了萨克斯管和萨克斯号（一种小号），他既是像爱迪生一样的改进家，又是像麦考密克一样的制造家。

同样在这几十年里，钢琴在法国的埃拉尔、英国的布罗德伍德、（最终是）德意志的斯坦威的手中实现了机械化，加上了钢丝弦和弦轴，装上了经改进的脚踏板，结果整部乐器变得灵活敏捷多了。于是，钢琴开始了作为第一种广泛传播音乐的机器的生涯。所有音乐都可以改编为钢琴曲。接着创造出钢琴丑陋的养子——立式钢琴，降低了钢琴的价格并使之能在较小的住所使用，美国西部的木屋里就使用了立式钢琴。钢琴的普及造成了一种错误的印象，以为钢琴是一种家庭式乐队，用它可以演奏任何改编的音乐，效果会与原作一样。大人纷纷逼着孩子学钢琴而不学其他乐器，家境破落的上层贵妇变成钢琴教师，调音师定期到各家登门拜访。

最后，管弦乐作曲家往往不是从一开头就按管弦乐器的组合来构思，而是用键盘作为各种想法的孵化器和试验场。钢琴是一种打击乐器，音质单一，难以延长一个音符的发音，这本应警示作曲家注意。但是那时谱写一首作品然后再将它调整适应于“管弦乐队演奏”的做法已普遍流行。正确的字眼应该是“适应于乐器演奏”，因为乐章任何一处的特点和音色都来自乐器的选择。这种做法的结果是，大量精美音乐都在改编成管弦乐时由于粗劣笨拙或者千篇一律的配器处理而被糟蹋了。在这方面，李斯特是一个出色的榜样。他先是在钢琴上作曲，然后请别人将他的曲子谱成管弦乐，直到他通过孜孜自学，掌握了一种自己的管弦乐创作风格为止。

经改良的风琴之所以能获得进步，尤其要归功于一位十分年轻的小伙子阿里斯蒂德·卡瓦耶-科勒。19世纪还出现了其他几位发明者兼建造师，不过他是最早的一位革新家，而且是少年奇才，年方11岁就已成为他父亲风琴制造厂里的能工巧匠。年少的他解决了使人们百思不得其解的两个与管压和音键顺畅更换有关的机械难题。他22岁那年离开家乡蒙彼利埃市来到巴黎，寻找更广阔的用武之地。刚巧，他才抵达巴黎就遇上一个通过（两天的）考试来竞争为巴黎附近的圣德尼大教堂建造一部有84个音键的新型教堂风琴的机会。这位年轻人赢得了这项工程，从而开始了他长期的革新生涯，因为他坚信必须对每一种乐器进行调整修改，使之适合于特定的地点和用途。音乐权威告诉我们，卡瓦耶-科勒的风琴在影响法国两个风琴音乐流派的作品方面起到了关键的作用。

最近人们燃起了对使用古老乐器演奏当时的音乐的兴趣，结果发现乐器不仅仅对音乐的发展，而且对音乐的含义都有着很大的影响。一些音色的增删影响了乐曲的力度和氛围，使人们摒弃了那种"音符就是音符，不管是用铜鼓还是奥卡里纳笛来演奏都一样"的想法。今天，人们抛弃19世纪管弦乐，转而喜欢室内乐，有经济的原因，也是因为他们觉得浪漫主义的激情过时了。爱的抒情、忧郁的伤感、反抗命运的风暴、"自然绘画"的现实主义——所有这一切跟我们的焦虑怨恨已经再也没有关系。正如今天不再有表达公众情感的诗篇，而只有个人心情的抒发一样。以法国大革命的集体热忱为启端，靠工业革命产生其设备的大型管弦乐团现在只能属于博物馆。更恰当地说，管弦乐团是世上前无古人，后无来者的大量优秀音乐作品的博物馆。创作了这方面流芳百世的作品的作曲家有贝多芬、柏辽兹、舒伯特、门德尔松、李斯特、勃拉姆斯、柴可夫斯基和他们的传人，直到施特劳斯、德彪西、布鲁克纳、马勒、西贝柳斯和肖斯塔科维奇。

※

1848 年由于多种原因而成为西方国家记忆中不平凡的一年。这一年过后 150 年，法国隆重举行它的周年纪念活动，在整个欧洲大陆引起了回响。那个遥远的年代被看成是标志着自由主义取得大胜，民主机构获得新生，工人阶级团结的自发觉醒。如果人们记性好的话，还会忆及法国海外领地的奴隶制被废除，还有威廉·劳埃德·加里森出于同一目的在波士顿出版了《解放者》杂志创刊号，纽约州塞尼卡瀑布的一个妇女会议发表了《权利与情感宣言》，要求获得投票权。

还有一些具体事件值得记忆。1848 年初，巴黎爆发了一次武装起义，推翻了路易-菲利普虽然符合宪法但却十分保守的君主政权 18 年的统治及其首相基佐。基佐不是反革命，他曾经为反对波旁王朝复辟而参加战斗，是个备受尊重的历史学家。不过，他是严肃的清教徒，他清楚地记得他的父亲是在革命党人实行内部清洗时被送上断头台的。因此，他力主稳定，而他对稳定的理解就是维持现状不变。此前五六年里，民众的不安已在明显增加。经济萧条遍及全欧：爱尔兰大饥荒、英国的“饥馑的四十年代”就是在这个时期出现的；在法国，工业时世艰难，农业连年歉收，造成民不聊生。改革团体以举办“宴会”为名组织讨论，实为反政府的示威。处于地下的共和党人团体趁机吸收力量，扩大宣传。巴黎报纸对时事的抨击图文并茂。杜米埃每周发表尖锐有力的版画，用漫画的形式嘲讽国王及其追随者，将他的头画成鸭梨状，此外还揭露中层资产阶级所作所为的花哨俗气和陈词滥调的单调乏味。

经过几天的激战之后，国王退位，建立了法兰西第二共和国（第一共和国建于 1792 年）。诗人兼演说家拉马丁在议会里带头反对社会主义党派的领袖路易·勃朗。勃朗迫使议会承认“工作权利”，并为赈助失业者建立了“国家工场”。虽然生产出来的产品不一定有用，但是养活了大约 10 万人。可是，自由党人和社会党人之间，资产阶级和工人之间开始互相敌视，一方满足于纯粹的政治变革，另一方则要求为工人阶级进行经济改革。四个月的互相挑衅导致了第二次武装冲突的爆发，在巴黎进行了前所未有的残酷巷战。工人被镇压下去，胜利者为施行新宪法推出了一位强大的行政长官，从而为自己不久之后的毁灭奠定了基础。

在国外，法国这半年所发生的事件唤起了许多团体的热情，这些团体 30 多年来一直在策划推翻梅特涅的镇压制度。中欧许多地区爆发了起义，匈牙利揭竿而起反对奥地利；意大利的马志尼及其追随者建立了罗马共和国；爱尔兰人举起反叛的义旗；比利时人击退了边境一带的法国叛乱分子；波兰流亡者大批离开巴黎，返回国内策动起义。一时间，整个欧洲大陆战火连绵，在这些局部战争中，对开明宪法的要求和建立国家的愿望混淆了起来。[请读雷蒙德 · 波斯特盖特（Raymond Postgate）所著《1848 年的故事》（*1848: The Story of a Year*）。]

冲突残酷野蛮，胜利不能持久，在意大利、匈牙利和其他地方出现的几个反叛政权的命运皆为如此。屠杀、处决、流放、背叛、从未打算兑现的口头让步、文化活动的终止，这一切造成大批难民涌向伦敦，包括乘洗衣车逃离维也纳的梅特涅。镇压时期已经结束，但是国王和王公们还在为维护他们的特权而战。在德累斯顿，年轻的理查德 · 瓦格纳差一点儿被子弹击中，而他的一些音乐同行就不幸中弹身亡。在巴黎，贸易和艺术完全停顿，报纸被严加管制。柏辽兹和许多人一样无计可施，只好横渡英吉利海峡去另谋生计。

1848 年早春的伦敦，宪章主义者（扛着有数千人签名的宪章的人）举行了声势浩大的游行，朝着议会进军。他们请愿的主要诉求是：全体男子获得选举权，实行无记名投票，财产拥有不应成为选民资格，以及议员领取薪酬。政府征募了特别警察来防止出现骚乱，其中一人是拿破仑的侄子路易·拿破仑·波拿巴。不久之后他就会蜚声全球。示威和请愿毫无结果，宪章主义就此销声匿迹。同样，在德意志法兰克福举行了一次代表大会，要为所有德意志人建立自己的国家并制定一项自由派宪法。与会者为达成一致做出了艰苦努力，但是却劳而无功。代表们有能力但缺乏政治经验，他们起草的宪法顾及过多，照顾面太广，与其说是一项行动纲领，还不如说是一种哲学体系。

与此同时，德意志的一名青年哲学家正流亡伦敦。海涅在巴黎曾与他邂逅，认为他才华横溢，聪慧过人。此人也在为将来的社会制定蓝图。他就是卡尔·马克思博士。马克思是黑格尔的门徒，他的革命主张在德意志和法国都上了黑名单。他同曼彻斯特一个制造商的儿子恩格斯一道，为共产主义联盟起草了一部宣言。宣言在回顾欧洲历史的基础上，对工业社会进行了分析，然后列出了10项（所得税、继承税等）立法改革措施，并号召世界各地的工人团结起来，推翻现存的制度。

总的来说，1848—1850年的骚动和流血（在法国延续至1852年）表明了这样一个信息：自由派的要求，即政治和议会方面的要求，失败了。这些要求未能推翻君主制，也没有使被唤起的人民感到满意。原因还是缺乏经验而不是缺乏智慧。很早以前，拉马丁在论及诗歌时说过："它应是哲理性、政治性和社会性的，就像人类即将经历的阶段一样。"维克多·雨果在1848年一次共和党人的大会上大声疾呼："政治政策须以社会政策取而代之。"换句话说，就是要照顾每一个人的福祉，因为平等已成为普遍的要求。浪漫主义的几代文学才子都是坚决支持自由事业和社会正义的，他们的大多数代表都曾为此赋诗撰文。所有社会主义乌托邦的缔造者、所有对机械进步的批评家、所有对古典经济学持有异议的人莫不认同此理。这种从纯粹政治思想向社会思想的转变是以后100年的任务。在那之前，它是一个未解的谜。

事物驾驭人类

“维多利亚中期”一词常被用作贬义词，以形容自负浮夸到荒唐可笑的地步和严厉镇压毫不留情的态度。它具有用道德主义来替代道德的含义，而这又被看成毁了整个“维多利亚”时期的主因。但是，这个时期长达64年，没有任何道德或其他观念可以延续如此之长而丝毫不变。所以，对这个时期的上述印象是不符合历史事实的。首先，道德主义在维多利亚女王出生大约20年前就出现了。它是对法国大革命以及后来法国的历次动乱导致的混乱局面的一种反应，在后来成为乔治四世的摄政王治下的英国尤其嚣张。拜伦注意到了“侈谈道德，侈谈政治，侈谈宗教”的早期迹象。事实上，他就是因为道德主义的压迫而流亡国外的。道德主义的根源可追溯到循道宗教义。19世纪初，道德主义行善的冲动激励了英国国教的福音派教徒起来鼓动废除奴隶制等事业。

道德主义的目的不止于道德，覆盖面更广，是要通过压制个人有悖常规的言行甚至思想来压制可能会扰乱现状的东西。每个人都像警察一样看管着自己，并作为社会压力的一分子看管着邻人。道德主义同公开的政治压迫并行不悖，异曲同工。它的目标是保持体面。法语中与这个意思相对等的短语是“la considération avant tout”（压倒一切的考虑），它说明了他人的作用：他人对我们的看法维持着我们的体面。除了这个看不见的强制性因素之外，还有另一个因素：在我们上面和底下的阶级。这种内外力量的平衡与民主社会的社会压力之间存在着一点不同之处，民主社会中的个人不一定有足够的内心力量与社会的压力相对抗。这种差异解释了为什么维多利亚时期产生了这么多铁骨铮铮的人物，他们无所畏惧地宣扬自己的独到见解，性格和习惯常常偏执古怪。内心的力量至少可以使自我得到发展。维多利亚时期的众多成就是这种人才辈出的明证。前面引述的法文短语还使我们认识到，维多利亚时期的道德主义不仅限于大不列颠，整个欧洲大陆都深受其影响，美国亦然。还必须补充的是，英国和其他地方的贵族虽然权力有所缩小，但他们如想违反常规，仍然能我行我素；低等阶层亦享有同样的自由。对这两类人来说，他们都不会受到任何影响。

这种自由的行使最常表现在性问题上，因为道德主义最需要压抑的就是性。性是一种最强的本能，它使男人和女人想要打破所有禁忌。他人的感情和权利、亲朋好友的判断、对个人安全的关心都不能阻挡处于高潮的性爱的激情；既然性欲的激情是每一种巨大的政治或艺术野心之根源，那么它在这两者当中都可能意味着反叛。性与政治有着密不可分的关系。因此，几乎所有革命或者社会乌托邦一开始都宣布恋爱自由，而当领袖们看见这种自由破坏了权威之后，随即转为严格禁欲。

所以，如果认为“维多利亚派”由于追求纯洁的生活而对性爱的现实无知无觉，那就大错特错了。无视不等于无知，相反，极力的避讳反而增强了对于性的意识。正因如此，19 世纪的道德主义者在文字上做了许多荒唐的规定来掩盖事实，驱赶错误的思想。他们不让提及身体及其各个部位，甚至连钢琴也不能有腿。今天也有类似情况，在谈及残疾和精神病患时为避免刺激患者而采用各种婉转用语，“听觉困难”就被认为是个冒犯人的用语。

19 世纪对性欲的恐惧也说明了为什么要那样规定正派女子应有的性格。这里说的正派女子不是活生生的人，而是一个限定的模式。她不能引诱人，尽管大多数人都从《圣经》中得知，按其天性和根据老祖宗的先例，女性本来就该是引诱人的。以为今天所谴责的“闺中淑女”的形象是数百年来的理想人物，这种印象是错误的。尽管中世纪对女子献殷勤的诗人对他们心中的姑娘极尽溢美之词，但是他们对女性的了解是真实客观的。只是在18世纪末感伤主义渗入启蒙时期之后，女性才被定义为天生娇弱的尤物；为了保护她，19世纪又为她加上对生活中多数事物的无知。她纯真而精致，在男性眼中永远是圣洁的，而不仅是在诗歌中或求爱时。

与她相对应的男性形象是生性强壮而粗犷的动物，他从不流露情感，从不哭泣，若同一名女性独处10分钟，就肯定会对她进行性骚扰。因此，除非是近亲，男女之间授受不亲，决不可二人独处。不言自明，在任何凡人组成的社会中，这种礼仪及其规定是不可能得到切实遵守的。即使在当时，其他的理论和实际做法就与这种规定相左。少女必须在音乐、绘画、家政方面训练有素才能吸引好夫婿的观点就是一例。19世纪是为女子和主妇编写手册的黄金时代。比顿夫人就写下了这方面的经典之作，关于女孩完美教育的各种书籍建议女孩要学的远不止音乐和绘画，还要学自然科学和体育。因此，狄更斯在《大卫·科波菲尔》中先让他的主人公跟接近于软弱无助的理想典型的朵拉结婚——她甚至不知道牡蛎要打开来才能吃。在描述了这个甜蜜纯真的洋娃娃的种种缺点之后，就将她弃在一边，用一个结实能干的阿格尼丝来取而代之。这样的处理在读者中引起的不是一片哗然，而是赞成和肯定。在后来写的一本小说里，狄更斯让年轻的贝拉说：“我想成为比玩具房子里的娃娃更有用的东西。”“玩具房子”这几个字15年之后成为易卜生表现新女性的著名话剧的题目[1]。

历史记录和维多利亚时期的文学都表现了智力过人、能力非凡的

1. 该著名话剧是指《玩偶之家》（*A Doll's House*）。——译者注

女子，其中不乏家中的当家主事者。倘若她们全是朵拉，是“维多利亚女性”这个抽象概念表现的形象的话，就不会有下一代能干的男子，那个时代就不会产生任何有所成就的男女。城乡劳动者没有体面规矩，日子照样过得挺好，他们男女一起在田野、工厂或商店里并肩劳作，全然不考虑理想女性的角色，也没有充当这种角色的愿望。

这些靠体力劳动谋生的人也是对于男性永远处于性冲动，凌虐无助弱女子这一观念的驳斥。维多利亚时期的上层阶级采纳和确立了绅士一词在18世纪末的意思。过去，这个词暗示着贵族出身。而这个时候，绅士就是行为像绅士的人；首先是谈吐和衣着，还包括举止、礼貌，尤其是对女性的尊重。关于维多利亚时期活力充沛的性的方面在此无法详述。有关19世纪的道德压制应注意的最后一项是家庭。它对个人的控制是普遍有效的，虽然由父亲（或母亲）实行的暴政并不总是像塞缪尔·勃特勒在《众生之路》一书中描绘得那样极端。

在大街上举止斯文得体是体面的另一个副产品，执勤的巡警对这一良好形象做出了不小的贡献。19世纪的伦敦比以往都要安全，仅次于巴黎和其他一些首都。当罗伯特·皮尔爵士在20年前设立警察时，不少人以捍卫英国人自古以来的各种自由为理由加以反对，不过后来渐渐接受下来，至今还以他的名字罗伯特的昵称博比作为警察的别称。这些身着蓝色制服，手持警棍的警员不配枪械，严守纪律，对人彬彬有礼，是体面的活榜样。这样一来，英国成了遵纪守法的同义词。这真是个喜人的发现。在1851年举行了世界博览会之后，这一点就更是尽人皆知。尽管来自国内外的600万参观者把水晶宫挤得水泄不通，但是大家却像晚会上的贵妇和绅士一样斯文恭让，没有发生抢劫或骚乱的事。游客云集的沃克斯霍尔、雷恩拉格和其他五六个露天旅游胜地的情形亦是如此。只是半夜之后，这些场所就悄悄地留给人们幽会而不是从事暴力活动。欧洲人在长期历尽动乱之后渴望安宁，他们很大程度上通过可称为床上疗法的方式获得了安宁。

※

爱默生曾写道："事物坐在马鞍上，驾驭着人类。"这句话概括了当时的时代特色。许多人敏锐地观察到了这一特色，而其他人则木然地对其做出反应。爱默生与经常同他交流想法的卡莱尔一样，看到在机器强制了人的身体之后，机械论主宰了人的思想。钢铁煤炭的年产量、船舶的总吨位、增加产量的发明创造的数目和种类——这些成了衡量一个人民或民族的尺度，人们期待所有这些都会逐年增加。古典经济学也是一种机械论。根据衡量事物的通用尺度，制造商和交易商被说成是"价值"多少多少钱。然而，作为人到底价值多少就不那么容易确定了。

除了这种对事物和数目的嫌恶之外，对 19 世纪和我们这个世纪的机械论的反对还包括机器对精神的直接影响。这并非凭空想象，而是确实存在。人们通常只看见它的一种影响，看不到它双重的影响。显而易见的影响是，机器使我们沦为它的奴仆，它的节奏和方便以及停用机器的代价或不用机器的不便都迫使我们不得不使用它。结果，我们自己也越来越像机器，总是步伐匆匆，毫无变通，抱有的期望千篇一律。另外，机器还有更微妙的一层影响。机器是抽象的手段。其实它本身就是一种抽象，因为它只从事一种特定的工作（或者最多只做两三项工作），生产的产品也一模一样。它跟手工劳动很不一样，没有丝毫幻想，没有令人高兴的小差错，也没有突然的创新。这就是为什么我们对机器制造的东西除了当它是新的和近在手边的时候看几眼之外，此后就对它们不予一顾。它们引不起人的沉思、揣测或者钟爱。机器人是一种令人反感的对人类的笨拙模仿。当家庭或公共场所充斥着失去任何光彩的物体时，生物世界似乎被抽象毁坏为毫无生气的东西。

当然，第一把石斧或第一个水泵压杆也是一种机器，后来制造出来的石斧或水泵压杆似乎都一样。其实并不尽然，它们各有不规则之处，那标志着它们各自的个性，况且工业时期之前制造的大多数工具都是木制的，而木头自身就具有生命。人们珍爱镶嵌木柜远胜于铁皮档案柜。这不是因为金属不能愉悦感官，也不是因为几何图形没有美感，装饰艺术就证明它们是可以令人赏心悦目的，但当到处都充斥着从生活当中抽象出来的东西，使生活沦为功能时，机器的压迫就开始了。当然，这种批评忽略了一点：用产量来衡量进步的热情并非完全盲目或自私，而是怀着一种人道主义的希望，愿纺织厂源源不断流出的财富由火车运往各地，驱散匮乏和饥馑的古老幽灵。此外，机器还免去人类一些辛苦繁重的劳动。

于是，19 世纪经久不衰的活动——世界博览会——应运而生。近代初期，由于道路不发达，难以分配物资，所以产生了定期举办集市的做法。17 世纪，罗马和巴黎第一次举办了美术品这一单一商品的集市。到了 18 世纪中叶，在伦敦成立了皇家艺术、制造和商业学会。该学会成立不久就组织了一个现在人们熟悉的博览会，在博览会上将工艺品展出，供人称羡并模仿。法国大革命在 1791 年也加以效仿，并设奖品鼓励竞赛。从 1844 年的巴黎和 1851 年的伦敦开始至今，大型工业博览会频繁举行，如今还增添了旅游观光来增加吸引力。

1851 年的伦敦博览会不只在一方面堪称伟大。维多利亚女王的丈夫，来自德意志的阿尔伯特亲王，急于赢得新臣民的尊重，负责了这个工程的承建工作。他组织有方，在比例感方面也很有天赋，使在海德公园建造的水晶宫成为建筑学上的一大辉煌成就。由约瑟夫·帕克斯顿爵士设计，用预制件建成了一个铁架镶透明玻璃结构的建筑物。（具有象征意义的）1 851 英尺长的长廊占地总面积为 80 万平方英尺，长廊中央高耸着一条拱顶交叉甬道。展厅里还摆有长达 8 英里的桌子，上面摆着1 300个展出者的作品。美国方面的突出展品是科尔特牌“连发手枪”和一副灵活精致、咬合适中的假牙。维多利亚女王同其他人一样相信物质至上，她在5月1日的开幕式上宣布这天是“我们历史上最伟大的日子”。次年，纽约市也如法炮制，在自己的“水晶宫”里举办了一个展览会，地点就在今天的公共图书馆。

※

谁能判断机械论者和他们的敌人孰是孰非呢？在那个世纪下半叶，没人否认物质改善是个崇高的目标，但是很多人对进步却高兴不起来，只能对似乎是由进步导致的道德和思想的沦丧高声反对。浪漫主义富有想象力的哲学和诗意的激情，它的文化民族主义和慷慨的社会方案在一个领域被所谓的“现实政治”所取代，在所有其他领域则让位于现实主义。德文中的“real”一词具有“东西、事物”的含义，比如“realgymnasium”的意思是职业专科学校。用在政治方面时，这个词指的是寻求物质实惠而不是奉行原则的政策。根据这种观点，民族主义是为领土而不是为文化而提出的。社会改革是为了解决大众的温饱问题，必须进行改革，否则就会出现暴力——阶级斗争。与此同时，要靠竞争来致富。

可以说，这种行为一直是国家、阶级和个人的行为方式。但是，当庸俗的做法成为理想时，整个气氛就发生了变化，有思想的人就会变得愤世嫉俗或者成为悲观主义者。在19世纪40年代的德意志，有一批叫作“自由派”的人宣布“上帝已死”，以此来表现出他们不顾一切的自由，表明他们爱说什么，就说什么。其中一人马克斯·施蒂纳以“唯一者及其所有物”为题提出了一套思想体系，提出个人有责任以任何手段来满足自己的需要，没有理由不这么做，因为解放是没有自然限制的。

其他形式的无政府主义在法国和各地兴旺发展。以提出“财产即盗窃”这一自相矛盾的说法而闻名的普鲁东鼓吹取缔中央国家，用自发建立的自治小单位取而代之。随时准备采用暴力的布朗基采用的口号是“既不要上帝，也不要主人”。在俄国，两个四处漂泊的鼓动家兼作家——卡尔·马克思的死敌，极端无政府主义者巴枯宁和（起初）有一些自由倾向的亚历山大·赫尔岑——极力拉拢人们接受普鲁东的思想，即国家必须由工人阶级自发采取行动予以摧毁，由自治的合作团体取而代之，这些团体如愿意的话可结成联邦。屠格涅夫的小说《父与子》的主人公巴扎罗夫就是新一代人的典型，一个彻底的虚无主义者。

虚无主义这个词的含义是生活没有信念，认为任何行动都没有意义。叔本华的思想对这种意志消沉的人的情绪作了哲学上的诠释。叔本华与拜伦同年出生，属于浪漫主义的一代。他在《作为意志和表象的世界》中精到地阐述了以东方圣书为基础的哲学，因而唤起了人们对这些圣书的注意。不过，有近半个世纪的时间，他的哲学思想一直遭到拒斥；现在，人们发现他的远见卓识可以解答生存之谜。世界就是以欲望为表现的意志，人生就是永不停息地追求满足，却徒劳无功。欲望带来更多的欲望，从而产生真理、爱情、幸福、正义和其他永远无法满足的诱人的需求。人生整个是一场巨大的梦幻泡影。印度教徒把它叫作玛耶，用女神将它拟人化。只有一种东西可免于欲望的虚幻下场，那就是艺术。这完全是西方浪漫主义的思想：艺术既不是幻觉，也不会消失，它对它所引起的欲望通过它的作品予以满足。因此，对艺术的崇拜成了对进步抱有疏离感的旁观者寻求慰藉的方法。叔本华晚年还发表了几部散文和格言集，文笔流畅，语带讽刺，谈论日常生活中不尽如人意的事，以及智者应付它们的办法。

至于应当满足人的欲望的艺术，它的情况如何呢？在从浪漫主义的转向当中，人们从崇尚诗歌渐渐转为喜爱散文，也就是喜爱小说。

其主旨被冠以现实主义的名称，使其成为十分走俏的一个名词。这个词中的“现实”二字意指“在日常生活中真实、明显”。前面曾经提出过，从精确的批评意义上说，所有艺术家都是现实主义者。他们用文字或油彩刻画的东西都是他们意识中的东西，梦境、鬼怪和幻觉跟啤酒桶和牙疼一样真实。文学中“现实主义”和“现实主义的”这些词语的意思已经受到了损害，而这种意思后来很快被进一步滥用，这些词对任何注重达意确切的人都不再合用。

小说注定要成为19世纪的主要文学形式，部分原因是它效仿了历史的姿态。它的写作方式使所描述的事件像是真的发生过。此外，通过以社会为背景描述人的种种困境，它把心理学和社会学结合为一体，尽情讨论它自己发明的人物和事件，其目标是与历史相一致的——通过分析进行解释。

福楼拜的《包法利夫人》常常被看成现实主义小说的最初模型，尽管比它更早的时候，尚弗勒里已经把“现实主义”作为文学口号提了出来，另一位理论家迪朗蒂也对它做了说明。他们早在1848年就对画家库尔贝深为钦佩，因为他宣布：除了“现代和庸俗的东西”（指普通平凡的东西）之外，他一概不画。福楼拜讨厌别人给他贴上现实主义的标签或其他任何标签，不过他的风格的形成过程很有启发性，可以帮我们对这个术语的意图有所了解。出生于19世纪20年代的他吸收了浪漫主义思想和理想，一生都从未真正放弃它们。他第一本小说的题材是在荒漠中受惑的圣安东尼。这部长篇小说完成之后，他为自己最亲密的朋友们朗读这部作品，结果受到一致的无情批评。他们说，小说的色彩、形象、华丽冗长的句子和故事本身难以令人信服，可以说是虚假不堪、无聊乏味。福楼拜深受打击，一气之下将《圣安东尼的诱惑》付之一炬，使它成为现实主义的烈士。福楼拜心想，自己必须另找题材，反其道而行之。

这个相反的作品就是《包法利夫人》。故事讲的是一个乡村姑娘，嫁给了一个愚钝呆笨的男人，过着沉闷单调的生活。她对热闹的社交生活和浪漫爱情抱有一种朦胧的憧憬。因为她儿时读过沃尔特·司各特的著作，所以她渴望冒险。她先后陷入了对两个虽然不同但同样平庸的男人的热恋之中，结果陷入经济的困境和爱情的绝望，只能以自尽而告终。虽然该书为了在报纸上连载已经删改，但还是作为淫秽之书被告上公堂，尽管爱玛·包法利似乎已经由于行为不检而受到了应有的惩罚。然而，福楼拜让她死去并不是因为她的行为，而是因为社会不给她活下去的机会。诉讼的结果是法庭对书的作者和出版商没有给予谴责。但是，福楼拜在杀死爱玛的同时也杀死了他自己的一部分，正如他说"爱玛即我"时所暗示的。她的愿望就是他的愿望，只不过表达的方式更加明确，更加强烈，但这种愿望却遭到那个时代趋势的阻挠和诋毁。

他在另一部现实主义小说《情感教育》中进行了报复。情感教育指的是感情方面的教育，毫无感伤的含义。故事发生在 1848 年巴黎起义期间，主人公同样是满怀朦胧的憧憬和不坚定的原则，在小说中历尽沧桑，遇到的人全都天良泯灭，用心恶毒，遇事悲观，无精打采。[建议阅读珀迪塔·贝林盖姆（Perdita Burlingame）的英译本。] 福楼拜通过这本书发泄了他对"资产阶级"的仇恨，说他们"满脑子都是低级趣味"。资产阶级早在 25 年前就成了戈蒂埃瞄准的目标，这时它已经成为所有艺术家的众矢之的；公众对生活缺乏希望常常被归咎于资产阶级的道德规范。

现实主义者对浪漫主义者的热情不以为然，自称对所有事物都持清醒冷静的看法，因此他们在关于美学的讨论中一再援引古典主义来贬斥浪漫派在艺术表现方面的各种自由。显然，这种新新古典主义不可能恢复路易十四王朝时期的形式、感情和社会态度，也不能恢复 18 世纪判断艺术与文学的标准。它只能试图重新捕捉服从的精神，遏制想象力的发挥。

许多人有这种倾向是出于本能，而非经过理性思考的结果，其表现是暗示的而不是明示的。例如，被柏辽兹视为年轻有为的音乐家勃拉姆斯并未从理论的高度确定自己努力的方向，他只是认为自己所受的技术训练不够，于是潜心学习对位法。他选择谱写贝多芬式的交响乐，而不是李斯特式的交响诗，也同样是本能使然。中欧当时首屈一指的音乐评论家汉斯列克倒是提出了理论，还就美学著书立说。19 世纪 40 年代柏辽兹的影响刚传入中欧时，他曾经表示欢迎，但是后来却断定瓦格纳和李斯特在这方面走得太远了，遂以“音乐美”的名义对他们大加抨击。

在美术方面，壁画家皮维斯·德·夏凡纳把他的天才用在寓言画上，摒弃戏剧性，表现宁静和谐的美。可以认为，英国的拉斐尔前派画家同样是对时代的背离。所有这些趋势都表明，这种背离既表示了对丑陋的工业和商业世界的摈弃，也标志着与精力充沛的浪漫主义艺术分道扬镳。当年，浪漫主义也曾对现状不满，但是它采取的办法却是迎头面对，用自己的广大影响与之对抗。

在法国，除小说家之外，与皮维斯一致，最注意创作风格的艺术家是一批叫作巴那斯派的诗人[1]。他们作为武器的期刊名为“当代巴那斯”，这个刊名本身就表明了他们的纲领：同阿波罗和缪斯一起站在高处，蔑视脚下的世俗者。他们的领导勒孔特·德·利勒没有撰写任何宣传他们纲领的宣言。他写的格式严谨的美丽长诗都是赞美远古世界的情景和故事的。他像欧洲若干其他作者一样刻意将希腊名字拼写

1. 巴那斯，此名取自希腊的帕纳塞斯山，传说中太阳神和文艺女神的灵地。——译者注

"正确"，如将苏格拉底拼写为 Sokrates，将克娄巴特拉拼写成 Kleopatra，而不是现代语言里改成的 Socrates 和 Cleopatra。这么做无疑是为了保持一种遥远的美感。勒孔特还从近东和远东取材，称这些诗歌为"关于野蛮人的"，因为这是古希腊人对所有异邦人的通称。对这些具有异国情调的场景的描述没有浪漫主义发现新事物的欣喜，而是像用词语绘成的"壁画"，笔触细腻，读来使人感到宁静安详。就像叔本华所说，东方世界是医治躁动不安的良药。勒孔特只在一首十四行诗里打破平时的恬淡，宣称他永远不会为了取悦被"江湖骗子和娼妓"统治的世界而展示出他的心灵。在意大利，同巴那斯流派相对应的人是卡尔杜奇，他读大学时就渴望回归古典的稳重，在他的成熟作品中表现出了这种寻求慰藉的需要。

波德莱尔一方面谴责这个世界是撒旦式的地狱，同时又耽溺于其中，并依此创作出文字音乐。他专门描述人类的粗暴和邪恶，使读者不仅对它们，而且对生活状况本身都大起憎恶。他的名著的题目"恶之花"是一种嘲讽，其实，它指的是在诗人眼中内心世界和外部世界都比比皆是的恶之"果"。波德莱尔眼中的人都是变态，一些读者甚至在他的作品当中看到了萨德的影子。似乎是作为对比，抑或是放松，他在几首诗中对给感官带来愉悦的美和因条理分明而安静平和的心境大加赞美。不过，现实主义还是占了上风，在他的客观性背后，他还是鄙视他认为自己所看到的东西。这就是他如此执着地追求"新的东西，即使世上没有新东西"的原因所在。[参阅罗杰 · L. 威廉斯（Roger L. Williams）所著《生命的恐怖》（*The Horror of Life*）。] 戈蒂埃跟福楼拜一样，失去了浪漫主义的热情，虽然他不像福楼拜那样遭受过打击。他说过，他再也不能爱了，因为他分析得太多。他写的诗达到了他明确表示要实现的境地——形式优美而冷淡；他的诗集取名为"珐琅和雕玉"，这个名字不无意义。

福楼拜的另两本小说显示出他超越了现实主义的束缚，他的想象力需要自由发挥的空间。他曾到过近东，十分喜爱阿拉伯世界提供的感官上的享受。于是，他选择古老的迦太基做背景，创作了一个艳丽迷人的姑娘萨朗宝的传奇故事。后来，他不为早期的挫败所阻，再次选择那位沙漠中的隐士为题材，创作出他的最后一部巨著《圣安东尼的诱惑》。这两部作品每一页都闪耀着色彩、神秘、异国情调浓厚的细节和奇异的辞藻。当有人攻击他写的都是不可能存在的东西的时候，他引证了古代有关动物、地理和可医治疾病的宝石的传说和记载作为事实根据。福楼拜的写作生涯以写圣安东尼的书开始，又以同样题材的书结束，这一过程使我们得窥文学现实主义的真谛：寻求完全平庸无奇的东西并对它进行细微的刻画。笛福、菲尔丁、斯摩莱特这些作者，以及从司各特和巴尔扎克到司汤达和曼佐尼的浪漫派作家虽然没有这方面的理论，但都使用了这种技巧，尽管前面曾经指出过，浪漫派并非在任何作品中都使用同一种技巧。乔治·桑在写作生涯行将结束时，风格从绚烂归于平淡，转而娓娓描绘她所熟悉的乡村生活。［参阅 C. P. 斯诺（C. P. Snow）的《现实主义者》（*The Realists*）。］

福楼拜和巴尔扎克之间的鲜明对比最容易使人了解一整套思想和感情向其后的另一套思想和感情的过渡。巴尔扎克的 35 卷书中大多数都像福楼拜的前两部小说一样通过写真的刻画手法来批判社会时弊。巴尔扎克认为，自己的观察就像科学一般可信。他在第一批作品中，将三组故事都命名为“研究”。他在序言中阐明，正如动物学家日夫鲁瓦·圣希莱尔研究勘制出动物物种的行为方式一样，他巴尔扎克研究的是人类物种在其原生地的生活情况。后来确定的标题“人间喜剧”与但丁的《神曲》相对应，它表明了作品的现代方面——现世对永恒。巴尔扎克说过：“一代人就是四五千人在其中扮演主角的一出戏。我的书就是这出戏。”实际上，书中有 2 000 多个人物，按不同的地区分组，如巴黎生活场景、乡下生活、私人生活等等。文化的一致性则通过安排一些人物在不止一种场景中反复出现得到表现。

巴尔扎克著作的结构安排使他能够传达大量的信息，这表明他在目的和手法上都是现实主义者——无数繁多的细节都准确无误。另一方面，著作的宽广范围又使他得以品评社会现状。他对世事痛心疾首，反感金钱就是一切。他希望有一个君主统治的政府，由牧师执掌的虔诚教会辅助并由精英阶层指导；这样的政府会鄙视当时的腐败："国民预算不是保险箱，而是洒水桶。"

福楼拜可能也见过同样的情形，有过类似的想法，但是他会只进行描述而不明说自己的想法。而且，作为现实主义者，他也不敢采取巴尔扎克处理人物的某些手法，比如在《荒漠激情》里，巴尔扎克把一只老虎和一个女人联系起来，就像后来伊扎克·丹森的非洲素描一样；《长有金色眼睛的姑娘》中的神秘人物使人联想起亨利·詹姆斯笔下的人物，还带有女性同性恋倾向；另外还有《无名的杰作》。还是那条普遍的原则：现实主义包括在浪漫主义之中，是它的多种视角和技巧之一。

因为福楼拜采用了现实主义的严谨手法，费了很大的力气，所以他被视为文学英雄。他的友人讲述了他如何字斟句酌，以求每一个字都用得最为完美。他苦苦推敲，一天才能写成一页，还要用大嗓门高声读出每一句话以测验其是否通顺。人们以为，如此写成的法文一定完美无瑕。其实完全不是。福楼拜的散文语法和句法常常随便而不正规，大多数小说家也都如此，真是令人奇怪。我们经常听见对大师们这方面的批评，但是也许正是这种漫不经心的轻松笔触反而使他们的作品逼真可信。不管怎样，福楼拜的努力达到了目的。他的描述准确无误，必要时还借助技术用语；对话极少且毫无特色；相邻的句子中没有重复的辞藻，以免过于显眼；这样的文体当然谈不到流畅雄辩了。

不过，作为这种自我折磨的解脱，福楼拜写了一部未完成的讽刺小说。里面的人物布法与白居谢（光是他们的名字就令人生厌）是两个退休的小职员。他们满口陈词滥调，从其他印刷物中大段大段地照抄十分平庸的东西，却忘了为什么要这样做。这部沉闷抑郁的小说后面有一部附录，列举了当时资产阶级常用的套话，这就是《庸见词典》。现实主义的顶峰必然是完全的乏味，乔治·吉辛在该世纪末时指出了这一点。他写的一本小说描写一个人物也是在写小说，反复推敲写成的东西行文和情节乏味之极，谁都读不下去。

※

尽管小说风行一时，但是并没有马上影响广大公众对诗人的注意；诗人退到小型杂志的圈子中是后来的事。英国、法国和美国都各有一位国家诗人——丁尼生、维克多·雨果和朗费罗。他们用抒情诗和故事诗激发人们各方面的想象，还用诗歌的形式就公众关心的问题发表意见，指点迷津。他们三人当中，雨果是 1830 年那一代浪漫派中硕果仅存者。在第二帝国期间，由于政治原因他被迫流亡，在一辑极为精彩的抨击短文中对那个政权进行了声讨。他还写了《世纪传说》，对人类历史做了全面的回顾，形成一部断断续续的史诗；还有一部史诗般的小说《悲惨世界》。所有这些作品都没有任意发挥诗兴，而是严肃地关心社会事实。

丁尼生起的是同样的作用，尤其是作为桂冠诗人。《莫德》对自私自利、毫无诗意的人类表示出气愤和失望。《悼念集》力图解答受到科学冲击的人们对宗教产生的怀疑。《国王叙事诗》讽喻现代世界种种道义上的弊病。只是在几首与主题无关的诗歌中，写到人类及其生活时才表现出欢乐和振奋，并勾勒出未来的一些希望。描写同样题材的更年轻的诗人勃朗宁比他乐观。不过，除了几首欢快活跃的散文诗之外，他采用的是小说家的现实主义手法。他的戏剧性独白描绘了良知的沦丧和犯罪；《戒指与书本》则是一部诗体历史小说。此外，勃朗宁的修辞方法是把常见的普通字眼硬挤进参差不齐的诗句里，所产生的常常不是他所要的现实主义效果，而是一连串字谜；这导致了各种勃朗宁学社的兴起，读者们组织起来，共同切磋，企图弄明白诗中模糊不清的意思。

在美国，朗费罗与丁尼生在英国一样出名。不幸的是，他以国家诗人的角色创作的作品中不大听得到他自己的声音。要想对他有全面的了解，应当阅读他在对但丁《神曲》的翻译前面写的三首十四行诗以及诸如《我失去的青春年华》中的精妙沉思。他翻译的外国诗歌和故事通常质量很高。从另一种意义上说，他的同代人爱默生也值得一读，因为现在干巴巴的散文诗不仅再度流行，而且还占据了支配地位。不过，在 1848 年之前的美国作家当中，在观点、理论和天才方面对西方文学留下最深烙印的当属爱伦·坡。这得归功于对他的观点和理论进行诠释的波德莱尔。坡故意跟美国格格不入，尖刻地批评美国文学；他深深地浸淫于各类欧洲作品中，由此形成今天人们所说的他的美学。尽管如此，他的理论自有其独到之处。他在《写作的哲学》一书中提出了一个后来广受欢迎的主张。他提出，任何长诗中只有一些片段是纯粹的诗，其余部分都是起联系作用的散文诗。而且，真正的诗歌并不是由思想构成的，而必须是文字性的音乐。从这些原理中产生了“纯诗歌”的理论和实践，该世纪末的象征主义者对其视如珍宝。马拉梅的十四行诗《写在埃德加·坡的墓上》就表达了这种感激之情。

此外，坡还发明了短篇小说并为之下了定义。这种小说形式短小精悍，将绝对必要的细节加以浓缩，把所有其他东西一概剔除，只给读者留下对人物或情景或氛围的印象，其结果与洋洋大观的长篇小说相比，也可说属于“纯”之列。20 世纪初，短篇小说似乎有取代长篇小说之势，成为最受读者欢迎的文学创作形式。此时，坡的另一项发明也正开始使全世界变得如痴如醉，那就是侦探小说。在坡的虚构小说中，他偏好的是浪漫主义的东西：超自然、以死亡为主题、色情和非人间凡世的东西。除了描绘犯罪和侦破以外，他摒弃了现实主义枯燥无味的风格，证明他是象征主义绝无仅有的先驱。

※

在19世纪的英国，小说既供大众娱乐之用，又是改革的媒介。火车旅行增加了对小说的需求，站台上都开设了书店。为了满足读者的需求，许多求职无门的聪明女性获得了赚取体面收入的机会。男女作家创作的作品丰富充沛，其中不乏天才之作。狄更斯以娱乐起步，旋即转入鼓吹社会改革，最终则从事更严肃的作品，把对生活的批评和对人物的研究结合起来。他的艺术从来不受现实主义教条的束缚。他痛恨守财奴及其吝啬习气对人的心灵产生的副作用，在《艰难时世》中对其进行了入木三分的刻画。他把背街暗巷的气氛描绘得生动逼真，但也因生活的丰富多彩而欣喜兴奋，用神来之笔使各种生活场景跃然纸上。他的作品中包括成段的议论，也有对议论的诙谐的模仿，有时则是纯粹的意识流，有时又推出光彩照人的形象；他使书中的角色在大发议论时用词不当，荒唐可笑，却因此而表明角色的观点；他还创造了无数词语来恰如其分地表达人们常有的情感及其起因。他是继莎士比亚之后最具创新能力的文字巨匠。有些人说，狄更斯笔下的人不是人物而是漫画。任何头脑清楚的读者都不能容忍这种愚蠢的评论。桑塔亚娜在很久以前就指出，这种说法显示出对日常生活缺乏观察力；如果这种说法属实的话，陀思妥耶夫斯基就不会说狄更斯影响了他的创作了。

乔治·艾略特和萨克雷的手法与现实主义冷静的叙述方式更为接近，但是，艾略特对道德和社会问题的阐述和萨克雷讽刺性的旁白又都不完全符合现实主义的信条。勃朗特姐妹和盖斯凯尔夫人亦然。所有这些作品都力图一方面准确无误地描述现实生活，另一方面又表达出透过事物的表面现象发掘出来的东西。不过，把这两者结合得炉火纯青的要数永不知疲倦的特罗洛普和悲伤而漠然的哈代。另一位小说大师梅瑞狄斯则独辟蹊径，用故事的形式体现一整套思想主张，在文体上独树一帜。无疑，正是他的文体和通过故事借题发挥使得他今天不太受人欢迎。他小说中有很多曲折隐晦的比喻，曾有人把这些暗喻比作形象主义的短诗。它们确实有时颇为费解，但又没有困难到促使读者组成学会来对他的作品进行艰苦考证和诠释的地步，像当初对勃朗宁，现在对乔伊斯一样。梅瑞狄斯为读者提供的思索内容和文学享受独一无二，是从其他作者的作品中得不到的。

他坚信自然的运作。在他的理想社会中，自然的男女遵从宇宙精神，达到文明的修养。宇宙精神既不是道德主义，也不是现实主义。它要求人运用高度的智慧和机智来进行自我批评，既不严厉，也不招摇，但是却十分坚定；这是一种温和然而敏锐的自我意识。宇宙精神的最佳表现可能是在《利己主义者》中。书中对男性自恋和自负被摧垮的描绘独步文坛，无可匹敌。更有教益的是，遭此惨败的男主人公不是傻瓜，除了在一方面之外。他有足够的魅力，迷住了一位最可爱的姑娘，后来却在不知不觉中失去了她。梅瑞狄斯钟爱女子而不太喜欢男性，他的小说里充满着各种美丽动人的姑娘，她们远胜于误入歧途的男性，是她们训练男性学会文明礼貌。

读过《利己主义者》的人一定会记得米德尔顿博士这个人物，他是女主人公的父亲，早已被训练为彬彬有礼的君子。他是梅瑞狄斯第一个妻子的父亲汤姆斯·洛夫·皮科克的写照。皮科克值得注意，不是因为他是梅瑞狄斯小说中人物的原型，而是因为他自己独特的天赋。他是位讽刺家，写诗，也写散文。时至今日，他还有一批忠实的读者。他的小说将故事和对话揉在一起，加以诗歌的点缀，笔调幽默诙谐，使人想到拉伯雷和斯威夫特。与他这些短篇作品最接近的是老奥利弗·温德尔·霍姆斯的小说。皮科克在叙述当中还掺杂了古典学问、关于音乐和饮食的观点，以及对威尔士风景深情的描写，因此并不是每个人都喜欢。但不可否认的是，这种古怪特殊的写作风格以优美的文学形式反映了 19 世纪英国思想的一部分。[大胆的读者也许可以先读他的《噩梦教堂》(*Nightmare Abbey*)]

只有小说这种文学是大众每天都读的，如同报纸或《圣经》。因此，它具有教育作用，可用于推动改革。它使各个阶级的读者得以了解他们生活圈子以外发生的事情。身居大城市的人不知道小村落中重复单调的生活；小镇的居民也无法想象大都市里多彩多姿的日子。小说正好填补了这种空缺。哈丽特·马蒂诺、查尔斯·里德、奥利芳特夫人、查尔斯·金斯利和亨利·金斯利兄弟，还有汉弗莱·沃德夫人，这些英国作家都以小说为论坛，通过描绘有名有姓有独特性格的可爱人物的感情波折来论及有关社会制度、国家或者教会的流行话题，从而使人们意识到"问题"的存在。早在 1845 年，迪斯累里的《西比尔》就指出了贫富之间的鸿沟，促进了工厂改革。至于只为赚钱而出版的无数平庸之作，它们有可能产生了一定的害处。作者仅凭远处观察，添油加醋描写的上层社会，以及关于纯洁的姑娘和白马王子热恋的浪漫故事一定会使头脑愚蠢的人想入非非。但是，这类作品的社会效应和安抚性影响总的来说起到了一种消遣安慰的作用，在机器至上的紧张压抑的气氛下，可以说是必要的。

对聪明的青年来说，有一类小说满足了另一种需要，那就是德意志人所称的教育小说，歌德的早期作品《威廉·迈斯特》为这一体裁树立了榜样。所有这类的小说讲的都是一个有才青年经过种种挫折失败，终于找到了真正的信念和自己在世界上的适当位置。托尔斯泰的《战争与和平》中的皮埃尔就是 19 世纪下半叶创造出来的这类人物中的典型。用今天的行话来说，“身份危机”一直是后来的小说家写作和说教的题材。

德意志发展出一种不事张扬的微缩现实主义体裁——中篇小说。不过，它的成就没有传到海外，尽管人们对格特弗雷德·凯勒、布雷塔诺、格里尔帕泽和施托姆的名字略有所闻，特别是施托姆的《茵梦湖》在大学里常被用来教授中级德语。作者自己把中篇小说称为“诗意现实主义”，因为它简明扼要，把对世界诗意的描绘和与之相冲突的赤裸裸的事件结合在一起。手法十分严格：只有具体细节，不加任何评论。

1863年，儒勒·凡尔纳开创了小说的最后一个分支——科幻小说。今天，人们记得他是《八十天环游地球》的作者，因为这部小说拍成了电影。其实，他还写了许多有关登月、海底旅行和通过光束远距离使用动力的同样激动人心的小说。他相当长寿，在有生之年应该知道他有一个涉猎面极广的继承人 H. C. 威尔斯，不过究竟他是否真正知道则不得而知了。

19世纪的戏剧创作数量很少。风行一时的雨果式浪漫主义历史剧在19世纪40年代热度减退之后，为了满足舞台的需要，情节剧应运而生，有粗陋的，像从《汤姆叔叔的小屋》改编而来的话剧，也有号称严肃地反映生活的“精湛话剧”。法国多产的斯克里布和能干的小仲马这两位剧作家的作品最好地展示了这种戏剧形式，在国外广受模仿。在英国，由于没有更好的剧本，无奈之下只好把莎士比亚的戏剧搬上舞台，不过通常都对他的剧本大加裁剪，好使演员能赖以成名。[请参阅威尔逊·迪歇尔（Wilson Disher）配有插图的《情节剧》（*Melodrama*）。]

如前所示，是莎士比亚启发了当时的最佳诗人，也是他使他们屡受挫折。丁尼生、勃朗宁、斯温伯恩都写过长长的韵体悲剧。就像当初拜伦的尝试一样，他们都缺乏编剧技巧，写出来的是只能供阅读的“书斋剧”。拜伦曾经说过他自己的话剧是“厕所剧”，这种评价不免太过苛刻。他们的所有作品都值得一读——只值一读。英国的喜剧在谢立丹之后便后继无人，而法国还有费多和其他两个人，他们写的一些滑稽剧，如《意大利草帽》，已被成功地再度搬上舞台，甚至还被改编为电影。

淹没在循规蹈矩地辛勤耕耘的众多作家中的还有亨利·贝克。他天生的戏剧感，加上聪颖过人的头脑和敏锐异常的洞察力，使他写出了令人拍案叫绝的喜剧《巴黎女人》和另外两部话剧，还有大量戏剧评论。现今，他被看作自然主义戏剧的创始人；当时，他因作品连连被拒和遭人暗算而被迫辍笔。易卜生和比昂松也曾因类似的阻力而写作受到影响，他们为了自卫于1859年组织了挪威戏剧、音乐和舞台学社。不过，易卜生的作品作为一种新型的戏剧而受到肯定，则是30年以后的事情了。那个世纪60年代，他受到敬佩是因为他就亚伯拉罕·林肯总统之死写的一首诗。

※

在19世纪中叶，如果信奉叔本华的哲学，并期待绘画艺术能给自己躁动不安的渴望带来长久的满足，就只能回到过去或者到新古典主义那里去寻找。现实主义流派没有产生宁静。新的大师库尔贝供人凝思的只有日常所见的东西。他的师长杜米埃在为数不多的画作中也同样画的是日常事物，不过他以浪漫主义的热情给画中肮脏邋遢的景物加上了一层光彩。一种理论说，绘画的题材并不重要；看画时应领会的是“艺术”，不应注意任何其他东西。不过，这种深奥理论要等到后来19世纪即将完结的时候才出现。当时，与之前400年一贯的那样，观众之所以对一幅作品产生反应，是因为感受到了画作的题材及其处理手法所表现的力量或美妙，无论手法是戏剧性的、心理性的、讽喻性的，还是其他手法。库尔贝的画作既反映了日常生活，又充满活力。他在《库尔贝先生，早上好！》中描绘了自己和乡村邻舍在一起的欢乐场面；在《画室》中，他画了一个一丝不挂的人站立在其他艺术家和作家当中，目的是为了让观众大吃一惊。按常规，他作为画家有权看裸体的模特儿，但画中其他的人物是来访者，无权站在一旁观赏。库尔贝坚决抨击常规，甚至画了一幅四肢舒展的裸女画，将其题为“世界之源”。现代高档色情杂志的中间折叠插图中的模特经常取这种姿势。

更动人的是他的《碎石工》，这幅画描绘马路上疲惫不堪的苦工，还有《奥南的葬礼》，画中描绘的乡村景色具有现实主义所特有的灰暗色调。只有在库尔贝描绘大自然，如林间空地、奔跑的小鹿和浩瀚的海洋时，他才摆脱现实主义的束缚。这些作品对细节的描绘也十分准确，但如果它们的目的是“批判生活”的话，那么它们离此目的实在是相去太远了。它们与描绘自然的巴比松派画家的风景画属于同一类，那些画家已进入老年，但仍作画不辍：柯罗展示怡人的树林，米莱描绘操劳的农民，他们在画中有意识地表现朴素的事实和静默的痛苦，是现实主义的先驱者。库尔贝的政治信念促使他在第二帝国灭亡之后站在公社一边，参加了反政府起义，这并不令人惊讶。他同大家一道推倒了作为拿破仑传奇象征的旺多姆广场中的圆柱，并在旁边摄影留念。他差一点儿因此被处死，结果是被流放到瑞士终其一生。[请浏览和阅读莎拉·方丝（Sara Faunce）所著《库尔贝》（*Courbert*）一书。]

现实主义绘画艺术在中欧和瑞士都有追随者，但势单力薄，难以成为流派。它在英国从来没有影响。不过，对如实写真的崇尚确实使一批有才华的画家汇集在一起，组成了拉斐尔前派。这个派别的名称含义不清：他们并不是像人们所想的那样要站在拉斐尔之前，而是要站在他的追随者，即拉斐尔派之前。拉斐尔前派画家喜欢用神话和传奇故事，尤其是基督教的故事做题材。他们通过颂扬人体和心灵之美来批判生活——工业和现实政治的生活。丹特·罗塞蒂、霍尔曼·亨特、密莱、伯恩–琼斯和中欧的默里兹·冯·施温德在作画中非常倾向于现实主义的风格，专心致志于精确逼真的表现。他们不学德拉克洛瓦戏剧性的歪曲（尽管他们对他崇拜有加），不像布莱克那样高度的格式化（是他们把他从默默无闻中发掘出来的），也不用特纳流动的光线。拉斐尔前派绘画的低调色彩、点缀、对称，特别是它的和谐恬静让人想起柏拉图的信念：真正的现实并不寓于我们周围粗陋的物体，而是寓于形式和精髓的理想世界之中。应当指出，把特纳的天才宣示于世界的罗斯金，在道义上和物质上都全力支持那些年轻的拉斐尔前派画家。他认为，优秀的绘画是唯一的检验，可任由艺术家选择题材，除了淫秽的以外：罗斯金在特纳辞世后看管他的画室期间，发现了一大批色情方面的素描，他根据自己的良知把它们全部销毁。

现实主义的寿命在美术领域显然比在文学领域要短。即使在库尔贝淡出之前，马奈就已经率领其他画家摒弃严格符合现实的手法。不久之后，印象主义的光辉就使人目眩神迷。这是一种对付严酷现实世界的新方式。去尽火车站里堆积的杂物和尘垢，显现出来的就是莫奈的《圣拉扎尔火车站》的夺目光彩。当然，与此同时，彩色石印画一直久兴不衰，它们价格低廉，由雇佣画家大批生产，一丝不苟地复制现实。“彩色石印画”（chromo）这个词至今仍被用来贬斥了无生气、完全捕捉不到物体神韵的画作。雕塑艺术同现实主义的表现手法相反，依然忠实于传统的模式，从神话、历史和宗教到直接的人物雕像。

至于音乐，唯一可见的“东西”是在歌剧舞台上。在那里，19 世纪坚决的现实主义派观众获得了完全的满足。布景、道具和意想不到的效果在力所能及的情况下尽量使用真实的东西。其他种类的声乐和器乐则表达了另一种现实，为寻求音乐方面感受的听众所欣赏。不过，这并不是说在梅耶贝尔、威尔第、古诺和年轻的理查德·瓦格纳的歌剧当中没有音乐艺术的杰作。

※

在教育影响力方面仅次于小说的是历史著作。19世纪这类著作大量出版，为公众广为接受。毫无疑问，历史是真实的东西。历史著作这种文学形式的范围和风格在前一个时期就已固定下来，但是19世纪对它广泛而热切的兴趣则是前所未见的。可以相信，司各特的小说使人们对过去和新近发生的事情产生了同样的兴趣和好奇。在达尔文之前很久，进化论者就教导说，了解昨天可以解释今天，可以用来验证或谴责当今的政治立场。有关法国大革命和拿破仑的大部分史学著作都为证明一个主题，法国米什莱和美国班克罗夫特的大部头著作描述了国家的兴起及其成就。德意志和意大利的史学家由于没有自己的国家，只好歌颂人民。朝着自由的进步是史学的另一条构成原则。麦考利和弗劳德两人的同名著作《英国史》和莫特利的《荷兰共和国的兴起》都是这种作品的经典之作。德意志人蒙森的著作涵盖面极广，描写了古罗马自由的沦丧和恺撒大帝处理危机时表现出来的政治家风度。

自那以来，麦考利一直被指责为“辉格派史学家”的鼻祖，这里的“辉格派”指的是19世纪意义上的自由派。他们被指控伪造历史，将它说成是不断进步的过程。持这种批评意见的人理所当然地认为，对历史一定有一种正确的观点，这种观点也就是定论。任何史学家都想尽力真实地反映历史，不过它只是史学中心任务的附属，中心的任务是要找出历史规律，使人得以对杂乱无章的各种事实进行重新认识。麦考利的著作规模宏大，包括了1688年推翻斯图亚特王朝的年代和后来路易十四作战期间议会独立的开端。假如有人谙熟当时的史实，也许会质疑这位史学家对人物的评价，或者会对他为之欢欣鼓舞的事件痛心疾首。不过，即使有这些歧见，麦考利依然是一位独一无二的伟大史学家。简言之，他提供的不只是一种观点。他在史实叙述、人物描写和归纳综合方面都堪称大师。他书中著名的第三章是社会文化史的楷模，他的传记性文章所表现的人物都有血有肉，有思想。

对此持不同意见，认为“实际上并非如此”的人就像两个朋友在评价另一位朋友：“他做了这件事，说明……”“不是这样的，因为他还做了那件事，说明……”要结束这种争论，就要问双方这样一个问题：“你拿什么做行为的标准？”如果事实有误，双方当然都会诚实地承认，但除非如此，否则双方由于选择的行为的标准不同而很可能会继续各执己见。所以说历史的读者必须阅读关于同一题目的多种史书，充分思考各种观点之后，对争执点做出自己的判断。

比解读历史更加重要的是一个更大的问题：能否确知过去发生的事情？一些思想家认为，历史是不可知的。过去已逝，无法用它留下的残片把它复制出来。这个玄学问题可以留给那些苦苦纠缠它的人去解决，因为他们相信自己的逻辑甚于自己的记忆。19 世纪的德国史学家兰克相信自己的记忆，并将他的这种直觉阐述为“wie es eigentlich gewesen”（正如实际发生的一样）。他的这句话成了史学界的希波克拉底誓言[1]。

这句话表现的是坦诚的历史学家的自信，他相信自己遍查资料之后记下的发现真的是实际发生的情况。他的信心部分地来自另一种直觉，他知道聪明的宣传家自知所叙述的事件与实际发生的情况并不一致；他是在为某种目的而歪曲事实。史学家和宣传家之间的这种区别

1. 正式成为医生之前保证遵守医生道德守则的誓言，该守则相传出于被称为“医学之父”的古希腊人希波克拉底。——译者注

并不能证明诚实的史学家永远正确，但它却表明了这样一点：正如一个人的回忆可以通过信札、日记和他人的证词来核实，使用同样的办法也可以在很大程度上描述和确知历史。

历史可靠性还联系到另一个问题，即历史是一门科学这个说法。这个问题很容易造成人们思想的混乱，尤其是在史学家当中。因为他们把历史学作为科学，于是就追求每个细微之处的准确。他们认为，一部著作中哪怕有一条陈述没有确凿的证据，这部著作就不能成立，更不能算“确定性的”。这种狂热的迷信一度规定，青年史学家写任何方面的历史都只能涵盖几年，涉及的地区也相应缩小，这个时空范围以外则是禁区，只有这样才能确保每一细节都准确无误。一个批评家把这种历史挖苦地说成是“两年度历史”。

这种信条产生了最不符合逻辑的陈腐思想：“如果我在一个小问题上发现了错误，那我怎么还能在大问题上相信作者呢？”由于这项原则，弗里曼在相当长一段时间里大肆攻击弗劳德“缺乏准确性”。然而，这位应该是无懈可击的史学家去世以后，人们才发现，他犯的小错误比弗劳德犯下的小错误要多得多。当然，在自然科学中，有时连一个小数点也不能错。但在其他时候，只要把数字排列或者大小的简单顺序弄对就行了。然而，一般人对科学的观念是，事无巨细均同等重要，而这种迷信被全盘照搬到史学上来。本来，合乎理性的误差理论应该做出恰恰相反的规定：着重留意大的方面，至于细节是否重要，则依据其影响的大小进行判断。阿尔伯特·杰伊·诺克在他的《杰斐逊》一书中论述了这个问题，他下的肯定性结论足以封住学究们的口。

精雕细琢、小心求证的狂热者以为，史学家的工作像科学一样，会成为一个整体结构的一部分，最终形成“关于实际发生情况”的全面报告。就某一个问题写一篇专论确实是有用的，也是令人钦佩的，而且伟大的历史学家也依靠很多这样的文章作为其巨著的依据。但是，这些对单个问题的研究本身并不能同其他的研究有机地形成一个整体。这些自诩为科学家的人还为自己订立了另一条规诫：历史不能有文学性，也就是说不能读来令人愉悦。在他们眼里，麦考利是个糟糕的典型。他的风格刚劲有力，具戏剧性，其节奏使人联想起公众演讲者的声音，描述的人物栩栩如生，整本著作就像是文学作品，而这也正是作者的原意；他像小说家一样煞费苦心地组织安排各个章节。大多数19世纪史学家的作品都使人读来兴致盎然，而后来者却不敢把史书写得太好，而且鼓励他们的弟子写得更糟，直到公众纷纷对历史著作厌弃，使肤浅的普及性历史读物借机大行其道。

※

19世纪中那些不是自由派，不喜欢英雄的史学家很可能是悲观主义者或者宿命论者，如基佐。他们在处理历史资料时一定知道，每一页纸都出于人之手，是人的思想的结果，但是他们却又觉得广大的民众和民族中蕴含着一种不可抵抗的推动力；这促使他们认为，地理、气候、种族或某种其他实际因素决定着人的命运。个人其实无法选择自己的行为，人类只是傀儡而已。

当时的历史似乎证明了这种假定。19世纪40年代，哲学家路德维希·毕希纳在著作中把这种教条极为生动地宣布为：无磷，即无思想。由此产生的错误推断是：思想除磷之外，别无他物。任何形式的“别无他物”都是简化主义。并非所有的科学家都是坚定不移的唯物主义者，但是几乎所有科学家都认为物质至上。正因如此，1859年达尔文的《物种起源》问世时才立即引起欢呼和震惊。直到那时以前，人们一直把生物进化解释为生物采取某种行动的结果，这就意味着意志力在大自然变化中的作用，即使这种作用是无意识发挥的。而达尔文提出的是一种纯机械论的运作方式，它提出了“自然选择”这种并非全新但是却几乎完全被忽略的观点，使旧的进化思想同物理学吻合起来。在此 10 年前，哲学家斯宾塞已经提出“优胜劣汰，适者生存”这句话。不过，这种说法需要有达尔文乘坐“猎犬”号考察船在大海航行期间和之后所观察到的大量事实来支撑。达尔文和艾尔弗雷德·拉塞尔·华莱士在相隔几个月的时间里分别采纳了同样的假设。这一事实，再加上斯宾塞和其他先驱者的看法，表明当时这种观点已经广为流传。重新焕发生机的唯物主义使得这种观点为人们所乐于接受——事物自始至终驾驭一切。

持相反意见的思想家（包括著名的科学家）从很多角度，尤其是宗教角度，用有力的论据驳斥了达尔文的假设，由此展开了被称为科学与宗教之间的战争这一历时半个世纪的论战。就公众而言，他们再也不能对物种进化漫不经心，只把它看作“有意思”或者仅仅是有点儿可能了。越来越多的人深信达尔文已经证实了这一点。当时普遍的看法是：人是由猿猴变来的。这种看法成为怀疑者的笑柄，和漫画及讽刺诗挖苦的对象。迪斯累里说过，在人是猿和人是天使的说法之间，他是“站在天使一边”的。高比诺说：“不是源自猿猴，但是却迅速地与猿猴越来越像。”人人都可看见，自然选择论是坚固的事物链条中的又一个环节，把自然科学、唯物主义、现实主义和实证主义紧紧联系在一起。

时至今日，任何言论和文章都没能消除进化论和自然选择论之间的混淆。同样，科学家依然深信不疑《物种起源》把自然选择定为进化的唯一成因。而实际上，该书的第六版，也是最后一版，重新阐述了进化的两个其他成因，一是拉马克提出的功能的使用和废弃，二是环境的影响。达尔文后来写了一本较厚的书，详细解说了性选择的进一步作用。今天，这种理解上的混乱变得越发不可收拾。本书不适于查考各种思路是如何从达尔文的理论发展到面目全非的达尔文主义，进而又发展到今天各个研究出版中心的权威们提出的相互矛盾的信念的。今天，没有人质疑进化论的正确性，似乎没有理由要提出质疑。但是，所教授的进化论的原理和机制却绝非连贯一致，而这方面多种多样的观点却很少向学生或博学的读者披露。[请参阅诺曼 · 麦克贝斯（Norman Macbeth）撰写的小书《达尔文退休了》(*Darwin Retired*)。]

自然选择论在知识分子当中盛行的那段时期内，还影响到了宗教以外的其他关注。它在应用于政治学方面之后，产生了国家以及其他团体争斗不休以求适者生存这样一个信条。这项“原则”深受欢迎，以至于得名“社会达尔文主义”。“达尔文的斗牛犬”托马斯 · 赫胥黎最后觉得必须站出来以正视听。他在牛津大学礼堂发表演说，30 年前他曾在这里舌战并大败援引道德理由和《圣经》经文的威尔伯福斯主教，这次他鼓吹的却是进化论与伦理之间的区别：人群是受道德法律约束的。

不过，赫胥黎的否认并没有改变生存竞争者的思想，正如他撤回他关于人如自动体的文章未能对唯物论者产生影响一样。结果只是增加了公众的迷惑不安，就像丁尼生很早以前因斯宾塞提出的大自然景象而感到不安一样。根据斯宾塞的理论，大自然不是华兹华斯描绘的一片平和美丽，而是“张牙舞爪，鲜血淋漓”。丁尼生是国家诗人，斯宾塞是国际级的哲学家。如果这些舆论领导者所描绘的宇宙中的人类是受盲目力量驱使的，那么，他们说最后结局一定圆满的预言就令人怀疑了——他们怎么知道呢？应当相信谁呢？物理学家已经计算出了太阳消失的精确时间，仅此一点就足以使人对生活感到阴沉而绝望。

时代的基石本身正在崩溃，由于科学、历史和分析，对《圣经》的高等考证重获生机。德意志人从语法上对《圣经》进行分析，结果发现了许多可疑之处。大卫 · 施特劳斯的著述从耶稣的生平中去除了神性的因素，乔治 · 艾略特将他的著作译成了英文；法国的埃内斯特·勒南则更为激烈，他原来是神父，后被免去圣职，是著名的学者和作家。他相信，科学会使思想所有其他的产物过时：哲学、神学和文学统统都会消失。信念即愚蠢。一位来自非洲的圣公会主教因他的“谬见”而遭到基督教会法庭的审判，他告诉法庭说，被他劝归基督教的一个祖鲁人听他宣讲了教义之后问他：“你真相信这些吗？”其他几位圣公会的牧师写了一本《散文与评论集》，有意地否认了基督教的某些信念。他们也受到审判，但是未被解职。除了几个垂垂老矣的牛津“皮由兹分子“之外，似乎只有天主教徒依然立场坚定，纽曼在他卓越的著作中为天主教信仰作了出色的辩护。

如果把维多利亚时期的人笼统地看作一群自负自满的伪君子和假正经，就是忘记了这场宗教和科学之间的大辩论引起了多大的惊愕和自省。一个身为科学家的宗教信徒所经历的痛苦在埃德蒙·格罗斯的回忆录《父与子》中可见一斑。更大的思想斗争除在期刊上进行之外，还在玄学社里展开。玄学社的成员不是专事哲学的人，而是社会和宗教思想的领袖，他们相互宣读和讨论自己的论文，却谁也说服不了谁。他们的观点和性格在W. H. 马洛克虚构的（而且是引人发笑的）《新共和》里得到了戏剧性的刻画。

当时有思想的人面临着种种抉择，一时不知何去何从；马修·阿诺德在作品中对这种混乱的场面进行了批评和解释，他本人也曾深受困扰。他的父亲曾在英国拉格比建立了一所英国模范“公学”，其建校原则是：严守基督教《十诫》的道德行为是高尚生活的核心，因此应成为教育的中心。父亲对此深信不疑，儿子则不信这一套。对他来说，宗教不过是“带情感色彩的道德”；如果道德规定来自宗教启示，那么，两者皆没有坚实的基础。

在阿诺德看来，英国各社会阶层的行为既不受精神力量影响，也不为知识力量左右；上层阶级是野蛮人，中等阶层是市侩庸人，再往下就是他所称的大众，这些人自己根本无法为自己的行为负责。实际上，没有社会，只有无政府状态。阿诺德能想到的唯一妙方是文化，他所谓的文化是世界上思想和言论的精品。它包括希腊-罗马传统和希伯来《圣经》传统，并由现代西方文学加以充实，换句话说，就是人文学科或者文科。

另一个批判当时混乱倾向的人来自完全不同的背景。詹姆斯·菲茨詹姆斯·斯蒂芬（后来成为弗吉尼亚·伍尔芙的舅舅）是位博学的法官和政治理论家，他在19世纪70年代初发表了《自由、平等与博爱》一书，作为对穆勒《论自由》一文的反驳。斯蒂芬是自由派，坚决捍卫言论自由和行动自由，可是穆勒认为自由的理想禁止干涉任何“与己有关的”个人行为，如酗酒，斯蒂芬对此却不能苟同。斯蒂芬认为，没有多少行为是完全只与行为者本人有关的，社会凝聚力的大小取决于就哪些是可接受的行为达成普遍一致，而且一旦达成一致，就须强制执行。他不仅当过法官，而且还在印度编纂过法律，其中包括禁止寡妇在亡夫火葬的葬礼上投火自焚（与己有关）这类习俗的法律。这些经历证实了他对英国法研究的心得，即各种自由是在其发展的过程中得到具体确定的。

斯蒂芬为了与穆勒和边沁抽象的风格相抗衡，有意使用实实在在的措辞，尽管那些措辞完全正确，却使当时崇尚仁爱的人们深为惊骇，使他显得狭隘偏执，导致了迄今为止对他的误解。例如，他说，通过刑法，“人合法地、有意地、冷血地杀死、奴役或者用其他方式折磨自己的同胞”。读者无法驳斥这番话，但是却不愿接受这种冷冰冰的说法。同样，斯蒂芬赞成政府应征得被统治者同意的主张，但是他指出，所有政府都靠武力和武力威胁来统治——武力越强，威胁越大，对和平与正义越好。

尽管他说的都是这种赤裸裸的真话，但是他并不是位残暴的法官；当穷人弱者遭受虐待时，他积极地捍卫他们。而且，由于维多利亚时期辩论的文明习惯，他还备受政敌的尊敬，甚至赢得了他们的友谊。今天，应该将他算作自由主义大转变的预言家。

应该补充的是，自阿诺德以来，从伍德罗·威尔逊到罗伯特·哈钦斯等许多思想家都从实际的角度（而不是异想天开地）阐述了通过文化寻求出路的主张。这是对唯科学主义抵制的一部分。在阿诺德时期，牛津和剑桥远非他所说的文化的源泉。大多数本科生常常狂饮欢宴，女王认为教育毁了贵族的身体健康。工人学院倒是起了很好的作用，使下等阶层中有能力的人获得改善自己命运的机会。不过，出于明显的实际原因，提供的主要是技术或科学方面的教育。大学里的课程和研究都薄弱不堪，议会只好命令进行检查，最后导致改革。经过19世纪中期的这次大整顿，牛津和剑桥才从此出名，至今依然罩着夺目的光环。

不过，这种学术上的革新难以满足阿诺德的希望。作为中学学监，他建议采纳法国的中学学制。可是，英国旧式中学和1870年的《教育法》通过后建立起来的学校改进速度十分缓慢，使他在有生之年没能看到文化的兴起。阿诺德是满怀忧思离世而去的，他在感人至深的诗作《多佛尔海滩》中表现了这种忧思，诗的结尾处提出了绝望的办法，一种自那时以来常被人们一再倡导的办法：让咱们两个被遗弃的情人彼此坚贞不渝。[请参阅G. M. 扬（G. M. Young）的《维多利亚时期的英国：时代的肖像》(*Victorian England: Portrait of an Age*)。] 绝望通过爱情得到救赎是可遇而不可求的，那些既憎恨物质主义，又厌恶过时的信条，感到备受束缚，烦闷无聊的人也不会仅仅满足于爱情。他们愿意去探索未知的领域，只要它能使人的直觉、希望和对奇异之事的憧憬得到满足。

这就是那个世纪中叶发生的情况。当时有一种狂热席卷欧洲和美国，那就是通过桌灵转这种方法同精灵交流。对一些人来说，这是一种游戏；对另一些人来说，这却是一项庄严的事业。许多人从与鬼魂通话中得到宽慰。从各种黑暗角落冒出许许多多真诚的和行骗的灵媒巫师，他们从死者那里带来了口信或者幻象。这一行的带头人是丹尼尔·登格拉斯·休姆，他从另一个世界带来了答案和证据，还表演超人的绝技，如从一个窗口飘出去，再从隔壁的另一个窗口飘进来。相信这些超自然力量证据的不仅仅是轻信别人的小资产阶级。诗人伊丽莎白·巴雷特就相信休姆的“神力”，因此而惹得她丈夫罗伯特·勃朗宁大怒。他将这种愤怒升华成一首生动的诗《巫师淤泥先生》。在英吉利海峡中小岛上流亡的维克多·雨果花了无数个夜晚参加桌灵转，最后认定这种做法愚蠢之极。柏辽兹专门在他的音乐专栏撰文嘲笑据说是莫扎特和贝多芬的亡灵说的蠢话。物理学家廷德尔用相当没有哲理性的方法戳穿了这种现象——用双腿夹住一条桌腿！不过，其他科学家认为一些“显象”还是有道理的。经反复思索后，为了求知，成立了一个精神研究学会来从事系统调查。招魂说的矛盾在于，它的出现本来是对物质——事物——的专制的抵制，结果却靠提出看得见、听得到、摸得着的证据来证明灵魂的存在。

※

关于动物和繁衍的达尔文理论的讨论提出了以前不常见的题目，促成了对性爱和道德主义问题的关心。在《物种起源》问世之后，一位名叫奥尔巴特的医生在性问题上提出了十分极端的观点，并将这些观点传输给一批批经他精心挑选的听众。乔治·艾略特就是其中一个，赫伯特·斯宾塞很可能也在其中。讨论的课题是生殖生理学。伯特兰·罗素的父母，当时年方24岁的安伯利夫人和她的丈夫，则去参加一个名叫加勒特的女医生关于生理学的讲座。根据各方面只鳞片爪的迹象，可以认为那时人们对计划生育也交换过意见和信息。

如前文所述，维多利亚时期对于性本能一直有清楚的意识。现在，它似乎成了科学的一部分，从而使受教育者得以了解性本能如何实际发生作用。关于1861年发生在诺森伯兰大街的案件，伦敦《泰晤士报》就同一题目给公众上了一堂更为笼统的课。一个名声不错的少校的漂亮情妇曾向一个男人借钱，这个男人把少校骗进他的办公室，企图把他杀了，好占有他的女人。少校虽然身负重伤，但仍奋起反击，最终将袭击者杀死了。《泰晤士报》的文章实际上是为激情犯罪进行辩护。

在更高雅的一层也打破了关于性的沉默。19世纪60年代末，年轻的斯温伯恩出版了《诗歌与民谣》，其中有近20首赞美性行为及其各种形式。作者是“泥坑里爬出来的肮脏顽童”，但是他还是有读者的。早些时候，法国的波德莱尔在《恶之花》中将对身体令人作呕的描写和性变态作为诗歌题材，曾引起同样的强烈反对声。波德莱尔的诗遭到法庭的谴责，尽管它们对性的描写不像斯温伯恩那样取欢快的调子。在同一个10年里还出版了另两部大师级作品，一部是瓦格纳的《特里斯坦和伊索尔德》，其中春药驱使的淫乱之爱给了淫秽歌曲《爱之死》；另一部是梅瑞狄斯用十四行诗体写的叙事诗《现代之爱》，诗中除了对肉体细节一带而过之外，剖析了男女在智力方面不般配的类型。

社会中有一部分人不需要这方面的觉醒。艺术家和文学家总的来说没有装体面，他们没有这种需要，因为他们不从商，不从政，也不谋专业职业；他们的作品靠自身的魅力流传，否则就是被人遗忘。不过，为了身处自己人中间，好轻松自在地创作，他们在19世纪根据自己的需要创立了一种制度，称为波希米亚的艺术家聚居区。聚居区内生活便宜，没有道德规范，允许奇装异服，不需要稳定的经济收入。波希米亚首建于巴黎塞纳河左岸的“拉丁区”（参见关于这个波希米亚的两部歌剧）；其他首都也（自发地）兴起了它的分支；这个地方迄今一直是天才青年和任何年龄的反社会人物的庇护所。也有事业失败，往往转向酗酒或吸毒的艺术家，他们在那里得到他人兄弟般的照顾。经济资助不仅来自与诗人同居并养活他的女工，而且还来自当地的店主或饭馆老板，应当在这些艺术赞助人的店铺中为他们挂匾。

对在公众眼中地位显赫的艺术家、政治人物或专业人士的不检点行为，维多利亚时期人们的态度不太明确。一如诺森伯兰大街上的英勇少校，塞缪尔·勃特勒也有一个情妇，但他不是为了爱情，也没有和她同居，而是出于方便。不过，她显然是个聪明女子，得到他的慷慨相待和尊重。因为他行为谨慎，著作又几乎无人知晓，所以可以称得上名声很好。狄更斯是又一个积极的例子。他娶了两姐妹中不合适的一个，只好忍受了多年痛苦的婚姻生活。后来他恋上了一个年轻演员，关于他们两人通奸的谣言随即四起，实际上并无此事。于是，狄更斯不顾别人劝阻，在自己的报纸上发表声明并在其他报刊上发表新闻稿，解释自己的家庭状况并尽力辟谣。(当《笨拙》杂志认为他的新闻稿不属其刊载范围时，他大为光火。)报界对他进行批评，公众为之震惊，但是并没有停止对他的仰慕或尊敬。后来，那位姑娘确实成了他的情妇，他对此没有再大事张扬，但是双方从此以后一直对此深感内疚。玛丽安·伊文思（即乔治·艾略特）同另一名著名作家 G. H. 刘易斯“过着罪恶的生活”，但是却没有因此被道德高尚的人们所排斥。

虽然狄更斯和乔治·艾略特的艳事对于他们各自在公众心目中的形象丝毫未损，但是，最有成功希望的自由派政治家查尔斯·迪尔克爵士的生涯却因为他情妇的丈夫提起离婚诉讼而完全被毁。揭露出来的事实确实令人厌恶，而他在为自己辩护时又表现极差。与此同时，再度连任的首相格莱斯顿一天夜晚从议会回家的路上，被人看见与妓女交谈，差点儿因此大难临头。幸亏他能够证明自己并没打算跟那个可怜的妓女发展关系，只是想了解他能否帮她赎身，摆脱性牢笼而已。上述这些不同的遭遇和结果听起来同拜伦、李斯特、乔治·桑、缪塞和梅特涅这些浪漫派的爱情相去甚远。光凭零星的事例就在这两个时期之间妄作比较不免过于鲁莽，不过后来出现的许多实例也都表现出没精打采，无奈之下只得凑合，这正是现实主义的基调。

最后应该谈的题目尽管今天已不再遮遮掩掩，但依然同 19 世纪时一样使人着迷。维多利亚时期像现在一样出版了大量的色情读物，那时和现在，色情读物都是心情沮丧的副产品；需要用文字进行描写，因为不管性活动多么自由，都不一定能带来性满足。就文学技巧和发明创造力而言，维多利亚时期的一些性幻想作品可说是登峰造极，当今的平装小说和网上作品无法与其比拟。[请参阅斯蒂芬·马科斯（Steven Marcus）的《维多利亚时期的其他人》（*The Other Victorians*）。]

※

当达尔文和赫胥黎用“受宠惠的种群”（favored races）来指生存下来的适者时，他们指的是任何动物种群中的类别。但是，另一批科学家和国际法专家却用同样的字眼来具体指人类当中的类别。19 世纪是体质人类学的鼎盛时期，这项学科将人类分成三个以上的种族。尽管它的许多说法自相矛盾，但是却被看成是一门精确的科学。历史学家、社会理论家和政客也纷纷涉足其间，写出巨著、专著、小册子和杂志文章一股脑地塞给公众。这些书籍和文章中充斥着各种术语：凯尔特人、高加索人、雅利安人、撒克逊人、闪米特人、条顿人、北欧日耳曼人、拉丁人、黑人、含米特人、阿尔卑斯人和地中海人跟有关“头部系数”的“dolicho-”（长）、“brachy-”（宽）、“meso-”（中）等词汇混杂在一起，还有实验室用的其他技术术语。

前面已经谈到此前发生的情况：18 世纪的探险提供了有关体形特征明显不同的遥远部落的数据；19 世纪初的语言学家提出了雅利

安语和雅利安“种族”；解剖学家提出了颅相学。所有这些都与“颅骨”密不可分，19 世纪中期的人类学家就使用颅骨来辨认种族，虽然已不再采用颅相学根据颅骨的凹凸进行判断的方法。然而，历史学家在他们的领域仍使用一种可追溯到塔西佗的松散的制度，用以确定日耳曼人、罗马人和凯尔特人及其名称各异的无数分支。此外，还有《圣经》中关于闪米特人、含米特人和雅弗人的种族划分，他们又与视觉上的划分相重叠：红种人、黄种人、黑种人和白种人。

戈比诺伯爵松散地使用了后一种办法，在 19 世纪 50 年代发表了两卷题为“种族不平等”的著作。它谈得更多是文化而不是种族，给西方高度文明的命运先敲响了警钟，说它会由于掺杂入黄种人和黑种人的民俗而灭亡。该书在很长一段时间里读者寥寥，直到后来书名同各群体、民族之间高涨的敌对情绪不谋而合，使种族一词变得广为人知。戈比诺在著作中大谈种族，但是在行为上却从来不像种族主义者，似乎在个人的层面上他的结论就不适用了，他是一个光有理论没有实践的典型例子。

所有这些片鳞半爪的思想和意见被不同的学者以不同的方式与种族的概念联系起来，并通过头颅人类学家的研究获得科学的色彩。他们测量颅骨的长度和宽度，用宽度除以长度，然后再乘以 100，由此得出颅骨系数。上述的三个希腊前缀词的意思是“长、宽、中”，就凭一个人的颅骨大小属于哪一个指数范围来对他进行分类。各种范围之间的区别当然是任意规定的，一些热忱过度的人把人群进一步细分，于是比别的研究者发现了更多的种族。

从事这种衡量和猜测工作的主要科学家是巴黎的保罗·白洛嘉。作为一位著名外科医生和解剖学权威，他对生理学的贡献（除了在新近出版的一本书中回顾的其他贡献之外）是在大脑里找到了负责语言功能的地方：白洛嘉脑回。他居然在颅骨外面花这么多的时间进行

（所谓的）研究，证明了流行想法的影响力之大。他承认，颅骨系数不是一种自然特征，因此，从中推断来的各个种族也很可能是虚构的。

下一步是寻找每一种颅骨类型集中在哪些人群中。没想到，铁路的修筑意外地帮助了这项工作。修路占用的土地常包括荒废的墓地，挖掘出来的颅骨被送交最急于利用它们的人，根据它们发现当地原来的居民全部或多数或极少数属于长颅种族或宽颅种族。最后一步是查清这些颅骨的主人生前的特征，从而将系数同其他特征联系起来。（由于头发和肌肉组织的缘故，测量生者的头颅难以得到确切的结果。）要了解这些特征，就得参照历史和地理。看来长头颅的人聚居在北部地区，金发碧眼，身材高大；南部的人头颅宽圆，棕眼棕发，身材较小。白洛嘉使用的术语和数字很快便成为一项名为人类社会学的新“科学”的支柱，其中金发碧眼就意味着北欧日耳曼人，北欧日耳曼人就意味着雅利安人，雅利安人就意味着优等民族。

鲁道夫·维尔朝是著名的内科医生、公众人物和人类学家，他注意到了其他人显然没有看到的东西，即日耳曼人并不都是身材高大、金发碧眼。他对德意志的学童进行了大规模调查，发现其中三分之一以上的人身材矮小，眼睛和头发呈棕色。这个发现本应戳穿基于解剖学之上的民族沙文主义，但是实际上未能做到这一点。相反，幻想继续存在下去：优等的长头颅里寓有自强自立、积极进取的大脑，此人很可能成为殖民地的建立者和帝国的缔造人。他的日耳曼祖先是货真价实的贵族，这一点只需读一读塔西佗的著作便可知晓。相比之下，宽头颅表明是一个只配做臣民的种族，长期生存在一个强大国家（罗马帝国）的严密管辖之下，使他们的性格受到永久性影响。宽头颅的人很可能是无产阶级和社会主义者。

在这60年的时间里争辩种族问题的人并不都相信这种一本正经的编造，但是，似懂非懂、半瓶子醋的西方人都相信种族决定性格这一基本思想，并提出一些自己杜撰的主张。一些凯尔特派的人大肆颂扬凯尔特民族的想象力；英国许多人兴起对撒克逊人的追捧；南欧建立了“拉丁”团体来抵御条顿人的野蛮行径；在中欧，泛日耳曼主义和泛斯拉夫主义（多属宗教性质）相互作对，并与所有其他人为敌。人们遍翻历史和文学以寻找证据证实昔日的辉煌和“种族的纯正”。对这种现象提出批评的人也有一些，如艾尔弗雷德·富耶。批评者重申人类的统一和思想的独立性，可他们为数寥寥。直到19世纪末，最著名的文人学者在解释艺术、性格和命运时，都会顺便提及种族或引申至种族。[请参阅雅克·巴尔赞（Jacque Barzun）的《种族：对迷信的研究》（*Race: A Study in Superstition*）。]

※

种族常意味着民族，关于这个问题的争执表现了各种各样的侵略性感情，无论是如愿以偿的，还是受挫受阻的。工业的力量和新帝国主义对中国和非洲的入侵引起了自豪感。欧洲联合不同的盟友，与不同的对手打了八场战争之后，打败了俄国和土耳其，使意大利和德国终于获得统一。其中第一场战争，克里米亚战争，揭露出英军在国内和战场上的无能，想掩盖也掩盖不了。一次轻骑旅冲锋得到了丁尼生赋诗纪念，但那是由于判断错误而发动的，等于是自杀。一个腐败无知的军官团居然受到桂冠诗人的讴歌和赞美，这个矛盾表现了人们对士兵无私勇气的渴望。早些时候，丁尼生曾在载有他最精美的爱情诗的单人剧《莫德》里表达过这种渴望。剧中的主人公是个对社会失望的批评家，自己的至爱被有钱人夺走。丁尼生说，世俗不堪的剥削性“现实”社会需要战火的洗礼。在后来发生的克里米亚战争中，死于疾病和医院中恶劣的卫生条件的士兵比死于枪林弹雨的还要多。这场战争所得无多，只有一大收获，并且是英国以至于全世界的收获：涌现了一位真正的女英雄——

弗洛伦丝·南丁格尔

她的故事广为流传，感人至深，这里只需大概提示一下。她年方十几岁就开始向往她选择的职业，经过同家人长期的斗争之后，最终迈出了第一步。地位高的人家不准女儿当护士，这在当时是合情合理的，因为公平地说，从事这项职业的许多人确实终日酩酊，行为放荡。弗洛伦丝凭着坚强的意志终于说服了家人。她在33岁那年在德意志经过试用之后，证明了自己的能力。她在伦敦一家小型私人医院里制定了新的护理办法和标准，引起了医学界的注意。聪明的陆军大臣悉尼·赫伯特请她到克里米亚战区帮忙。

她的所见所闻难以言状。但是，她靠不多的一点儿钱和身边的几名助手建立了卫生系统，发明了新疗法，每天都到各病房巡诊，即使这意味着每天要站立长达20小时。伤员有时多达5 000人，他们视她为圣人，认为她是上帝派来拯救他们的天使。

她回到国内以后拒绝担任任何公职，不过她利用人们为她捐献的大笔款项继续发挥影响。她的天分显然不仅限于护理工作，她漫长的一生中从事的种种活动表明，她是历史上最伟大的行政管理家之一。管理艺术意味着政治智慧，而这正是她的所长。英国政府甚至连续多年就许多棘手的问题征求她的意见，包括关于她从未到过的印度的问题。她的光辉照人之处在于将一种低微、受人鄙视的生计变成了一个光荣的职业。

英国在克里米亚战争中的盟友是拿破仑三世——是他摧毁了1848年的法兰西第二共和国。他先是凭着自己是"我伯父的侄子"当选为第二共和国的总统，上台后自封为"终身王子总统"，然后又自封为皇帝。（拿破仑一世的儿子本应成为二世，但他由于早夭而从未执掌过权力。）拿破仑三世是经过巷战之后，通过对政敌要尽强制、监禁、流放等手段一步步登上皇帝宝座的。各种非法手段则通过全国公民投票而加以掩盖。拿破仑三世的这种手腕得到了 20 世纪各个独裁者的效仿，他们可以说他们的统治是民主的，因为得到了民众公决的批准。

共和党人坚守巴黎的最后日子里，城里有一个性格非凡的英国青年，他因为后来的成就而蜚声海外，也因他以旁观者的身份发表对新恺撒主义的看法而远近驰名。这个 25 岁的青年是——

沃尔特·白哲特

要了解此人，首先要知道他的名字如何发音。白哲特的英文名 Bagehot 应念成 Badjet——白哲特。其次，他的独特天才来自他洞察问题两面性的能力。在任何个人冲突和思想交锋中，他总是能够看到任何一方都并非执迷不悟或者愚昧不堪，他们好战都是有其原因的；他深究的不仅仅是这些原因，而且还包括它们连带的感情。这是一种罕见的奇才，尤其是如果具有此种洞察力的人并未因此而犹豫不决，瞻前顾后。白哲特总是能够最清楚明白地阐述他所作的选择的理由。

1851 年，他作为英国一家期刊的特派记者常驻巴黎。他告知期刊的读者，在共和国末日的混乱之后，出现强大的行政领袖是不可避免的事，因为贸易已经停顿，生活和财产得不到保障，巴黎和其他大城市已经难以维持。不过，虽然白哲特指出了朝向独裁发展的种种理由，但是他帮助最后仍在顽强战斗的共和国分子修筑工事，那才是他个人好恶的表示。10 年以后，（帝国崩溃之前）白哲特在回顾法国事件的演变发展时得出结论说，恺撒主义是短期的救急办法，如延长下去则会酿成大祸。事实表明，法兰西第二帝国期间，制造业和贸易开始抬头，社会福利也初具规模。但是，政权基础不稳，因而需要采取冒险的外交政策，这种好大喜功最终导致了政权的垮台。宫廷和城里的新贵优雅不足，浮华有余，智力偏低。当时的那种气氛被奥芬巴赫精彩的滑稽话剧（用相当低级的欢乐情绪对古典作品进行模仿嘲弄）刻画得惟妙惟肖。

由于白哲特仅 51 岁即英年早逝，更由于他的作品种类繁多，致使他没有得到应得的声誉。在他专长的每一个领域，他都受到高度重视。但是，他的多才多艺似乎造成了他影响力的分散，而没有使之加强。他是报道政治问题的记者，后来接替他岳父任《经济学人》杂志的主编，这本杂志就是他岳父创刊的。连续 17 年，白哲特每周都对一周内的政治和经济大事发表评论。这种密切跟踪研究产生了两部经典著作，一本是介绍英国金融体制的《朗巴德大街》，另一本是（必读之作）《英国宪法》，在较小的范围内介绍了独一无二的英国议会之所以能成功运作的社会和心理原因。

光是这两本书就足以使白哲特跻身于 19 世纪具有独到见解的思想家的行列。但是，他洋洋大观的 12 卷著作中的每一卷都是这方面的进一步明证：介绍英国历史上和当代政治家的文章表明他是个最优秀的政治历史学家；关于贸易和金融领域中具体事例的文集显示出他作为经济学家的才华；十几篇评论文学人物和题目的文章表现出他是位出色的文学批评家；他对哲学和宗教问题的反思使读者对他的时代得到从其他地方无法得到的了解。维多利亚时期的史学大师 G. M. 扬认为，白哲特是“他那一代人中最大的智者”。

白哲特生动活泼地表达思想的能力体现在他所写的每一页。美国一家商学院有个学生曾在学院图书馆里发现一本名为“沃尔特·白哲特情书”的小书，里面的内容也具有双重意思。作者在给未婚妻写的活泼轻快的信函中，字里行间又掺杂着肯定会使未婚妻父亲感兴趣的对某些公司现状和股票交易所的评论。毫无疑问，两位收信人一定都从信中得到了极大乐趣。白哲特的散文一泻千里，包罗万象，有点儿像萧伯纳的风格；同时它还讲出了对手或者读者心中必然的想法，一语中的，针对性很强。他的文章既幽默，又带点儿悲伤的意味，因为虽然白哲特是商业和政治方面的行家，但是他觉得他的心灵从未得到满足。他说："不幸的是，人与神的交往确实存在。"这句话的意思是，总是在追求大机会的人忽视这一方面太可惜了；就他本人来说，现实主义是不够的。白哲特对问题两面兼顾的才能在威廉·詹姆斯称之为"小金书"的短篇著作《物理学与政治》中表现得淋漓尽致。该书将达尔文理论应用于政治，但是白哲特绝非社会达尔文主义者。

首先，他的确展示了文明发展初级阶段中的"自然选择"——组织有方、合作较好的团体征服不团结的团体。不过，到以后，就有越来越多的其他品质、行动和思想成为有利于生存的因素，因为它们形成了一种更高的凝聚力，这些因素包括自由、不受限制的讨论、成文法以及冷静思考、容忍和慷慨大度的习惯。这些美德乃民族国家力量之所在，是较不发达的民族所难以抵御的。在这种斗争中，征服至少有可能起到扩展文明的作用。

但是，19 世纪的新帝国主义既不完全为推广文明，也不完全为满足私利。推广文明是它附带产生的结果。传教士带来的不仅仅是狄更斯所嘲讽的"道德的手帕"，他们虽然扰乱殖民地人民的心灵，但也常常为他们诊治身体的疾病。殖民官员引进了货物、交通工具和控制大自然的手段；他们维持了和平，废除了不人道的习俗。不过，殖民过程中若是使用了武力，那么恢复到以前的状况就至为困难，比恢复自由更甚，而且武力一旦实行，即难以驾驭。同时，19 世纪欧洲的第二次扩张将成千上万的欧洲人送往其他大陆，从而导致比以往规模更大的持续不断的文化混合。语言、习惯、饮食、艺术、对人和生活的观念等，所有这些全都发生了改变。在欧洲本身，更多的人因此动身去国外旅游。如此大规模的行动促使托马斯·库克发明了有导游的旅游业，他因此史上有名，同时也由此而诞生了旅游者这种野性的动物。

最后，广大的世界召唤着一个特别的群体，它的成员或靠自己或通过婚姻的关系投身于世界，她们在公众场合的出现将一种古怪行为变成了一种职业。

女性旅行家

她们主要是英国人，包括探险家和旅行作家，人数众多，难以一一记叙，只能在此举几个例子，再建议读一本她们的书以对那时的情况稍有了解。光荣榜上令人感兴趣的人物最早可追溯到19世纪初，包括阿特金森夫人、格特鲁德·贝尔、弗洛伦丝·狄克西夫人、伊斯特莱克夫人、阿梅莉亚·爱德华兹、茵普尔西亚·古兴登夫人、哈丽特·马蒂诺、范尼·帕克、艾达·法伊弗、珍妮特·罗斯、伊莎贝尔·萨弗利、希尔夫人和R. H. 泰克夫人。[可参阅简·鲁宾逊（Jane Robinson）编辑的《淑女不宜：诗文集》（*Unsuitable for Ladies: An Anthology*）；对航海感兴趣的读者还可阅琳达·格兰特（Linda Grant）的《海上女杰》（*Seafaring Women*）。]

※

在北美洲，帝国主义的动力推动美国征服了西部和南部的广袤疆土。美国同墨西哥就加利福尼亚以及从它到格兰德河河界之间的领土发生争端，一场短暂的战争后，美国打败了墨西哥，把这些领土全部占为己有。接着，美国吞并了得克萨斯这个刚从墨西哥分离出来的大州。由于获得了这些领土，实行奴隶制的州和禁止奴隶制的州之间的力量平衡被打破。经过两度妥协并随着强大的废奴运动的兴起，美国于1861年爆发了内战，将国家一分为二，成为自由的北方和实行奴隶制的南方。

这场战争吸引了若干欧洲观察家，部分原因是，这是第一场充分利用现代工业来制造武器和军备的战争，同时也因为这场战争首次使用铁路来运送军备和人员。10年前，有人曾在德意志试图将部队集结在一处，然后再用火车把他们运至另一处。但是，由于在集合川流不息的人员和进行复杂调度方面缺乏经验，这次尝试遭到灾难性的失败。另一个新鲜事（至少在美国）是把气球用于战术用途。前25年间，军方否决了这方面的两个计划。不过内战伊始，麦克莱伦的军队就增加了第一陆军气球军团。

和平与重建结束了西方社会的奴隶制。但在美国，解放黑奴的宪法修正案只执行了很短一段时间；南方各州设法重新剥夺了原来奴隶的民权和政治权利，以及平等教育权和其他利益，还有社会上的尊重。这种严重违法现象为内战结束几乎整整100年之后开始的动乱年代埋下了伏笔。

与其他战争一样，这场内战使人们发挥了各种各样的聪明才智，尤其使林肯的天才得到了充分的表现。虽然他在斗争中经常遭到谩骂，但他很快就成为历史上的伟大领袖之一。只是最近人们才注意到他还具有作家的天才。过去人们认为，他所肩负的重任开阔了他的心胸，使他在突如其来的灵感的激发下写出了两三篇现在脍炙人口的文章。一旦稍窥真相，就可清楚地看到，他自成年起，写出的文章就言简意赅，讲究韵律，说理有力，为他人所无法比拟。

惠特曼也是内战中的英雄，他的作品《草叶集》的力量是通过相反的办法表现的。他将风景和社会场面的细节，以及他认为美国的男男女女所共有的特征和习惯似乎是胡乱地堆积起来，以此来表达他对美国的观感。他选择这一主题可能受到了乔治·桑的一部小说中一个作为“人民诗人”的人物的影响（死亡是他的第二主题），而他恰当的写作方法则是托克维尔曾经预言过的。在就公共题目写作的其他美国诗人当中，詹姆斯·罗素·洛厄尔在此值得一提，因为虽然他创作出经典著作，但是人们却极少想到他。他的第一部系列诗题为“比格娄文件”，写的是墨西哥战争；第二部系列诗以美国各州之间的战争为主题；两部系列都用新英格兰的乡村语言写成，对当时的舆论进行了绝妙的嘲讽。第三首题为“批评家的寓言”的诗是用标准英文写的，它全面介绍了当时的文坛，指点江山，月旦人物。另一个内战时期的产物，一篇题为“对‘上尉’的搜寻”的文章，使读者有机会见识它的作者，一个从好几个意义上说都重要非凡的人物——

奥列弗·温德尔·霍姆斯

这里指的是那位思想家、科学家、诗人和幽默家，不是他就任最高法院大法官的儿子。父亲早年就由于一项医学发现而一举成名，这使他自问，“是否还会有这么好的机会对社会有用”。他的发现确实带来巨大好处：他证明了产褥热这种致使很多妇女产后死亡的疾病是具有传染性的，是由于助产医生忽略卫生措施，造成了病菌在产妇之间的流传。霍姆斯不得不与整个医疗制度展开斗争，对从医生到护士到医院管理人员的各色人等反复宣讲，以使他们承认这个事实。稍后，塞麦尔维斯在维也纳在同样的问题上也遇到同样的抵制。卫生学自此初露曙光，它是以弗洛伦丝·南丁格尔为化身的女神，与医学界的旧传统展开斗争，为被旧传统视为不可忍受的“新渣滓”所大力倡导。

霍姆斯除教授哈佛大学一代又一代的医科学生，同时从事散文和诗歌的写作之外，还做出了其他贡献。他以其应景赋诗的出色本领写出了大量介乎于严肃与轻松之间的精美诗句。他关于作家渴望写作的十四行诗《不可抵抗的写作欲》就是一例。评论家对他的《绝妙的单马车》推崇备至，似乎其中显示出的娴熟技巧在他的作品中是绝无仅有的。其实，他的很多其他诗作都体现了同样的技巧。这些诗作是夹有同情的讽刺诗，但是笔触依然不失其尖锐辛辣。同样，《鹦鹉螺》和《最后一片树叶》绝非霍姆斯仅有的严肃而又动人的诗作。

在散文方面,《早餐桌上的霸王》以一种艺术到极致而归于平实的方式戏剧化地描绘了生活和观点，几乎可与托马斯·洛夫·皮科克的小说平起平坐。《霸王》续集的质量不太均整，但即使其中的最后一部《喝茶时》也有许多独到之见。敏锐的读者会发现，由于医学训练而思想开放的他总是大胆地冲破体面规矩的束缚。在道德、宗教、权威、早恋等问题上，他坚持说——如果所涉问题十分微妙就暗示——“实情比你知道的或者愿意承认的要多。”《霸王》中有一个心灵受到创伤，一直躲在楼上一个房间的神秘人物，这个人物的安排似乎是为了表示楼下饭桌旁那些人表面心平气和的假象底下的紧张关系。如果确实如此，那么，霍姆斯在各个章节中时时插入的无聊的感伤诗句大概就是他对传统感情的让步。尽管这些诗句的意思枯燥乏味，但其文字方面的精湛毫不逊色于他的其他讽刺性诗作。

《对“上尉”的搜寻》是一部关于霍姆斯本人的冒险故事。他那后来成为法官的儿子据报在战场上受伤后失踪，可能生命垂危，于是父亲出发去搜寻儿子。他对医学另一个领域的关心激发了他的三部小说。第一本是 1861 年问世的《埃尔西·文纳》。与另两部书一样，这本小说的意义不在文学方面，而在于它是第一部描写非正常心理的小说。小说里的埃尔西是个精神分裂症患者。今天的精神病医生可以在这些小说中发现对本学科和弗洛伊德其人的许多预见。假如当初霍姆斯的家乡波士顿有一个像约翰逊博士的传记作家鲍斯威尔那样的人物，能记录下霍姆斯茶余饭后的谈话的话，那么，霍姆斯的言谈就能像约翰逊博士的话语一样流传下来，而约翰逊就是凭鲍斯威尔为他作的传记而闻名遐迩的。观察敏锐的老亨利·詹姆斯指出，霍姆斯在表现出“智慧超群”的同时，还是一位“谦逊有加”的君子。

奥列弗·温德尔·霍姆斯的儿子完全取了父亲的姓名，也完全占去了父亲的名声。当然，在霍姆斯父子之间，没有必要扬此抑彼。任法官的小霍姆斯对美国法律产生了巨大的良好影响，在宪法问题上没有辜负国家的重托。但是，他在哲学或者文学艺术方面没有任何非凡的表现，难负盛名。他很早就接受了作为该世纪中期一大特色的浅薄的物质主义，往往对事物持一种玩世不恭的态度，常常因之影响读者从他生动有力的通信中得到的乐趣。很难想象有哪两个人的性情差异比他们父子俩之间还要大的。

※

由于一项很快变成专门行业的发明，美国的内战因使用了一种系统记录的方式而再次创造了“第一”。马修·布雷迪扛着他的大匣子走遍各个战场，拍下了 3 500 多张照片。这种发明的实际应用是大约 20 年前开始的。1830 年左右，法国的涅普斯兄弟在经过反复试验和失败之后，终于把乔赛亚·韦奇伍德早先发现的硝酸银在阳光下变黑的现象派上用场。他们找到了一种办法，将曝光后的物质“固定”在纸张、玻璃片或者金属片上面。映象来自一个艺术家长期使用的工具——暗箱。这是一个箱子或房间，壁上有一个很小的孔让光透进来。外面的景物在内墙呈现倒影，供艺术家临摹或作画之用。新发明即由此得名，叫作 camera（照相机），在拉丁文里是“房间”的意思。它后来不断改进，逐渐装上透镜、定时器、闪光灯、测光器，直到最近的数字芯片。照片也获得了长足的发展，第一个同涅普斯合伙的开发者是达盖尔，他发明的铜版肖像照是 19 世纪 40 年代广受欢迎的新鲜玩意儿，至今仍是一些家庭的传家宝。

摄影这项奇迹激发专业人员在生活的所有领域都把它广为运用，吸引了业余爱好者在家里和旅途中把自己转瞬即逝的经历捕捉和留存下来。福楼拜和他的朋友马克西姆·迪康长途跋涉去往近东并沿尼罗河顺流而上，迪康这次旅行带回了整整一本摄影集的素材。当时，摄影集是广受欣赏的新鲜事物；今天，这种机器印制，摆在咖啡桌上供人欣赏的摄影集已经可以庆祝 150 周年诞辰了。不过在一个领域中，摄影术开始时引起的反应并不热烈。据信法国画家保罗·德拉罗什曾说："它会扼杀绘画。"一定不止一位艺术家有过同样的言论或想法。最终，除了长期为公众提供复制艺术品的版画之外，受到伤害的主要是肖像画。随着肖像油画的式微，直到 19 世纪中叶一般艺术家都会画的生动各异的面貌逐渐消失了。今天，在大学和公共建筑的墙上还可看到这些画。摄影室越来越倾向于制作出一种平滑而没有棱角、毫无特征的面部表情，用喷枪造成千人一面的效果，既胜过本人，又完全民主。自照相机发明以来，也出过一些优秀、逼真的肖像油画，不过数量少之又少。

作为补偿，风景照和长相不雅的人物照则登上了艺术品的宝座。灯光效果和构图，曝光、冲洗和印制技巧至少称得上是高精技艺。选材，尤其是摄影系列的选材，通过"曝光"社会状况而影响了舆论，就像现实主义的延伸——自然主义小说一样。具有动态并配有音响的摄影是 19 世纪末的一个文化分支，在此就不必多做解释了。

※

正当美国在进行内战以决定它是否能够作为一个完整国家幸存下来的同时，拿破仑三世在国内的威望开始衰落，于是他想出了一个自认为"他在位期间最妙的主张"。墨西哥爆发了一场反僧侣革命，拿破仑遂派遣一支军队前去镇压，安排奥地利王子马克西米连为墨西哥皇帝。这次远征失败而归，马克西米连被行刑队处决。人们可以在马奈的画中看见当时的情形。此前，拿破仑三世曾经做出让步，建立"自由帝国"，企图以此重新赢得法国民众的支持。墨西哥惨败之后，他不得不应对俾斯麦为了把德意志最终变为一个统一的国家而采取的种种举动，包括小规模战争。法国人从来都不能容忍这种愿望，担心由此导致的后果，于是提出交涉，但手法粗鲁笨拙，战争随即于

1870年爆发。仓促应战的法国人很快败下阵来，接着巴黎被困长达四个月。在这期间，普鲁士人坐在路易十四的凡尔赛宫里宣布德意志帝国东山再起。同时，在惨败的废墟当中（左拉就此写了一篇动人心弦的小说）诞生了法国的第三共和国。本来已经胜利在望，但巴黎的工匠和散工害怕出现保守政府，于是就拿起武器，占领了城市。他们乱杀滥伤，绑架人质并杀害了其中一部分人，使全国其余地区惊恐万分，由此产生对巴黎的第二次围攻。双方彼此野蛮屠杀，血流成河。

整个欧洲，包括许多自由主义者和社会党人都声讨（巴黎）公社。起义者取“公社”这个名字，是为了显示他们作为城市公民之间的紧密纽带。但是，在伦敦的卡尔·马克思看见政治出击的时机已到，或许还意识到了这个名字的价值。于是，他发表了一份小册子，把这次起义评价为即将来临的阶级斗争的尝试——无产阶级被唤醒了，即将建立共产主义。这完全是宣传，公社成员既不是无产阶级，也不是共产主义者。他们想在法国其他地区建立的“城市共和”与马克思的集中制专政纲领正好相反。不过，马克思正确地估计到，这个事件使拿起武器的工人在全世界威名远扬。可以利用这一生动的形象来鼓动下一场革命。

马克思在恩格斯的不断帮助下，在两个层面上进行努力。在政治层面上，他强调不失时机的行动，上述例子即是证明。在理论层面上，他撰写繁杂的论文，在历史、哲学和经济学方面批判所有过去和当时的权威。在发表关于（巴黎）公社的小册子前不久，他完成了巨著《资本论》的第一部分。《资本论》同孟德斯鸠的《论法的精神》和斯宾格勒的《西方的没落》那些名著一样，是知识分子心目中的必读之书。它的写作风格和组织编排都难度很大，19世纪60年代俄国的书刊审查官决定让此书进入国内，因为能读完这本书的人实在是屈指可数。当马克思主义成为研究的题目和大学的一门课程之后，更多的学者掌握、了解了《资本论》的内容，比社会主义政治家和激进分子了解得要透彻得多。

《资本论》自称用科学的方法解释对工人的剥削。工人的劳动使他制造的物品增加了价值，而这种增加的价值部分超过了他的工资价值。[西斯蒙第曾经说过同样的话。] 这种“剩余价值”被资本家占有了。关于历史，马克思的命题（用他本人的话来说）是“将黑格尔整个颠倒了过来”。创造历史的不是不同思想（主题与反主题）斗争后所产生的合成，而是纯粹物质力量之间的冲突：“辩证唯物主义”。在这方面，马克思的观点是现实主义者的观点；对现实主义者来说，只有具体的东西是真实存在的，其余的东西，如艺术、思想、法律、文化，只构成本身不起作用的上层建筑。历史通过事物的关系变化来向前推进。在现阶段，它会不可避免地带来无产阶级的共产主义。到最后阶段，在无产阶级实行专政之后，就会出现“国家消亡”，那是一种令人欣喜的无政府状态。这种希望或期待是 19 世纪的奇怪特点：赫伯特·斯宾塞就跟马克思一样满怀信心地做过这种预测。

可是，虽然马克思认为思想不起作用，但他却不断提出新思想，推行新思想。他预见，德国这个无产阶级人数最众多的最先进的工业国家会爆发革命。这种预测是符合逻辑的，因为根据马克思主义理论，一个阶级取代另一个阶级的革命不是出自个人获取经济权力的愿望，而是由于这个阶级与“生产资料”的关系。而且，革命的目的不是摧毁国家，而是为了共产主义的目标而拥有国家。

马克思认为这些公式和原则是科学性的。在他之后的列宁也如此认为，他同冲淡这一信条的人做斗争，使马克思的教导增加了新的内容。如前所指，他们两人，还有恩格斯，都收录在美国《科学传记辞典》里，其中记载了马克思所作的一项简单贡献——通过将科学看作社会产品帮助了人们对科学的认识。事实上，在马克思的历史观、经济学和预言失去了说服力之后，他就只剩下了社会学家的地位。萧伯纳公正地将另一个功劳归功于他：他和达尔文一样，收集了 50 年来对使大多数人陷于贫困的制度进行批判的思想，并引起了全世界的认真注意。马克思一度是黑格尔的门徒，他运用了大量的纯粹理性分析，然而，他的历史观和现实观始终是：事物驱动人类。

横断面：1895 年前后芝加哥所见

普法战争之后的 10 年间，人们在观念和仪表方面发生了相当多的变化。长胡子剃掉了，女性比以往更加坚持自己的权利，社会常规一一受到质疑，新技术和社会理论给人带来了长久发展的希望。许多日后名垂千古的年轻艺术家首度在公众面前曝光。为许多事业进行的零星鼓动开始形成实际运动。19 世纪 70 年代和 80 年代充满了各种文化方面的新开端。

但是，商业兴衰轮转，政治粗野无礼的世界喧嚣吵闹，陋习依旧。对旁观者而言，其目标和做法都变得比以往更加粗鄙。在美国，马克·吐温和他的朋友查尔斯·达德利·沃纳联手写了一本小说《镀金时代》，描绘了当时的情景。这是一个关于狡诈、舞弊、政治腐败、诱奸和谋杀的可怕故事，书的副标题是“今天的故事”。不久之后，亨利·亚当斯出于同一意图（匿名）发表了小说《民主》，其中尤其严厉地批评了格兰特政府。这两本小说都描述了一个伦理标准变化无常的参议员，他成了代议制政府道德沦丧的象征。亚当斯和马克·吐温终其一生都是悲观主义者，在他们的作品当中也一再表现出这种情绪。与此同时，西海岸的安布罗斯·比尔斯除了创造出一系列动人的战争故事以外，还写了散文和诗歌，将人和政府机构刻画成伪君子和骗人的东西。他的《魔鬼词典》起初被人们正确地称为《犬儒学派字典》。

刘易斯·芒福德在20世纪30年代回顾这段时期时，描绘了一幅艺术匮乏、躁动不安的图景。他把这段时期称为“棕色年代”。1873年的金融恐慌影响了整个资本主义世界。失业、被暴力镇压的罢工、抵制行动（一个新鲜字眼和事物）、因消费下跌而生计被毁的农民、铁路诈骗案、石油和钢铁托拉斯与卡特尔，这一切都激起了公愤。此外，政治暗杀更加深了阴郁的气氛。

在美国，大量“吉姆·克罗”式的法案正式剥夺了黑人的民权；1896年，最高法院在“普利西诉弗格森”一案中裁决“白人和有色人种平等但分开居住”符合宪法中关于公民平等的规定。给有才干的黑人以肯定与地位的趋势才开始，即因此裁决而全面倒退。弗雷德里克·道格拉斯作为雄辩的演说家和《国家时代》的编辑备受重视，他担任了华盛顿特区执法官和驻海地大使的职务。密西西比州选举约翰·罗伊·林奇作为国会议员，1884年他任共和党全国大会副主席。不过，他们只是黑人中极少的例外。

不管它意味着压制还是改革，这个时代都激励了禁酒运动和对自由恋爱、避孕和堕胎这些被列为罪恶的行为的讨伐。妇女基督教禁酒联盟在各地组成了中心，后来，反对“朗姆酒魔鬼”的呐喊爆发成了游击战。卡里·纳辛是代表人物，她拿着斧头到处砸酒吧，还通过出售“纪念斧头”来筹集活动资金。在英国，议会颁布了条例，缩短作为穷人俱乐部的小酒馆的营业时间。这到底是为了对付酗酒，还是为了防止社会动乱呢？

在美国，安东尼·康斯托克深信自己肩负着阻止色情种种表现的重任。1873年，28岁的他建立了不道德行为查禁会，说服国会通过了《康斯托克法》，明令邮寄有助避孕的资料或用具为犯罪。维多利亚·伍德哈尔是他的劲敌，她公开倡导自由恋爱，相信灵魂的回归，大力阐述在一定的情况下堕胎对社会有益。不过，她没能获胜。随后，康斯托克又将支持堕胎的时髦女士雷斯特尔夫人赶走，使纽约不再受她邪恶的污染，最后逼得她自杀。他发布命令：自由女神的小型复制品胸部暴露过多，应加以限制。他保护纽约看戏的观众不受萧伯纳早期话剧的污染，并强迫公共图书馆将萧伯纳的《人与超人》一书锁起来，同样是为了保护读者。他的统治一直持续到第一次世界大战。

一些新的宗教教派是明显的反现代和镇压性的。1870 年梵蒂冈理事会的法令也是如此，它规定教皇在信仰和道德问题上永远正确。理事会召开之前六年，教皇庇护九世就开出了一个有关“现代谬误”的长长的单子，规定虔诚的天主教徒必须把这些谬误视为受到上帝亲自谴责的行为。在新冒出来的教派当中，基督教科学派否认物质的现实存在，严禁医药；耶和华见证人派以各种办法将其成员与行将毁灭的当今世界隔离开来；救世军激烈反对酗酒和其他世俗的缺点，但是它至少是抱着一颗温暖的心，用令人振奋的音乐来对这些缺点进行斗争的。

忍受这些保护措施的民众还从另一个方面受到袭扰，它来自一群完全有理由得到公众注意的政治和经济改革家。恐慌、失业、芝加哥发生的无政府主义者爆炸和被判绞刑等暴力行为（与要求 8 小时工作制有关）、1894 年的普尔曼大罢工、美（国）西（班牙）战争中“缅因”号战舰被击沉、民众广泛认为企业家是“强盗资本家”，市政府是贪婪的老板操纵的“机器”，金融家为了一己私利而反对铸造银币，尽管它会有益于平民百姓——所有这些造成了长期的愤怒和动荡不安。富有感染力的演说家威廉 · 詹宁斯 · 布莱恩到处巡回演说煽动群众，罗伯特 · 英格索尔对一切宗教信仰的讨伐使人们的心情更加动荡难平。

社会冲突和民众的激愤促使一位有头脑的记者写了一本书，间接对社会现状表示谴责。爱德华·贝拉米于1887年发表的《回顾》描绘了2000年时社会的情形。地点是波士顿。由于实行了国家社会主义（尽管没有使用这个名字），那里以及全国其他地方呈现出一片繁荣兴旺的升平景象。人们不知道金钱为何物，人人都可凭信用卡到国家商店选取琳琅满目的货物。每个人可得的份额有一定限制，但已经相当充裕，除了穷奢极侈的人以外；这是因为由于杜绝了竞争引起的浪费，使得物品丰盈。

于是，穷人没有焦虑，也没有对富人的敌意；贫富差别已经消除。但是人人每天都要工作4小时，直至45岁为止。剩下的是闲暇时间，有很多高尚的休闲活动。这个乌托邦故事甫一出版，立即大为畅销，其中的乌托邦式假设如以往一样，被人们全盘接受，认为引起社会纠纷的唯一原因是简单的物质需求得不到满足，认为可通过简单的计划来满足这些需求。

实际改革家没有统一的纲领，其中最接近基层的是雅各布·考克西提出的纲领。他是俄亥俄州一位具有同情心的商人，希望政府通过发行货币和开展公共工程来减少失业。他策划了一次向华盛顿市的和平进军，等于一份"由活人组成的请愿书"，但是考克西的"大军"抵达首都时只有500人。考克西在发表演讲时遭到阻止并被逮捕。此后又有1 200人从各州抵达。尽管这次运动没有成功，但它的要求得以广泛传播。到了20世纪，游行已经成为在美国和欧洲经常使用的行之有效的抗议工具。在我们当今更为注重对群众的要求做出反应的时代，500人或者1 200人有时就足以改变政策，至少是地方政策。

19世纪70年代，巨额财富与贫困并存的情况使自学成才的旧金山印刷商兼记者亨利·乔治深受触动，促使他对此问题专心研究。他在写了两三篇短文之后，发表了后来成为经典著作的《进步与贫穷》，指出任何地方只要出现商业活动（进步），地价就会自动上升，但对那些一无所有，只剩劳力的人来说，这只能意味着贫困。财富来自租金，因为它不是通过劳动赚取来的，所以应对其课税以用于公益事业，这样一来也就不必设立其他捐税了。乔治不知道他的分析和结论首先由 18 世纪的重农论者提出过，后来又被詹姆斯、约翰·斯图亚特·穆勒和卡尔·马克思以各种不同的方式加以阐述；他的大多数读者也不知道这一点。单一地价税运动不断壮大，使他成为公共知名人物。他在美国、英国和爱尔兰四处演讲，还两度极力竞选纽约市市长职务，不过都未能如愿。他在第一次竞选中与西奥多·罗斯福共同提出改革纲领。他还在国外造成了持久的影响。萧伯纳和他的费边社朋友认为，他与马克思不分轩轾，从实际意义上来说甚至可能还胜于马克思。《进步与贫穷》还指导了奥匈帝国的土地改革。时至今日，纽约还存在着一个亨利·乔治学社，该组织不时召开会议，主办讨论会并出版刊物。

索尔斯坦·凡勃伦是另一类经济学家。由于他执拗倔强，难以相处，他常常不得不在芝加哥大学和其他大学间不断搬迁，躲在其中一个地方剖析商业和工业问题。不过，他在十几篇著作中阐述的思想是直率而严谨的，其中第一部是《有闲阶级论》，该书使他在世纪之交的时候一举成名，尽管书中采用的文体是对学术文章的嘲讽性的模仿，用词生僻，句型复杂。书中的“理论”指的是该阶级的生活方式和他们对手中财产的使用方式。富人凭价格来判断生活中的一切东西，喜欢铺张浪费，因此从经济角度来看应受谴责。凡勃伦创造的“炫耀性消费”一语已成为我们语言的一部分，意指购买昂贵物品来向邻人炫耀的习惯。后来，为此目的而购置的汽车、游艇、家具和家用电器逐渐被称为“地位象征”。早些时候，在王侯的府邸里，要想炫耀摆阔，只能满足于金银珠宝、绫罗绸缎、大型宴会和美丽的花园。由于工业化使昂贵物品产量大增，炫耀性的铺张浪费才得以大行其道。

不过，应当补充的是，到了 19 世纪末，有闲阶级已经销声匿迹了。当今世界里，无论穷人还是富人都没有闲暇，或者不知道该怎么处置闲暇时间，也许无家可归者除外。英国的周末大概始于 1880 年，但是现在人人都总是忙个不停，连节假日也不例外，这也是物质过多的一个副作用。凡勃伦在他的其他著作中也就社会团体的行为进行研究，从而建立了经济学的一个新的分支——"制度经济学派"，对占主导地位的古典学派提出了挑战，使他稳稳当当地进入了经济学创始人的行列。

在这 20 年里，改革者形形色色，西奥多·罗斯福将他们称之为"耙粪者"，原意取于《天路历程》一书中一个只顾盯着脚下的泥巴而看不见自己头上皇冠的人[1]。他们一直吸引着公众的注意力，其中两位女性影响尤为显著。一个是海伦·亨特·杰克逊，她是诗人埃米莉·狄金森的同窗，人们通常叫她英文名字的缩写"H. H."。她对印第安人所遭受的残酷虐待深感不平，在写小说成名之后，写下《百年耻辱》一书，控诉这项国家政策。此举使她被任命为负责调查若干部落遭遇的专员，其后她利用调查得来的资料又写了一部小说《拉蒙纳》，再次大受欢迎。尽管印第安人的苦难并没有因此结束，但是问题被揭露了出来，再也不会被掩盖得无人知晓了。

艾达·M. 塔贝尔留在人们心中的记忆可能比海伦·杰克逊更深，因为在 20 世纪 30 年代马克思主义盛行时期，她的大名和另一位"耙粪者"林肯·斯蒂芬斯由于曾强烈批评资本主义而被再次提起。他们都是《麦克卢尔》杂志的撰稿人。这份杂志由爱尔兰移民 S. S. 麦克卢尔一手创办，其目的是为了讨伐大企业和一些他认为是反对个人权利的人（阿瑟·科南·道尔曾是该杂志的投资人之一）。艾达·塔贝尔年轻时希望从事生物专业，在看到男性垄断使这一愿望难以实现后，遂

1. 耙粪者，后来引申为"专挖丑闻的人"。——译者注

到法国（巴黎）索邦大学和国家图书馆深造，成为研究文学和历史的学者。她返回美国后，在麦克卢尔的建议下撰写了拿破仑和林肯的传记，接着又调查约翰·D. 洛克菲勒从小小职员变成企业大亨的飞黄腾达史。经过长达五年的调查研究，她终于发表了《标准石油公司史》，对当时的商业手法做了最详尽的描述。

这一揭露和麦克卢尔大军其他成员的揭发逐渐说服了立法者开始对金融业务实行监管，确保根据 1890 年的《谢尔曼法》对托拉斯进行起诉。罗斯福总统本人也承认限制财产权的必要性。但是，另一方也声称代表个人主义。安德鲁·卡内基主张，通过竞争可以聚集财富，这种财富如果使用得当，可以给公众带来很大利益，比将财富在人民中间平分好得多。他建立了图书馆，成立了改进教育与促进世界和平的机构。洛克菲勒从早期受雇开始，就一直定期把自己 15% 左右的收入用于公共事业，他和其他人捐出巨款兴办大学，而这是一般工薪族力不能及的。可是，改革派并没有因此而息怒。艾达·塔贝尔最后拥护当时较温和的福利国家理论，这也是顺理成章的事。这一理论代表着大转变的开端。她没有支持普及选举权运动，因为她认为如果不能得到民众感情上的支持，投票和立法产生不了多大作用；在法律上已获得“自由”的黑人的遭遇就是证明。

即使对那个生机勃勃的时代的政治思想做最粗略的勾画，也必须提一笔杜利先生，否则就是不完整的。19 世纪 90 年代中期，他开始在《芝加哥邮报》的专栏里用爱尔兰土话发表言论，教诲读者。杜利先生是芝加哥的一个酒吧侍者，他同朋友亨尼斯还有阿奇路上的其他角色经常谈论各种世界大事和街头巷尾的琐事。这些逼真的对话是芬利·彼得·邓恩的杰作。他对政治事务理解深刻，嘲笑讽刺妙笔生花，是他与其他一些英美作家使得 19 世纪 90 年代成为智慧风趣的时代。能用“桃子里有一股焊锡味”这轻轻一句话道出罐头食品诞生的人是不折不扣的文学天才。他的七卷杜利先生茶余饭后的闲谈证明了他的天才，勾画出一幅当时社会的全景图。从罗斯福在西班牙战争中率兵冲上圣胡安山到（历经 1700 年之后刚刚恢复的）奥林匹克运动会上表现出来的民族主义，从《读书》到《最高法院》，杜利先生这个酒吧侍者几乎无所不谈，他的评论生动活泼，寓意深长，可适用于任何时候发生的类似事件。[首先必读的选集是 1898 年出版的《战争与和平时期的杜利先生》(*Mr. Dooley in Peace and in War*)。] 今天，邓恩的著作没人研究，因此也就没有像马克·吐温和安布罗斯·比尔斯的作品那样得到再版以飨读者，这是美国学术界的耻辱。杜利先生同朋友的谈话中所用的方言并不比《哈克贝里·费恩历险记》里所用的几种乡下土话难懂多少。

芬利·彼得·邓恩只是遭到忽略的美国大批伟大人物中的一个，这种忽略要怪美国思想界，也就是学术界和评论界。第二个是乔治·珀金斯·马什，他在 19 世纪 90 年代向美国农业部长呈交了一份关于西部土地灌溉的报告。之所以请他来研究这个问题，是因为他刚刚重新发表了他的著作《人与自然》，题目改为更吸引人的“人类活动改变了的自然地理学”。马什是第一位生态学家。他在长达 30 年的时间里，一直对自然进行观察思考，并宣传要爱护地球以及让它休养生息的方法。在自然爱好者罗斯福总统执政期间，开始了自然保护运动，而功劳则全归了吉福德·平肖。今天，在纪念地球日的时候，从来不提乔治·珀金斯·马什的名字。

作为生态学的第一人足以使他名垂千古，不过他还有更多的兴趣与才华。他是派驻意大利的第一位外交使节，在美国内战期间和以后的 20 年里一直在那里发挥着卓越的外交技巧。此前，他曾经派驻土耳其，因为他通晓多国语言。实际上，外语是他一生中的第二大爱好。他的学问精深广博。他写过一本介绍古冰岛语语法的书，他的《英语语言演讲集》充满了新发现和独到之见，简直就是一部文化史。他的渊博使他成为默里编写《牛津英语大辞典》的最早合作者之一，这本辞典详尽记载了每一个能够找到的英语词汇的历史。

※

根据其定义，工业或技术中所达到的“艺术境地”总是晚于无数发明家的“思想境地”。这些发明家在一刻不停地酝酿发明新东西，其中许多是没有结果的；或者是因为它们得不到理解，像美术领域中的情形一样，或者是因为不太实用。拉链的故事就是一部不懈努力的史诗。昔日新奇的东西经进一步改进完善之后，被吹嘘为“艺术境地”。在这段时期里，被推出并为人们所接受的各类林林总总的新奇产品包括：电话、留声机和可以自动弹奏的钢琴，（十分粗陋的）灯泡和（同样劣质的）打字机，轻型（所谓安全的）自行车，原始的内燃机车，尚未达到人造丝水平的人造纤维，农药滴滴涕，蒂法尼的染色玻璃，伊斯曼牌匣式照相机，收银机和象牙牌香皂这一人造奇迹。[可参阅的一本书是 R. 约翰·韦（R. John Way）写的《自行车》（*The Bicycle*）。]

不过，并非没有尽善尽美的成就。两大工程学方面的奇迹赢得了国际上的一片赞誉。一个是罗布林设计的采用绕钢丝编成悬吊钢索的纽约市布鲁克林大桥，另一个是詹姆斯·伊兹设计的圣路易斯城跨越密西西比河的大桥。第二座大桥优美精致，使人看不出它的坚固。为了展示其坚固牢靠，主办人在开通仪式上将一批火车头沿着两条铁轨缓缓驶至桥中央，这座悬臂结构的大桥在 700 吨的重负之下纹丝不动，巍然屹立。这两项工程使钢材从此以后成为必不可少的材料。此前不久跨越苏格兰泰湾的一座桥发生倒塌，证明了使用铸铁的危险。不过，在此之后的 10 年间，钢材仍是一种稀有产品。

至于日用品，其制作正在进入一个新阶段。纸袋和硬纸箱实行大规模生产。它们是现今众多的一次性产品的开端。之所以能够大规模生产纸袋和硬纸箱，是因为人们发现除了破布以外，稻草、树皮、茅草和木浆等材料可用来制纸，从而使得报纸、杂志和书籍的成本大为降低。纸张大量泛滥所造成的其他思想和社会方面的后果不提也罢。不过想到大约与此同时，李维·斯特劳斯开始制造钉有铜扣的蓝色牛仔裤，倒是令人感到宽慰。至于其他当时起步的产品，对美国人来说，只要稍稍提及那几十年里成立起来，今天仍在生产货物的公司就够了：博登、亨氏、皮尔斯伯里、库尔斯、安休斯–布施、吉列、立顿、雀巢、戴比尔斯、蒙哥马利·沃德、J. 沃尔克·汤姆森和直到最近还无处不有的伍尔沃斯[1]。另一个同时代产物，"蓝色卧车"，开始行驶于（法国）加来、尼斯和罗马之间，不久后诞生了"东方快车"，使乘客得以享受从巴黎到君士坦丁堡的豪华旅程，中途不需停站。1869年美国的联邦太平洋铁路完工后，也建立了类似的横跨美洲大陆的快车服务，但是不久后就改为火车到了芝加哥总是要转车，安排上既不合理，又不方便。

这段时期可称为19世纪90年代繁盛时期之前的新发明萌芽时期。在结束对此时期的介绍之前，我们也许可以很快地浏览一下芝加哥市居民注意到的新闻大事。1871年10月发生的一场为期两天的大火烧毁了三分之一的市区，使10万人无家可归。不过，废墟清理之后却成为实现城市现代化的天赐良机。其他的新闻大事有：从国外传来消息说亨利·莫顿·斯坦利在中非找到了利文斯通博士并说出了那句名言（"Dr. Livingston，I assume？""我猜您是利文斯通博士吧？"）；腰缠万贯的食品经销商谢里曼的挖掘计划曾被认为是发疯，但是他却发现了特洛伊古城的遗址；普利策采取了又一个新闻上的创举，派遣勇敢

1. 伍尔沃斯（Woolworth），大百货商店，已于20世纪90年代末倒闭。——译者注

美丽的内丽·布莱（真名为伊丽莎白·西曼）环游世界，其使命是要打破儒勒·凡尔纳（想象中的）80 天的记录。她比他快了 8 天，这反映了 1872 年至 1890 年期间交通工具的进步；拍摄出了一匹马奔跑中四脚离地的照片；卡罗·科洛迪出版了《木偶奇遇记》；罗伯特发表了《议事规则》[1]；奥斯卡·王尔德访问了美国，和各阶层的人都能打成一片；艾尔弗雷德·诺贝尔的炸药和阿尔布特博士的医用体温计被广为使用；妒忌中国苦力的美国白人工人引发了洛杉矶的一场种族骚乱；在纽约，"特威德集团"[2] 将几百万元公款中饱私囊的行径被人揭发，集团的头子却反问："那又怎么样？" 在西部，杰西·詹姆斯的匪帮将打劫火车变成精彩的表演；人们发现"玛丽·西莱斯特"号漂流在海上毫发未损，船长的餐桌上还摆着早餐，但船上的人却不知所踪。

当然，所有这些宝贵的信息都是通过报纸来传播的。各地报纸的发行量一涨再涨。报纸靠为商家刊登广告收入颇丰，可以把售价降到极低，而描述丑闻和无论事大事小都添油加醋，大肆渲染的新闻报道使得报纸之间的竞争也降到最低级的水平。1896 年，普利策的《纽约世界》刊登了名为"黄孩子"的单张卡通画，赫斯特说服漫画家理查德·奥特考特将它扩大为卡通组画，在《纽约日报》连载。据说，就所有权进行的数月激烈争吵产生了"黄色新闻"[3] 这个诨号。一两年后这种手法真是派上了用场，当时《纽约世界》和《纽约日报》都声嘶力竭地鼓吹要对古巴"采取行动"，结果把国家和政府推进美西战争的深渊。跟后来的学生相反的是，当时的大学生都吵嚷着要求打

1.《议事规则》（Rules of Order），由亨利·罗伯特编撰，在美国广泛使用的会议议事规则。——译者注

2. 特威德曾任纽约市议员和国会议员，利用批准纽约市市政工程项目的权力大肆贪污。——译者注

3. 黄色新闻，指以极度夸张和捏造事实的手法来渲染新闻事件。——译者注

仗。威廉·詹姆斯在哈佛大学向一群嗜血的学生高喊："不要人云亦云，跟着嚷嚷！"但无人理睬他。

※

自"饥饿的40年代"之后，没有一个10年得过任何绰号，直至19世纪90年代被称为"顽皮的90年代"。接着，它在英国由于《黄色小矮人》和《黄皮书》而跟黄颜色沾上了边。最后定为"赭色十年"，因为赭色更能唤起美感，从而取代了棕色。"顽皮"主张及时行乐，兴高采烈，取代了镀金时代忧郁悲观的情绪。回想起来，那个时代相当复杂，不是几个形容词所能囊括的。如果要把"90年代"看成一个文化单位，那么，这个词代表的不是一个10年，而是从1885年到1905年的两个10年。这种概括方法既能说明问题，又很方便，因为这些年代里的重大发明是不能用单一的事件、思想或者附有日期的作品来界定的。当时那种全面大转身需要跨越20年时空的全部精力和其间多种多样的活动产生的思想。因此，1895年从芝加哥（或任何其他地方）的一瞥并不能视及各个角落，需要进一步放眼各处，才能了解全貌。

作为1893年广接天下客的东道主，芝加哥对自己举办的哥伦比亚博览会展出的内容引以为豪。展览会中共有来自46个国家的产品，来访者超过2 500万人之众。就其规模和建筑而言，它有150座建筑物，比1876年费城举行的纪念美国建国100周年的活动更加辉煌。芝加哥博览会是为了纪念欧洲发现美洲大陆400周年而举办的；向世人炫耀的是1492年和如今的巨大差异——金属和机械几乎已经完全取代了木头和人力。

同时，与此前各次博览会不同的是，哥伦比亚博览会既注意物品，又注意思想，其中设有一个制造业和文科大楼，在里面就宗教、和平、妇女的要求和青年问题等题目举行了多场专家研讨会。展出的科学和工艺成果内容极为丰富，组织十分周全，使得亨利·亚当斯连声称赞科技展览本身就是一堂活生生的教育课。前来参观的人为宽敞的接待大厅中电灯的光辉所陶醉。照明是博览会许多地方的一大特色，特别是电力馆。如此明亮的光亮居然不是来自太阳，这一新奇的现象使整个博览会获得“白昼城”的美名。诚然，由于电线绝缘较差引起了几次火警，不过在战胜黑暗的喜悦当中，人们很快就把此事忘却了。

在此两年前，白宫装上电灯和电铃时，哈里森总统一家大为惊恐，不敢触摸开关或按钮，担心因此触电。于是只好晚上才给白宫接通电源，一到早上就切断。不过，新比旧好的观念很快传播开来，不仅因为这时的工业产品不再是劣等商品，而是真像广告上说的那么好使，而且还因为（人们以为）革新发明的背后有不断向前发展的科学在推动着。这个时期出现了另一类可以销售的产品——古董。科学领先于工业与其说是事实，还不如说是预言。直到那个时候为止，几乎每一件装置都是发明家和工程师在过去可行装置的基础上继续发展的结果。只是到了1890年，德裔化学家艾尔弗雷德·蒙德才向一批企业家解说现在统称的研发（研究与开发）的好处：由产业界雇用纯科学家探索工艺，再由工程师应用于机器和装置。

19世纪90年代的发明速度不负众望，接踵而来的世界博览会向千百万民众显示出各种发明成果。1889年在巴黎举办了一次大型博览会，主办人通过四处寻找，弄到足够的钢材，为博览会建立了埃菲尔铁塔，向世人证明了高耸入云的300米金属结构能够巍然挺立，稳如泰山。不久后，芝加哥建筑师路易斯·沙利文使用类似的金属结构作为办公大楼的框架，建成了摩天大楼的模型。其结构原理来自中世纪的大教堂：墙壁不起支撑作用，而是最后填补进去的。沙利文立下一条规矩：“形式服从于功能。”意思是楼房必须明确显示出支撑着它的结构。他对哥伦比亚展览馆那种必定会被广为模仿的装饰华丽的新古典式风格深表遗憾，感叹地说：“它会使建筑业倒退 50 年。”

虽然美术没有像机械艺术那样迅速地登上世界舞台，但是时间差并不长。当巴黎决定不将埃菲尔铁塔同博览会的其他建筑物一道拆除时，数百名艺术家和作家联署了一份抗议书，声称埃菲尔先生丑陋的拙劣之作是巴黎这个美丽城市的一大污点。但是，还是工艺占了上风；1900 年再次在巴黎举行的博览会上，铁塔依然耸立在旁，不久后遂被用作无线电报发射塔。1904 年圣路易斯举行的博览会比芝加哥更胜一筹，它的唯一展品就是各种思想主张。

在博览会一再举行的同时，一种古老做法在不断发展扩大，这时已经成为具有巨大影响力的制度，这就是广告。广告的飞速发展是历史所需，因为时代的巨人源源不断地生产出新产品，其中许多是为一般老百姓生产的，价格相当便宜。此前，广告一直是一种简单的宣传方式，开始只是短短几行文字寻找失物或者宣布小店开张。后来发展为一整段文字，描述产品并夸耀它的好处。90 年代期间，广告业开始崛起。图文并茂的展示，加上重复的口号和过分的吹嘘，如：波斯特公司发明的叫作小吐司的麦片类早餐食品能治阑尾炎，带有电线暗示用电力的装置可以减轻腰部风湿病和关节炎，瓶装药水和“脸色苍白者专服药丸”会带来神奇的效果。自行车、汽车、浴缸、炉子、地毯清扫机、照相机、防火通道、鞋帽、紧身衣和机车头的制造商都向大众宣扬自己产品的好处，常常有欢天喜地的使用者出来作证，广告词都采用黑白线条凸版印刷，极为醒目。宣传的物品则跟模特儿姿态诱人的身段和幸福洋溢的笑脸摆在一起。

《麦克卢尔》和其他杂志越来越厚，每期刊载上百页的广告。街上广告传单充斥。被胸前和背后的大块广告板夹在其间的“三明治人”在主要街道上走来走去，巨型广告招牌沿街林立，住宅楼宇的砖墙外表涂得五颜六色，供商人和大众观看。政治海报和戏剧招贴画现在延伸到了各种产品。[可浏览弗洛伊德·克莱默（Floyd Clymer）的《早期广告艺术剪辑》(*Scrapbook of Early Advertising Art*)。] 市场上可供选择的商品不断增加。奇怪的是，还要一再提醒人们购买面包、肥皂或糖果，不然销售额就会下跌。这些早期广告的文字和图案设计相当粗糙，不过其各项原则至今证明是经久不衰的。90年代还产生了第一个广告专业作家这种无名英雄。

广告现已成为一种成功影响公众心理的力量，用来帮助推行任何一种目的、教条、政治或个人野心、保健措施以及私人或公共机构；它自始至今的演变过程是文化史中尚未编写的一个很长的篇章。它不断变化的内容和调子很能说明问题。例如，当象牙牌香皂宣布自己有99.44%的纯度时，它利用的是这样一个事实：公众已经掌握足够的科学知识，知道绝对纯度是无法达到的，所以小数点所暗示的精确度证明了该产品的质地优良。现代人的脑子里塞满了名称、短语和画面，这是广告滔滔不绝的夸夸其谈带来的另一种影响。它和其他文化影响一起，使文学天才分心他顾，也冲淡了绘画的新风格。

一览跨越两个10年的90年代为公众提供的产品和电器，可以清楚地看到，我们现代几乎所有提供便利的物品都是19世纪与20世纪之交的时候出现的。以下是一个经过逐渐收集，仍不能详尽的单子。很明显，其中一些产品尚需改进才能找到市场：

家庭用品：中央暖气、尺寸和形状符合现代标准并备有冷热自来水的浴缸、安全剃刀、加氯处理的清洁饮水、不锈钢器皿、电热烤面包片机、电熨斗、烤箱、缝纫机和洗碗机；

办公用品：电梯、拨号电话、无线电报、打孔式分拣机、手提打字机、咖啡销售机；

医疗：医治梅毒的洒尔佛散、各种抗毒素、医治乳腺癌的放射线疗法、心脏外科手术、开始（对动物）进行器官移植、阑尾切除术、精神病诊所、婴儿恒温箱、隐形眼镜、装在筒里的牙膏；

娱乐：电影、音乐喜剧、留声机、冰上舞蹈、排球和篮球、费里斯转轮[1]、自动点唱机、报纸头条新闻、（巴黎）通过电话传送的卡巴莱歌曲、隔布相吻、脱衣舞；

食品和饮料：早餐谷类食品（麦片）、送上门的瓶装奶、盒装的农产品（如洋李干）、可口可乐、人造黄油、卷筒冰激凌、炒杂碎、水果罐头、以杜松子酒为主的鸡尾酒、电冰箱和真空暖水瓶；

教学：公共图书馆、函授课程、（麦克卢尔发明的）通过报业辛迪加在多家报纸杂志上同时登载的文章、用问卷征求民意的办法、用留声机教授语言、出版商的推荐广告；

购物：商品齐全的百货商店、连锁店、自动扶梯、购物中心（1893 年美国俄亥俄州克利夫兰市建了一座有玻璃屋顶的四层购物中心，里面有 112 家豪华商店）、投币电话、旅行支票；

法律与治安：指纹学、窃听电话、自动手枪、电椅；

交通和其他需要：汽车和飞机、城市地铁、充气轮胎、无线电报、声乐和交响乐录音、彩色摄影、摄影胶卷、人造丝和其他人造纺织品、赛璐珞、口香糖、书夹式火柴、橡胶鞋底、拉链；

具预言性的新事物：绝食抗议、女子足球俱乐部、女股票交易商、制止滥用公共广告协会（SCAPA）。

简言之，在这些年代里，方便取代了舒适。家用电器和盒装产品是对物质完备的生活的一种补充，减轻了生活中的杂务，却没有使生活变得简单轻松。相反，它们往往成了负担。电器需要（用电来）喂养和看护，维修和“升级”。它需要人具备新的技能、严格不变的习惯和高度警惕——万一坏了就无计可施。爱默生曾观察到拥有任何这

1. 费里斯转轮，在垂直转动的巨轮上挂有坐椅的游乐设施。——译者注

类东西的缺点："如果我养一头奶牛，它会把我给榨干了。"一种装置满足了一种需要，却可能造成好几种其他需要。新的通信手段减少了隐私，数倍地增加人与人之间的接触，浪费大量时间。19世纪那些著名作家没有打字机和电话，却创作出了浩瀚惊人的大量作品，而且是在远远少于我们平均寿命的时间里完成的。这一事实从侧面反映出现代装置的耗时费事。一位瑞典学者详细描绘了现代的局面，他解释了"服务经济中的服务减退"，并就机械化增加和自由时间的丧失之间的关系提供了数学模式。[他的书从头到尾简易通俗，技术性不强，书名为"匆忙的有闲阶级"（*The Harried Leisure Class*），作者是斯特凡·林德（Steffan Linder）。]

此外，家用产品的设计师常常缺乏想象力，或者只考虑外观形象，或只想尽量降低制造成本。由于这种种原因，他们忽略了装置中的令人不适之处。这是在机器群中生活的普遍缺点。于是，只好造出方便用户（user-friendly）这个词来勾引购物者，而购物者往往发现虽然印刷传单上写得信誓旦旦，但实物本身却根本不是那么回事儿。家用产品节省劳力的一大明显好处是，用人阶层获得了解放。

很久以前，约翰·斯图亚特·穆勒就曾经指出：对人的劳动实行机械化改变了人的工作，但是并没有减轻他的辛劳。其实，实行家庭机械化反而使劳动者的肩上又增添了一层负担，它使得简单的清贫不再可能。今天，没有哪个家庭能够不靠便利的设施而维持下去，从电话和其他（所谓的）公用事业设施到汽车、收音机和电视。人们需要这些东西，或是为了保住工作，或是因为来自邻居或自家孩子的压力。它们成了压得人喘不过气的"生活标准"的一部分。对一些家庭来说，这意味着必须打第二份工或者永远背债；对那些不愿意为这些东西拼命的人来说，他们只能过赤贫的生活，而不像早些年代，生活可能还算过得去。

这并不是暗示要像埃瑞洪[1]的居民一样，下令废除所有机器。机械化的一些副作用还是令人钦佩的，例如只需拨一下开关，就能把黑夜变成白昼，大大改善了学习和白领工作的条件，使许多孩童不再害怕恐惧。电力把工厂从浓烟滚滚的地狱变成了清洁明亮的展厅。这是因为机器是人制造出来的，不是闯入地球的外星人；它像艺术一样，是手工和想象力的产物，它的实际形状可以实现与用途相结合的美。这种看法加强了沙利文功能主义的美学。

※

1882年奥斯卡·王尔德对美国的访问没有起到任何促使这个国家皈依艺术宗教的作用。无论如何，美国人的性情都太过认真，而且正全心全意地朝向另一个方向发展。批评家若不像马克·吐温和安布罗斯·比尔斯那么尖刻辛辣，便一心一意推动改革。如前所见，大企业、刚刚萌芽的殖民主义、政治腐败以及穷人、青年和黑人的困境，这一切都使得具有道德良知的人感到不安。但另一批人——艺术家、思想家、学者——在一个专注于开发疆土和修筑铁路的国家里常常感到格格不入。这些“局外人”一有能力就移居国外，这几乎成了一种传统。19世纪60年代，W. W. 斯托里，一个由律师改行并已定居意大利的雕塑家，在自己身旁聚集了一群来来往往的志同道合的艺术爱好者；斯图亚特·梅里尔在法国度过了大半生，被认为是法国象征派诗人之一；学者都认为必须在德国花一段时间治学；亨利·詹姆斯在职业生涯过半时搬到英国永久定居；他的兄弟威廉受的是欧洲教育。留在美国的人当中，多数画家是欧洲画院的学生或门徒，他们将自己所选的风格稍加修改，以适应美国的题材。这些题材通常是美洲大陆辽

1. 埃瑞洪（Erewhen），指塞缪尔·勃特勒所著同名小说中的乌托邦，参见后文关于塞缪尔·勃特勒的介绍。——译者注

阔粗野的方面，但是呈现出来的却是动人或神秘的美景，而不是怪石嶙峋、狰狞可怕的景象。科尔、丘奇和阿舍·杜兰德的作品就是这样。有一个画家阿尔伯特·赖德与众不同，从他对题材的处理可以看出他退入了一个为人所不知的世界，里面既没有风景的壮丽雄伟，也没有日常工作的平凡。例如，他的画《跑道》的构思表现出一个撩人的梦境，类似象征主义者的幻想，虽然赖德对这些人及其作品浑然不知。

另一个反潮流者是建筑师理查森。他为了抵制对欧洲历史风格的一味抄袭，有意设计比例合适、沉稳厚重的楼宇，并着力突出窗户使之醒目。他还简化了建筑物的外表，尤其是私人住宅；但是，他喜好的宽敞室内空间在相当一段时间里很不实用，因为当时没有中央取暖设备。在建筑方面，减少装饰的趋向由于摩天大楼的发展而加速，因为摩天大楼巍然耸立，若是在窗框上加上装饰线条，每一层都加飞檐或任何其他装饰，会显得荒唐可笑，而且功能主义的理念本来就禁止这么做。

美国艺术家认为自己的国家在地形和仪态上都仍旧是野性粗犷的，这听起来似乎有点儿矛盾，因为据说 1890 年西部边疆已经终结了。但是，从 1889 年起到 1906 年，搞了几次"俄克拉荷马大开放"，将那里的大片土地加以拍卖。这样一来，虽然疆界关闭了，但那一带的边疆生活仍在继续。在整个大平原（如同沃尔特·普雷斯科特·韦伯的同名经典名著所生动描绘的），农牧业靠铁丝网和科尔特牌左轮手枪来维持。被赶出家园的印第安人尚未被制服，提供保护的警察又常常离得太远，指望不上。耳闻目睹这些事实，会给人一种国家开发尚未完成的感觉。

密西西比河以东的情形则大不一样。对许多人来说，城市的吸引和诱惑是不可抵御的。哈姆林·加兰在《德切尔家库利的玫瑰》中描写了这些诱惑对一个农村姑娘的影响。一项先驱性的统计调查列出了城市生活的种种好处：教育设施更好，生活水平更高，生活更方便，思想交流更活跃，娱乐更多样化，包括音乐和艺术。尤其是在东北部这个定居时间长和离欧洲较近的地区，越来越多的人在扭转当时的趋势，加强着思想和文化方面的努力。在波士顿、纽约和华盛顿，人们兴建或充实了博物馆，在另几个城市也成立了合唱团和乐团。学院改为大学，不仅仅是像20世纪50年代那样肆无忌惮地只是改个名字就算完事，而是实实在在地改变结构，设立了研究生院。哥伦比亚、芝加哥、约翰·霍普金斯和康奈尔这几所大学走在前列，中西部几所新建的州立大学开始致力于满足当地在思想和农业或者工业方面的需求。

使大学为公众服务的观念是约翰·W. 伯杰斯提出的。他17岁时作为联邦军队的一名士兵参加了内战（尽管他的家庭拥有奴隶），经过对战争的思考，他认定，假如这场斗争中双方的政治领导人受过更良好的教育，本可设法避免这场战争。他从阿默斯特学院毕业之后，去德国考察那里的高等教育制度，然后去了巴黎的政治学院。返美之后，他在哥伦比亚学院创建了全国唯一的政治学研究生专业，它成为几年之后改建为大学的哥伦比亚学院的核心。下一个举措是科学界采取的。哈佛的校长，化学家查尔斯·W. 埃利奥特，建立了一所又一所的学院，把哈佛学院变为大学，其中他最为关心的是劳伦斯理学院和医学院。他还规定神学院不能只注重某个教派的教义。他力争建立选修制度，放手让学生自行选择学习课程，最终获得成功。不过他坚持要进行实验室工作，还设立了理学学士这个新学位，促成了拉丁文的消亡。

此外，埃利奥特通过帮助丹尼尔·科伊特·吉尔曼的事业，间接地帮助在耶鲁建立了舍菲尔德科学院，并使约翰·霍普金斯大学蜚声国内外。在这所大学里，吉尔曼在德国榜样的启发下创立了美国的博士学位，建立了第一所专门从事研究的医学院，由奥斯勒和霍尔斯特德等名人来掌管。早些时候，安德鲁·D.怀特曾梦想能有一所大学接受所有合格的学生，不管他们的经济能力、性别或肤色如何，这样一所大学将成为“科学的庇护所”。在埃兹拉·康奈尔的大力支持和资助下，他经过艰苦斗争终于在纽约上州将一所政府赠地建立的农校和一个完整的大学合并起来，还担任首任校长。他退休之后写了一部被人们广为阅读的著作《基督教世界科学与神学论战史》，介绍自己的哲学。伍德罗·威尔逊经过与教职员工的冲突和斗争，把普林斯顿大学建成了一流的现代学府。

与此同时，芝加哥的威廉·雷耐·哈瑞在洛克菲勒的资助下组建了芝加哥大学。作为一个《圣经》学者，他并不特别钟爱科学，但他却坚持要设招收大学后两年学生的“高等学院”，以便教授研究方法。正是这种把科学研究同“只要收一人，就收所有人”的普及性政策相结合的做法，使19世纪90年代成为美国现代高等教育的起点。当时，它专注于科学和公共服务，而对高雅艺术的接纳和包容要等到再晚些时候。

人文学科的伤心故事也从那时开始，到处都出现了“文科处境困窘”的局面。早些时候，文科与科学之间关系良好——那时的理学系通常只有一个物理学和天文学教授，一个化学或“自然历史”教授。这些科学与文科一样自由，因为所有知识生来就是平等的。但是，在19世纪80年代和90年代，专业科学不断壮大的大军侵入了学术界，摇旗呐喊地鼓吹唯有它掌握经过验证的知识。如果认为科学家有意去伤害或扼杀人文学家，那是错误的。人文学家受到的伤害是他们自己造成的。他们为了与科学竞争，为了成为科学，放弃了自己与生俱来的权利。他们通过教授大学生钻牛角尖的治学方法，使课程内容失去了其自然性，淹没了文科研习的优点。

“研究”成了一个具有欺骗性的词，使人文学家穷其精力挖掘关于课题的事实，而不是探究课题本身。尼古拉斯·默里·勃特勒是这个时期的另一个大学创办人，他曾举过一个很说明问题的例子：当他还是本科生时，选了一门关于希腊戏剧家的课程。而教授在讲解欧里庇德斯悲剧的第一堂课的开场白中却说："这是这位作者最有意思的一部话剧，因为里面包含了希腊语法中几乎所有不规范的用法。"今天，正是这种重点不当的错误做法仍然使大学的文科课程缺乏吸引力和实用价值。教学大纲里也许有大量"文科课程"，但是，如果不用人文主义的方法教授，它们是毫无教育价值的。而且，科学专业的教授不应为校园里文科同行的愚蠢行为负责。19 世纪 90 年代人文学家对科学的恐惧和妒忌是毫无根据的。赫胥黎曾经如实地指出，科学吸引年轻人，能帮助发展他们的心智以追求任何知识，这是因为它注重观察，是有组织的常识——这里没有任何恐吓或者打击文科专业的东西。今天，科学已经变成常识之外的东西，不过这又是另一回事了。

※

平民主义这种心态驱动着富裕阶级的成员为了"人民的需要"进行思考，采取行动，但也并未忽略知识问题。安德鲁·卡内基决定在全国各处建立图书馆，其他人则为劳动大众建立各种机构和学校，就像托马斯·库珀1859年初在纽约所作的一样。还有一个美国独有的组织在 90 年代发展得轰轰烈烈，补充着学术界的工作。这就是以纽约州的肖托夸湖命名的肖托夸运动，圣公会循道宗在那里建立了这项运动的主要中心。其他组织也在全国各地兴起，它们常常派遣大批演说家和表演家为乡村服务。肖托夸运动的集会开始时是进行宗教学习和讨论的露营会议，逐渐发展成音乐戏剧和普及教育的场所。运动的主办机构还提供函授课程，连续 35 年发表文艺评论；还举行夏季营会，邀请名人前去讲课。威廉·詹姆斯接受了邀请，尽职地向成千上万的人发表讲话。可是，一周下来，他感到被那里的气氛所窒息，因为孜孜好学、无可指摘的人们个个学习起来如饥似渴、虔诚认真。他以他特有的口吻说自己向往“手枪、匕首，或邪恶的眼神”。

另一股推动美国文化的力量是埃尔伯特·哈伯德在纽约州东阿罗拉创办的罗伊克罗夫特运动。成员们用自己的双手劳动，还出版了《庸人》期刊。现在的参考书对这份期刊严加批判，因为哈伯德靠它来赚钱，而且杂志质量也不高，尤其是同凯尔姆斯特出版社相比较的话。凯尔姆斯特出版社是诗人兼社会主义改革家威廉·莫里斯在英国成立的，哈伯德自称要以它为榜样。莫里斯的目的是要在劣质工业产品充斥的世界里重新唤起艺术和工艺的生机。到了 90 年代，这个运动获得了成功：市场提供材料上乘、设计精美的制成品，价格也比手工制品便宜。在美国，哈伯德的宣传至少帮助培养了人们对精品的喜爱，虽然美国人大量购买的可调节靠背的“莫里斯椅”与精品相去甚远。哈伯德还发表了题为“伟人家园之旅”的小册子，共有约 150 种之多，目的是推动对人类成就的景仰和尊敬。哈伯德和罗伊克罗夫特运动的其他成员只能算是通俗文化的提供者，但是不能因此就对他们的努力挖苦嘲讽。况且，如果他的期刊意在赢利，那今日各处的通俗艺术和思想皆是如此，并不因此受到责难。哈伯德应算是这方面的先驱者。

※

政治和经济改革之后，对个人和个人生活的关心不断增加。如前所述，哥伦比亚博览会主办了关于青少年问题的各种会议。不久之后，在德国、法国和比利时成立了以保护他们为目的的学会。1899 年，在法国布伦的树林里举办的青年节吸引了大批人群。关于青年的专题作品四处涌现：一位作者高喊必须“拯救孩子”，另一个作者将青少年犯罪看成是“城市街道上的青年精神”。瑞典女权主义者埃伦·凯在新世纪来临之际宣布它将是一个“儿童的世纪”。她还以此为题出了一本书，书中第一章的标题是："儿童选择自己父母的权利"。

许多父母和其他与他们关心同样问题的人为改革学校教育而四处奔走。对学校的指责同历来一样：它"僵化""使人迟钝"，而且残酷。必须使孩子们摆脱呆板的老师和死记硬背的教学法，将他们天生好奇爱问的思想重新加以引导，使之从词语转向事物。约翰·杜威和他在芝加哥大学的朋友们为了从所有这些错误当中解放出来，开办了一所学校——进步教育法学校。学生可自选课程，对大量知识不必死记硬背，而是进行讨论，并按自己的进度学习；老师仅起指导作用（如同现在的辅导员），向学生显示如何运用知识来解决问题。

杜威错误地以为采取"审慎的科学方法"就会产生思想。科学中需要审慎进行的是求证。种种科学发现的历史表明，发现并不是根据杜威的公式一步一步完成的，而是突发灵感的结果，就像在艺术或哲学乃至日常生活中一样。阿基米德在浴缸里大喊"我发现了"就是一个例子。在现代，凯库勒的著名事例也并非异乎寻常。这位化学家在研究碳化合物苯的时候睡着了，他在梦中"看见"代表苯分子造型的"苯环"。这是一大进步，因为它确立了物质的特性取决于它的结构这一原理。[参见亨利·庞加莱（Henri Poincare）的《科学与假设》（*Science and Hypothesis*）。] 教学中的"问题法"给学生带来的害处跟用"看后重复"的老办法教小学生识字一样。

无论如何，总不能指望婴儿采用五个步骤解决问题或者自己去挑选学习课程；幼儿园在快速普及，心理学家也建议实行早期教育，因此需要有专为幼儿设置的教程。其中最受肯定的是由玛丽亚·蒙台梭利设计的一套教程。蒙台梭利是一位意大利内科医生，她起初对教育痴呆儿童感兴趣，她是治疗痴呆、聋哑人和其他残疾儿童的先驱爱德华·塞甘和让·伊塔尔的学生。蒙台梭利医生曾先后到巴黎和伦敦深造，返国后被罗马大学聘任为教授。后来，她辞去教职开办了幼儿之家。《麦克卢尔杂志》对她的工作进行了多年的宣传之后，她才于1912年提出蒙台梭利教学法。

她的办法跟进步教育法学校一样，也是以个人主义为基础，而且是上这种学校的极佳准备。婴儿是“自我活跃的”，因此可使他自教自学。为此目的所设计的物体刺激感官、肌肉和思想的共同发展。（这使人联想起贝多斯医生提倡的教育性玩具。）适宜的游戏可保持孩子的兴趣，孩子可以自己连续玩几个小时，不被大人所打断，其结果是注意力集中，自律能力强。到6岁时，他或她就会自己发展出“独特的个性”。蒙台梭利教育法指出：“孩子是在为以后成人作准备。”这种思想显然是对卢梭教育原则的阐发。各地建立的蒙台梭利学校大受称赞，学生甚众，直到第一次世界大战后，行为心理学明确指出，智力是先天确定的，在孩子生长的每一阶段都处于固定水平；这就意味着早期经历是不重要的。一时间，蒙台梭利学校黯然失色。20世纪50年代，当行为心理学理论失去权威性之后，美国和国外的蒙台梭利学校又重新出现。这期间，蒙台梭利医生则被视为一个把孩子看成是人类救星的神秘主义者。

至于生命的下一个阶段——青春期，美国心理学家G.斯坦利·霍尔就此收集事实并编写了指南。他也同意卢梭的观点，即智慧要在人的再生之后才会出现，这个再生指的就是青春期；人在这个时期常常心情紧张，大起大落。同前面两个阶段一样，要正确地处理这个阶段，就必须认识到这三个阶段正与人类进化相吻合：从呱呱落地到六七岁，孩子是个小动物，一个类人猿，他需要的是“消极教育”，仅仅通过控制环境即可做到。8到11岁的孩子行为野蛮、自私，具部落性。应让他多从事体育锻炼而不是埋头读书做功课，应宽容他的反社会行为，这时发泄出来，以后可能就不会再出现。最后，进入青春期的孩子需博览知识，广闻思想，还应对性有所了解，自然发育使他必然会注意到这个问题。在这个阶段，男女学生不应再同校，否则会对他们的学习产生负面影响。

美国的孩子上学时间很长。不止一个州建立了公立高中，后来又由于宣传的影响而大都改成学院。免费义务高中教育除了在美国之外，其他地方听都没听说过。此举在美国深受劳动者欢迎，因为这种硬性规定推迟了孩子成为工人进入市场竞争的时间。出于十分明显的原因，斯坦利·霍尔认为高中本身应当成为“人民的学院”，而不是其他人钦佩之至的“顽固不化的学院”的准备场所。他本着这种信念于 1888 年担任了克拉克大学的校长，使该大学重获新生，还邀请了心理学这门新科学的佼佼者担任客座教授。1909 年，他欢迎维也纳的弗洛伊德博士前来，因此引起公愤。

※

斯坦利·霍尔之所以反对高中男女合校，绝不是出于反对女权主义的想法，而且即使他是出于这种理由，推动妇女利益，特别是争取妇女得到高等教育的潮流也会淹没他的“科学性”结论。当时正在成立的女子学院不在少数，布林·莫尔、巴纳德和拉德克利夫学院加入了早它们 20 年的瓦萨、史密斯和韦尔斯利学院的行列，使东北部地区女子学院的队伍得到壮大，最早成立的三所学院中历史最悠久的可追溯到 19 世纪 30 年代。美国妇女的解放在所有方面都比欧洲早。1848 年为争取妇女权利而召开的塞纳卡瀑布大会是别处所没有的。

妇女在美洲大陆定居运动中厥功甚伟。她们以她们的劳动和智慧做出了巨大贡献，在家中树立了权威，使全世界啧啧称奇，而且她们一直牢牢把握着这种权威。但是，她们还想要更多，想得到投票权，想进入专业领域。19 世纪 70 年代，这种斗争形成燎原之势。到了该世纪 90 年代，妇女开始进入专业人员的队伍，她们要求得到投票权也不再是什么骇人听闻的事。怀俄明州的妇女早在 1869 年就获得了投票权。接下来，1893 年在科罗拉多州，1896 年在犹他州和爱达荷州，妇女都先后获得了选举权。谈及 90 年代美国的独立女性，很难不想起莉齐·博登这个人物。1892 年，她被控谋杀了自己的父母。她显然不是那种“软弱、温顺”的人。最后她被宣布无罪。（这是正确的裁决，最详尽的研究也得出了同样的结论。）从那以后，她勇敢面对当地的种种偏见，证明了自己是一个具有正直性格和尊严的女性。

也许由于此前已经取得的大量成就，人们会发现该世纪末的美国文坛没有英国那么多卓越的人才在倡导妇女的权利。美国最佳作家笔下的女性全都头脑清醒，行动独立，言谈之间常常表现出对男人的蔑视。女性在征服西部中所发挥的作用得到了充分肯定。随着这个世纪的结束，任何读过亨利·詹姆斯、威廉·迪安·豪厄斯或约翰·威廉·德福雷斯特的著作的人都知道哪些限制尚未取消，这些限制主要存在于社会上层。在增进公众普遍理解方面，奥列弗·温德尔·霍姆斯在三本小说中提出了他对精神学案例的了解，而西奥多·德莱塞则在《嘉莉妹妹》里描述了一个意志坚强、聪明能干、自我奋斗的成功女性。

这些书籍的美国读者对文学理论并不关心。对国外各学派之间正在进行的论战感兴趣的主要是文学家和文学评论家。相比之下，从大洋对岸传过来的新闻和思想更有意思。当时，乔治·杜莫里埃的小说《特丽尔比》风行各地。特丽尔比跟嘉莉妹妹一样是著名的歌手，但她却并非靠自我奋斗。她原来是洗衣女工，后为艺术家做模特儿，一个名叫斯文加利的阴险恶毒的匈牙利音乐家控制了她，通过催眠术把她变成音乐会演唱家。她对巴黎一位英国画家的真挚爱情和对那里的波希米亚生活的热爱给故事提供了诱人的内容。斯文加利猝死之后，特丽尔比也随即失去美妙的声音。书中没有幸福大团圆的结局。今天，特丽尔比这个名字使人联想起的是特丽尔比软毡帽。

英国音乐喜剧《弗洛拉朵拉》是另一部一炮而红的进口作品，它作为一种新的娱乐形式，逐步将相比之下较简单的歌舞杂耍表演赶下了舞台。就在1900年博览会之前不久，《西哈诺·德·贝尔热拉克》在巴黎当地剧院引起轰动，对该剧的赞誉遍及整个西方。这部五幕诗剧是一位名叫埃德蒙·罗斯丹的29岁诗人的杰作。(可以说)话剧以主人公——17世纪作家贝尔热拉克——脸上的特大鼻子为支撑点逐渐展开。剧情简单，也并无浪漫动人之处。然而，初演那天所引起的巨大热情却是前所未有的，就像今天的体育大赛一样。女士们为表示对剧作家的热爱，把手套和扇子雨点般地向他扔去。人们流泪，拥抱，久久不愿离场，就像一家人自己聚会一样。他们迸发出来的强烈感情表示出一种固有的情绪。西哈诺是英勇的个人主义者，他长相丑陋，爱情失败，但他却无畏地鞭挞权势者、有钱人、骗子和傻瓜。他在生活中永远处于劣势，但是老天却赋予他过人的剑术和雄辩的口才。

最后这一点正是这部话剧最吸引人之处。通晓法文的观众被精湛完美的语言深深打动。使用的散文诗技巧完全来自维克多·雨果，而且用最活跃的幻想加以处理，几乎就是完全想象出来的。幻想实际上是能翻译成其他语言的唯一内容，再现法文中妙语连珠的文采是不可能的。尽管如此，这并没有阻止这部作品连续不断地在各处上演。一些演员甚至专演里边的角色，如岛田25年来一直在为日本观众扮演西哈诺。该剧仍在继续被翻拍成电影和电视剧，西哈诺这位英雄兼受害者仍像以往一样广受欢迎。

西哈诺展现在世人面前的时候，吉尔伯特和沙利文的喜歌剧以同样精湛的艺术和耀人的光彩已经使观众着迷多年了。吉尔伯特稳健扎实的剧情编排和栩栩如生的人物，加上言简意赅的对话和类似拜伦的《唐璜》风格的诗句，使观众难以忘怀；沙利文谱写的旋律则与人物和歌词配合得天衣无缝，他常常滑稽地模仿从亨德尔到威尔第那些伟大作曲家的著名歌剧唱段。除此之外，吉尔伯特和沙利文的有些精短杰作以讥讽的方式针砭时事。《陪审团的审判》嘲讽英国法律，《围裙》挖苦英国海军，《约兰瑟》讥笑贵族院，《艾达公主》讽刺从事男性职业的女性，《耐心》则嘲笑艺术中的矫揉造作。

关于最后提及的这部歌剧，批评家普遍认为，作为主人公的诗人本瑟恩是以奥斯卡·王尔德为原型的。有关日期就足以证明这个观点的错误。因为这部歌剧于 1881 年上演，所以它的构思、编剧和谱曲只能是在那之前。而王尔德的第一部诗集在 1882 年他 28 岁时才问世。当时他在伦敦知名度不高，不可能成为被搬上舞台逗人取乐的人物。面向剧院观众的讽刺家嘲弄的对象必须是老百姓耳熟能详的东西，这是一条通则。莫里哀的《可笑的女才子》生活在比他早一代人的时代。吉尔伯特笔下的本瑟恩不是王尔德，而是拉斐尔前派的人物，有剧中的几行诗为证，如他“中世纪的手中”握着一朵百合花——这是一种复古的美感，而不是王尔德的现代审美观。

在《西哈诺》搬上舞台的同年，庆祝维多利亚女王登基 60 周年的庆典也同样被广为报道。她似乎自古以来就是女王，实际上，她才 77 岁。她那个时代发生的种种事件数量之多，范围之广，使人觉得她与《圣经》中的长寿者玛土撒拉一样寿与天齐。她经历过意外事故、共和派的反对和民众的抗议，但是依然保住了王位；她自己的子女和亲戚填补了欧洲其他国家的王位；她是印度的女皇，也是许多国家和民族名义上的君主；她名义上的臣民属于多个民族，有异教徒，也有不信宗教的人。在她拥有的土地上，太阳永不落。奇怪的是，她的英国臣民觉得这对他们很有好处。他们为女王统治 60 周年欢喜雀跃，一时认为英国在全世界的优势完全归功于她，或者是他们本身的优良血统。

西方其他国家，尤其是德国和美国这两个力量正在上升的国家，也许对这位年迈正直的君主同样怀有尊重之情，但对英国人的这种自吹自擂不能苟同，也不认为大不列颠帝国有那么优异。在一片欢呼声中，一个在印度长大并了解美国的英国人发出了警告的声音。拉迪亚德·吉卜林的《退场赞美曲》告诫他的同胞们，要铭记公正的上帝在注视着他们的行动。“万一他们忘却了这一点”，他描绘的前景是，“他们昔日的壮丽辉煌”就会同“尼尼微[1]和推罗”一样永远消亡。

吉卜林常被人视为一个好战的帝国主义者。其实，他不止一次对自己的国家做出过严厉的评判。当美国在美西战争中攫取了首批殖民地时，他再次从伦理的角度将帝国主义定义为“白人的负担”：“根据你们的所作所为，阴沉缄默的人民会对你们和你们的上帝做出评判。”很明显，吉卜林看到了变革的预兆，他意识到一股可以推翻和摧毁一切的飓风正在形成。当女王被人们大肆赞颂之际，他阐述的这种远见恰逢其时。因为这时维多利亚女王在海内外的各个政权机构已经不再受人效忠和尊敬，有思想的人知道必须放弃某种人生观，可是不能通过热血沸腾的革命，因为过去的这类革命自身又滋生了各种邪恶。但是，可以通过嘲笑，通过在所有问题上都反其道而行之的做法将这个时代的道德规范完全颠倒过来。吉尔伯特和沙利文颠倒一切的戏剧即将在社会思想和现实生活中真正上演。

精力的巅峰

用“90年代”这个称呼来代表从1885年到1905年的20年，而不是通常意义上的10年，是因为在这段时期内涌现出了大量的新思

1. 尼尼微是东方奴隶制国家亚述的首都，推罗是古代腓尼基奴隶制城邦，二者后来均遭外敌摧毁。——译者注

想和新行为。但是变化并没有随着这段时期的结束而停止。相反，20世纪初爆发的另一种全然不同的冲动揭开了立体主义十年的序幕。如果能像谱曲那样，在一页纸上同时在十几个层次上进行叙述的话，这30年的历史便能构成一个完整的故事。为了对其中的人物做出全面的介绍和评价，这里要回顾一下19世纪70年代时所出现的萌芽，是它们结出了后来30年间的累累硕果。

世纪之交，时光流转，真是名副其实的转折；它并非普通的转折点，而是整个一群事物的180度大转弯。这样的形容与事实只是稍有出入：实际上，事物的转变并不是整齐划一的。此外，出现的新事物也并非总是同一种类型，或彼此相似。在艺术、科学、政治和社会观方面，这个时期出现了两种截然相反的标新方法和对它们进行判断的方法，一种是狂喜，另一种是绝望。大胆奔放的人热情乐观，注重节制的人则到新的原始主义的风格中去寻找慰藉。但两者追求的都是解放。好几股力量在相互竞争中向前行进。

再借用一下转折这个形象。如前所说，这种转折常常是180度大转弯式的完全颠倒。王尔德的《认真的重要性》出色地显示了这种智力上的技巧。首先是语意双关的标题，对剧中的主人公来说，他的名字认真（Ernest）之所以重要，不是因为他具有维多利亚时期的人所颂扬的品德，而是因为他爱慕的女子喜欢这个名字。前一个时代所有虔诚的信仰在剧本中都完全颠倒过来，比如，父母双亡的人被指责为太不小心；吸烟受到赞许，因为男人总得有点儿事做。整个闹剧是对当时冠冕堂皇的观念的严厉批判。

更早的时候，塞缪尔·勃特勒对于陈腐的思想做过同样的揭露。丁尼生的诗句“爱过又失去胜于从未爱过”被勃特勒改写为“爱过又失去胜于无法失去”。他与机智风趣的友人萨维奇女士互相交流对于俗套所作的篡改，把这种游戏称为“经验之谈”。王尔德的警句也是与人们所习惯的说法背道而驰，但它们并不只是文字游戏，更是对矫揉造作的批评，对人云亦云的谴责。王尔德曾经说："我常常担心不会被误解。"意思是，公众应该为新的艺术所困惑，不应该把它简化为他们已经理解的东西。萧伯纳的剧本以现实生活为背景，表现了同样的与世俗观念截然相反的判断。在《华伦夫人的职业》中，华伦夫人在她那种处境中只能靠开妓院来维持像样的生活，使女儿得以接受教育。这样做的原因简而言之就是为了维持"体面"。这样，推翻社会的一种道德判断等于是对社会制度其他部分的谴责。当易卜生的话剧在这个时期终于获准演出的时候，它们都表现了这样一个新的精神：最为人推崇的德行和最受尊敬的制度是美好生活的最大的障碍，比如婚姻、永远讲实话、尊重权威、不惜任何代价地追求得体。所有抽象的理想都是给个人和社会带来灾难的原因。

萧伯纳通过高雅喜剧的形式表达他的观点，这使得有些观众感受不到问题的严肃沉重。易卜生则与萧伯纳不同，他采用的是 19 世纪情节剧的形式，使剧中的人物发生冲突，并以暴力行为给人留下深刻的印象。在这些新思想的影响之下，戏剧在长期的停滞后重新得到了振兴。除了英国的王尔德、萧伯纳、平内罗、高尔斯华绥、亨利·阿瑟·琼斯，瑞典的斯特林堡，法国的白里欧，德国的豪普特曼和苏德尔曼，奥地利的施尼兹勒外，意大利的皮兰德娄的剧作也引起了公众的哗然，并因此向他们灌输了新的道德观念。

这种教育过程中存在着一个很有意思的矛盾：王尔德和其他一些作家作为批评家，坚持认为艺术没有教授道德的义务，但是当他们谴责旧的道德观念不再能促进道德的时候，却恰恰是在教授道德。显然，论艺术的警句应改写为"没有教授陈腐道德的义务"。新的准则有哪些要求呢？答案并不简单。行为的指南应该是艺术本身，而不是它的某种启示或寓意；艺术本身的真实、和谐和魅力造就人的精神；审美是道德伦理的一种形式。换言之，罪恶是丑陋可鄙的。

这条规定意味着，那些用来指导全世界的铁定规则与地方的习俗一样不完整，一样会引人误入歧途。对生活中的复杂情况应该进行艺术性的，而不是机械的处理，正如萧伯纳所指出的，“勿以己之所欲施于他人，他人的品位可能另有不同。”在此，艺术所教诲的是要合乎时宜。时间、地点和人构成了一个特定的情况，有道德观念的人在处理这种情况时寻求的是最和谐的结果。这与当代思想家所阐述的核实结果的哲学观点（实用主义的真意）正好吻合。

用艺术标准来判断道德问题，这种做法把19世纪关于文学是对生活的批评的信条扩展到艺术的所有领域；它重申了19世纪对于艺术的崇拜，而艺术的使命就是要与“资产阶级思想”作斗争。资产阶级这个形容词不够公平，但这句话的意思是明确的。对这个“宗教”的信奉被称为唯美主义。唯美派形成了一个新的社会类型，特点是他们的态度和言谈都是有意做出的姿态，都是为了摧毁体面而进行宣传的手段。并非当时所有的作家、画家和音乐家都取这种态度，也不是所有人都信奉“为艺术而艺术”。这句从半个世纪前的戈蒂埃那里借来的格言一直被当作斗争的口号，而不是首要原则。对于庸人来说，它是命令：“要欣赏艺术中的艺术性，不要只注重它的娱乐或说教的因素”；对于艺术家来说，它鼓励他们：“不要对各方的品位妥协。不要为出售而写作或绘画”；对于许多其他人来说，包括艺术家和艺术的爱好者，我们将会看到它包含着另一层意义。

在一个生活水平不断改善的时期，为什么这种态度会如此普遍，表现为多种多样的形式呢？也许富有想象力的心灵永远得不到满足；也许改善总会燃起更高的期待；也许追求美和完善，喜欢沉思的人讨厌变化中的世界的嘈杂忙碌。这三种解释或单独使用，或加在一起，大概可以说明为什么不同的看法殊途同归，最后达成相同的结论。

有一点可以肯定，即90年代的创作欲望有一部分表现在主动的避世之中。

※

前文曾讲过，要躲避的是工业世界。它长期以来一直制造着压力和紧张，种种积怨归纳为：商业、帝国主义、工人骚乱以及战争正在摧毁文明。关于世界末日的迷信更是火上加油，有说以18开头的年号的结束意味着万物俱毁之日的来临。当时发生的一些事件的确预示着世界似乎真要完结了。法兰西第三共和国摇摇欲坠，受到“军事强人”的威胁；英国感到自己工业和商业优势日益减弱，工人随时可能闹事；德国尽管还沉浸在新近获得的帝国势力的荣耀之中，但由于国家与天主教徒的斗争——菲尔绍称之为文化战争——以及社会主义分子和工人在议会内外的暴力行动而深受困扰；意大利和西班牙在有关宗教和治理的类似问题上也闹个不休；挪威的民族主义暗潮汹涌，后来终于爆发为起义，10年后从瑞典分离出去，成为独立国家。1895年，一家法国报纸就“我们衰落了吗？”这个问题做了一次民意调查，里面列举了议会制政府的“危机”、殖民地的起义、出生率的下降和艺术的怪异发展。

大约与此同时，一位名叫马克斯·诺尔道的德国医生出版了一本名为“退化”的书，该书在中欧多次重版，并被翻译成多种语言。书中宣称近年来所有著名艺术家都是神经质、酒鬼、瘾君子或者是发疯而死。从书中主要章节的标题上足以见它的覆盖面之广：拉斐尔前派、象征主义、托尔斯泰主义、理查德·瓦格纳派、巴那斯派与相信魔法者、颓废派与唯美主义者、易卜生派、弗里德利希·尼采、左拉和他的学派。这些标题听起来像是关于19世纪晚期思想和文化的教材。最后的两章——预测和治疗——显示了一位精神病医生的信心，坚信能够把半个世纪积累下来的知识汇总起来加以净化。诺尔道的临床资料陈述得头头是道，得出的结论是，艺术体现并进一步促成了社会的败落，因此思想健康的人应抵抗艺术的影响。然而没有人理会他的呼吁。艺术不仅更加风靡，而且它的道德和社会含义越来越与社会敌对，使有文化的人确认欧洲真是堕落了。教皇为此写了一首拉丁文的诗歌悲叹时世。

对于这种信念，反应因人而异。在现实主义的低潮时期，波德莱尔提倡吸毒，说它是“人造天堂”。在他之后的一代人中，出现了非凡的阿瑟·兰波，他所有的诗歌都是在15岁到20岁之间写的，他选择了暴力，至少是在文字上。如有可能，他要摧毁一切。他先是从打乱语言和诗歌的形式着手，后来他与自己的作品划清界限，称之为“涮汤”，意思是洗碗水，也指从别人作品中稀释的东西；他也许指的是他在《醉舟》里用了柯勒律治的《古舟子咏》的内容。在他的另外一些作品中（两首自由诗，一篇散文），他力图“搅乱感觉”，以清除我们思维中的联想。成年以后的兰波成为无政府主义者和反理性主义者，他离开西欧前往近东，在那儿做杂货商，不问学问，孤身一人终老他乡。

※

兰波是我称之为法国毁灭主义者中的第一位，一心要彻底毁灭文化。在兰波的同辈人中后来出现了与他目标一致的伊西多尔·迪卡斯。这位年轻的作家用洛特雷亚蒙伯爵的笔名写了一组题为“马尔多罗之歌”的片段散文，其中表达了他对人类和上帝的仇恨与对海洋的崇拜，他认为只有海洋是纯洁的，它创造了生命，尤其是创造了庞大的、可憎的生物。他一连串噩梦似的幻想常常蕴涵着诗意的色情，意象与象征主义诗人相似。不过，他对于文化的过去和现状的批评却是清楚明了的。这位假伯爵以贵族的口吻表达了对于平民及其日常生活的轻蔑。维利耶·德利勒-亚当描述理想状态的格言中也表达了同样的态度：

“生活？我们的仆人会代我们生活的。”

最坦率的毁灭主义者阿尔弗雷德·雅里对这一理论身体力行。他的成名作是剧本《于布王》，书的主人公起着双重的作用：他愚蠢、狂妄、无能，因而遭人耻笑，但同时他也鄙视、嘲笑整个世界。雅里与于布一样，身着奇装异服，说话尖声尖气，行为古怪讨厌。他自诩为神枪手，经常无缘无故地用左轮手枪瞄准路人，曾有一次用空包弹打伤了一个人。雅里多次以不同的方式重复于布的一句话：“真要摧毁，就得连废墟一起消灭，否则就不算。”他最后死于酗酒。

雅里和他的作品今天不乏仰慕者，一个纽约专演前卫戏剧的剧团取名为于布剧院。另外一些人则只把他的作品当作逗笑开心的东西，欣赏其中的幽默，还有些人认为他的幽默勉强做作，力不从心。雅里根据他上学时讨厌并且戏弄的一个老师的名字“埃贝”创造了于布这个名字，他还写了《于布王》的续集和对此剧的评论，仍旧是戏谑笑骂不绝。该剧的背景设在波兰，“因为它意味着哪儿都不是”，似乎是暗示这个国家常常被侵吞而丧失自我的状况。于布自己发明骂人话，言谈似有拉伯雷的风格。剧本中 finance 金融被拼为 phynance，以显得像是自然科学，还提到讽刺科学的荒诞玄学。剧中把粪便学的名词 merde（粪）改为动词 merder，当时被视为是具有讽刺力量的勇敢创举。另一个创举是一些剧中对白滔滔不绝，高谈阔论，细听却没有任何意义。

《于布王》大受欢迎，雅里的古怪滑稽一时声名鹊起，使他和他剧中的主角成为他那个时代的主旨——毁灭主义——的重要代言人。除了毁灭主义者以外，还有一些作家对当时的时代有同样的看法，但宁愿坐等它自我毁灭，这些人便是颓废主义者。他们给自己取了这个名字，并以颓废为他们杂七杂八的小杂志命名。这个称呼并不让他们感到悲伤或气愤，反而有一种时髦感，像晚期的罗马帝国，有一种末世的、注定灭亡的感觉。

与此同时，另一派作家采取了另一种方式来缓解自己的痛苦。他们弃绝普通的生活，用诗歌创造出理想的境界，那是只有恰当的精神才能达到的美的王国。他们的艺术不是描述性的，而是用象征来表达各种理想，以此保持它们的神秘性和神圣感。包括马拉美、魏尔伦、拉福格、塔亚德、莫雷亚斯（是他为这个学派取的名字）在内的象征主义诗派是90年代早期最为著名的流派。对他们以及仰慕他们的公众来说，为艺术而艺术实际上是为生活而艺术——艺术助人生存，没有艺术，生活将无法忍受。这就是叔本华的信条。除了立体主义十年的暂时中断之外，它一直是那些不愿意或没有能力与生活搏斗的敏感人士的慰藉。

这个信念在世纪之交不仅流行于法国，而且风靡整个欧洲的文化界。在英国，沃尔特·佩特的作品最好地表现了它的形式和特点。这位谦逊的牛津大学学监对绘画和文学的杰作凝神思考，以求从中提炼出丰富生活的魔法。他发现这魔法在于决心使每一刻都带来最令人振奋的感受，如他所言："燃烧出纯净的宝石般的火焰。"他唯一的小说《伊壁鸠鲁信徒马利乌斯》的主人公就是这样生活的，可以被视为90年代宗教的先知。把这种信念称为宗教不仅是因为它把艺术看作人的最高形式的精神表现，而且也因为它所拒斥的世界正是基督教所说的肉体快乐，以及财富和自私这一切虚妄的"世界"。艺术家及其门徒也培养感觉，但不是肉体方面的感觉。

佩特不是那种对自己的人生哲学大肆宣扬的人。侥幸的是，他教的一个学生是宣传他哲学的最佳人选：奥斯卡·王尔德。他是伊壁鸠鲁主义理想的化身，是唯美主义者这一新的社会类别的活生生的体现。但他的作用远远不止这些。人们除了知道他是唯美主义者，是一场著名审判的受害者之外，还应该知道他别的成就。他的真正价值被他装腔作势的表象和同性恋的特殊身份所埋没。作为剧作家，他写出了英文中最杰出的闹剧《认真的重要性》，他的其他剧作打破了维多利亚时期的偏见——女子有情夫受到唾弃，而男人有情妇却不失“体面”。他创作了（原来是为他两个孩子写的）成人读来都趣味盎然的童话故事以及一些精妙的诗歌，其中的《雷丁监狱之歌》堪称杰作。作为警句家，他不让法国的大师们专美于前。他还是第一流的批评家，他撰写的三篇长文给唯美主义下了精到的定义，他的书评中穿插着关于生活或文学值得铭记的警句。他的辩护文《从深处》是一篇感人的自传，他题为“社会主义的未来”的文章体现了他平衡清晰的思维，使他无论在艺术世界还是在现实世界中都挥洒自如。

从这些大略的描述中可以看出，王尔德和萧伯纳一样，为了自己所鼓吹的事业而采取了扮演某种角色的做法。他们各自塑造了一个人物，负责任的批评家必须穿透人物的表面才能对背后实实在在的、丰富的成就做出正确的判断。至于王尔德对唯美主义者的表述，根据词源学，唯美指的是感官的印象，唯美主义者是记录和判断感觉的专家。与常人相比较，他从宇宙中感受到的东西更多，辨别得更细。真正的艺术一定是难懂的，而他可以从中看到常人视而不见的东西。因此，需要由批评家来对公众解释艺术的含义，而批评家必须同艺术家一样有天赋，才能对艺术品有深刻、正确的认识。所以，一篇真正的艺术评论本身就是艺术。艺术批评在 90 年代期间蓬勃发展，它借助王尔德的唯美推理而确立的地位至今无人质疑。当然，100 年以后的今天，艺术批评有了新的演变，发展出了十几种不同的类别。它们从艺术品中推断出艺术家本人想都没想过的寓意，还指出有哪些内在和外在的动力在驱动着艺术家的思维。最新的解构主义最终占了上风，他们完全把艺术的创造者抛在一边，注重大众；张三李四，王五赵六，谁都有“创造性”。

※

根据最初的唯美主义观点，判断艺术的唯一标准是形式的完美。形式是美的精髓所在，其他一切特征都是不相关的。对一切其他因素的排除使艺术“自立”。由于艺术独立于主题，包括社会、道德或宗教的思想，所以每件作品本身都是一个完整的世界。这种观念与3 000年来的艺术理论和实践背道而驰，但它的好处在于把作品与世界分离开来，使观者感到自己置身于另一个应该是尽善尽美的世界。这样的理论构成了“纯艺术”之说的基础。“纯艺术”这一概念的形成在一定程度上要归功于爱伦·坡，是波德莱尔向欧洲人诠释了坡的作品，也应归功于佩特，他曾说过，所有的艺术都在向音乐靠拢。大部分不了解音乐的诗人认为音乐内容纯粹，只有内在关系。“纯粹”是另外一个引起联想的术语，暗示着从事物的现有状况中解放出来。

90年代关于绘画艺术的理论也达到了同样的结果。罗杰·弗赖、克莱夫·贝尔以及其他一些人声称，绘画只包含线条、颜色，没有其他东西，而雕塑反映的是体积和线条。对这些因素之间关系的处理是人们的兴趣所在以及大师们的伟大之处，可见主题只是构思的借口和托词而已。因此，作品的含义是不能用词句来表述的。把它看作某种东西或思想的表现，那是不懂艺术的庸人的观念。惠斯勒描绘他的母亲坐在椅子上的那幅名画没有别的意义，只是画的标题里所说的：“黑色和第三号灰色的排列。”这些字句暗示了对于这种理论的一种影响，其提倡者可能尚未有所意识。和后来的纯艺术主义者一样，科学家用抽象的方法从具体的经验中提取出与可见的世界可能不同的原理。所以，艺术中形式的理想类似物理学质量的概念：抛弃外部现象到达实质所在。这一整套系统——如果可以称为系统的话——可以用来解释20世纪的很大一部分从另外一种意义上说是不可理喻的艺术。

诗人和散文作家，无论是毁灭主义者、颓废主义者，还是象征主义者都认为，如果要创作出能反映他们理想的作品，就必须发明新的语言。象征主义者需要的是暗示性而不是说明性的语言。马拉美称之为“给这群人的语言以更纯粹的意思”。毁灭主义者则认为文法和句法应完全打乱。颓废主义者追求的是能暗示类似萨丹纳帕路斯[1]在财富和女人的包围之中即将死去的那种感官纵欲的凝重又生僻的词汇。为了像兰波所希望的那样“搅乱感觉”，截然相反的形象毫无联系地硬凑在一起，句子之间也没有明显的联系。洛朗·塔亚德字里行间的怪异字眼让人煞费脑筋，只能把这些怪字编成词汇表来减轻人们的疑惑。马拉美则用了另一种办法来对读者进行洗脑。他从《利特雷辞典》中关于历史原理的部分查出一些常用词早已被人遗忘的原意，然后按照原意去用。由于在语言上这些各辟蹊径的做法，使诗歌以及后来使用这类手法的散文和其他的艺术形式成了费解的谜，因之成为研究对象。

这个阶段包括了现代诗歌所有的模式和方法：自由诗、对语言的歪曲、刻意的生僻。唯一明显的例外是当今把自由诗和日常口语结合在一起的诗歌，例如威廉·卡洛斯·威廉斯的作品、儿童诗歌和报纸上刊载的诗歌，然而，即使是这种模式，一个世纪以前的英国诗人约翰·戴维森作品中也已有了先例。这种最新的诗歌形式也是无视常规的，从这个意义上说，自从兰波以来的文学进步是一场巨大的集体解放。可以理解甚至同情篡改语言的动机。倘若目标是把咄咄逼人的外部世界完全置之脑后，那么就不仅需要去除它的陈词滥调，还须去除它的思想，包括平铺直叙的措辞、简短的句子以及轻易地解释一切的千篇一律的形容词。

唯美主义哲学的独特之处在于它结合了对纯粹的追求和把生活变

1. 萨丹纳帕路斯，传说是亚述的末代国王。——译者注为一连串强烈感觉的佩特式宗旨。最先崇拜形式的柏拉图却没有犯这种错误，他的所爱是数学，不是唯美主义者对美丽的形象、精细的装饰、微妙的颜色、声音以及质感的沉迷。这种沉迷在佩特和王尔德的散文、魏尔伦的诗歌，特别是于斯曼关于香水的小说中都有所表现。后者掀起了一股收集香水的狂热。马拉美也禁不住对香水大加赞美。富有艺术气息的 90 年代的主调是肉感的快乐，固然，这种快乐是微妙的，是赭色而不是紫色，但仍然是肉体的快乐，与数学带来的满足完全不同。

这样的自相矛盾不可避免，也有些令人同情。不管艺术家自己怎么说，他们本性对感官印象极其敏感，每一门艺术都需要在一种或几种感官上特别敏锐。艺术家生活中的唯一目标就是把自己的观念用物质表现出来。音乐家所处理的远远不是纯形式，他们是在雕塑大块大块的空气。“抽象艺术”是一种自相矛盾的说法。讲清楚了唯美主义者退避于艺术之中的社会动机，现在剩下的问题是：是什么原因促使他们如此注重纯粹？马拉美所作的一首文字清楚的杰出的十四行诗《海风》对此作了答复。诗的第一行是这样写的：“肉体是痛苦的，我已经读完所有的书籍。”最后几个字的意思是说历史上所有的文学使得他不堪重负，增加了他已有的痛苦。刚好 100 年前，浮士德曾在独白中说过同样的话，也是第一行——书皆尘土，没有生命。这两个表述记载的都是文化年代的尾声，即 1790 年和 1890 年。

※

自然主义是这个时代另一个规模更为广泛的运动。顾名思义，它与象征主义截然相反。除了少数的例外，自然主义的主要表现形式是小说，小说中的人物和事情是用普通的词句来描述的，不但没有把读者带入美的理想境界中去，反而把现实中的肮脏污秽和粗俗的困境推到读者面前。前面已经讲到，易卜生、萧伯纳和其他的剧作家起了同样的作用。小说家可供挥洒的空间更大，可以描述生活中的各种恐怖，还可以处理一些难以搬上舞台的题材。和剧本一样，小说是要向人们显示："看啊，与你所想象的并不是一回事儿。"通过描绘体面的上层人物和社会另一半人生活的状况，它达到的效果是摧毁传统的体面观念。有人会问，这与现实主义有什么不同呢？它们有两方面的不同：自然主义者不自诩超然于他们所描述的状况。他们的作品里没有说教，但是他们对现实生活的如实描绘却使读者无不深感惊骇和气愤，这种震惊有时甚至会带来改革。例如，厄普顿·辛克莱在他的小说《屠场》中对于芝加哥肉类加工厂的揭露促使罗斯福总统下令调查，并成立了食品和药品卫生局。这一风格的大师和理论家左拉宣称，自然主义小说的方法——至少是他的方法——决定了这种小说的科学性。这种方法就是先收集新闻报道、官方数据以及社会和医学研究报告，然后再构思人物和情节。所有的素材提供了"自然"，在自然主义的小说中被重新组合。巴尔扎克说他的作品等于社会动物学，左拉则把他这一说法系统化了。

处于这两位属于两代人的小说家之间的过渡者是茹尔·龚古尔和埃德蒙·龚古尔两兄弟。起初，他们只是出于爱好，粗浅地涉猎18世纪的礼仪和淑女、日本艺术以及其他的一些唯美的嗜好。通过就这些题目撰写文章，他们逐渐成为不错的文化历史学家。当他们转而写小说时，内容都是"文献性的"、可靠的。有一部小说讲的是一个有着双重人格的仆人（他们自己的仆人），他一面无可指摘，另一面却放荡堕落；他们其他的"研究"包括一个马戏团中的种种变迁和一个医院护士的烦恼。这些故事已经没有人去读了，部分的原因是它们描写的场景短促而不连贯，读者得自己把情节凑到一起，另外也是因为小说的风格佶屈聱牙，是作者所谓的艺术文章。

它们与自然主义（如实记录）以及象征主义（特别的语言）之间

的联系暴露了左拉理论的弱点。当批评家对左拉的理论提出质疑，否认小说的科学性时，左拉把自然主义修改成“通过性情观察自然”。科学家也各自有不同的性情禀赋，但他们的产品中表现不出这些东西。可是，在小说中，观察自然的性情是会变的。自然主义者的于斯曼变成了象征主义者,《新格鲁勃街》的作者吉辛去世前不久在筹划一部历史浪漫故事，年轻的安德烈·纪德是在象征主义的浸淫中成长起来的，但他开始写小说后，却摈弃了象征主义而采用直接叙述的手法。

左拉从原来立场上的退却并未改变由许多不同性情的人所创作的自然主义小说的调子和精神。这些小说家包括：法国的左拉、米尔博、于斯曼（早期作品），英国的乔治·穆尔、吉辛、阿诺德·贝内特以及后来的哈代，美国的弗兰克·诺里斯、哈姆林·加兰和厄普顿·辛克莱，苏格兰的道格拉斯·布朗，俄国的马克西姆·高尔基。在最优秀的自然主义小说中——当然包括左拉的小说——改革的目标给书中所描述的世界带来了一种力量，这一点并不是现实主义，因为在最恶劣的人物身上和最糟糕的情况中都能感到对生活的热情。描述煤矿区一场罢工的小说《萌芽》是这方面最好的例子，读者会深深地为书中的激情所感染。但是，即使在《不安之屋》中的普通公寓里，或者在《小酒店》的醉汉中间以及《娜娜》中的妓女身上，都没有福楼拜的《包法利夫人》或者《情感教育》中那种无精打采的慵懒情绪。自然主义对社会堕落的批评是大张旗鼓的。

不管有多少优秀的小说，都不可能揭露所有的罪恶，更遑论根治。但除了其他的阴暗面以外，小说无情地揭露了性的秘密，而从某种意义上说，性就是自然。由于小说的读者面比剧本广，所以这种对真实的揭露掀起了一场风暴，促使诺尔道医生披挂上阵。一时间，对性的大胆揭露纷纷出现。哈代的《德伯家的苔丝》和《无名的裘德》表明，只是一次性行为的出轨并不能毁坏一个女人的品质，苔丝是一个“纯洁女子的真实写照”。裘德和苏之间的关系既表明了性本能的迫切性，也描述了它可能引起的厌恶和反感。而格兰特·艾伦的《干了那件事的女人》光是书名就引起轩然大波；读者也许看似天真，其实什么都懂。这种震动起了好的作用。乔治·穆尔的《埃斯特·沃特斯》以及H. G. 威尔斯的《安妮·维罗尼卡》把性重新作为一种社会力量提了出来，在当时对性的问题有意视而不见的情况下，性与其他社会力量的相互作用总是危险的，会造成灾难。这个引起大哗的题目不能再置之不理了，而要引导这股难以驾驭的力量就意味着要讨论婚姻和家庭。白哲特的朋友R. H. 赫顿早就说过：“世界上的黑暗之处是貌似幸福的基督教家庭。”

关于性和家庭生活的禁锢和虚伪的制度不仅存在于英国一地。阿纳托尔·法朗士在他最优秀的作品、讽刺小说《企鹅岛》中，就性和习俗问题做了论述。莫泊桑的短篇小说对这两个问题都有涉及。在法国以外，托尔斯泰在《魔鬼》中记录了一段对性的沉迷——是他的亲身经历。所罗格布在《小妖魔》中把性与一些象征性的主题结合起来。在中欧，性的禁区一旦开放，关于这个问题的剧本和小说即大量涌现，如魏德金德的《青春觉醒》、苏德尔曼的《故乡》、斯特林堡的《朱丽小姐》，以及其他关于出轨的爱情的作品。维也纳剧作家阿瑟·施尼茨勒在作品中探讨了一个文明首都中各种各样的性关系，从《儿戏恋爱》中结局糟糕的“逢场作戏”，到《轮舞》中把上层、下层以及中层阶级联系在一起的一连串邂逅；《轮舞》后来拍成了一部出色的电影。而施尼茨勒现在被忽视，实在是不公正的。

易卜生的《群鬼》和白里欧的《损害》中列举的各种性病令人不寒而栗。接着，一部小说提出暗示，说同性恋是无法克服的事实，应该予以接受，但这部小说很快被压制下去。斯温伯恩和爱德华·卡彭特的诗歌也包含了同样的暗示，不过诗歌表现得比较隐晦。奥伯利·比尔兹利为各部小说所作的鲜明的黑白插图表现了所有的性倾向，包括阴阳人。王尔德遭受的两次审判轰动一时，突出了同性恋的问题。20 世纪 20 年代中期，纪德的《牧童》和拉德克利夫·霍尔的《孤独之井》这两部惊人之作继续对这个问题进行探讨。时至今日，它已成为公开讨论的题目。

文人攻击和破坏过去的道德规范，这并非通常的对资产阶级的嘲弄，而是道德良知的艰苦努力，其中一个积极的目标是在性、社会和政治各个方面实现对妇女的公平。一些社会学家和医生也怀有同样的良知，他们的著作为文学家提供了论据。保罗·曼泰加扎写出了题为"人类的性关系"的三卷巨著；勒内·居永写了十几本著作论述性行为的合法性、道德以及国家对于性行为的态度；帕特里克·格迪斯著有《性的演变》一书；奥托·魏宁格尔写了《性与个性》；伊万·布洛赫在《我们时代的性生活及其与现代文明的关系》一书中对此作了论述；哈弗洛克·霭理士的七卷《性心理学》首次通过案例报告和评注的方式对这个题目作了论述。在这之前，克拉夫-埃宾已经对性行为的不正常表现进行过研究。与此同时，早在弗洛伊德之前，医生已经开始注意到婴儿的性表现，而婴儿阶段是意指没有性感觉的所谓"纯洁"的最后的栖身之地。美国有一位孤军奋战的先驱登斯罗·刘易斯医生，当他打算出版《从妇科角度看性行为》的论文时，遭到了同行的强烈抵制。他指出的一个相关的事实是，美国好几个州所规定的性合法年龄是 9 岁。

※

所有上述清楚地表明，所谓性革命——如果应该这样称呼的话——是从那时而不是现在开始的。20 世纪中期只是把 90 年代所争取并已开始实行的解放加以扩大和延伸而已。1900 年，菲茨杰拉德对《鲁拜集》的翻译在湮没无闻 40 年之后重新出现，用软皮包装，摆放在咖啡桌上，这便是人的态度发生了变化的象征。简言之，《性的乐趣》虽是20世纪晚期一本书的题目，但书中的事实是从19世纪90年代就开始了的。

妇女解放与性解放齐头并进，相互作用。自由恋爱成为口号和时尚。离婚日趋频繁，不再像以前那样横遭指责。议会就妻子去世后是否可以迎娶妻妹进行讨论，议员们发言时无所顾忌，畅所欲言。下议院已经通过了妇女财产法，废除了丈夫对于妻子财产的控制。牛津和剑桥两所大学经过几年为女子开设扩大班和学位考试之后，分别成立了女子学院。此举得到了女王的亲自批准。全国普及教育使得男女两性识字成为普遍现象。议员罗伯特·洛在投票赞成普及教育的法案时说："我们必须教育我们的主人。"富裕的家庭并未等待这个民主的举动，早已开始给女儿提供历史和文学的教育。在男性剧作家和小说家意见统一之后，萧伯纳终于得以把新型妇女形象搬上舞台（见《拉皮条者》），与过去截然不同的行为和权利开始被认为是理所当然的东西而被人们接受。

从性禁忌中解放出来，像男人一样去自由生活和恋爱，这是过去一项大规模的活动及其影响造成的结果，而现在这项活动却被淡忘了。在19世纪70年代和80年代的英国，妇女是小说创作的主力军。在前10年里，有9位女性专业作家共出版了554部小说，平均每人出版61部。此外，还有数十位女性作家创作出大量的浪漫故事、添枝加叶的历史小说，以及越来越多的"问题"小说，包括宗教、社会和性的题材，满足着读者永无餍足的胃口。弗吉尼娅·伍尔夫的父亲莱斯利·斯蒂芬预测妇女将在不久的未来垄断小说的创作。50年后，英国出现的不是几十个女作家，而是几百个女作家。乔治·艾略特的《米德尔马契》和梅瑞狄斯的《利己主义者》当然是其中的佼佼者，其他人的作品难以望其项背。不过，琳·林顿夫人的《基督徒共产主义分子乔舒亚·戴维森的真实故事》一书在19世纪70年代也十分走红。在我们还稍有印象的40来位作家中，今天的读者如果住过夏季旅馆的话，一定在旅馆里的旧书堆中看到过以下的名字：罗达·布劳顿、阿梅莉亚·埃德华兹、布雷登小姐、奥利方夫人、幽默的“约翰·奥尔弗·霍布斯”，也许还有玛丽·科莱利和热情如火的“维达”（路易斯·德·拉拉梅）。她们的书印刷精良，插图色彩鲜明，写作技巧娴熟，社会思想深刻。与她们的作品一道被遗忘在故纸堆中的还有几位男作家的讽刺作品。劳伦斯·奥利方的《皮卡迪利街》揭开了上层阶级神秘的面纱；爱德华·詹金斯的《怪人的宝贝》对议会、法院和宗教教派做了无情的讽刺。特罗洛普也不甘人后，写出了精湛的讽刺作品《我们现在的生活方式》，但是他没有得到应有的承认，被认为既不是天才又不是走红作家。

女诗人不如女小说家人数众多，但也创作不辍。她们的创作有史诗、长篇叙事诗、爱情抒情诗以及歌颂自然的诗歌。这些诗歌编为诗集，受到男性批评家衷心的赞扬，但是赞扬得完全不是地方，也许他们没有足够的作品可作比较。艾米丽·勃朗特和克里斯蒂娜·罗塞蒂不仅在女诗人当中，而且在所有诗人中都出类拔萃，但是，她们的作品为数不多，被久负盛名的丁尼生和与他同等地位的其他诗人家喻户晓的声名所淹没。梅瑞狄斯和《暗夜之城》诗集的作者詹姆斯·汤姆森一样，几乎没有受到重视。身为无神论者和政治激进分子，汤姆森和斯温伯恩一样为人诟病。

在为性爱本能和妇女自由而抗争的时候，90年代能言善辩的艺术家似乎再次忘记了他们自己提出的艺术与道德无关的教条。他们提出这一教条时针对的是旧道德，但他们忘了推翻一套行为准则一定会导致另一套与之相反的准则的树立。在训练大众学会用新的标准来判断艺术和生活的过程中，这群生活的批评家使大众习惯于承受冲击，甚至期待冲击，尤其是来自艺术的冲击。现在这一习惯已根深蒂固，冲击性已经成为艺术的必备素质。

对于那些乐于接受变化的普通公民来说，抛弃以前的本能和习惯就像离开了一座令人窒息的房子，来到广阔的户外。这种形容并非夸张。对个人的重视包括了身体健康。从那时起，个人卫生、公共健康、抽水马桶、清洁饮水和城市规划一起成为改革的内容。同时，它们启发了新的品味、活动、礼仪和体制的发明。随着巴黎时装在全世界占据主导地位，刻板的服装开始放松。服装设计师保罗·普瓦雷宣布，衣着考究的女士不需要穿束身衣，从而解放了无数的妇女。骑自行车和打草地网球这类活动需要活动四肢，于是衣着逐渐宽松。户外生活在向人们招手。踢球或抛球的新游戏为运动一词赋予了新的意义，很快成为一种体制，有大批的职业运动员和业余爱好者。英国的一位军人创办了童子军。学校课程表加进了体操课。滑雪原来是斯堪的纳维亚地区冬季的临时交通方式，现在被引进欧洲其他国家，变成了一年四季的消遣活动。

各种机器——火车、发动机、自行车、飞机、电影——使人的感官迷上了一个新的东西：速度。火车每小时可以跑100英里。但是，身处封闭的空间里，会使人很快失去速度所带来的兴奋。当时的汽车基本上全是敞篷，风在耳边呼啸而过，给人一种英雄似的奋不顾身的感觉。诗人威尔弗利德·斯科恩·布伦特于1901年在日记中写道："以每小时15英里的速度行驶，实在让人感到振奋。"倘若他9年以后有机会坐在布莱里奥飞机的驾驶舱里飞越大西洋，他一定会感到更加振奋；他也可以从山顶上驾驶悬挂式滑翔机。

在这些令人兴高采烈的活动的同时，精神疾病不断增加，毒品的使用蔓延开来。工业文明中似乎有某种东西使敏感的人难以承受。爱德华·卡彭特在一篇题为"文明产生的原因和对策"的长文中对这种痛苦做了明确的陈述，并指明补救办法是原始主义。在巴黎的拉萨尔佩特里埃精神病院里，法国两位著名神经病学家和心理学家沙罗和雅内要治疗众多患歇斯底里病的病人；歇斯底里病的症状包括抑郁、焦虑、无端的兴奋、运动神经紊乱，以及“臆病”，指从身体上找不出原因的病。有些患者具有多重人格。斯蒂文森关于基克尔医生和海德先生的故事《化身博士》就反映了这个奇怪的事实。

越来越多地使用麻醉品代表着另一种对社会的不适应。吸毒成瘾主要是上层阶级中的现象，人们对此常常抱有同情的态度。当时，买卖吗啡不算犯罪。弗洛伊德就曾给容易激动的病人开过可卡因的处方。我们知道夏洛克·福尔摩斯感到无聊的时候便给自己注射浓度 7% 的可卡因。俄国沙皇在圣彼得堡登基后不久，便和皇后一起开始服用一种大麻和天仙子碱的合成剂，以减轻公务的辛劳。一个名叫阿莱斯泰尔·克劳利的人更加极端，大肆鼓吹把吸毒和黑魔法结合在一起的乐趣，因此，已故的蒂莫西·利里并非此道的创始人。对此感兴趣的还大有人在，克劳利的《巫术》于 1997 年又出了新版本。

※

无数的改革者热情洋溢，与之相对照的是，有人认为文明粗陋堕落，有思想的人无法生活在其中并且保持神智正常。另一方面，对个人福祉的尊重与各种形式的暴力之间形成了另一种反差。世纪之交时，发生了四场大规模战争和一系列小规模的冲突，它们的共同特征是暴行和屠杀，这些对争取战争的胜利来说毫无必要，只是证明了人性的一个方面。美国多年来一直怂恿、插手古巴的起义，最后与西班牙交战，获得了自己的第一个殖民地。英国在长期参与南非冲突之后，与荷兰的布尔人开战，通过对入伍新兵进行体格检查才偶然发现英国下层阶级男子的健康状况有多么糟糕。布尔战争使英国的将军有了用武之地，战争结束时签署的条约被赞为开明，因为它允许布尔人控制非洲的最南端，但是它也留下了歧视印度人和黑人的种族隔离制度，后来通过流血斗争才废除了这个制度。日本为了争夺朝鲜与中国开战，为以后的多方面冲突埋下了伏笔。然后，日本又为了朝鲜和中国东北与俄国交战。俄国的战败凸显了它的无能，使西方人确信“黄祸”就要来了。

与此同时，中国人不断与他们领土上的外国人发生冲突，这些外国人已经占据了不少中国的土地，还在中国领土上建立了租界，但仍然贪得无厌。一个以紧握着的拳头为象征，叫作义和拳的民族主义团体杀害了250个西方人，最后把北京的欧洲外交官全部驱赶到大使馆内，同时还杀了各省的许多外国传教士和商人。一支由一位德国将军率领的由欧洲人和美国人组成的联军被派去救援，成功之后对中国人进行了大屠杀，并要求巨额赔款。美国把它所得的那一份用来设立奖学金，供中国学生来美国的大学就学。

上述是职业军人的暴力行为。非专业性质的暴力则是针对国王、政府首脑和其他政治人物的谋杀。在巴塞罗那一家剧场放置炸弹引发爆炸，这种表达激进主张的方法大概比其他任何方法都更有效。在我们这个时代，这个办法得到忠实的效仿。在初始的时候，这种事件通常归咎于“无政府主义者”或“虚无主义者”，因此而造成这两个名称之间永久性的混淆。真正的无政府主义者是一个温和、轻信的人，他宣扬的是没有政府的世界——就像马克思认为在必要的独裁之后将要出现的世界。但是，90年代的无政府主义者是没有耐心的，他们要的是立竿见影，并借助艾尔弗雷德·诺贝尔最新发明的炸药来实现自己的目的。诺贝尔因这项发明被如此滥用而感到悔恨，从而设立了诺贝尔奖。虚无主义者这个名称用得也不恰当。真正的虚无主义者不信仰任何东西，也不采取任何行动。由于幻灭和愤世嫉俗的心情，他们认为任何行动，甚至早上起床，都是徒劳的。这一类型在两本俄国小说和狄更斯的《我们的共同朋友》中得到了描述。

犯罪分子显然也受到了这种普遍的躁动情绪的影响。翻墙攀屋的飞贼和撬窃保险箱的小偷首次离开他们在城里固定的活动范围，全面铺开，打乱了警察的惯例，增加了作案机会。他们的一些行为显然给公众带来了一种新的刺激，导致美化绅士盗贼的小说大行其道。拉弗斯和亚森·罗平就是穿上晚礼服的罗宾汉。拉弗斯的创造人是科南·道尔的妻舅，科南·道尔自己的福尔摩斯也同样受欢迎，比高级窃贼更经久不衰，至今仍是那个时代的主要象征。

旷日持久的德雷福斯事件简直和小说一样，但比小说更黑暗，勾起了全世界人的激情和偏见。在法国，叛国、强制、伪证、伪造、自杀和明显的不公等一系列的罪行再次造成了每到关键时刻就会出现的"两个法国"的鸿沟。此前最近的一次发生在1789年，下一次将发生于被德国占领的1940年。关于被终身囚禁在"魔鬼岛"上的德雷福斯上尉的清白，知识分子分为两派，展开了大论战。他们都面临这样一个难题：个人与国家孰为重？左拉向公众舆论发出的呼吁说理清楚，论据充足，并不像《我控诉》这个由克列孟梭确定的大胆的标题表示的那样慷慨激昂。最终，个人主义赢得了胜利。

自从90年代以来，其他国家的左派和右派就其他的问题也进行过斗争，这些问题表面上各不相同，实质上都与是选择大规模改革还是严格保持现状紧密相联。这是在自由派和保守派之间的选择，不时还有极端倾向抬头，它有时意味着用武力促成改变。正是在"德雷福斯事件"发生期间，知识分子才成为名词，有了现在的含义，即持有社会和政治观点的专业人士。它与思想家的关系如同唯美主义者与艺术家的关系。所谓知识分子指的是一大批宣传某种事业，经常态度激进，但本身并非思想家或艺术家的人。[应读迈克尔·古德温（Michael Goodwin）编辑的1877—1901年的文章选编《19世纪的观点》（*Nine-*

teenth Century Opinion)。]

※

道德和社会态度是一回事儿，从它们之中产生出来的艺术却是另一回事儿，而与艺术伴之而来的理论又是完全不同的。这三者之间的联系很有意思，能增进对艺术的了解，但不能决定艺术的质量或从中得到的乐趣。一个人可以欣赏一部新古典主义的悲剧，同时摒弃它的君主制倾向；可以阅读兰波、马拉美和拉福格的作品，但不对其中的恐惧感和想要摧毁世界的情绪产生共鸣。在科学方面也是如此，人们可以欣赏结果但对假设持有疑问。这就是这个怀疑一切的阶段的现象。先来谈不多的几个结果：米克尔森和莫雷在19世纪80年代末通过精确的实验证明，想象中载着光波到达全宇宙的物质以太并不存在。这对于牛顿的力学是一个打击，因为它理所当然地认为“远距离以外不可能产生作用”，一切作用都要靠推力和拉力来发生。

在另一个领域，克拉克·麦克斯韦的电磁方程看来不能解释由于化学的进步所产生的某些现象。19世纪70年代，门捷列夫提出的化学元素表表明，特性相近的元素聚在一起，但周期表中有间隙，表明还有尚未发现但特征可以预测的元素。90年代期间，与贝克勒尔和贝蒙合作的两位年轻的化学家，皮埃尔和玛丽·居里夫妇，从沥青铀矿中提炼出一种尽管产生热和电，但会消耗得无影无踪的东西。这种现象叫作辐射。一系列新发现的事实导致了马克斯·普朗克的量子物理学的产生，它声称辐射并非连续不断，而是以一些单独的小单位发生的。对它们不能单独处理，而只能通过计算整体的“半衰期”来处理。这里顺便要说明，“量子跃迁”并不是这个术语字面上让人以为的那种撑竿跳，而是在原子内部不为察觉地发生的。以另一种不为察觉的方式，在耶鲁大学研究热动力学的维拉尔德·吉布斯为物理化学这门新科学奠定了基础。但是，这门新科学的价值和吉布斯的方法很久以后才得到承认。

由于这些发现，人们虽然仍确信自中世纪晚期以来所积累的关于自然的大量知识，但是对 19 世纪提出的物理和化学的基本假设提出了质疑。遭到冲击的还不只是机械论的观点，关于如同成文法一样永远不变的“自然法则”的假设似乎已经站不住脚了。早在 19 世纪 70 年代便有人指出，自然规律只是观察到的经常性现象，虽经过仔细测量，但并不是绝对的。然后，一位美国理论家 J. B. 斯特洛对物理学不同领域所用的理论之间存在的出入作了详细的表述。当然，科学从未因立论不牢而受过困扰或影响，但是，在 90 年代大扫除的气氛中，实证主义中的所有这些裂痕都增加了不安感，让外行人感到困惑。[参阅皮尔斯·威廉斯（L. Pierce Williams 的《19 世纪科学集》（*Album of Science: The 19th Century*）。]

亨利·亚当斯密切关注着许多领域的新发展，对进化论的情况尤感痛心：进化论并没有遭到摈弃，但围绕着新的物种是如何产生的这个问题开展了大辩论。孟德尔对于香豌豆颜色的研究经过了 30 年的湮没无闻后被重新提出，以它为基础建立了一门新科学，即基因学。它确定了显性性状和隐性性状的理论。魏斯曼从中认识到，“生存的冲突”是在原生质中发生的。贝特森和其他一些人没有提出理论，但指出，物种比达尔文主义者所认为的更加稳定。迪布瓦–雷蒙认为他的实验表明生活中所获得的特征是可以遗传的，这与拉马克的理论一致，是达尔文主义者（并非达尔文本人）所否认的。德·弗里斯注意到畜牧业中常见的“变种”——后代与祖先大不一样。他把这种现象称为“突变”，认为它比达尔文理论中的小型不规则变种更重要。

根据这种理论，进化也许是断断续续地进行的。抽象地来看，它像是量子辐射。汉斯·德里施在研究胚胎细胞时发现它们的位置影响着它们所发挥的作用，他因此而成为生机论者，与他有同样信仰的还有其他的科学家和哲学家，其中著名的有科学和哲学二者兼通的 J. S. 霍尔丹。在理性上，对于物质这个对 19 世纪思想影响至深的东西存在着一种普遍的不耐烦情绪。数据表明应把它和其他的维多利亚思想一起扫除。以下所述的人物是这种大扫除的积极分子，他采用的办法甚为有趣，虽然在当时毫无结果，他就是——

塞缪尔 · 勃特勒

和威廉 · 詹姆斯一样，勃特勒年轻时曾想过当画家。他们二位跟随导师学画都颇有成绩，各自留下了两三幅不错的肖像画，但他们都认识到自己缺少画家必备的灵感的火花，结果都成了心理学家和哲学家，当然勃特勒从来没有追求或获得过专业的头衔。

《物种起源》甫一出版，勃特勒立即认定进化论是最好的假设，可用以取代《圣经》中关于人的起源的说法。在这一点上，达尔文的著作只是证实了一个已经彻底讨论过的观点，但是对于另外一点，也是达尔文的主要观点，即进化的方式是你死我活，适者生存，勃特勒是持有强烈疑问的。他向达尔文提出了这些疑问，但没有得到很好的答复，他因而感到气愤，提出抗议，但不太讲究方式方法，结果落了个脾气坏的名声。这注定了他无法进入文学的主流，出版著作还得自己筹款。到他去世之后，20 世纪早期他才以《众生之路》这本小说出名，因为该小说正与新出现的道德规范相吻合。

在此之前很久的 19 世纪 70 年代，他匿名出版了一部讽刺性的乌托邦小说《埃瑞洪》[“Erehwon”是把 Nowhere（乌有之乡）的拼写倒过来造的字]，在书中他已经对 19 世纪的两个偶像——进步与体面——发起了攻击。他把教堂叫作“音乐银行”，人们把德行和过错存在那儿，等到最后去兑现幸福或者毁灭。对于埃瑞洪人来说，疾病或贫穷是罪过，不能引起怜悯和慈悲，而是要受到惩罚。至于进步，埃瑞洪原来也有机器，而且不断对其改进完善，直到人们忽然想到这些机器将很快发展出意识，取得独立，由于它们比人更有力量，因此会进而奴役人类。于是，人们决定销毁机器，连手表也不放过。只保留几个无害的标本陈列在博物馆里。

这本书马上流传开来，读者以为它是维多利亚时期的某个名作家写的，但是，当披露出作者是默默无闻的勃特勒后，便无人问津了。对于成长过程中个性受过伤害的勃特勒来说，这种冷淡无异于雪上加霜。《众生之路》一书叙述了他儿时的惨痛经历。由于这种经历，勃特勒对一切确立的东西都持批评的态度。他希望他的攻击能引起辩论，但得到的回应却是沉默和申斥。他从达尔文那里受到的待遇是他儿时家中遭遇的重演。但正是因为这场他单方面的游击战，现在才有了施鲁斯伯里版本的 20 卷杰作。自那以后，把勃特勒与他的同代人隔开的乌云只是在有些地方被刺破，透进一缕阳光。他那些合乎 19 世纪 90 年代和 20 世纪 20 年代口味的著作可以说已经家喻户晓，包括《众生之路》《埃瑞洪》和《笔记》摘要。然而，他的四本创意新颖的哲学著作——《生命与习惯》《无意识的记忆》《新老进化论面面观》《是运气还是知识》——却无人知晓。这些著作的题目大概地表示了书的内容，但光看标题想象不到书中关于生活和思想的各种深刻见解。它们的论点可以归纳如下：反对达尔文的适者生存进化论，因为它完全依赖运气，“把思想排斥在宇宙之外”，而经验证明，思想为争取实现它所预测的结果而运作。思想由习惯所辅助，而习惯开始时是有意识的行为，逐渐变为下意识的东西。这种综合知识便是伊拉斯谟·达尔文在他的进化论著作中所提出的动原，勃特勒对此完全赞同，并提出了一系列动物学方面的事实，它们用达尔文所说的运气是无法解释的。勃特勒还指出，要解释新物种的起源，就必须解释旧物种的变种是如何发生的，而迄今还没有人对此有所了解或发表过论文。勃特勒的这些意见使他成为当时生机论者的一员，在纪念达尔文著作问世 50 周年之际，他得到了基因学家，也是基因学这门科学的命名者贝特森的赞扬。

作为思想家，勃特勒与实用主义者不谋而合。在对生活进行评论时，他总是要问一种观点想达到什么样的结果，他关于伦理提出的劝导是约翰逊式的常识。另一方面，他无论想到什么问题，都会冒出异乎寻常的念头和设想。他不喜欢荷马史诗译文的华丽措辞，于是，他温习了希腊文，自己把《伊利亚特》和《奥德赛》翻译成口语化的英文。他喜欢莎士比亚的十四行诗，试图根据文字上的蛛丝马迹解释其中的故事。他把莎翁的 154 首十四行诗背得滚瓜烂熟，并且断定有几首一直放错了地方。经过调整之后，各首诗的叙述更加直接流畅，可以辨认出自传性的句子。他还推断出令人困惑的题献中所说的 W. H. 先生不是贵族，而是一个名叫休斯（Hughes 或 Hews）的人，可能是和莎士比亚同事的演员。奥斯卡·王尔德根据同样的证据也达出了同样的结论，在《W. H. 先生的肖像》的故事中做了详述。但他们的意见都没有得到学者的重视。

勃特勒喜欢到意大利度假，把他在那儿的经历和享受写成了两本旅行书，其中《阿尔卑斯山和世外桃源》堪称精品。他在各地的游览还产生了更多的成果：漫游了西西里之后，根据那里的地貌和其他原因，他认为奥德赛当时就是要来这里；他还根据直觉认为，《奥德赛》的作者是位女子，是书中所描述的瑞西凯厄公主。古典学者对他的见解根本不予理会，因此，勃特勒对于那些缺乏好奇心，只要一种理论论证清楚就对其全盘接受，不予质疑的大学教授们更加鄙视。直到最近，才有一位学者开始讨论勃特勒的有关著作并对它表示了尊重。勃特勒对于英国文学的贡献除了上述著作以外，还有两本有趣的论文集，一本关于他的祖父，闻名的施鲁斯伯里学校校长的生平传记，里面充满了敬仰之情。最后是《笔记》。《笔记》在第一次世界大战之后受到欣赏，因为它的基调与当时浮嚣的气氛恰好相合。

幸好勃特勒无须靠写作吃饭。他年轻的时候为了谋生远走新西兰，从事牧羊业发了大财，然后携资回国。晚年时他的财力减弱，部分原因是受了一个朋友的骗。勃特勒终身未娶，生活严谨，最喜欢亨德尔的音乐。他鄙视19世纪的作曲家，把亨德尔奉为偶像，甚至上课学习对位法，（与友人一起）谱了两首小型大合唱并写了歌词，其中一首是滑稽性的。还有谁能比他更多才多艺，更使公众感到迷惑的呢？

※

在纯科学处于暂时混乱之际，医学却在稳步前进。克劳德·贝尔纳和巴斯德在19世纪中期的辛勤努力终于把最新的实验室研究方法适用于这门古老的科学，各项发明接踵而至。贝尔纳在对消化系统的全面研究中，确定了胰腺和肝的功能，包括血糖的形成，他还首先发现了神经的对应冲动之间的平衡，并用它来说明血管舒缩系统的运作，即血管是怎样舒张与收缩的。巴斯德证明了微生物的存在和惊人的作用，如使牛奶变酸（巴氏消毒法即由此而来，指用高温杀菌）。在此之后，研究人员发现了导致肺结核、白喉、炭疽、伤寒、麻风、流感、淋病和梅毒的各种细菌与病毒，也发现了造成疟疾的寄生虫。他们还发现紫外线可以杀菌。在这些知识的基础上发明了抗毒素血清疗法。同时，医生采用哈内曼的顺势疗法原则已有半个世纪之久，这种疗法是给病人服用小剂量的药物，产生与疾病类似的效果，因此引发病人体内的自然功能去治愈疾病。现在，在运用血清疗法的同时，越来越多的医生和病人采用顺势疗法。外科也不落人后。切除阑尾成为时髦，给美国的克利夫兰总统看病的基恩医生声称："腹腔已经成为外科医生的游戏场。"科学的成就还包括：整骨术已经广为使用；路德·伯班克研究植物改良，培育出了良种土豆；具有权威性的期刊《科学》

也是在那个时候创刊。

但是，作为与科学的对立，1890 年詹姆斯 · 弗雷泽所著《金枝》的第一卷出版，使得原来只是学院里的古典学者感兴趣的东西有了新的地位。书的题目就表明它所涉及的是与科学不同的领域：它研究的是各种神话。这些神话来自世界各地，在许多文化中世代相传，被细心的传教士和其他一些自愿离开欧洲，去别处生活的人收集起来。与此同时，19 世纪 60 年代和 70 年代，早期的文化人类学家泰勒和刘易斯 · 摩尔根的著作已使人对于部落的思维方式有所了解。弗雷泽注意到来自截然不同的地理区域的神话之间有相同之处，于是开始把它们分类，然后对其中的细节作比较。显然，创作神话是科学的原始形式——人是在解释宇宙，把经验整理为笼统的概念，用神话中的人物来体现这些概念，他们的行为就是真理的反映。

200 年来，神话一直被斥为迷信的无稽之谈；现在它们却被看作表达了重要的思想。它们具有丰富的象征性，这使象征主义诗人和对科学的唯物主义不以为然的人都感到安慰；同时，原始思想的复兴也鼓舞了主张放弃文明的人。西方又出现了一波原始主义思潮。兰波、罗伯特 · 路易斯 · 斯蒂文森、高更、拉夫卡迪奥 · 赫恩逃离欧洲，一去不返。另外一些人，如亨利 · 亚当斯和约翰 · 拉法吉到近东和远东旅行，寻求暂时的解脱。普通的游客则受到旅行社宣传的“旧世界”和尚未被现代化的喧嚣打破宁静的“净土”的引诱，纷纷前去旅游观光。爱德华 · 卡彭特的文章详尽地论述了人的身心是怎样地需要从城市中脱身出来稍事歇息。

神话的复兴，加上疲劳和厌倦这一对现实生活中的孪生子，导致了瓦格纳主义的爆发。它是一种主义，不同于某个作曲家及其作品的一时走红，像 20 世纪晚期的马勒。在那之前，瓦格纳的歌剧已经上演了 30 年，也从鉴赏家那里得到了其应得的赏识。但在 1895 年左右，由于围绕着《尼伯龙根的指环》的主题、含义和音乐系统所展开的有组织的宣传，他的观众范围大为扩展。音乐爱好者向来在知识分子中占少数，他们多数人基本上看不起歌剧。而现在文学人士第一次开始大规模地喜爱音乐——瓦格纳的音乐。他们得知，对于这一新的艺术形式，要从过去的一窍不通变为顾曲周郎，必须努力学习，缩小差距。除了瓦格纳的八部论文集之外，其他人的文章、手册和讲座也帮了不少忙。萧伯纳写了《最好的瓦格纳迷》；巴黎的马拉美在一首十四行诗中把瓦格纳称为神；还创办了一份《瓦格纳周报》，驳斥反对者的观点，同时向崇拜者介绍对瓦格纳音乐的最新解释。

要解释什么呢？要解释瓦格纳的一套音乐系统和一系列挑衅性的理论。（瓦格纳主义声称）大师的作品使过去所有的歌剧，甚至歌剧形式本身，都成为过时；新的音乐戏剧复兴了古希腊悲剧的艺术。而且，它又不是单纯的复古，它还是早在 19 世纪 60 年代即已预言的“未来的音乐”。现在，未来已经到来。此外，《指环》的歌词是瓦格纳亲自创作的一首伟大的诗作，需要对它进行解释，因为它是一个社会寓言，阐述了现存的秩序如何以及为何注定要毁灭。拜金主义将毁灭全世界。这样的灾难让毁灭主义者感到高兴，同时证明颓废主义者和那些还没有逃走的原始主义者所见不谬。又有传言说瓦格纳年轻时在德累斯顿曾是革命分子，在 1848 年的起义中差点儿丧命，这使他得到了社会改革分子的拥护。

但是，所有这些文章和手册真正感兴趣的是歌剧的新发展。不再有梅耶贝尔、威尔第以及和他们一类的法国或意大利作曲家所采用的现实主义的手法和令人厌烦的历史主题，取而代之的是让人耳目一新的神话，如《特里斯坦》《罗英格林》《汤豪泽》和《帕西发尔》。《尼伯龙根的指环》布景奇异，角色的名字都是野蛮人的名字，身着原始服装，歌曲慷慨激昂，令人肃然起敬，不是那种观众可以在散场时随便哼唱的小曲。观众一旦掌握了主导主题那一组简短的音符的作用，记住了哪个主导主题代表着哪个角色和思想，就可以沉浸在无止无休的重复性旋律中，看懂剧情的每一个细节。正如托马斯·曼指出的那样，瓦格纳的系统教会了他的观众如何听音乐。的确，不少知识分子发现自己真的十分欣赏音乐，至少是欣赏瓦格纳式的音乐。那个时代可靠的见证人福尔摩斯把他不懂艺术的同伴华生医生拖去听“科文加登剧院的瓦格纳之夜”，并没有引起对方的抗议。

另外，还有一件事也使瓦格纳在文人、画家、雕塑家、建筑师和批评家当中备受尊敬，即使是那些从不听音乐会的人也对他崇敬有加。这就是他作为一个艺术家战胜了古板的资产阶级和学术界的愚蠢抵抗，去世时在自己的国家名利双收。有关他的故事把他描述成一个在古堡里接受人们赞辞的王公，是在拜罗伊特[1]受人崇敬的英雄人物。他使所有的艺术家扬眉吐气，但他又不妨碍任何人，因为他已不在人世。

说起瓦格纳为音乐和音乐家以及整个文化所做出的贡献，人们自然会想到达尔文对科学的贡献和马克思对政治学的贡献。他们各自在前半个世纪的先驱研究的基础上著书撰文，不论正确与否，向全世界宣传他们所研究的问题的重要性——进化论、社会财富的分配和戏剧性音乐。

在瓦格纳主义征服西方的同时，另一种自称为新型的音乐方面的主义在意大利正得到大肆宣扬，这就是真实主义。它的目的是描述“真实生活”，不是历史故事或瓦格纳式的神话。马斯卡尼的《乡村骑士》讲的是乡下的爱情故事，莱翁卡瓦洛和普契尼都就穷艺术家的生活写过歌剧，夏庞蒂埃描写艺术家的“自由爱人”的《路易丝》讲的也是同样的题材。在普契尼的《蝴蝶夫人》中，“你要不要威士忌加

1. 拜罗伊特，瓦格纳去世前居住的地方。——译者注

苏打水”这句对主人公的问话显然是对真实生活的反映。但是,《托斯卡》的故事是发生在 1800 年的，整个剧情是老式的传奇剧，只有一点儿现代的味道，女主人公的咏叹调《我为艺术而生》表现了 90 年代的唯美主义。艾尔弗雷德·布律诺更加始终如一，有系统地从左拉的自然主义小说中取材。但是，在所有这些作品中，只有题材是新的。后来出现了形式和音乐实质的革新，还增加了一些自由的表现手法，其中一个生动的例子是 19 世纪 70 年代中期比才（起初并不成功）的《卡门》。威尔第在他晚期的杰作《奥赛罗》和《弄臣》中也体现了这方面的革新。

对瓦格纳音乐的炒作得到大力的“推动”，但是，另外一个相反的运动也发展得如火如荼。这个运动的座右铭是：真正的音乐是绝对的。应用于声音的纯艺术教条谴责戏剧音乐、“标题音乐”、配乐文字或音乐解说词。信奉这一教条的人与佩特的追随者一样，认为一切艺术的纯粹形式都趋向音乐，对瓦格纳狂热痛心疾首。的确，瓦格纳的音乐反衬出 19 世纪意大利和法国歌剧的浮华，任何懂音乐的人都对它们嗤之以鼻。但是，取而代之的是这样一个巨大的杂种，与纯形式或纯音乐相差万里。绝对音乐要求真正的鉴赏家不要再把激起情感或讲述故事的作品视为艺术，这包括自古希腊以来的所有音乐。应该只听除了完成格式外完全没有其他目的的赋格曲、卡农曲或其他曲子。确定这个标准十分必要，因为有些赋格曲或其他曲子能够激发情感，并具有戏剧性。音乐、绘画和诗歌的纯粹性说到底是对技巧的欣赏。如果就这种观点进行逻辑推理的话，独奏中一些哗众取宠的技巧应该被认为是艺术，而肖邦和李斯特的作品却因为不纯粹而应被认为是有缺陷的。

导致这种谬论的一个原因是标题这个词含义不清。如果它的意思是指一段音乐用声音叙述某个场景或故事，当然是应该反对的，是违背音乐性质的。含义不明的声音无法讲述故事或者描绘情景，而从来没有作曲家企图这样做过，这是完全不可能的事。事实上，根本不存在“标题音乐”可供人义正词严地指责。但从策划或大纲的意义上说，所有的音乐都是可以有主题的。为人赞赏的纯音乐形式就是作曲家所遵循的主题，所要充实的大纲。除非他只是做练习，否则他的思想和感情一定会在作品上留下印记，这也就是一首尽管“十分正确”却枯燥乏味的赋格曲与一首令人振奋的赋格曲之间的差别。

此外，作曲家还可以遵循第二种程序，如为歌词配乐，使音乐配合歌词的形式和气氛。任何时代、任何地方的歌曲都表达快乐、爱情或悲伤的情绪。宗教仪式所用的音乐也遵循着一种外在的格式，清唱剧和歌剧显然也是如此。甚至舞蹈音乐除了格式以外都表达狂欢或庄重的情绪。婚礼和葬礼都用进行曲，但表达的情绪截然不同。所谓的标题音乐只不过与歌曲或进行曲一样，会使人产生感情的共鸣。它并不讲述一个故事，因为它做不到，但它可以烘托一段情节中的角色、情绪或气氛，同时又不影响既定的作曲形式和规则。在任何时候、任何地方，音乐都是纯声音，甚至在歌剧中也是如此。西方音乐的卓越之处在于，它通过以平均律调整的音阶，通过发展各种复杂的形式和乐器，使音乐的表达力达到了其他文化未能企及的高度和深度。

但是，表达情绪，配合气氛，为词配曲或为仪式谱曲的能力不可与模仿性的效果混淆起来，即使是最伟大的作曲家也常常追求模仿性的效果。巴赫的《马太受难曲》中有些段落使我们想象地震和幔子被撕破的声音，贝多芬的《田园交响曲》喻示了风暴、小溪和鸟鸣的声音。这种模仿常常是通过节奏和音色，而不是靠音符来实现的，并不是实在意义上的“表达”。那么，就出现了这样的问题，声音的汇合怎样与一种感情相对应呢？最后这个词用得不当。比如，在海顿的《创世记》中，在“要有光”这一句上，C 大调出现强烈转调。音符本身与阳光没有任何关系，但是，音调转变为那个主音使人产生了一种本能的感受（找不到更恰当的措辞），一种发现、开朗、轻松和解脱的感受，它没有名称，和情感不是一回事儿。这种感受其实可以和几种不同的情感联系在一起，如惊讶、快乐、逃脱和胜利，因此可以适用于几种不同的情况。这一点因作曲家把为一部歌剧谱的曲子用于另外一部歌剧而一次又一次地得到证明。古诺的《浮士德》中的士兵进行曲本来是为《暴君伊凡》而创作的。穆索尔斯基的《鲍里斯·戈东诺夫》中的大部分音乐是为其他题材所创作的。这就是纯声音与外部事物之间联系的性质。

作曲家在为词语配乐或表达剧情时，根据自己的本能知道应该怎样处理旋律、和声和节奏来打动听众。如果一首赋格曲和恰空舞曲尽管没有明显的内容，但仍然像有情节一样使人感动，这是因为作曲家在达到形式的要求的同时，遵循了自己内心的一套无词无象的格式。

古典音乐作曲家的普遍做法反驳了对绝对音乐的崇拜，但这不应该抹杀提出绝对音乐的理由。像其他艺术家一样，崇拜绝对音乐的艺术家希望为自己的主张扫清道路，具体来说，要扫除种种奢谈。对贝多芬伟大思想的颂扬，霍夫曼对莫扎特的崇拜，舒曼对柏辽兹的解释，李斯特和他的情妇对他的交响“诗”结构的安排，以及开幕前由歌词作者诵读歌词的做法——一切言辞都要扫除。另一个使他们气恼的是 19 世纪的交响乐作曲家同时也是文人，他们认为文学著作像过去教堂的礼拜词和《圣经》的故事一样，给音乐提供了启示。与莎士比亚、歌德、拜伦、司各特和维克多·雨果这些大文豪的作品相联系的音乐起了提醒的作用，使我们牢记过去留下的文化负担。而对绝对音乐和纯艺术的呼唤是为了清除这些负担。其实，关于纯音乐只是提出了理论，创作出的纯音乐作品寥寥无几。作曲家继续在作品的标题中表示他们从生活和文学中得到的灵感，也有不少人毫无顾忌地加进了

"标题性"的评注，以便于听众欣赏。

如果要对这场把艺术与生活脱钩，为了形式而去欣赏音乐的架子的辩论做一个结论，那就是人的思维并不是纯粹的，它充满了根深蒂固的反应和后天联想，是无法排除或予以忽视的。这就是心理学家所谓的统觉。很久以前曾进行过一项研究，观察懂行的听众在不知道音乐的标题和作曲家的情况下，对一首曲子如何"接受"。研究结果表明，无论是业余爱好者，还是专业音乐家，他们的感受都受到各种各样所谓外在因素的影响。完全漠然被动的听众等于是精神不正常。

90 年代出现纯粹主义的原因可以理解，在此再说一遍：它是退避的一种具体手段。但同时出现的另一种矛盾的现象是，在同一时代，而且经常是同一些人大用象征手法，欢迎神话的复兴。这两种现象都证明了人的思维对所观察的对象加上自己的看法。这样，思维在观察的对象中不仅看到了意义，而且看到多重的意义。不久之后，曾在巴黎师从精神病医生的弗洛伊德医生在维也纳发展了潜意识理论，这个理论指出了神话和梦境在思维的运作中所发挥的重要作用。

立体主义十年

我简称为 90 年代的那两个十年中活跃丰沛的文化活动并未随着世纪的交替而停止。在那个阶段中投入的精力在继续进行创新，攻击着 19 世纪的高雅文化。不过，1905—1908 年发生了一个明显的变化，因此战前那个时期恰好可以称为"立体主义十年"。立体主义这一新的画派与那时其他领域的艺术之间有相似之处，与其他文化事业的新开端也有相通的地方，故此以它来给那段时期命名算是恰当合理的。

那段时期与它之前时期的不同之处，首先在于 90 年代期间疏远世界，否定世界方面的精力到了"立体主义十年"变成了肯定性的。

参与者和旁观者都兴高采烈，而不是灰心丧气。虽然世界上发生的事情仍然与过去一样杂乱无章、令人痛心，但不再有人论及衰落。这股新的活力来自19世纪70年代晚期和80年代早期出生的那一代人，他们在那个忧郁的时期中成长起来，吸收了它反世俗的艺术和思想，但是他们觉得象征主义或颓废派的思想和手法已经用尽，或者认为还有别的办法来打击社会的邪恶，而不仅仅是予以抵制。

为理解这种态度的转变，应该回过头来看看印象派和后印象派艺术家，看他们对世界的看法是如何转到了相反的方向去的。马奈、莫奈、毕沙罗、西斯莱、德加、雷诺阿和贝尔特·摩里索这7位画家曾在1874年被一年一度的巴黎画展拒之门外。他们自己举办的第一次画展震惊了观众，为他们带来的绰号后来成了他们的运动和风格的名字：一位批评家拒不承认他们的作品是严肃的油画；它们逃避现实，只是印象而已，这也是莫奈一幅作品的谦逊的标题。

马奈的《圣拉扎尔火车站》以它的题材——火车站——证明了这类画作是多么惊世骇俗。画中的人物和物体是一团团朦胧的颜色，构图简略，手法粗疏。然而有些人号称喜欢它，也有人把它视为一种新厌物，嘲笑地称之为马奈偏执狂。在马奈这幅蒸汽氤氲的作品完成3年后，莫奈以同一座圣拉扎尔火车站为题材连画了11幅画，反映出这座玻璃罩顶、烟雾腾腾的火车站内光线变化的景色。这7位遭到巴黎画展拒绝的艺术家（很快又加上了美国的玛丽·卡萨特）宣示的是绘画这种艺术从现实主义狭隘的限制中的解放。他们推到观众眼前的是一种新的真实，和任何其他真实一样，是“眼中所见的”。当这种新的真实最终得到承认之后，这一再教育的成就启发了王尔德后来的名言“自然模仿艺术”。

印象派画家的出发原则是：光线的作用才是真正的现实；物体不是我们以为的有确定轮廓和颜色的固体；阴影也并非千篇一律的黑

暗，它们包含着与投下阴影的物体的颜色相补充的颜色。艺术家对视觉合并的现象加以利用，在这种现象中，两种纯净的颜色，比如黄和蓝，紧靠在一起会看起来像是调和成为绿色，而且比真正调和在一起的颜色还要明亮。这种技法造成了印象派作品特有的亮度。最后，光线是不断变化的，所以一幅画应当立即画成，像一幅快照或尽量近似快照。莫奈就是在这一前提下画出了卢昂教堂的一系列总计 20 幅的“镜头”——灰色的、蓝色的、粉色的等等。[乔治·穆尔（George Moore）的《现代绘画》（*Modern Painting*）仍然值得一读，里面的一系列短文表达了一个当时的人对从科罗到莫奈的过渡的看法。]

这种新技巧有科学的基础。一代人以前，谢弗勒尔和亥姆霍兹就确定了有关颜色的科学事实，但那些印象派画家是不读科学书籍的；他们靠自己的眼睛和德拉克洛瓦的作品确认了他们技巧的合理。德拉克洛瓦画过有颜色的阴影，像他有一次对乔治·桑的儿子解释的，这种视觉效果是绘画的根本。

早在 15 世纪时，在威尼斯画派不止一位画家的作品中，这种手法就初见端倪。离 20 世纪更近的透纳在他的晚期画作中使用了大片鲜艳夺目、互不协调的颜色。可以援引这些先例来证明这一新的手法师出有名，但德拉克洛瓦直接、公认的影响证实了先前所说到的联系，即印象主义与象征主义一样，是从浪漫主义衍生出来的又一种风格。

印象派用了大约 8 年的时间才得到了一定的承认。坚决捍卫他们的人有左拉和其他的自然主义派作家，他们认为印象派的作品与自己的作品有相通之处，都是要确切地重新创造“自然”并从日常生活中选材。从另一个角度，也可以说这些画家和象征主义者一样，也是通过模糊真实世界的严酷来逃避世界。既然不止一位印象派的大师到了 20 世纪仍然健在并作画不辍，在他们眼里，90 年代的后期印象派手法一定像是一些不和谐的线条，是对历时 60 年仍然雄踞画坛的印象派风格的违逆。在这里要顺便说一下，1900 年左右被称为新艺术（*Art Nouveau*）的并不是印象派或由它衍生而来，而是对它的反叛。新艺术是一种柔和的风格，弃现实主义而取弯曲的彩色线条和花朵图案，比如巴黎地铁站入口处的铁饰。巴黎的穆哈和美国的蒂法尼是最杰出的两家代表，但这种风格没有提出新的手法，很快即成为明日黄花。

有一位与印象主义同代的画家先是使用印象主义的手法，后又抛弃了这种手法，他叫保罗·塞尚。他当时被认为是个失败的画家，左拉甚至在一篇小说中把他描绘成一个可怜的角色。塞尚认为颜色和描绘是同一要素，所以若是忽视描绘，线条和轮廓就没有了形状。他说他的目标是“要使印象主义牢固持久，像在博物馆中看到的艺术一样”。他去掉了瞬间性的因素，使用成块颜色的对照和确定的体积之间的对比来恢复强调性构图。自塞尚以后，年轻的画家都以不同的方式脱离了印象派的模糊。几乎像幽灵一样消散于无形的物体在塞尚的作品中重新出现了，但与在库尔贝的现实主义画作中的样子不同——不是自从文艺复兴运动发现了透视画法以来一直奉行的对自然的逼真模仿，但又强烈地显示出物体的自然形状。

在塞尚的时代，像苏哈这样的新印象派画家也把德拉克洛瓦奉为先驱，他们勾画人体的轮廓，同时以小块（不是点）来着色，因而保留了印象派的光彩——视觉合并造成的鲜艳夺目。另一位新印象派画家西涅克就这一体裁提出了一整套理论。他的著作具有双重的意义，因为它标志着对艺术创新进行详细说明以飨大众的开始。当时确实急需理论，过去是一个时期只有一种风格，现在却是几种风格并存。外行人问：“我应该注意哪些特点？”批评家则想：“这是艺术吗？如果是的话，是哪一种？”理论给这些问题提供了相当合理的答案。此外，画廊在为它们展出的艺术家作宣传，促进画作销售的时候也需要援引理论或原则。1840 年巴尔扎克估计巴黎有 2 000 名画家，而一个世纪后，欧洲和美国的每一个文化中心都有至少这么多人的画家大军。每个想开办画展或为自己找经纪人的艺术家都得陈述自己的目标，并阐明自己特有的想象和方法。

在塞尚孜孜于体积的比例和平面的层次的同时，高更作画则着重轮廓清晰，颜料用得很薄而且分布均匀，因而看起来显得有点儿平板。梵高也在发展他特有的形式，使用厚重的浓烈色彩使得画面粗糙不平，而且有一种特别的光彩。高更和梵高描绘的都是常见的物体，但他们的兴趣在于处理的手法。另外一群画家采用了另一种手法，他们自称纳比画派（Nabis，希伯来语中先知的意思），别人则称他们为野兽派（fauves 在法语中是野兽的意思）。这一群画家的公认领袖马蒂斯放松了绘画和“现实的幻象”之间的联系，为了审美或装饰性的效果而歪曲形式。高更和梵高使用色彩来产生对比或鲜艳的效果，而不是为了反映现实；在一幅肖像画中，一张侧脸的两面可能分别是橙色和绿色。观众逐渐学会不再期望在画布上看到与真实一样的东西。有些脱离真实的艺术表现是受了东方艺术，特别是日本艺术的启发。人们就这些各种各样的对真实的描绘撰写了许多论述性的书籍，著名的有罗杰 · 弗赖和克莱夫 · 贝尔的著作，它们把所有的表现手法都归结在一起，宣称艺术就是在一个平面上的颜色和线条。惠斯勒的“排列”显示的可能是一座桥梁或一个坐着的女人：那并不重要，关键是各部分安排得如何。这个问题促使眼睛忙于观察，无暇思考画中的意思。

在雕塑领域，体积当然是艺术的一部分，但与印象派画家同时的爱泼斯坦和罗丹所作的一些雕塑表面坑坑洼洼，如同梵高画作的质地。罗丹的构想也有别于单纯的再现。他为一处公共场所做了一尊巴尔扎克的雕像，头颅巨大，胸部从一个木桶般的物体中钻出，这尊雕像引起了抗议，被拒绝采用。

※

与印象派及其三四个后继派别的彻底决裂发生在1908年毕加索和布拉克被称为立体主义的画作第一次出现的时候。这一名称是照例的粗略，所引起的抗议也是如往常的激烈。对终于接受了印象主义和后印象主义的鉴赏家来说，这一从塞尚向前的跃进虽然实际上并不巨大，但仍然触目惊心。一位为印象主义呼吁呐喊的受人尊敬的批评家到了20世纪30年代疲惫消沉，把前四分之一世纪的艺术作品统统斥为糟粕，他文章的标题是“发了疯的绘画”。

立体主义画家远不止上述的两位，而是很快就扩大为一群训练有素的年轻艺术家，包括格莱茨、德劳内、梅占琪、奥尚方、塞韦里尼、莱热、莱昂内尔·法宁格、卢索洛、胡安·格里斯。他们作画，展出，为立体画派做宣传，俨然把它作为唯一与时代相符合的艺术，令批评家火冒三丈。他们画的是一堆堆由色彩暗淡的平面组成的几何图形，完全没有和谐，丝毫不能激发观者的想象；他们居然把这种东西作为值得一看的画作展示出来，这是对观众的侮辱。诗人纪尧姆·阿波里耐撰写了一系列文章来试图解释这一难懂的画派，不久后，格莱茨和梅占琪这两位画家也为此目的写了两本书：《立体主义》和《关于立体主义以及如何理解它》。他们在书中解释说，立体主义绘画是对形式进行分析的产物。立体主义完全忽略表象，只表现实质，是对古典原则的回归。浪漫主义已经把戏剧性和心理的意图发挥到了极致。没有必要重复已经做过的事情。

塞尚已经表现出了对形式分析的兴趣。他在埃斯塔克画的一些风景画有前立体主义的影子。他在画中把刚果的雕刻面具棱角分明的两个侧面置于同一平面上，因而为毕加索所赞叹。此外，立体派画家所谓的“形式”代表整个物体，不只是它的正面形象。他们在画布上的一个形象中放入绕着物体所看到的一系列方面。对这一原则最清楚的体现大概是马塞尔·杜尚还未脱离立体派时的作品。他的两幅《走下楼梯的裸女》中的人体轮廓既是连续性的又是同时的，因而表现了走下台阶的动作。这种记录现实的方法不仅限于画家，而是一时之风。早在立体主义出现10年前，象征主义批评家雷米·德古尔蒙就曾说过："信不信由你，我可以同时看到一个方块的各个面。"

其他艺术领域中的努力也遵循着同时性这一思想，或应说是感觉；这说明了把这整个运动称为立体主义的道理。雕塑家分析物体和人体的形状，创作出来的雕塑也是几何形的，其各个协调的平面表示着动作的意思。纽约现代艺术博物馆花园里陈列的杜尚-维荣的雕塑《马》不是一匹四足动物，而是代表着这种动物蜷缩待发的力。布朗库希的鸟，像阿尔基彭科的人体一样，也以同样的方法表现动态；它们都有着流线型的表面，或平或圆，没有形状方面的细节。这些雕塑和立体主义的画作对家具、日用装置和纺织品的设计产生了长久的影响。称为装饰艺术（Art Deco）的风格因为第一批设计者计划在1915年举办装饰性艺术展览而得名。第一次世界大战把展览推迟了整整10年。战争爆发前一年，纽约市举办了现已赫赫有名的1913年军械库展览，它引起了人们的纷纷议论，但已不再像过去那样是一边倒的攻讦。前总统罗斯福为该画展写了一篇评论，前几段写得极为礼貌客气，之后下结论说最新的一派画家是"狂热分子"。军械库展出的画作后来又运到波士顿和费城展览，估计参观者达15万人之众。

众所周知，建筑师也热衷于使用去尽雕饰的平面。他们比起立体派艺术家来领先了一步，因为他们受到火车站的启发，有钢材可以利用；城市地价昂贵，因而需要建造高层办公大楼，这也是一种激励。19世纪90年代期间，路易斯·沙利文就在芝加哥建造了高层办公大楼。在立体主义十年中，所谓国际风格的特征体现在托尼·加纳、贝伦斯或奥古斯特·佩雷设计的建筑物中。佩雷在推动当时的新型建材混凝土的使用方面发挥了特殊的影响力，他与同行们的不同之处在于，他认为到处都是光秃秃的表面会显得沉闷乏味。他设法打破沉闷，同时又不影响严肃的功能性形象，香舍丽榭剧院就是这方面的例子。

※

在同时性成为主流的情况下，诗人已经不能再满足于像过去一样只表达一己的声音了；他必须把他所听到的或能想象得到的生活中的各种嘈杂协调起来表达在纸上。这一纲领由 H. M. 巴尔赞于 1912 年确定，并由他和其他人在各种作品中予以执行。他们打破了一行行的印刷格式，或是在一行诗上方利用其中一字多音的现象写下另一行诗，用以表现同时唱出的歌或别人说的话；或是把人们熟悉的诗作拆开重组，用视觉的方式来表达主题。后来的合唱诗和具体诗派即由此脱胎而来。早期这类作品中最著名的一部是阿波里耐的《图形诗集》。怀有同样意图的一体主义诗派使用的是较为传统的手法，他们把同时性解释为得到解放的大众强大的共同声音，并不分散多样，但需要某种新形式的表达。朱尔·罗曼的自由诗和小说就体现了这种观点，费尔哈伦的《章鱼城》也是一部代表作。

有人说立体主义画派和各种各样其他的艺术受到了科学的影响。这种说法没有说到点子上，因为那些艺术家根本不读有关科学的东西，即使读的话也读得很少。不过为了深入了解这些艺术，剖开表面显出结构，可以说立体主义与 20 世纪早期的物理学虽然互不相干，却有类似之处：原子比可见的物质“更加真实”，沿着这个方向可以推理到分析的极致。

吸引了立体派艺术家注意的不是科学而是技术：汽车和飞机的速度造成视觉图像的迅速变换，把圆形变为平面。没有记录说哪位立体派艺术家坐过飞机，但从摄影照片中可以看到地球呈几何形状，现在空中旅行者对此均已非常熟悉。电影在改变视觉现实方面的影响显然也属于这一类。"电影"里的人物不是在动，而是通过迅速变换画格来造成动的假象，即所谓频闪效果。快进电影胶卷造成的疯狂效果，把不同的画格放在一起以使人物做出不可能的动作，使用软聚焦或其他的歪曲现实的方法，这一切解放了人的思想，不再愚蠢地抵抗艺术性的歪曲。

不久，戴维·格里菲思的天才头脑发明了一系列的装置，为电影这门新艺术奠定了基础。格里菲思是个不得志的演员和剧作家，有5年的时间受雇于一家名叫拜奥格拉夫的公司，负责导演短片电影。他一共导演了400部片子，其间他创造了近镜头、远镜头、淡出和淡入，取景时采用不同的镜头，避免总是千篇一律的长方形，还使用交叉剪接以表示同时发生的行动。已经习惯于这一类效果的现代观众意识不到它们对正常的眼中所见的景象造成多么大的歪曲，也想象不出它们当初给观众带来了多么强烈的震撼。

在那些年间，由于施蒂格利茨和他的合伙人斯泰肯的努力和宣传，摄影成为一种有别于绘画的平面造型艺术，并与绘画一样引起观众的兴趣。在以其门牌号"291"命名的画廊里，施蒂格利茨举办展览、讲座，并像格里菲思一样不断发明新方法使摄影机能令他随心所欲。他是第一个拍摄雪景、雨景和夜景的人。这一媒介用言辞以外的手法开启了人的思想，使人看到了前所未见的东西。凑巧19世纪90年代颁布的一项法律赶在施蒂格利茨之前宣布摄影师不是机械工人，这一行属于专业人员，必须付费领取许可证。施蒂格利茨是积极行动派。在军械库展览之前，他就展出了塞尚、马蒂斯、劳特里克、卢梭、毕加索和塞韦里尼的画以及罗丹和布朗库希的雕塑，尽管当时的观众几乎全部抱有敌对和嘲笑的态度。他的画廊中也展出现代美国画家的作品，那些画家因自己的画作得到展览而大受鼓舞，约翰·马林、哈特利、德夫、莫勒、马克斯·韦伯是其中的几位。

立体派画家同印象派画家一样，从自己周围的生活中取材，而不再画历史、神话或寓言题材，在肖像画中也很少或几乎没有心理因素的表现。这种平凡的景观由于布拉克发明的拼贴画而进一步加强——在画布上“粘贴”从普通物品上剪下来的碎片，比如报纸的标题，用以加强静物画的效果。这一点与现实相关的特色经过立体主义几个阶段的演变而逐渐消失。到了20世纪20年代，据说格莱茨和德劳内的立体派作品导致了现在几乎流行全球的所谓抽象派艺术。如前所说，抽象的不是画或雕塑——它们都看得见摸得着，而是其他因素被抽取掉之后剩下来的东西。因为“抽取艺术”听来别扭，莫如用“分解”一词，或者用更为恰当的“剩余艺术”。

消除可辨认的东西，特别是在立体派肖像画中消除人脸，这与平民主义的浪潮有着一种微妙的关系，以前说过，这股浪潮在世纪之交席卷欧洲和美国。新出现的大众淹没了个人。当然个人依然存在，但默默无闻，是成千上万类似的原子中的一个。现在几百万人个个都十分重要，但在地位和习惯方面又无从区分。如果像布莱克着重强调的那样描绘具体的特征——浪漫主义派倾注了如此激情的详细的独特性——就会显得琐屑无聊。

脱离印象主义的这些趋势发生在法国，同时在其他国家中出现了印象主义几个别的变化。由弗朗茨·马尔克和瓦西里·康定斯基领导的“青骑士社”的德国艺术家修改了表现手法来象征生命和物体中的精神因素。埃米尔·诺尔德和他在“桥社”中的同志们笔下的人不堪外界力量的重压。斯堪的纳维亚的爱德华·蒙克描绘的人或惊恐万状或精神错乱。维也纳的柯柯什卡画出了酷刑造成的人性的改变。艺术正视它所处时代的罪恶，记录邪恶有时被称为表现主义，但这一名称更适合于戏剧。上述风格的共同要素是歪曲了形状但没有抽取本性。

在意大利，表达的信息和方法有所不同。那里的未来派艺术家使用立体派的技法来赞美速度、机器和一种兴致勃勃的毁灭主义。卢索洛题为“一辆汽车的动态”的画中既没有车也没有人，只是暗示了乘车高速前进时会感到的气流。

从对这段艺术蓬勃兴旺的时期的总结中可以得出两点一般性结论。一是现代主义这一用语所涵盖的时期最合理的起始时间不是1880年或1890年，而是刚才描述的那几年，即在象征主义和印象主义成名之后，大众于20世纪20年代了解到1914年战争爆发之前那几年的成就之前。在现代后面缀以主义所代表的突变只是在那个时候才为大众所普遍觉察。有一个简单的事实为证：战争结束之后对浪漫主义的诋毁和对维多利亚时期的嘲笑登上了报纸流传于公众之间。利顿·斯特雷奇和欧文·白比特是20年代的啦啦队长。

第二个结论其实暗含在第一个之中：我们目前的艺术手法都源自立体主义的那个10年，但通过对这些手法的不同方式的发展，艺术家的敏感、他对世界的态度和他对自己的感觉逐渐从结构主义——1914年之前一些画家为自己起的恰当名字——变为解构主义。后来流行的它的同根词拆解可以用来表达同样的意思，而且特别贴切，因为它的意思是“把原来建好的东西分为小块”，不是简单地“把它打垮”。

另一股力量由于战争的爆发被打断，后来再也没能恢复元气。整个文化，不只是它的前卫派产品，本来在精神上都是国际性的。在1914年以前，中欧的批评家和学者最没有民族主义的偏见。他们热情友善地论述过去和现在的艺术，形成一种与面向世界的18世纪相似的气氛。这种气氛助长了创作和欣赏时欢欣的情绪，使后来的人在回顾那些年月时把它们称为美好时期。艺术家可以自由旅行，无须护照或签证。许多人去了巴黎，通常会逗留一段时间，因为那里的气氛最热烈；他们回到柏林、维也纳、布拉格或圣彼得堡后在创作中把新得到的灵感与当地的特点和他们自己的发明融合在一起。[请读斯蒂芬·茨威格（Stefan Zweig）的《昨日的世界》（*The World of Yesterday*）。]

※

民粹主义一词作为世纪之交的一个特点在不同的背景下均出现过。在美洲，它是一个以该词命名的自觉的运动；在欧洲，它则是一种影响着政治和文化行动的观点。这个词可以定义为“人民”存在的强烈表现，包括他们的需要和权利，他们的行为和思想。90年代期间，这些构成了自然主义小说的基本内容，也是促使唯美主义者去寻求一个更优美的世界的原因。关于群体心理学一共写出了三部杰出的著作。西方世界各处都在有系统地研究社会在个人思想形成中的作用。美国的莱斯特·沃德、C. H. 库利和乔治·米德以及欧洲的滕尼斯、霍布豪斯、帕累托和马克斯·韦伯为社会心理学奠定了坚实的基础。所采用的研究方法则来自另一门新成立的社会学。

社会学的创始人埃米尔·涂尔干提出“社会事实”是类似原子的一个基本单位。它与涉及个人思想的心理、政治或可以任意改变的法律都没有关系。自杀是一个社会事实，涂尔干选择了它作为他第一项大型研究的题目。这个事实可以通过统计来衡量，并与其他社会事实联系起来以找出相关性，并做出预测——这些是一个社会的“规律”，意即统计规范。这一前提如果成立，它就包含了一种决定性，使这种研究成为一门科学。

20世纪把涂尔干的学科发展为无数的专科。今天，大众每天都会从报纸上看到各种“研究”用数字表示在具体的条件下群体中个人的行为表现。立法经常以这类报告为依据，犯罪的统计数字就是一个例子，尽管统计学家不断对数据的准确性提出质疑。社会学家对一个叫作米德尔敦的社区详尽无遗地分析了两遍，民意测验这一普遍的做法也从社会学衍生而来。每一项活动都有社会学，无论是科学、艺术、游乐，还是性；关于犯罪的社会学叫作犯罪学。

在社会科学不断扩展的同时，历史学的著述也在经历检讨和改革，同样是为了符合平民主义的趋势。史学泰斗、《剑桥近代史》的主编阿克顿勋爵告诉他手下的人："要研究一个问题，不要研究一个时期。"他是在指导他们去注意一种社会状态而不是一串事件。在法国，由吕西安·费弗尔领导的一组人也持同样的意见，不再研究事件，而要研究"集体心态"。他们出版了《经济和社会史年鉴》，使"年鉴"这个名词成为一种学派和技巧的代表，为各地的大多数史学家所接受、采用。史学的实质和特征发生了剧变。叙述、具体人物和文学性手法从它的定义中剔除出去，研究中也不再包括这类因素。在德国，狄尔泰把思想史重新定义为与社会神话史近似的东西；兰普雷茨则要求历史利用心理学和社会学的最新发现。

历史研究的这些目标一直维持至今，已故的费尔南多·布罗代尔和他的同事罗伯特·芒德罗被推为这一改革后的体裁的大师。有些人认为这种体裁终于把历史变为了一门科学，其他人则认为它实现了"人的科学"的综合。它依靠对于生活留下的普通事实进行详尽无遗的研究，这些事实保存在市政厅、警察局、商业公司和私家阁楼等任何存有纸张的地方。这种研究理论认为，只有从那些地方才能了解人民的真实生活。在这样的历史中，叙述让位于描述，主题压倒了时间的连续性，历史学家变成了研究过去的社会学家。他研究的是在某个时间某个地点的暴力情况或生活费用、宗教习惯或商业企业的形式。于是有了《哈布斯堡时代西班牙的贫困》和《17世纪英国的疯狂、焦虑和治疗方法》这样的著作。如果历史学家有足够的勇气，他会试图分若干章节论述相当长的一段时间内类似上述的题材的演变；比如关于一个单一题目的《几世纪以来童年的变迁》和全面性的《法国：

1848—1945》，书分两卷，上卷的副标题是“野心、爱情和政治”；里面的章节标题包括“富人”“儿童”“文书”和“政治中的天才”。

这些历史学家筚路蓝缕，开启了平凡事实的巨大库存，使这些先前利用不足的事实充分为人所用。他们的艰苦努力值得尊敬。以前的历史学家并非轻视这样的题目，但只是在叙述事件和个人行动并杂以阐述他们扎实的研究结果的过程中对它们稍予提及。现在个人被认为不再重要。无论是伟大的人或是中等地位的人都没有影响力，只有群众才有力量，这种力量所影响的不是无足轻重的事件，而是生活的普遍条件。这种没有动感的历史推翻了 2 500 年的传统。

史学变化的第二个结果是公众不再像 19 世纪时那样阅读史学著作了。一些专业史学家仍在撰写关于人物和事件的专著，但麦考利、普雷斯科特、米什莱和蒙森这样的大师级人物却没了踪影；他们的后学在忙于收集材料来写友谊的历史，或私人生活的历史，或嫉妒的历史。公众阅读的是通俗历史学家的著作。他们的书可以写得内容翔实，文笔生动，但经常只是把过去的事以引人入胜的笔法写出来而已，缺少了使作品获得生命力的因素。

企图用回溯性的社会学来取代历史这种做法很不可取，不是因为这样的历史没有意思——里面可能充斥着趣闻逸事，甚至到了啰唆的地步——而是因为它尽管进行了大量的发掘，结果还是达不到目的。史学家坦承数据是不完全、不充分的。结果就像一位英国历史学家指出的那样，布罗代尔的《地中海世界》中列举的大量细节并没有增多我们从以前的“文学性”介绍中所了解的情况。另一个缺点是它所处理的题目——婚姻、暴力、友谊——无法明确界定；它们进入了抽象的领域；像社会学一样，它们在一个名称下把在存在意义上完全不同的行动和情况混在了一起。

但与年鉴学派同时期的还有汤因比和斯宾格勒，他们和在他们之前撰写巨著解释历史的意义的人做的是什么呢？他们的工作应算作历史哲学，因为他们在事件的混乱中理出了系统和目的。他们把一股连续不断的力量或一个预先确定的目标作为动力，而这一动力最终将推动人类达到美满或灾难性的结局。上帝的神力、自由的进步或阶级斗争被认为是在混乱的表面下推动历史前进的动力。研究者把表现出不断前进的历史事实组合在一起，以此来证实这一理论。

这些恢宏巨制的优点在于它们的副产品：描述的部分创意新颖，令人信服，是出色的史学。但当作者把为人熟知的事件和人物强行塞入预定好的框框的时候，这一系统就无法维持了。比如，汤因比为了适合他预定的格式硬把“三十年战争”算成一场“小型战争”。造成这整个系统无法成立的原因是认为历史由单一原因驱动的谬误观点。历史的原因如同人的动机，是无法确知的，对它们两者都只能猜测而已。与其奢谈历史的原因和造成历史变化的力量，不如讨论条件和影响更为明智，因为促成历史演变的是人的意志，而意志是人人都有的。

这意味着历史学家要考虑许许多多的因素。它们包括人的性格的多样性；人的各种欲望和力量；多种多样的社会和政治机构；为改善生活而提出的无数计划；为人们所狂热地恪守、激烈地反对，并为之不停地争斗的数不清的信仰、守则和习俗；以无尽的风格和语言表达出来的浩瀚的艺术；等等。当然，还有与这一切并存的牺牲、不公和痛苦，以及外部强加的或自愿承受的迫害。考虑到这一切，历史学家一定会认识到这些需要发挥想象力的具体的东西是不能合并起来压缩为公式的。历史不是一个代理人，它也不含有暗藏的力；历史一词是对人类的全部行为的抽象，把这些行为产生的相互冲突的结果说成是某种暗藏目的的实现等于把人类变为了傀儡。

因为同样的原因，历史不可能是科学；它与科学恰恰相反，因为它着重研究的是具体情况。正如詹姆斯·菲茨詹姆斯·斯蒂芬在 19 世纪时指出的那样，它包括几条“法则”，半张纸即可容下。作为例子，姑且说历史动力学的第一条法则可以是：“事事棘手，无一持久。”它可以涵盖生活中观察到的一个事实的所有表现，即任何目的或思想的实现都不是顺顺当当的，都有障碍、挫折和暂时的停滞；任何运动、制度或文化都不可能永远维持下去。

历史既非科学又非哲学，而我们这个时代即使无法成为科学至少也要求有一套理论，于是历史益发显得无法立足。那么，这个灰姑娘还有翻身的机会吗？我们可以这样为它争辩：即使历史只是以不同的版本讲述的故事，这样一幅充满了动作和色彩的巨大壁画还是值得保留的。何况如序言中所说，在一位善于思考的史学家手中，历史还有更多的作用。它显示出以不同形式重复出现的格式，这些格式如同戏剧，有提示、冲突和收场，它们目的的连续性则暗示了主题。人的知识通过这一切不断增加。历史中还包括各具特色的生气勃勃的生活，过去的人物因而成为有血有肉的人。

这些因素本身就值得尊重，不需要理论做支撑。此外，历史还有另一种价值。本书中作者偶尔会插入一句：“这是一般规律。”意思是刚才达成的结论经适当改动后也适用于许多其他情况。这些思考的成果像历史本身一样，裨益良多并且饶有趣味；下面是整整一打结论，它们表明了回顾西方过去的 5 个世纪观察体会到的一些规律：

——使一个时代（一个纪元内较短的一段时间）形成一个整体的是一到两个急迫的需要，不是所提议的补救办法，因为这样的办法多种多样，反而会造成分裂。

——一个思想或艺术运动的最佳成果是在努力打败敌人，即先前的思想或艺术的斗争中产生的。取得胜利后别人会群起模仿，最终导致沉闷。

——“________时代”（可以填入：理性、信仰、科学、绝对主义、民主、焦虑、通信）永远是命名不当，因为它以偏概全；可能只有“困难时代”除外，因为它在不同的程度上适用于每个时代。

——一切历史标签都是绰号，如：清教徒、哥特、理性主义、浪漫主义、象征主义、表现主义、现代主义，因此有虚假不实的成分。但“更为准确地重新命名”会白费力气。持不同想法的人提出的不同名字会重新造成混乱。对历史给予的名字只能接受并把范围扩大，而不要企图加上一句话予以说明或把名称再进一步分为小部分。

——历史学家并不把原因孤立地挑出，这即使在自然世界也是无法做到之事；他只是描述他认为是相关的情况，偶尔加上对它们相对力量的估计。

——以下这些说法本身都不成立：“思想是社会的产物”，“社会变化是思想的产物”。

——上述的否定也适用于遗传和环境、伟人和大众、经济力量和有意识的目的，以及任何一对常为人援引的并列因素。它们各自行动的确切轨迹无法弄清，因此不能妄下结论。

——一个阶级不是一群步伐一致的相同的人，而是像一个平台，不断地有人从上一层滑下来或从下一层爬上去。他们一旦安顿下来之后，就会获得与平台上其他人共同的特征。

——有影响力的论述通过提出的一两条准则促进了西方思想和制度的改造，而这些准则并不一定与论述的内容一致。这些准则的支持者和学者们只是在有关著述发挥了作用之后才开始对那些著述细细研读。

——艺术中确有流派的影响，而最强烈的影响也是最灵活多变的。一旦流于刻板就成了剽窃，不应因剽窃者名声显赫而对这一事实讳莫如深。

——在传记中描述人物时使用潜意识这一动机来进行系统性的解

释会事与愿违。这种做法把传主变为一个案例，成了心理学文献中的一个类型。

——在某些时候，在某个领域中的某些具体方面确实取得了进步。然而那并非整个文化战线上的全面进步，虽然看起来似乎如此，这是因为进步把滞后的部分遮盖住了。科学也不例外。

对这些原理性的规则，研究者和读者无疑会想到某些不同或相反的例子。这就是规则的一个用途：增强对相同之中不同之处的敏锐感觉。另一个用途是指导对任何过去或现在的事实进行思考。对一般性的理论进行测验可以使记忆更为精确，这就是了解历史。还需记住这12条不是全部，还可以提出别的规则来，然而没有几条，甚至可以说没有一条，在其发源的时间和地点范围以外也能适用。

※

兰普雷茨告诉他在圣路易斯的同事们："进步的，因而也是进取的观点是社会心理学的观点。"我们已经看到了社会那一部分的结果，心理学的部分也产生了相应的影响，不过所影响的是传记，不是历史，这个题目以后会讲到。这里需要讲的是人类学的改变。这一学科也扩大了范围。19世纪集中注意个人，研究他/她颅腔的大小，顺便记录头发和眼睛的颜色以及身高。对于最热心的研究者来说，这些就足以确定种族、政治、野心的大小和最终的命运。平民主义的时代倾向丢弃了个人，把注意力转向部落。在马林诺夫斯基和弗朗兹·博厄斯的手中，人类学变成了原始群落的社会学。研究者和他们生活在一起，记录下他们生活的每个特点。人类学家把他们的一整套习惯和信仰称为文化，像以前说过的，这个词已经用滥，几近荒诞的地步。调查结果引起了普遍的好奇，人们把这些结果断章取义，当作论据来就现代社会的道德和政府进行争论。换言之，原始主义的信奉者为自己的信念找到了新根据。

与此同时，19 世纪期间作为语文学发展起来的学科到 20 世纪初期改名为语言学，并自称为一门社会科学。这也是平民化感情的副产品。语文学研究文学著作，找出同一语系中相关语言的变化和规律，一直追溯到一种假设的雅利安语言。世纪之交时，亨利·斯威特（萧伯纳《皮格马利翁》剧中希金斯的原型）发表的《英语语法》纯粹是对过去用法的描述，没有丝毫的规定；也就是说，它没有赞同某些形式，贬斥其他形式，这表示出一种新的严谨。正确这个词失去了意义。用途就是一切。斯威特还把句子各部分重新分类，去除了源自拉丁文的分组和术语。英语和任何其他语言必须作为一种特有的自然现象来研究，材料的来源不再是印刷的书籍，而是受教育最少的普通人的语言方式。

与此同时，在瑞士，费迪南·德·索绪尔正在讲授他所谓的普通语言学，也就是语言的结构。他把它定义为一套符号的系统，这些符号是任意性的，不是通过发音，而是通过彼此之间的区别来表达意思。因此语言是纯形式（可与前文所述的“纯艺术”相比）。一种语言在任何个人口中都永远不是完整或完美的，只有在众多人的口中才能如此。因此，研究语言不能仅看它随着时间的推移所发生的变化，而且要看它在任何具体时刻的状况。索绪尔把这个新奇的主意比作社会学家的工作，因而落实了语言学自诩为社会科学的宣称。结构主义的各种类型和用途以及文字风格的概念均来自索绪尔。

以语言学取代语文学产生了众多深远的文化后果。既然真正的语言是口语，这是语言学家唯一关心的，那么书面语言就一定是不自然的。既然说话的方法没有对错，对用法就不应作任何评判。正确的语言是势利鬼所尊崇的恶习。既然这一原理把言辞的变化解释为“语言的生命”，那么任何对用法的批评，比如批评说混淆了意思或丧失了有用的区别，都等于是对母语的损害。提出的批评反正不会成功，只能证明批评者是民粹主义的敌人。一位主要的语言学家在一篇著名的文章中说："讲母语的人是不可能犯错的。"言语中的"错误"反而可能会对语言这一充满活力的生命做出贡献，语言学家采用生物学家的方法来研究语言。

语言学对教育产生了巨大的影响。语法书加厚了一倍，充斥着图解和定义，因为弃除了过去的词类和它们之间相互关系的标准用语；比如，不说"句子的主语"，而是"首字"。单词根据意思和功能而一字多类，如那里（there）不仅是副词，当用来指以前提到过的地方时也可以是代词："我会到那里去的。"简言之，为了追求严格的科学，对教学从简化着手这一原则完全弃之不顾。更糟糕的是，不同的语言学家规定的语法名称和类别各不相同。结果在大学只得重新开课补救。

为了追求科学的方法，有些语言学家去寻找构成语言的基本单位。他们找到了"音素"，它是一个单音，与别的单音组合成字。不幸的是，不久就出现了这个单位的六种不同的定义。况且，按照索绪尔的体系，音根本不是单位，只是符号这种标志着某种意思的抽象物体的载体。

语法的丧失和认为任何口头语言都源自生活，因此应当得到尊重的信条还产生了另一个文化影响，它们鼓励了谈话中自然而然的漫不经心，甚至把它作为一种优点：1988 年美国的一位新总统因为讲话踌躇，语法散漫反而声望上升。本着同样的精神，语言学家大肆攻击任何敢于呼吁拯救语言中行将不保的含义，特别是要求维护字词之间的区别的人。他们这样做是自相矛盾的，因为作为科学家，他们应当对于所有对语言的影响持中立的态度。语言是用于交流思想的社会制度，如同在科学和其他技术领域中一样，当它的用语含义清楚时才最为有效，这一点似乎不在语言学的信条之列；语言具有审美的力量和用途，而这些也依赖对语言的保全，对此语言学似乎也不予承认。

语言学家把书写的文字排除在研究范围之外，好像它对言语没有影响，这又是民粹主义的特色，在科学上也讲不通。西方民众阅读的印刷品数以吨计，他们的常用语源于成百上千的书面材料，来自商业、政府、报刊、广告和关于设备与药品的使用说明，甚至还有人读了书后把作者造出的新说法取为己用。读者和作者是人民的一部分，他们关心语言的效力和美感，有权发表自己的意见，这样的权利至少应当同对语言漫不经心的权利是平等的。“人民”中许多人实际上对语言学家的态度不能苟同，他们想使用正确的语言，买字典来查。在字典中他们看到这样的注释：“标准”“非标准”“口”，有时还有“粗”。如果这些区别存在的话，似乎一个讲母语的人是有可能犯错误的，比如在婚礼或葬礼上说“粗”话就是错误。事实上，这里毫不涉及权利的问题。如果涉及，那么根据语言学的理论，它的涵盖面太狭隘了：儿童和外国人也应当享受讲母语的人所享有的永远正确的特权，他们谁说话都不应受到纠正。

至于语言的生命，这样的说法不是科学，而是比喻。语言没有生命，有生命的是使用语言的人，当人们不再讲某种语言时，如果它写了下来，它就仍然是一个整体，可读可用，像古拉丁文和古希腊文。至于是否应鼓励活着的使用者对语言进行保存或是篡改，则要视结果而定。规定标准的拼法废除了随心所欲这一古老的民主权利，结果是我们仍然可以不太费力地阅读过去500年的文学。在这一时期内，词汇经历了损失和变化，意思的区别日趋细致，这是件好事，而许多由于文盲的无知所造成的损失和混淆在当时并没有得到专家的鼓励和喝彩。按目前的发展状况，5个世纪以后的人不可能还读得懂今天的书面文字。不过，为了公平起见，需要说明，现在大受赞许鼓励的对语言随便散漫的使用是与19世纪90年代的诗人用词汇和句子结构做的游戏一脉相承的，散文作家很快也玩起了这种游戏，20世纪的广告商、记者、和公司管理人也相继跟上。

新派史学家谈到“集体心态”的时候，指的是在某个时期占主导地位，与其前后的时期有别的趋势或思想状态。时髦的用语是心理学，对这个原来称为“对人的理解”的题目的研究像其他社会科学一样迅猛发展，也成了“学”。它以详细的观察和衡量取代了原来研究者提出的笼统性结论。

在这一学科处于准备阶段的19世纪70年代，原是生理学家和医生的威廉·詹姆斯在哈佛建立了第一个心理实验室。不久后，威廉·冯特在莱比锡也建立了一个实验室，其他地方也陆续建立。自愿参加实验的人辨识对不同重量或颜色这类东西的感觉，研究者从中注意到某种规律性。恩斯特·韦伯发现辨识差别需要按比例增加刺激。如果拿起40克的重量后改拿41克可以感到差别的话，拿起80克的重量后就需要拿82克而不是81克的重量才能使人感到差别。这就是韦伯定律。

但这条定律（和其他类似的定律）似乎只适用于一定的范围。在这个范围之外，人的多样性的因素就开始起作用，于是得出结论说，感官感觉和其他的感觉无法通过分析和计量来解释。冯特设想有一股内在的精神力量把简单的因素结合在一起。观察和内省仍然是现代心理学的工具。观察捕鼠器和迷宫中的老鼠是最常用的方法，造成了“鼠奔”这一比喻的流行，用来形容现代人的生活方式。在早期的试验阶段，巴甫洛夫所做的狗的条件反射试验，被视为对心理学做出了贡献。其实那不过是他研究消化问题的意外发现。巴甫洛夫主管圣彼得堡的一家生理实验室，一贯“拒绝承认心理学站不住脚的自我吹嘘的理论”。狗与人不同，从它们身上无法了解人的思想的运作；像火灾这样的突发紧急情况会消除狗的条件反射。当迫使它们辨别差别越来越小的刺激的时候，它们会咬面前的仪器；经受同样实验的人可能也想咬做实验的人一口，但没有这方面的记录。

1890年，威廉·詹姆斯两卷本的《心理学原理》甫一面世，即被誉为划时代的著作。此书批判性地总结了自洛克以来对思想以及自贝克莱以来对幻象的所有精深的发现。它抛弃了当时风行的一些理论，如“精神素材”和纯联想主义，代之以詹姆斯自己的理论。《心理学原理》范围宽广，分析精辟。它不仅是一部受人崇敬的经典作品，时至今日，主要权威仍然经常借鉴书中的深刻见解和无尽的暗示，而且，它充盈着日常生活的内容，外行人读来也津津有味。

书中最著名，也是最有影响力的一章是詹姆斯为思想下的新定义。它“首先是一条河。链条或系列都不能准确地达意，它是流动的”。詹姆斯把详述这一论点的章节命名为“思想的河流”，以此来表明他对于先前说法的驳斥，根据那种说法，不同的“思想”是众多感觉结合而成的产物。此书出版两年后又出了删节本，其中提出了“意识流”一词，更加突出了流动的含意，最终成为心理学、文学和日常交谈中的固定用语。

詹姆斯表明，思想之间的关系同它们涉及的东西一样，也是流动的；在联想主义学说的巅峰时期，黑兹利特对此稍有意识。詹姆斯与德斯蒂一样，重申感觉与思想的起伏相联系，有些完全没有形象。比如，如果和但是这类感觉人人都有，而它们是无法以形象表现的。詹姆斯还说，思想与其说是河流中的结块，不如说是我们为了自己的各种目的从里面“切下来的一块”——人的思想是有目的的。当人不是在做白日梦，而是在坚定地追求思想的目的的时候，他就是在进行思考。

詹姆斯还研究了思想的几十种其他的功能，但他无意建立体系。他思想的科学倾向和他的经验主义哲学信念都与之背道而驰。不过他同时代的人却当仁不让。五六个体系各领风骚，不同学说的追随者互相辩论。英国人坚持他们联想主义的系统——在同时或同地发生的想法彼此密切相连，不过他们根据新的发现对其作了修改。德国人相信结构主义——感觉遵循着既定的法则。有些美国人强调个人和组织性的因素，还有一些人自称行为主义者，因为一切思想都来自身体的行动。苏格兰人麦克杜格尔是“策动论者”，相信意图和目的；两位德国人，克勒和科夫卡，创立了格式塔理论。根据这种理论，人为了调整自己适应形势对整个形势做出整体的反应。他们因此严厉地批评那些认为言语和想法各为思想中分别的功能的语言学家。在辩论中，詹姆斯和他的信徒被称为功能主义者，这为今后对这一理论做出修正留下了可能。

最后，还有一个叫作心理分析的奥地利学派。它与别的流派不同，是从对精神病的研究开始的，如同拿破仑时代的法国观念学派所认为的那样：研究有病的头脑可以揭示健康头脑的运作方式。还应指出，从 1912 年到 1950 年，关于思想没有再出现新的学说，自那以来的新理论也只是旧理论的变种。立体主义十年仍然是文化各个领域的源头。

维也纳学派的首领和核心当然非弗洛伊德莫属。他与夏尔科、雅内和布罗伊尔共同进行研究，在这些研究经验和他自己后来研究成果的基础上，不断地迅速提出卓越的理论。他的门徒荣格、阿德勒和费伦齐的名字至今仍家喻户晓。他们和后来追随弗洛伊德的人们在大师的学说基础上另有发展，但都一致同意潜意识的主导作用。他们的工作使潜意识变得像盲肠或（现在的）基因一样尽人皆知，十分重要。

尽管潜意识在弗洛伊德的学说中地位显著，在所有“深入心理分析”中都有着重要的作用，但是，关于潜意识的知识并非始于弗洛伊德。有一部关于潜意识学说发展历程的综述性著作，全书共 900 页，到第 418 页才出现弗洛伊德的名字。在他之前是众多浪漫主义时代的思想家，其中叔本华认为生命由两种本能所控制——自我保存和性冲动——后者产生意识的内容。在他之后，爱德华·冯·哈特曼收集了大量证据，表明文化大部分是由无意识的动力推动的。其他人提出了对梦境和死亡意愿的分析。威廉·詹姆斯清楚地意识到他那个时代称为阈下的因素在思想的运作中发挥的作用，1909 年他在马萨诸塞州的克拉克大学听弗洛伊德演讲时顺理成章地接受了他宣扬的学说，那次在斯坦利厅的演讲是他们两人的初会。

演讲结束后，他们在去火车站的路上边走边用德语交谈，詹姆斯帮弗洛伊德提着行李箱，但是他突然有一阵发作了心绞痛，他巧妙地掩饰不想让弗洛伊德发现，但弗洛伊德还是察觉了。两人后来在互相提及时都表示了对对方的尊重，虽然詹姆斯觉得弗洛伊德把人的动机过多地归因于性冲动。詹姆斯的多元化思想对任何形式的单一原因都予以抵制。如果他能活着读到弗洛伊德后来的论述，他可能就会接受力比多（libido）的广义，以及弗洛伊德关于求死的愿望的理论。其他医生对弗洛伊德的理论有与詹姆斯同样的反对意见，而主要靠维也纳传来的谣言了解弗洛伊德学说的大众则难以置信，尽管性的问题已经公开讨论，但人们还是感到震惊。

弗洛伊德在巴黎的导师认为某些精神错乱是由性失调造成的，19 世纪早期的贝多斯医生也这样认为。弗洛伊德提出潜意识是一般人思想的一种原动力，他这一想法是通过研究不适应社会生活的病人得来的。他的天才在于从病人随意尽情的谈话中发现一些因素，再用他强大的想象力把它们形成一套方法。他在分析中运用了他对神话、宗教和文学的知识，这给他为了介绍他的心理学理论所发表的具有说服力的讲义赋予了一种特别的意味。但他这套方法首先是用于治疗的。

过去，医生就使用让病人自我内省和倾吐心声的办法来帮助他们消除焦虑，天主教的定期忏悔明显地是把一种自然的冲动制度化。也许引导之神——天使或魔鬼——这一古老概念与欲一吐为快的内心冲动也有联系。弗洛伊德提出的清楚而完整的理论使所有这类传统和猜测都显得过时。在这方面，他与马克思和瓦格纳一样是古为今用、推陈出新的伟大人物。但弗洛伊德的学说并不是一锤定音。荣格转入了神话的领域，在那里发现了原始意象——既存在于个人心中也存在于荣格所设想的“集体潜意识”中的形成思想的力量。荣格的理论和语言得到艺术家和批评家的喜爱，导致了文学分析的方法，即注意反复出现的形象、象征和神秘的格式。至于对作家和历史人物进行弗洛伊德式的分析，在大师的著作中并无这方面的根据。从文件中找出的证据显然比不上对活人进行心理分析所得到的材料多。

第二位坚持己见的主要人物，阿尔弗雷德·阿德勒，被前两位的名声掩盖了，这是不公平的。他是唯一提出社会对思想的形成产生影响的人。后来从卡伦·霍妮到亚伯拉罕·马斯洛，不止一位心理分析学家印证了他的观点。阿德勒提出的“自卑情结”概念至少与以俄狄浦斯命名的名词一样在通俗心理学中风行。[可读保罗·E. 斯捷潘斯基（Paul E. Stepansky）的《被弗洛伊德的光芒掩盖着》（*In Freud's Shadow*）。]

20 年代晚期，摆脱 19 世纪道德规范的解放已经取得了长足的进步，弗洛伊德理论中“性”的首要性终于成了令人兴奋的题目，特别是在日常谈话中；回避这一题目是老古板，坦率直言表示思想开放。然而，那些不了解力比多一词的来源就随意使用这一术语的人却没有注意到它的多种含义。无疑，弗洛伊德在许多情况下使用该词时指的都是性冲动，但在其他的情况中他表达的是该词的拉丁文语义——愿望、急切、渴望，这里面包括性冲动，但也涵盖驱策力的意思，是促使人去想、去做、去实现的狂热的动力。力比多相当于叔本华的意志、柏格森的生命冲动、尼采的“权力意志”，和其他思想家的“生命力”。这些词语的精确用意并不完全相同，与弗洛伊德对本我的理解也不一样，但它们都意味着人内心深处的那种动力。弗洛伊德在涉及自己时使用的力比多一词表明它可以用于与性完全无关的情况。在对长达 4 年的第一次世界大战所提供的新素材进行思考之后，他又提出，求死的愿望也是一种心理动力。

心理分析在两个方面不同于心理学领域中的其他学科。弗洛伊德认为它是一种生理科学，和其他生理科学一样达到了可以用事实核实的要求；对他来说，本我、自我和超我是像神经和大脑一样运作的器官；他在著作中描述了它们的运作机制。他从未承认他对有些询问提出的解答并未解决问题的实质，或他所创造的词语虽然可能会帮助理解，但并不等于物理学的公式。

其次，弗洛伊德对于艺术型思想的运作或人类社会的特点几乎没有论述。他关于达·芬奇和陀思妥耶夫斯基的文章中没有任何评价他们艺术的文字。当然不应该指望弗洛伊德去评价文学和艺术，但在这两个领域中他的思想被任意利用，通常都把他的方法用作解释传记、文学和人际关系的依据。其实，关于艺术家，他只说过他们想要金钱、名声和性满足；关于社会，他只在他最杰出的一部著作中说过对一种文化进行心理分析是危险的。他不仅不鼓励推翻社会限制，反而把压制看作文明的前提条件。

※

在心理分析被认为荒诞不经之时——解梦的都是骗子——其他对脚踏实地的人来说同样难以置信的概念和方法也在蓬勃发展。自从 19 世纪 70 年代以来，官方宗教力量减弱，各种教派开始盛行。对于科学唯物主义的批评打开了缺口，精神上饥渴又无法从传统教会那里和艺术中得到满足的人开始转向其他的教派。这些教派采用的含义丰富的抽象措辞使人感到得以领会生命中唯一或全部的真谛，还可获得因掌握了真理而产生的心境的平和与骄傲。玛丽·贝克·艾娣创办了蔑视唯物论医学的基督教科学派，成为这一时期准备过程中的领先人物。后面是布拉瓦茨基夫人创建的通神学会，这种宗教和东方玄学的混合把人从西方个人主义的负担下解放了出来；它所蕴含的丰富想象甚至吸引了叶芝那样的聪明人。东方的吸引力也造成了维韦卡南达（辩喜）神秘佛学的流行。神话的东山再起和对心理学的兴趣造成了好几种"新思想"，它们依靠自我暗示和其他的方法指导人的意识通向光明，加强快乐感。这种思想运动一直持续到现在，由于基督教内部的教派创新而不断加强；对《圣经》的批评造成了谕意的混乱，使新的先知可以随意重新确定道德责任，许诺普度众生，有时是通过集体自杀的方法。重要的是重新找回了信仰。

相信灵媒和灵魂回返的人不算是一个教派，因为他们没有组织，不过他们保留了自 19 世纪中期以来的传统方法和显灵手段。但现在对潜意识的注意带来了一个始料未及的结果，它引起了对心灵现象的真正的科学兴趣，这些现象包括灵媒的揭示、心念传递以及鬼魂的行为和恶作剧。心灵现象研究学会自从 19 世纪 80 年代即在这一领域中进行研究，但它的活动并未引起多少注意，直到把一些为人所熟悉的超自然现象和潜意识暗示的作用联系了起来。瑞士心理学家弗卢努瓦对一位灵媒进行了 5 年的研究后写了一本书，提出了"创造神话的功能"以及它的"潜意识的浪漫向往"。这方面的科学努力还产生了一位烈士。天才的批评家，担任心灵现象研究学会干事的敏感警觉的埃德蒙·格尼自杀身亡，这使他的朋友们大惑不解。后来发现的事实表明，他之所以自杀，是因为他发现由他证实批准并发表了的一份关于心灵现象的报告是伪造的。

科学家和大众对于人的思想的兴趣自然加强了西方的自我意识。普通人内省的第一个发现就是动机不是简单或单一的。把这个现已人人尽知的说法与政治经济学联系在一起似乎有些奇怪。建立这种联系的原因是，在其他学科对它们的观点进行修改时，这门社会科学的名称和原理也发生了改变。在这一学科初生之际，政治这个形容词意味着整个国家都受到商品生产和贸易的影响，政府必须对其进行管理。到了 19 世纪后三分之一的时间，效用和均衡的思想改变了这种关系，同时从政府控制中的解放表明弃政治而用经济更为准确达意。

根据关于动机的最初观点,“经济人”是一个标准的自动体：他以最低价购买，以最高价售出。修正后的观点认为，他仍然是买低卖高，但他是否购买某件物品是由物品对他的“边际效用”所决定的，而他一旦购买，即会增加需求，影响价值和价格。原来的自动体现在有了思想，个人心理学进入了市场。购买者考虑的是他从产品的效用中能得到何种用处或乐趣。比如，新房子需要三座钟，再买第四座钟当然很好，但它带来的乐趣值不值得买钟的开支？这座钟的价值就是处于愿望的边缘，或称边际。第五座钟则根本不在考虑之列。当把所有的效用——消费者购买的效用、制造商生产的效用、零售商储存的效用等——都计算在内的时候，经济应当处于均衡状态。杰文斯、马歇尔和瓦尔拉这几位思想家提出了这方面的理论，并把经济学建立成为一门独立的社会科学。研究这个题目的历史学家仍把这一世纪之交时出现的模式称为“古典经济学”的一部分，但文化历史学家必须指出上述的区别。随着福利国家的开始，政府的作用重新出现，政治经济学恢复了地位，尽管还没有恢复它应有的名称。

※

可以理解弗洛伊德为什么坚持唯物论研究方法，因为他不愿让医学界认为他是骗子。不过，他对这一点坚持的时机不对。当时，生物科学开始从唯物论转向生机论；物种演变的方式方法受到质疑、攻击，哲学把这些和其他的趋势归纳概括，达成的结论是物质或思想不再是唯一的根本性现实。如果科学家发现有时得把光看作波浪，有时却需要把它看作微粒，这就说明了物质行为的不一致和思想的矛盾。这一对难题提出了什么才是真理和如何确定真理的问题。一种名为实用主义（Pragmatism）的理论对此做出了激进的回答。这个以希腊文为词根的词是查尔斯·桑德斯·皮尔斯选择的，他原来建议用这种方法来确定重要词语的意思，指一个词语含义的实际效果的总和。威廉·詹姆斯把这一定义发展为关于真理的理论。他在《实用主义：旧的思维方法之新名称》一书中提出了作为这一理论基础的论点和应用实例。由皮尔斯选定，后来被詹姆斯所采用的这个名称实在糟糕，因为过去它就词意混乱，现在则更加离谱。要彻底澄清它的词义是不可能的，但为了这里行文的清楚，需要说几句——

关于一个词的题外话

几世纪以来，实用（pragmatic）曾有过许多的含义：忙碌、多事（爱管闲事的人）、武断、有关国事、根据惯例、给出实际的理由，如今还有不讲原则的意思。这样的记录实在不够光彩。希腊文的词根pragma含义为做成的事情、需要做、做得对，还有更简单的事实的意思。今天的报纸标题"实用主义者胜选掌权""从革命者到实用主义者"，指的是不坚持原则的政客；这种人靠妥协和放弃自己声称的目标而起家。在报刊发现了这个更为动听的字眼之前，本来有一个用来形容这种随风倒的最贴切的词：机会主义。

实用主义在哲学上的意思在立体主义十年间引起了一场激烈的辩论，或者应该说，詹姆斯的原意遭到误解，因而受到激烈的攻击。有着这样一个过去的主义再也不可能恢复它的本意，不可能获得令人满意的含义。它的处境像浪漫主义一样糟糕，比清教徒主义还要难堪。詹姆斯关于真理的实用主义理论回答了这样一个问题：如何决定一个说法是否真实？明显的回答是：看它是否确切地描述了事实。詹姆斯指出，这种真理的“复制理论”有一个重大的缺陷。人把一段经验记录下来作为真理提出。如何对它进行检验呢？不能再回过头去看所记录的情况，那可能会揭露出严重的错误或虚妄不实，但如若没有发现错误的话，再看并重复那种说法也可能只是重复一种幻觉。应当设法透过表面找出别的什么东西来与可能是虚假的印象相对比，而这是不可能做到的。

詹姆斯说：不要回头看一个说法的起源，而是要向前看它的结果，看一看如果相信这个说法，并根据它采取行动，将会产生何种实际效果。这种方法也适用于物体。对一个物体的真实概念是通过对它的接触和使用所得出的观察结果的总和。根据一种假设采取行动，所产生的结果会证明这种假设的真伪。按照这种观点，一种理论或方法必须达到我们的期望，也必须符合我们原已在使用中检验过的知识。如果出现不合之处，该丢弃哪一个呢？只有通过用具体结果进行检验才见分晓。过去的肯定和对权威的依赖都不能证实真理。

詹姆斯把实用主义称为由来已久的思想方法。此说的基础是历史上以各种措辞表达的那句格言，最为人熟悉的说法是“看了果子就知道”。他的另一层意思是：使用结果进行检验这一实用主义方法在实际生活中人人都用，无论是科学家还是外行人，因为没有别的东西可以用来与宣称的真理相对照。

然而，在关于实用主义的争议中，反对者把“真理是以后的经验会不断证明的东西”压缩为“真理是可以自圆其说的东西”，试图以此来诋毁这一原则。欧洲的批评家抓住詹姆斯的出生地大做文章，说他的理论是典型美国式的，是“给工程师用的理论”，意思是只注重行动，对思想却麻木不仁。

除了极少数以外，投入辩论的专业哲学家无论在立论的中肯方面还是在论争的礼貌方面都算不得出色。他们无视对他们的反对意见提出的回答，也拒绝考虑詹姆斯在他的书中所介绍的他发明的方法应用的大量实例，那些例子表明了詹姆斯的方法如何解决了决定论、自然的模式、物质和精神等长期以来存在的问题。对那些哲学家来说，纯粹的真理具有超越现实的、神一样的性质，对它应虔诚地膜拜，它的宣示是绝对的。要求用行动来核实真理是对高尚的真理的贬低。詹姆斯把真理作为效用的指示物，作为总是暂时的和不完全的东西，这种观念简直是大逆不道。

许多欧洲批评家忘记了科学，因为科学追求真理的方法就是进行严格而诚实的实验，以验证一项假设产生的结果，看它与先前的真理是否符合。核实的意思是使其真实。它是一个过程，是一个达到所定目标的工具，而不是某些理论中静止的特征。有一位哲学家撰文驳斥实用主义，说他尝试了实用主义的方法，但发现它根本不管用，哲学家的愚蠢至此登峰造极。对詹姆斯的理论来说，工具主义可能是个更恰当的名称，他的几个支持者也曾用过，但他们去世后这个名称也随之消逝。

虽然提到詹姆斯通常会使人想到实用主义，但他之所以成为西方思想家中的巨人却不是因为他发掘出了这种寻求真理的年代久远的方法的优点。他先是作为心理学家，然后作为哲学家，为广大的研究者指出了新的方向。描述发现真理的过程只是他成就的一部分。他的第二个成就是激进经验主义。这指的是他所奉行的前提：经验是现实的唯一基础，现实没有思想和物质、灵魂和肉体、观念和感觉之分。

作为这个概念的铺垫，詹姆斯发表了一篇题为“意识存在吗？”的论文。这样问不是开玩笑。当然，詹姆斯不否认人对自己对世界都有意识，他所否认的是存在着一种叫作意识的独立实体，在一旁对经验进行观察。詹姆斯说，我们的感觉和知识来自经验中的一部分与另一部分的接触和联系，正如当我们进行自省，检查自己的行动和思想的时候，或当我们区分一个物体的不同性质的时候，甚至当我们从经验之流中区分出物体的时候，这一切活动都是在经验之流内部进行的，它们满足了我们实际的和智力上的需要。这两种需要在性质上并无不同，因为经验包括好奇和对真理的寻求，而实用主义理论表明它们是与生活中的效用相联系的。

激进经验主义是一种哲学，实用主义是一种方法，两者彼此独立。如果实用主义正确地反映了事实，那每个人都是不自觉的实用主义者。按詹姆斯所说，激进经验主义是一种选择；必须明白常识和熟悉的哲学概念是如何被纳入詹姆斯对经验的全面看法之中的。对詹姆斯来说，宇宙是多元而开放的；它不是事先定好的秩序，而是随着科学和艺术日益深入物质和精神（多元）的现实而不断形成的。在不模糊方法和世界观之间区别的情况下，可以称为实用主义一代的人的特点在于，他们以各种方式表现出他们重新认识到经验在各方面的首要意义，无论是政治、社会思想、审美，还是宗教。

实用主义一代的影响是多种多样的；柏格森、狄骥、恩斯特·马赫、费英格、克罗齐、齐美尔、狄尔泰、F. C. S. 席勒、杜威、尼采、弗雷泽、涂尔干、萧伯纳、奥尔特加·加塞特、帕累托、诺曼·安吉尔，还有费边主义者，他们来自不同的背景传统，在对各种题目的处理中保留了那些传统的不同因素。当时有一本书名为“政治中的实用革命”。而艾尔弗雷德·西奇维克在他的著作中则谈到了形式逻辑和周密的论点在实际辩论中的无力。这再次说明了经验的价值，这一教训适用于维多利亚时期道德规范崩溃的全过程。那套道德规范的问题在于它刻意否认经验中的某些事实——在当时这样做是有用的。用一种新的方法来“接受”的经验打碎了那种道德规范。（我们看到）90年代那些自发的实用主义者轻易地表明，旧的理想在生活中产生的后果证明那些理想是错误的，可能应该反过来才对。因此怀特海才称赞詹姆斯“改变了照明”。

众所周知他推进了对（与真理相对的）信念的理解，但这方面的介绍并不总是准确。在《宗教经验之种种》中，他研究了人的信仰冲动的众多形式和方向，以及这些形式和其他思想特征之间的联系。他告诫不要采用简化论的观点，把神秘主义解释为受到挫折的性欲，或把清教徒的自我折磨归因于慢性消化不良。在《宗教经验之种种》成书之前，詹姆斯提出了“信仰的意志”这个短语来表明信念这个未经核实的想法在不可能进行检验的情况中是合理的、宝贵的。他举了一个登山者的例子：一个登山者必须跳过一条深沟才能得救，如果他坚信自己能做到的话就会增加他成功的可能性，没有自信可能就跳不过去。不相信实际上也是一种信念。生活中这类的选择无穷无尽，信心十足的人总是胜过犹豫不决的人。

根据同样的推理，宗教信仰给人以力量，因此在这一意义上是合理的。批评家扭曲了这句有条件的话，改为“无论什么东西只要你相信就是真理”。其实，詹姆斯非常小心地界定了他的原则在什么时候、什么情况下适用，正如一位逻辑学家所指出的：“詹姆斯真正倡导的是使用可行的假设，虽然那些假设经常是永远无法核实的。”詹姆斯后来把信仰的意志改为权利，它们都不等于“异想天开”。詹姆斯的世界观涵盖广阔、影响深远，并且历久弥新。关于无数题目的论述都引用他的话，在回顾性的评价中也经常提到他的名字，对他的影响之广表示惊叹。

※

另一位思想家的激烈程度与詹姆斯不相上下，他的著作于 1890 年出版，到了 20 世纪才流传开来。他立论的出发点是希腊神话中阿波罗和狄俄尼索斯的对照：理智的静止的秩序相对于冲动的生气勃勃的运作。这位思想家就是尼采。格奥尔·布兰代斯是他的代言人。本来尼采的观点分散于各种格言隽句之中，由于布兰代斯的努力，才使尼采的哲学开始有了一定的全貌。没有尼采主义，不是因为他的学说没有人崇拜和加以阐释，而是因为他的学说是一系列的评论和想象。它们意思清楚，前后连贯，但没有组成一套体系。这说明了一点：对尼采来说，如同对詹姆斯一样，经验还不完整；它总有新的东西，特别是在人的本性方面，因为至今人仍未发展完全。

对只受过粗浅教育的人来说，尼采学说的代表就是超人一词、权力意志这一短语和“上帝已死”的宣称；他们对这三者的理解也都是错误的。尼采可不是粗暴的无神论者，他表现出对耶稣的尊敬。他也不是唯物论者。思想中固有的精神是创造性的，超人是人在现有基础上进一步自我发展的结果。死了的上帝指的是基督教的上帝。基督教这一信仰旨在帮助精神上的弱小者，它美化没有自立能力的人，结果造成对生活感到恐惧和愤恨的受害者人数成倍增加。

健康的人内心都有权力意志，这是一种采取行动、取得成就的渴望，包括自我控制的品质，这最后一点将成为超人的特征和一种新的道德规范。目前关于何为邪恶的观念将为其他的是非标准所取代，新的是非标准将与西方文明中基督教和世俗的美德与恶习完全相反。在道德观和对真理的寻求方面，尼采是实用主义者。

尼采和易卜生一样，鄙视现行的理想；他像所有的实用主义者一样，认为对习俗的挑战应当以它们的结果来判断，依据的标准应为对改进生活是否有益。像唯美主义者一样，他无法忍受由报纸和“思想深刻”的记者塑造而成的公众思想。那些“热爱艺术”和有“先进思想”的知识分子和大众一样一味盲从；他称他们为“不懂文化的庸人”。个性、勇气、想象力，热切地扩大和丰富个性而不是对个性进行管束和限制，这些在社会中全付之阙如。只有通过蔑视和攻击现在的世界才能创造一个适于居住的世界以及相应的富有表现力的艺术。尼采有的比喻，像之前引用的几个短语，很容易造成误解；“金发的猛兽”“超善恶”，和好战的形象使人联想到野蛮的武士和“超人”——暴君式的霸主。加之尼采对怜悯之心和基督教慈善的谴责，以及对善良行为的轻蔑，看起来似乎他向往的与其说是超人的品质，不如说是野蛮粗暴。其实，他这些令人遗憾的说法虽然刺眼，却只是偶尔一用，他在大部分著作中都是以心理学家、社会批评家和艺术评论家的真实面貌出现的。

这并不是说在他那种个人主义的基础上能够创立一个适合生活的社会。不过，他设想的是全新的人和全新的文明，不是乌托邦。他在心理方面的分析是正确有理的：同情很容易变为一种助长自以为是的自私的快感。它需要穷人和弱者永远存在，而不是鼓励健康和自立的人。

尼采对群众和随大流的知识分子的性格的攻击是在 19 世纪 70 年代和 80 年代发动的。当时，工业的蓬勃发展、资本主义企业的残酷无情和重兴的帝国主义的蹂躏破坏都正处于巅峰状态，造成普遍的欢欣和自得的气氛，德国尤甚。俾斯麦为建立帝国打的三场战争与尼采的军事比喻没有丝毫类似之处。尼采对德国打败了丹麦、奥地利和法国之后的大肆吹嘘厌恶之极，认为这种吹嘘粗俗低下，与贵族气质正好相反。

尼采除了是哲学家和古典学者以外，还是位出色的业余作曲家。他按照柏辽兹的体裁写了两部交响乐，当他听了比才的《卡门》后，盛赞它为“地中海艺术”的典范。他这样说是与瓦格纳的“北方”音乐相对照。尼采早期对瓦格纳的理论和音乐迷得如痴如醉，很快就成为这位大师的朋友和捍卫者。后来他摆脱了迷恋，写了几篇文章批判瓦格纳的理论和作品；他在那些作品中看到了他所谴责的整个文化的特点：宏大、冗长、夸张。艺术如同人的灵魂一样，应该是贵族化的，其表现是从集中的精力和敏捷的感觉中产生出来的直截了当和简明扼要。《卡门》就具有这些特点，不仅与瓦格纳的作品截然不同，而且与德国的学术和哲学慢慢吞吞、反复思考的风格形成鲜明的对比。尼采的文章在清晰和优雅方面堪与歌德和叔本华媲美，达到了这些被德国的传统所忽视了的要求。

尼采天生不受平民主义的传染。查拉图斯特拉之所以被他奉为模范贵族是因为他真正地独往独来，超脱于集体的热情。希特勒和他手下的知识分子把尼采奉为预见到他们的社会和种族信条的先知是一个错误。他们很快发现他并不适合这一角色，而且恰恰相反。于是过了不久就把他悄悄地扔在了一边。[可读乔治·艾伦·摩根（George Allen Morgan）所著《尼采的意思》（*What Nietzsche Means*）。]

揭露自己所属的文明有不止一种办法。最常用的是把上层阶级道德和思想的丑恶与被统治人民的坚强美德相对比。卢梭和杰斐逊使用的就是此种方法。他们把严肃持重的工匠和乐天知命的农夫作为理想的公民。托尔斯泰又下了一层，把俄国的农民作为赞颂的对象。这些选择并非凭空得来，而是与被认为是理想类型的人打过交道之后做出的。对托尔斯泰来说，他在拥抱这种原始主义之前也同样熟悉权势阶层的人，他本来也是他们中的一员，并且写出了称誉世界的文学杰作。

后来，托尔斯泰对这些和其他的小说全部否定，同时也否定了西方的全部艺术成果。他努力表明小说和戏剧中再现的生活是多么矫揉造作，它们的题材是多么狭隘，任何不是在首都大城市成长起来，没有受到荒谬的习俗和刻意培养的兴趣腐蚀的人都会感到它们费解难懂。他对一部现代歌剧的描述是绝妙的讽刺文章，情节和制作可能是他编造出来的，因为没有人猜得出他指的是哪部歌剧（请读他的讽刺文章《艺术是什么？》）。

托尔斯泰尊敬的自然人是褒义的头脑简单的人，在世俗人的眼中他们愚鲁木讷。这种人善于劳动，忠于职守，为人谦卑。他们是基督徒，但不是东正教教会意义上的信徒，只听耶稣的话就已足够。托尔斯泰以实际行动证明了他心口如一。他在晚年和他以前的农奴一起生活，没有舒适卫生，也没有美衣美食。他为了教育农奴写了四本《读本》，是民间故事体裁的杰作。

他如同圣人一样从社交界和学术界隐退的消息传到国外，造成了一个派别的出现。人们前来拜访这位当代的早期基督徒，或是出于好奇，或是要证实他们效仿他的决心。更多的人受到他的和平主义和不抵抗信念的影响，鼓吹和平的队伍因之更加壮大。当时，国际社会首次提出了通过仲裁解决国际争端的主张和建立一个捍卫和平的组织的希望。1898 年，沙皇呼吁次年在海牙召开一次大会。26 个国家派了代表参加，他们在会上讨论了裁军和编纂战争法的问题。他们在纸面上同意禁止使用气球投掷炸弹，也禁止使用毒气和达姆弹（柔头弹）。战俘应得到人道的待遇，冲突应通过仲裁解决。建立了一个常设法庭来指导仲裁，但诉诸法庭和任何对军备的限制都不是强制性的。

有人认为沙皇倡议这次会议是因为他没钱与别国在军力上竞争。不过他的倡议没有白费力气，8 年后，威尔逊总统促成了第二次海牙会议。这次会议改善了仲裁机制，起草出了由各国签署的公约；这些公约规定了战争的规则、中立国的权利和追讨国际债务采用的办法。在这两次会议之间，许多国家建立了和平协会，它们的活动一直持续到 1914 年。威廉·詹姆斯深知人的侵略本性需要发泄口，因而写了《战争的道德等效物》，建议募集青年去荒野中做苦工或提供社区服务，这预示了 20 世纪中期的和平军。

后来的 4 年大战使和平主义成了叛国罪的同义词，虽然有些作家，像罗曼·罗兰，在中立的瑞士这个安全的地方继续宣传和平。也是在瑞士，列宁和他那一小群正统马克思主义者创办了刊物《火花》，与其他的社会主义者和哲学家、科学家或任何背离历史唯物主义的人进行无休止的哲学辩论。

※

立体主义十年也带来了文学方面的创新，但没有出现像画家造成的那种震惊。戏剧和小说的外在形式依然如故，不过创新者作品的内容却大不一样，尽管开始时由于常规小说的大量涌现而不太引人注目。随着译本的迅速出现，俄国作家的作品被西方大量吸收，他们对人物的处理手法与当时人的兴趣从身体向变化莫测的思想的转移不谋而合，并进一步加强了人对思想的兴趣。这样的兴趣变化也是符合当时的反唯物主义思潮的。俄国的小说，特别是陀思妥耶夫斯基和契诃夫作品中人物的行为常常难以解释，违背理智和自身利益，虽然有时这种行为与宗教习惯或祖先的传统有关，但比西方作家所习惯的描述更脱离社会。内心力量强于外部规范。这种新的观念使自然主义的小说相比之下枯燥乏味，并给小说注入了一种神秘感和恐怖感。

亨利·詹姆斯晚年的作品与俄国作家的作品基调完全不同，但深度一样，重点描写感情和思想的复杂纠缠，紧张的情节即由此而起。他对人物的处境、职业甚至行动只是寥寥几笔的白描，但读者一旦学会了如何读他的作品，就会对里面的情景印象深刻，难以忘怀。经过150年后，小说行将抛弃它以创造的手法描绘历史的作用和社会批评的功能，只留下心理作为研究的领域。另外，詹姆斯在他的笔记中确定了使小说成为艺术品的方法：限制对话和对外部的描写，集中注意形式，即对主题处理的平衡和对称。据他说来，这包括人在面对面的思想冲突中所做出的那些会影响到对方的决定。大众和批评界对他的作品望而却步，说他的风格太过艰涩。他们没有注意到他那与感情保持微妙距离的文字和用来修饰感情的副词中时时会出现与日常生活相关的口语化的短语——这是自然主义的手法。

康拉德另辟蹊径，描述在奇异的地方或海上发生的暴力行动，并且锲而不舍地探索他笔下普通人的怪异想法和动机。醒目的事件和别致的背景使他的作品赢得了读者的欢迎，相比之下，詹姆斯的最后三部小说几乎无人问津。康拉德被看作专写航海故事和革命性政论文的作家，反而从中受益。这种方向性的改变很早就有人提出了理论。J. K. 于斯曼与自然主义的领袖左拉分道扬镳，在小说中描写与社会状况无关的怪僻性格。他的第一部这类作品《逆流》有一篇长长的序言，里面为这样的写法给出了理由。

未经改革的小说仍然创意不足。主要的小说家，比如阿纳托尔·法朗士、罗曼·罗兰、保罗·布尔热以及他们的外国同行也描写人物的性格，但更注重对观点进行批评。其实他们写的是长篇论文，中间加以对话和情节使他们开出的苦口良药更容易让人接受。只有莫里斯·巴雷斯和皮埃尔·洛蒂在他们的“自我小说”中——在司汤达发明了这一体裁很久之后——表现了新的内容，叙述浪迹天涯的旅程与非同寻常的感觉和欲望，这些感觉和欲望助长了对自我和独特性的热爱。然而，还是有人不断提出对自然主义小说的反对。在于斯曼之后很久，弗吉尼亚·伍尔夫在《贝内特先生和布朗太太》中提出了同样的论争。贝内特对英国各阶层的生活进行研究，他写的“研究报告”广为流传，他也因此备受尊敬。布朗太太是个想象出来的人物，按弗吉尼亚·伍尔夫的说法，阿诺德·贝内特几乎完全是根据外部因素来描绘她的，从出身到阶级、衣着和家庭生活，她的思想和感情尽管也有所提及，但只是予以表面化的处理。

心理学显然是新世纪的主要关注对象，无论是专业研究还是作为文学的主要手法，有时用纯心理的写法，有时与惯用的社会描写混在一起。最纯粹的形式是人物的意识流。一位老一代法国作家爱德华·迪雅尔丹在一部中篇小说中曾插入一段他称为“内心独白”的内容。更早一些，狄更斯在一两段中表现了人物自言自语、信马由缰的语流。迪雅尔丹的发明未得到注意，狄更斯的尝试也没人记得。当然，这一手法是人为的，作者用它是为了表明一种观点。河流的形象流动易逝，谁也来不及把它记下来，乔伊斯后来在《芬尼根的守灵夜》中采用的手法结果是作茧自缚。所有这些内省与90年代对物质现实的厌恶和创造另一个世界的努力有本质上的不同。两者正好相反。20世纪早期的艺术家并未离弃任何现实，而是热情高涨地探索尚未被征服的领域。

※

在立体主义十年间，舞台还不敢把荒诞不经、莫名其妙的人物作为主要角色推出。斯特林堡、萧伯纳、易卜生、高尔斯华绥、皮兰德娄等人采用了相反的手法，他们不再使用情节剧通用的动机，而改用具有超常智力和表达能力的人物来对付自我意识发出的种种疑问，皮兰德娄特别强调在自我和行为最底层的含糊不清。[可读埃里克·本特利（Eric Bentley）的《作为思想家的剧作家》（*The Playwright as Thinker*）。] 与此同时，舞台制作在马克斯·赖恩哈特、戈登·克雷格和斯坦尼斯拉夫斯基手中发生了变化。这三人中第一位在新的机械装置的帮助下制作出规模宏大的壮观场面；第二位设计的布景抛弃了现实主义，着重背景和结构的美感，它们不是作为道具在演戏中使用，但可以增强戏剧效果；最后一位确定了后来被誉为“体系”的规则，后文将会对它有所介绍。舞台效果制作者的重要性正在逐渐超过剧作家和演员。

雄踞舞台的仍然是老一派的演员，著名的有莎拉·伯恩哈特，她的金嗓子延长了19世纪剧目的生命；还有埃勒诺拉·杜丝，她的风格更为细致，隐约可见新风格的影子，“她似乎根本不是在演戏”，因而适合于当时的思想戏剧。斯坦尼斯拉夫斯基的表演方法完全出于纯粹的理智。他导演现代戏剧，如契诃夫的戏的时候，训练演员的办法是要他们掌握人物的“心理”。这需要研究角色的环境，即剧本的其他内容和作为该剧大背景的外部世界。为此目的，全剧的演员和斯坦尼斯拉夫斯基花好几个月的时间把剧本读了又读，展开讨论。排练期间他对每个演员的要求严格到近乎粗暴的地步，他对演员最无情的批评只有一句话：“你演得不可信。”他自己研究的范围越来越广，所以他在舞台上等于是在主持博士生研讨班。一段时期之后，他最终否定了“带着壅塞的头脑却是空洞的心灵”的表演方法。

萧伯纳发表的剧作中有一点儿“体系”的影子，每个主要角色都有几行关于年龄、处境和主导态度的介绍，但比起斯坦尼斯拉夫斯基体系的洗脑简直算不了什么。体系暗示的个人的独特性是风靡一时的心理至上的又一副产品，在诗人的作品中大行其道。在德国，斯特凡·格奥尔格门下的弟子虽然不是诗人，但他们那一派信奉的正是自我不可复制这一相同的核心思想。意大利的邓南遮也有同样的信念，他不仅在作品中倡导，而且还身体力行突出这一思想。名声更大的里尔克在诗中解剖自我的经验以寻求其中的奥秘，但表达的方式却迂回隐晦，需要破译它们的意义才能理解隐藏在优美的诗句下面的含义。

有人说，理查德·施特劳斯的作词家胡戈·冯·霍夫曼斯塔尔的早期作品表现出他有可能成为自默里克以来德国最伟大的抒情诗人。但是，他经历了一次精神崩溃之后，开始坚信文字无用，于是选择了为歌剧作词这一附属性的行业，他的名字也因此在歌剧观众中广为流传。歌词当然要明白上口，这一点他做到了，而且他还通过精致的歌词和角色的奇特动机给被称为抒情戏剧的歌剧赋予了罕见的优美。

叶芝在这个十年结束时换了全新的面貌。自从19世纪80年代中期他开始写诗起，他的特点即一直是字音如歌和对感觉的流畅回应，而他1914年出版的诗集《责任》中却不见了这些特点。里面的诗行密集紧凑，尖锐的用词以绝对非田园式的精神论说社会和道德主题。不过，在那个十年中更令人惊讶的是一位年纪已大且笔耕多年的新诗人的出现。19世纪90年代晚期，托马斯·哈代因在小说中写到性的主题而遭到严厉批评，于是他放弃小说创作，发表了第一批韦塞克斯组诗，其中包括一些30年前写成的诗。之后又出版了他关于拿破仑战争的三部史诗《列王》。汇集了他新老诗作的诗集源源出现，立即赢得一片赞扬。他一共出版了七部厚厚的诗集，最后一部是在他于1928年逝世之后不久出版的。这些诗集为他赢得大诗人之誉。他的诗受到热情欢迎与他在文字上的创新有一定的关系，他的遣词造句看起来怪异但意思清晰，符合英语的特点；另一个受欢迎的原因是他以不动声色的方式叙述以死亡或绝望而告终的情节紧凑的戏剧性故事。有时事情的起因纯属偶然，受害者因自身蒙昧不明或优柔寡断而注定了悲惨命运；在其他的时候，变态的想法或感情不可避免地造成灾祸的降临。所以他的诗才有如下的标题："生活的小讽刺""处境的讥讽""时间的笑柄"。没有哪位英国诗人能像他那样把乡村生活和习俗写得如此扣人心弦又如此冷静实在。他的作品常常表现出一种听天由命的情绪，这表示了善于思考的头脑在科学决定论主导下产生的一种敏感，然而读他的作品不会感到灰心丧气，而是会感到振奋，在诗歌中这就是悲剧精神的象征。

※

以立体主义开始的这段时间以音乐舞蹈的大量涌现而结束，出现了俄国的芭蕾舞和瓦格纳之后的新一派作曲家。俄国的舞蹈家、编舞、舞台设计和他们的主要音乐家斯特拉文斯基在1910年以一剧《火鸟》风靡巴黎，紧接着又演出了《彼得鲁什卡》和《春之祭》——庆祝春天到来的典礼仪式。第一部和第三部作品的神话主题与第二部的热闹都令人愉快，制作令人眼花缭乱。巴克斯特在舞台设计中使用的鲜艳夺目的颜色、主演尼任斯基和巴甫洛娃令人惊叹的舞技、福金设计的崭新的舞蹈、佳吉列夫毫无瑕疵的制作，以及斯特拉文斯基的音乐中人们所不习惯的洪亮和节奏，这一切引起了热情的赞扬，也造成了愤怒的抗议。《春之祭》像立体主义的首批作品一样引起巨大的愤怒，它的首场演出在奥古斯特·佩雷新建成的香舍丽榭剧院造成了暴乱。观众站在座椅上大声谩骂，对于持不同意见的邻座则报以老拳。

对于一位自我放逐的美国女性的新奇表演，巴黎人和欧洲其他地方的人的反应则大不相同。伊莎多拉·邓肯代表的是自然舞蹈，它任意的动作和多变的节奏与古典芭蕾舞的工巧截然不同。看到舞台上孤零零的一个舞者赤着脚带着薄面纱令人耳目一新，精神一振。伊莎多拉对贝多芬和瓦格纳音乐的“诠释”也给人以惊喜。别的人是跳舞，她是在再创作。她成为被诗人讴歌的偶像，她对自由恋爱的提倡形成了一个派别，她在几个国家建立了舞蹈学校，她的追随者牢固地确立了现代舞蹈。雅克-达尔克罗兹发明了韵律舞蹈，这是一种教孩子随着音乐自然摆动四肢和身体的方法。

无疑，由斯特拉文斯基始创（邓肯与其呼应），充满活力的原始主义部分地来自他那直接刺激神经的鲜明节奏和不和谐的和弦。相比之下，90年代晚期出现的那批新得使人不安的作曲家反而显得合乎理性，令人愉快。那些人尽管形形色色，但都决心摈弃瓦格纳的影响，不用19世纪的抒情风格和戏剧性的手法表达感情。德彪西、德利乌斯、夏布里埃、胡戈·沃尔夫、斯克里亚宾、埃里克·萨蒂、杜卡和布索尼是其中最突出的创新者，但他们只是音乐大军的一部分；另外一部分人娴熟地改动并增加了19世纪的技巧，他们与现代派一道活跃盛行。布鲁克纳、马勒、埃尔加、沃恩·威廉、施特劳斯、西贝柳斯和普契尼以及他真实主义的同胞们所作的音乐至今魅力不减。

由德彪西领导的现代派后来被称为印象派，因为他们作曲时采用如同点彩法的分离的和声与音色，避免长旋律、对位声部和节奏或其他形式的强调，这是对19世纪方法的背弃。其实他们是在应付那个时期遗留下来的困境，那就是使用主调以外音符的变音体系造成音调的逐渐消失。这一困难由来已久：凯鲁比尼听了贝多芬的《菲岱里奥》后，抱怨说听不出前奏曲用的是哪个主音。德彪西还采用独特的音阶来改变人们所熟悉的音乐的气氛。他所受到的影响特别迂回。他这个启发来自19世纪70年代的“俄国五人团”，特别是鲍罗廷和穆索尔斯基，而他们又把灵感归功于柏辽兹和他对调式的用法。德彪西在这个基础上更进了一步。他的和弦不受旋律的约束，跳跃使用，违背常规，确立了另一种逻辑。这种方法十分灵活有效，一位后来的作曲家和音乐史家在回顾这两个十年时发现斯特拉文斯基和勋伯格的战前作品都大量使用这种手法。[在此向读者推荐康斯坦特·兰伯特（Constant Lambert）的《嗬！音乐！》（*Music Ho！*）。]

众所周知，音调从一开始即是勋伯格关心的问题。他在1911年发表了一篇关于和声的论文，大概就是为了把自己的思路理顺。与他同时的康定斯基把这篇论文称为对现代主义的又一贡献，虽然里面没有提及最终为各地作曲家竞相采用的体系。勋伯格成了音乐的救星。其实，在他发表那篇论文之前，他就在1909年的第11号作品第一部中迈出了第一步，那是一部无调钢琴曲，或如他喜欢说的泛调钢琴曲——没有中心主音。同年，他以同样的手法写出了《五首管弦乐曲》，使学者和习惯于常规音乐的人们听后如堕云里雾里。从音调中解放出来这一西方音乐的组织原则与其他艺术领域中同时发生的剧变遥相呼应。

同期，美国对古典音乐做出了两个贡献，其中一个很容易被忽视：约翰·菲立普·苏泽的进行曲。他大量出色的作品远非平常的军乐，旋律和复调都雄壮优美，可与这一种就连最伟大的大师也未予小觑的体裁中任何其他作曲家的作品相媲美。第二个贡献是一个开创性的革新，那就是黑人音乐家先是在新奥尔良，然后在芝加哥写作并演奏的散拍乐和布鲁斯乐。他们的音乐是对各种不同传统的发扬光大，不过一直限于当地流行，直到被恰当地命名为爵士乐时代的时期蓬勃发展起来。

这种新式美国音乐在南方和中西部迅速发展的同时，一群信奉瓦格纳和尼采的学说，崇拜易卜生、萧伯纳和立体派艺术家的人正在东北部宣扬欧洲的现代主义。这些人有詹姆斯·亨内克、巴雷特·温德尔、布兰德·马修斯、约翰·斯隆、艾尔弗雷德·施蒂格利茨、斯特芬·克莱恩，还有 H. L. 门肯和乔治·让·内森编辑的“思想的刊物”《时髦人物》的所有撰稿人。

总而言之，现代主义的孕育发展经历了三个阶段：大约从 1870 年到 1885 年是准备时期，其间对老的模式提出了怀疑或试探性的藐视；90 年代期间（约从 1885 年到 1905 年），19 世纪的道德规范及其对艺术的限制被完全推翻，而对平民世界避之不及的唯美主义阵营不断壮大；最后的第三个阶段是立体主义十年（1905 年到 1914 年），其间年轻的一代受到改变了生活现实的各种发明创造的激励，采用了与常识背道而驰，类似科学概念的方法，从根本上改变了艺术的目标和形式。与此同时，也是在 19 世纪 70 年代兴起的民粹主义大潮启发人们给历史和社会科学重新定义。自那以来，20 世纪做出的贡献和发明只是通过分析来进一步完善所取得的成就，或用模仿和嘲讽的方法来予以批评。不过这些表现要等到四年大战的长时间中断之后才得到公众的注意。

第四部分

从“大幻想”到“西方文明不能要”

大幻想

1914—1918 年的大战把现代世界抛上了自我毁灭之路。那场战争被称为大战只是因为它的规模大，并非因为它有任何崇高伟大之处。1940 年爆发了又一场大规模的战争之后，鉴于它已是第二次，前一次就被叫作第一次世界大战。其实这是一种误称，因为 18 世纪的欧洲战争也是世界大战，当时的混战远及印度、北美，甚至海上。只不过它们不是不同人民之间的战争，没有威胁到文明的生存，也没有导致一个时代的终结。

第一次世界大战那场浩劫发生之前的 15 年后来被称为美好时期（labelle époque），也叫作“宴欢年代”。这种忆旧情绪所留恋的是立体主义十年中高度的艺术成就和那个时代众多的杰出思想家，是他们推动了社会改革，力促政治转变，形成了今天遍及全西方关于国家的观念。另外，还有第三种力量也在起着作用：对暴力的施行和信仰。当时许多人因欢欣于丰富的艺术创造和卓越的才智而无视这第三种力量的意义，但也有许多人出于对暴力的恐惧或热衷而专注于它。

在谈及流血的种类和原因之前，需要先略述一下政治方面的建设性努力，以表明这种努力在何种程度上影响了现今的政府形式。战前 10 年间，威尔斯、切斯特顿、贝洛克和萧伯纳在英国启发激励着读者大众进行思考。威尔斯一度是费边社会主义者，但后来离开了那个团体，因为他认为它的想法不可行，但是他对民主自由主义也有怀疑。他的专长不是政治，而是对社会状况的研究，这反映在他颇受欢迎的小说之中。事实上，根据先前所作的定义，他的小说只能算故事：人物可信，但没有令人难忘的虽属虚构但近似生活的情景，结局清楚地显示出社会的困境，有时这样的困境在故事中通过常识和独具慧眼的预言性建议得到解决。他的散文抨击时事则更为直接。威尔斯继承了儒勒·凡尔纳的事业，写科幻小说。他基本上是自学而成，加上一点儿现代概念。他这方面的作品，无论是长篇还是短篇，至今仍然令人读来津津有味。相比之下，后人所著的同类作品除了技术方面的幻想之外，则显得叙述粗糙，缺乏想象力。

切斯特顿不同意萧伯纳的社会主义思想和威尔斯的改革主义主张，而是和贝洛克一样信仰天主教教会在社会和精神方面的教诲；他是在事业中途皈依天主教的。他提出以分配主义，即实现财产的广泛拥有，来结束资本主义财阀统治的罪恶。它将使个人重新获得独立，成为真正的民主选民，而不是受新闻界操纵的民众。腐败的新闻界实际上控制着统治百姓的官员。

90 年代期间出现了廉价的日报，其主要内容是闹哄哄的宣传，还有对犯罪和丑闻的报道，但这不是它们唯一具有吸引力的内容。19 世纪 80 年代晚期，后来成为诺思克利夫勋爵的艾尔弗雷德·哈姆斯沃思出版了名为“答问”（原名为“趣闻”）的刊物，从那以后，报纸变成了一种通俗百科全书，至今依然如此。每天刊登体育、时尚和戏剧方面的消息，健康、商业和金融方面的咨询，纸牌游戏和烹调方法，此外还有一种智力游戏、一组漫画和一篇啰啰唆唆的小说的连载等。上述内容夹杂在厚厚的一叠广告中。这样，原来纯粹报道政治新闻、重大事件和讣闻的四到八版的报纸变成了大众教育的全部来源。今天的电台和电视台把这些内容收在节目中，真正的新闻反而少了，节目的内容更加五花八门；报纸上的一篇连载故事和 20 版的广告变成了 6 部肥皂剧和 50 条广告。

新式的报纸没有版面供萧伯纳所谓的“切斯特贝洛克”这一对作家发表意见，也同样没有地方让威尔斯或萧伯纳阐述观点。认真严肃的意见需要别的发表形式，如政论文。可是，此类文章的读者通常是与作者持相同观点的人，故此需要一种新的新闻形式。几乎由切斯特顿和他的兄弟一手包办的《GK周刊》[1]就是那种与报界巨头的“喉舌”及其巨大的销量抗衡的刊物。英国的《星期六述评》《新时代》《新政治家》《观察家》，美国的《国家》《新共和国》以及其他国家中与它们类似的刊物给受过教育、关心时事的读者提供新的思想，特别是在社会问题和“最贫困的人口”等方面的内容，此外也介绍新书。它们相当于18世纪的《闲谈者》《旁观者》《漫步者》和其他由一个或一小群志同道合的思想家撰稿的期刊，只不过在形式上稍经改动。这里面最团结、组织得最好的是费边主义者。而他们中间最孜孜不倦、足智多谋的宣传家是——

萧伯纳

虽然他的剧作经常上演，使得今人对他的名字和他的几个观点耳熟能详，但他天才的范围和他在西方文化演变中的地位却由于伟大人物身后通常得到的赞誉而被掩盖住了。

他是都柏林人，家境破落，既没有赞助人也没有前途，但他凭着坚强的意志在五六个领域中确立了地位，成为半个世纪中文学和社会思想方面的世界名人。他的著作一再重版，篇幅不等的传记连续不断，把他非凡的一生呈现在公众面前。他著作等身，有剧本、作为序言的论说文、政论文、音乐和戏剧批评，还有25万封通信，其中大部分也是关于他所熟悉的题材的随笔，这使他成为20世纪的伏尔泰，而他在呼吁对政府、道德、审美和宗教进行彻底改革的宣传中提倡的则是卢梭式的思想。他言辞机敏，文笔犀利，是位杰出的辩论家。

他的剧作不仅是思想的喜剧，而且包含着不断演变的形而上学观点。可惜人们，特别是那些洋洋洒洒为他作传的人们，丝毫没有

1. GK是切斯特顿名字的两个首字母。——编者注

认识到这一点。对他的剧作与其长篇序言之间的关系也通常都理解有误。现在仍有一种错误的观念，认为他的剧作只是诙谐风趣，其实它们充满了情感，充满了由信念的冲突所引起的希望和痛苦，是继承了阿里斯托芬和莫里哀传统的真正的戏剧。剧本并不是简单地以戏剧的方式表现出它序言的大意。序言作为介绍，为剧中人的强烈感情提供了复杂的背景；每一篇序言都是对文化历史的研究。萧伯纳的思想是受19世纪的诗人、历史学家和哲学作家影响形成的，他对次要人物含义的掌握和了解堪与这个领域的专家媲美。序言后面的剧本显示的则是源于生活的愿望、需要和错误，萧伯纳探究的就是它们的成因。

把萧伯纳的剧作与像高尔斯华绥这样的作家的剧作相比，会发现萧伯纳更为客观。他同白哲特一样，看到一个事物有两个方面，这甚至包括他为之奋斗的事业，应当说尤其是他的事业。他提倡易卜生、瓦格纳和社会主义的理论，但同时也指出了它们在应用方面的限制。他在关于莎士比亚的论述中批评这位诗人的悲观主义和没有原则，为此遭到世人误解。但他比大多数批评家都更了解莎士比亚的剧作，他痛斥那些删改剧本使其成为自己的“成名工具”的演员兼经理，并努力争取建立一个国家剧院认真排演莎翁的剧目。

萧伯纳如同一切真正的艺术家一样，是有意识的实用主义者。艺术作品的关键在于它的效果，无论这效果是如何取得的；如果严守以前的形式规则或任何限制，那么产生的作品就不是艺术，只是学术练习而已。务实是萧伯纳剧中男女主角的自然天性，他自己也因注重务实而成为一名费边社会主义者。他承认受了马克思对资本主义的谴责的影响，但认为马克思的方法和经济理论是错误的。他所属的团体为自己选择的名字罕见地没用绰号，费边是一位古罗马将军的名字，他不与敌人硬碰硬地作战，而是通过小规模战斗和拖延战术来把敌人拖垮。渐进的改变适合英国人的脾性和政府形式，先从实现公用事业的市级所有开始，慢慢带来社会主义，使其坚实稳固。每一步实行之前，必须先由经济学家和统计学家对各种条件进行调查，他们的圈子中与萧伯纳过从最密的悉尼和比阿特丽斯·韦布这一对著名的学者夫妇即是这类专家。最终，从费边社和其他社会主义团体中产生了工党，它使用费边主义的方法把英国变成了福利国家——老年养恤金、国家保险、免费医疗和通过所得税和遗产税对财富收税。[参阅安妮·弗里曼特尔（Anne Fremantle）所著《这一小群预言家》（*This Little Band of Prophets*）。]

萧伯纳从事政治宣传，赞成素食主义，反对活体解剖，提倡有利于健康的衣着，并为之大声疾呼；他对世上各色人等通通发出批评，包括医生、学校、监狱、父母、政客、演员、主教、音乐家、乐队指挥、庸人和国王的戏剧审查官。但在所有这些问题之上，萧伯纳最为关心的莫过于哲学和宗教，它们对他来说甚至比写作和导演他的剧本都更为重要。他不属于任何教会，也不是独立的基督徒。但他不断地用现代词语来阐述耶稣的教诲和教会的教义，特别是天主教所说的“每一条教义中都有灵魂”。天主教一词对他来说意味着一个现代化宗教应有的特征——普遍性。任何社会要想保持内部稳定，建立合适的政府，就必须有一个共同的信仰。他在谴责法律规定的惩罚时援引耶稣的话，他宣布每一个生命的降生都是无瑕受胎。对他来说，圣餐仪式等于所有思想家和艺术家之间的所谓大对话，这些思想家和艺术家与别人一道，都在作为“圣灵的殿堂”的世界中有一席之地。萧伯纳属于务实的一代，他是反物质主义者，也是反理想主义者；现实并不是一分为二，彼此排斥的。生命力是一个单一的动力，物质和精神只是它的不同方面或表现。因此萧伯纳与达尔文主义者论战，支持塞缪尔·勃特勒。如尼采所说，人是自我发展的，引导着人向前和向上发展的是“掌握现实的大师们”，也就是艺术家、政治家、宗教创始人。萧伯纳的超人的高超之处在于他可以不经内心斗争即自然选择正确的行动。

至此，重新诠释神话和教义以满足现代人对信仰的需要还相对容易，而终极实在究竟是什么样子则较难想象，因为本着务实的精神从抽象和传统的理想转向在人的事务中采取有效行动，争取实在的结果，这并不会产生未来的目标，而且这种转变在得到实现或者成为传统之前，也只能同样是抽象的理想。这个危险是无时不在的。萧伯纳根据自己对生活的宗教性解释在一部又一部的剧作中把这一难题写成上帝和魔鬼的战斗。一个人，无论男女，是上天堂还是下地狱全看他（她）在普通事务中所选择的角色；这种选择说明了一个人的精神境界。《人与超人》里地狱一幕中雄辩的讲话用长达一页的篇幅列举了各种卑琐的动机与真正的道德动力之间的对比，显示出帮助生命力创造超人的人，与敌视生活或麻木不仁，因而成为生命力累赘的人之间的差别。如前所述，超人的行为正确，符合道德，这在他是自然而然的事，不必与自私的肉欲做斗争，因而就不必做道德方面的考虑。生命力会逐渐克服它的另一个阻力，即它与物质的结合。这就是五幕剧《回到玛士撒拉时代》的结局。

这种美好的空想经不住事实的考验。在大战进行得最惨烈的时候，萧伯纳对人是否有能力战胜自己的野蛮本能和克服撒谎、说空话大话的倾向感到了绝望。他在《伤心之家》中表现出这种日益增强的悲观情绪，这部剧写成于 1920 年，描述了一个世界（也许是我们这个世界）随着一声巨响完结，而不是在哭泣中终了。他晚年的剧作全部围绕着宇宙与人的幻觉空想和漫无目的这个主题。工党政府推行费边主义路线却没能改变社会，这使他的观点得到了证实。最后萧伯纳陷入了他曾批评过的莎士比亚的情绪，他们都因目睹人的行为所造成的社会灾难而意志消沉。

萧伯纳晚年时像伯特兰·罗素、韦布夫妇与成百万其他学者和知识分子一样，推崇苏联的共产主义。但是，从萧伯纳身上看得出，他的动机可能与他人有异。他赞成政府进行谋杀和屠杀，这看起来像是一个绝望赌徒的孤注一掷。这不仅与他一生清晰务实的思路截然相反，因为持续的暴力意味着实际上的失败，而且也与他在同一时期创作的剧本所提倡的精神格格不入。这些剧作，如《苹果车》《触礁》和《日内瓦》，前两部反对迫害持不同意见者，哪怕是在民主处于危险的时刻；第三部则嘲讽希特勒和墨索里尼。作为剧作家的萧伯纳仍然保持着他的信念，尽管作为疲惫消沉的宣传家的萧伯纳已经摈弃了它们。

萧伯纳不是唯一感到幻灭的社会主义者。在他之前 10 年，法国工程师乔治·索列尔看到社会主义者进入议会和内阁后成就甚微，于是建议采取直接行动。他在《反思暴力》中敦促各工会联合成一个整体，通过总罢工以及下一步行动——与警察决一死战——来推翻资本主义制度。组成这支新力量需要一个神话，一幅关于未来幸福的理想图景。当时年轻的记者墨索里尼对这一计划印象深刻，牢牢记住了它的显著特点。

※

萧伯纳和所有其他就社会问题进行激烈辩论的宣传家加速了大转变的开始。这个转变的成因是社会主义思想的压力，主要是议会内部的改革派和外部的费边主义者的努力。大转变指的是自由主义向着其对立面的转变。它是 19 世纪 80 年代时在德国悄悄地出现的。当时俾斯麦颁布了老年养恤金和其他社会立法，观察家把他的举动称为“抢了社会主义者的先机”。到世纪之交的时候，自由主义者普遍认识到，在所有方面，无论是经济、社会，还是政治方面，都需要通过法律来向许多不再能养活自己的人——老人、病人和失业人员——提供帮助。

新世纪开始10年后，劳合·乔治制订的预算使英国走上了福利国家的道路。

自由主义的成功靠的是“最好的政府是管得最少的政府”这一原则；现在所有的西方国家出于明智的政治考虑把这个理想从放任自流改变为开明公允。这一改变造成了用语的混乱。在美国，自由主义者指的是赞成规则、权利和各种保护的人，自称保守主义者的共和党人则像受亚当·斯密教育成长起来的老式自由主义者一样努力争取减少政府干预；他们在敢于做到的范围内尽量反对社会方案。在法国这个政府干预一直很强的国家，自由一词保留了它自由市场的经济含义，只有一个半保守性的小党在名称中使用这个词；主要政治倾向则以左和右来划分。英国新成立的自由党人数也很少。保守党和工党是两大对立政党，其他国家与他们政见类似的人分别称为保守派和社会民主党人。这些名称根本不能概括国家的实际性质这一政治现实。如今的国家其实是过去看起来无法调和的各种目的和主义的大杂烩。今天，一个头脑清醒的投票人无论投谁的票都应称自己为自由保守社会主义者。党派的不同只是在某个具体问题上某种倾向的略微增减而已。[关于各种政治意见的论述，参阅很久以前G. 洛斯·迪金森（G. Lowes Dickinson）所著简短生动的《现代论丛》（*A Modern Symposium*）。]

※

1914年战乱的西方比起4个世纪之前被宗教改革分裂的社会大了许多。后来的欧洲包括了俄罗斯和土耳其，战争涉及的地区包括非洲、澳大利亚、新西兰、南太平洋和日本。战争进行到三分之二的时候，美国也加入西欧阵营。潜艇的发明使海洋战争的规模增加了一倍，天空也被开辟为宽广的新战场。谁能否认这些进步的事实呢？

关于大战的原因众说纷纭，那年8月那些狂热的日子里所有主要的角色，无论是国家还是个人，都被指控造成了战争的爆发。引起战争的罪魁祸首到底是谁，就此无法达成一致的结论，因为任何行动本身都不能算是决定性的。若要指责哪个官员的话，最多只能说奥地利首相康拉德·冯·黑岑多夫一心好战，英国外交大臣爱德华·格雷爵士在宣布英国支持法国之前曾经犹豫动摇。其他的外交官和国家领导人都做了很大的努力以求避免这场灾难的发生。没有一个人能单枪匹马地挑起战争，同样，没有一个单一的“原因”，无论是公开的还是暗藏的，能够促使如此众多的人流血厮杀。促使各不相同的人自愿采取集体行动的原因来自各种因素，包括长期的状况、文化特征、理智的缺失，还有力度不同的各种动机。

引发战争的事件是无可辩驳的。在那不幸的一年的 6 月，奥匈帝国王储弗朗茨·斐迪南大公和王妃苏菲遭到一名年轻的塞尔维亚人暗杀。他们被杀的地点萨拉热窝在人们的心目中永远和这一事件联系在一起，直到最近，它的名字又与另一次大屠杀联系了起来。这两次事件的背景是一样的：1914 年，巴尔干地区各民族已经经受了几十年的动乱，自从 1912 年以来彼此之间打过两次战争。[请读萧伯纳的剧作《武器与人》。] 巴尔干长期处于土耳其统治下，那里的居民属于不同的族裔，使用不同的语言，信仰不同的宗教，每个因素都构成了建立稳定国家的障碍；更有甚者，邻近的俄国、奥地利和衰弱的土耳其为了自己的目的还在不断煽动骚乱。这些阴谋诡计由于其他欧洲列强的联盟而进一步复杂化，结果在大公遇刺的一个月后促成了战争的爆发。

于是有人说，大战的根源是民族主义。民族主义激情确实是当时一支强大的力量，但造成战争的根源其实是中欧和东欧民族主义的失败：德国、奥地利、意大利和俄国很晚才成为民族国家，这一状况在那个地区造成了一种永久性的紧张和攫取的心态。证据虽然错综复杂，但清清楚楚。奥匈帝国是个松散的帝国，其中的匈牙利和一些斯拉夫人居住的地方想要更多的独立，波斯尼亚要求独立的呼声和现在一样强烈。斐迪南大公支持建立三角联盟，让斯拉夫人摆脱子民的地位。可惜在那个时候，企图实现西方民族国家那样的融合为时已晚，而西方的民族国家是进行了君主制革命之后才建立起来的。在一个实行议会制度，知识分子信奉自由思想的欧洲，分离主义和领土收复主义（国界以外由同胞居住的土地，因而是“未收复的”）是无法平息的。他们讴歌往昔的荣光、“独一无二的语言”“民族史诗中所歌颂的 9 世纪的一位大英雄”，以及宗教的感染力，再加上要求用议会来取代傀儡国王的主张，所有这些都激励着各种小团体进行活动，只能不时使用暴力予以镇压。弱者对强者的暴政使任何妥协都成为不可能。

至于其他两个羽翼初丰的国家，它们还保留了原来的侵略性。在 1912—1913 年巴尔干危机之中，意大利对土耳其开战，抢走了北非贫瘠的的黎波里地带。这虽然满足了意大利的民族自大感，却丝毫没有加强意大利的团结。失去俾斯麦外交天才领导的德国在大战之前的 15 年中陷入了好几场“危机”。它们两个国家的企图都可以归总为要争取“阳光下的地盘”（在下一场大战中，希特勒把这个目标称为 Lebensraum——生存空间）。德皇威廉二世在各处发表气势汹汹的演说，法国人和英国人因此在战争期间把所有德国人都形容为由一个新的阿提拉大帝带领的一群匈奴人。事实上，在萨拉热窝危机发生之后，德皇尽了最大的努力劝阻奥地利，企图避免战争。

冲突总是为了争夺地盘，无论是在欧洲，像奥地利的战争，还是在全球，像德国、英国和法国的战争。意大利在非洲所得太少，一直渴望着再打新仗。这种激烈的争夺使得那些寻找大战单一成因的人把矛头指向帝国主义，后来改名为殖民主义。它当然是一个突出的因素，但它无法解释交战双方的联盟行为。1898 年，英法两国为了非洲的一块地方发生冲突，但很快又成了盟国；英国和俄国历来是争夺中东部分地区的对手，但在1914年却联起手来反对德国。英法俄三国联盟对抗着德国和奥地利的两国联盟，意大利一度曾加入德奥联盟，但战争爆发后随即脱离。

双方都有充足的理由武装到牙齿。德国不断增强装甲和大炮的力量并拓宽了基尔运河，以便进入北海；与此同时，英国建造了无畏级战舰和超无畏级战舰，法国把服役期延长到三年。各地的新闻报道和街谈巷议说的都是"下一场战争"。一位德国将军写了一本书，标题中就有这个词语，德皇挑衅性的讲话也使得紧张有增无减。

还需要说明的是，为捍卫20世纪的殖民帝国而战是没有经济上的好处的，恰恰相反，维持殖民帝国开支浩大，获利的只是少数人。但帝国主义为扬威显名或羞辱别国提供了无尽的机会，所以才大肆吹嘘说自己拥有的土地上太阳永不落。简言之，帝国主义不仅代表经济上的贪婪，而且还体现"国家荣誉"对外侵略成了一种心态，这也是导致战争的因素之一。

仅举一例为证，当德国和法国在试图化解一场有关在摩洛哥经商权的危机时，"拥护和平"的英国首相劳合·乔治在伦敦发表讲话，抱怨他们的谈判把英国抛在了一边。德国政府激烈抗议说，既然英国在摩洛哥没有利益，那么英首相的讲话一定是出于对德的仇恨。德国的指责如此之激烈，竟促使英国进行了认真的备战。那是在1911年。

1914年前，每个国家都有一些团体，表面上是为了捍卫国家利益而组织起来的，但实际上是侵略性的，因为它们都喋喋不休地宣扬必须打倒具体的"威胁"。在法国，这些爱国同盟是反德的，想雪洗1870年失败的耻辱，为阿尔萨斯、洛林的沦陷报仇。在德国，英国是仇恨的对象；对英国来说，德国在建立帝国和发展工业方面的进步不仅是竞争，简直是直接的侵略行为。正如一位著名记者在一组系列文章的第一篇开宗明义所说的，“德国在蓄意准备毁灭大英帝国”。在法国和英国怀着对“德国威胁”的戒惧于1904年达成谅解之前，它们两国一直都彼此怀疑，还差点儿为了埃及和苏丹兵戎相见。两个拿破仑治下的法国穷兵黩武，而英国是“不讲信义的阿尔比恩”[1]，专门伺机渔翁得利，它占领土地的办法是挑动欧洲大陆上发生战争，在战争的最后时刻加入即将胜利的一方。这些对历史的偏颇理解帮助形成了人们总是戒惧戒恐的心态。

巴尔干动乱的意义已经十分清楚了，但关于另外两场更大战争的意义却存在着激烈的意见分歧，不过它们是在远方发生的。英国人费了大力气打败了南非的布尔人，美国人轻而易举地消灭了西班牙的海外帝国，这两场战争都发生在世纪之交。我们看到，英国人胜利后宽宏大量，使偏执的布尔人政权得以巩固；美国成了扩张主义的强国，在境外有了自己的殖民地。布尔战争对新世纪的贡献不可小视：在战斗中使用达姆弹（可在体内爆炸），军服用卡其布的颜色以便与周围的景色融为一体，还有一种新制度——集中营。

另一场在欧洲以外的准战争，前文已经提过的义和团运动，也引起了密切注意。解救被围困外交官的是一支由一位德国将军指挥的多国联军，这表明在共同的敌人面前各国会增强合作，但危机一结束合作即告终止。

这类暴力事件同时发生或接踵而来，使人的感受应接不暇：愤怒、耻辱、自豪、迷惑、宽慰，然后又因新闻报道的消息而回到焦虑之中。随着公共教育使工人阶级中识字的人数不断增加，报纸读者越来越多。报纸取代布道坛成为时事消息的传媒，它比声音更有权威性，而且每天都有，不是只在每周的礼拜天才有。此外，它并不伴以老一套

1. 阿尔比恩，希腊人和罗马人对英格兰的称呼。——译者注

的布道词，它报道的新闻（无论真伪）总是新鲜的，还加入热闹的成分。是报纸促使美国与西班牙打了那场结果圆满的战争，它的力量由此可见。

※

受过教育的公众在阅读周刊时会看到其中有些文章宣扬战争有理，或至少就这一观点进行辩论。这是当时人们争相谈论的问题，因为各种国籍、不同智力层次的作家都是社会达尔文主义者。他们相信自然选择的理论既适用于动物物种也适用于国家：斗争可以产生最强者。根据这种信念，在日本打败了俄国之后，黄祸成为“事实”。一个曾在中国军队中做过将军的驼背美国人李何默在《无知的勇武》中就日本的侵略提出了警告，并在《撒克逊人的时代》中指出应该采取协调一致的政策来对付来自东方的威胁。除他以外，其他人也主张西方必须为冲突做准备，决不能退缩。战争也许会造成生命和金钱的损失，但它的回报是一个得到改善的“种族”，是更强、更出色、更能干的人民。生存竞争者这一用语被全盘接纳入法语和其他的语言。美国总统西奥多·罗斯福把这一概念归结为“紧张的生活”，他形容外交政策是拿着大棒蹑手蹑脚地走路。

经济竞争的例子进一步增强了这种说法的说服力：强大的公司征服吞并弱小的公司，因而证明它更有效率。世界也因得到价廉物美的产品而受益。反对这种简单看法的人只占很少数，他们指出经济收益远非必然之事，大公司会垄断价格。至于各国之间的战争，牺牲的是最强壮、最年轻和最无私的人。胜利使人破产，战败反而在经济上有好处，正如（作为例子）1870 年普法战争后的法国和 1898 年后的西班牙。法国人全体动员起来，很快还清了巨额赔款；西班牙的工业得到了迅速发展。德国打败了法国利少弊多，经济上和道德上莫不如此，正如尼采指出的，新生的第二帝国的特点是大肆泛滥的粗俗和“物质主义”。

然而，另一条思路与社会达尔文主义汇合为一，加强了好战的精神。自称为人类社会学家的学者断言棕眼圆颅的“地中海种族”天性不适于自立和冒险。这个种族的天性趋同社会主义——由国家提供保护，而北欧人是开拓型的，有勇气，有独创性，可以单枪匹马地干成大事。一切进步都靠这样的人。这种伪科学的政治含义是英国、荷兰、德国、斯堪的纳维亚和美国注定会兴旺发达，领导世界，而地中海国家（“拉丁国家”）则会落在后面越来越远。

南非那位幸运的冒险家塞西尔·罗兹对这种说法坚信不疑。为了帮助培养未来的世界统治者，他甚至在1903年立下的遗嘱中设立了一个以他的名字命名的奖学金。奖学金提供给品行能力均属上乘的英国、德国和美国学生，让他们去牛津大学学习使英国人成为举足轻重的强人的态度和习惯。牛津大学各个出色的学院提供的教育可以让北欧同胞受益匪浅，并使他们彼此建立兄弟般的情谊。战争一爆发，德国人忽然丧失了他们的种族优点，也失去了奖学金。

另一个号称纯科学并能改善世界的建议更是给关于种族的辩论火上浇油。它起源于对精神病和智力缺陷的关注。弗朗西斯·高尔顿和卡尔·皮尔逊利用遗传病的一些统计数字提出了优生学的建议。天才和呆傻的出现似乎表明，先进文明应当采取措施产生更多的天才，消除呆傻。应禁止有智力缺陷的人结婚，鼓励健康聪明的人求偶。

当时，关于遗传问题发表了许多著作，对这个建议的可行性也有很多争论。当有人建议萧伯纳应该同伊莎多拉·邓肯生孩子的时候，据说他回答道：“孩子可能会继承我的身体和她的头脑。”卡尔·皮尔逊是优生学的第一位（可能也是最后一位）教授。他教过许多学生，但却没有一群固定的追随者。他在高尔顿的启发下出版了一些关于天才的书籍。这些书常常把不同国家相比较，衡量的标准是一个国家产生的伟大艺术家和思想家的人数。

这个学说的谬误在于把一个民族看作一个有着共同生物遗传特征的种族。把民族与种族等同起来违背了最起码的历史知识。自古以来，在欧洲和美洲的各个种族一直彼此通婚。凯尔特人、皮克特人、伊比利亚人、伊特鲁里亚人、罗马人、拉丁人、匈奴人、斯拉夫人、鞑靼人、吉卜赛人、阿拉伯人、犹太人、赫梯人、柏柏尔人、哥特人、法兰克人、盎格鲁人、朱特人、撒克逊人、斯堪的纳维亚人、诺曼人等等，还有一大群原来各不相同的小部落在罗马帝国内部和周边彼此混杂，形成巨大的杂交人口。凯尔特人从不列颠而来，席卷小亚细亚；苏格兰人则来自爱尔兰；日耳曼部落遍及整个西方；阿拉伯人和北非人占据着南部；等等，不一而足。后来，称为民族的混合体通过自愿移民、流放，以及战争中来自多国的雇佣军造成的暴力或自愿的杂交而进一步混合。上一次战争中，拿破仑的军队来自欧洲的各个地方。从那以来，旅行的方便更帮助增加了多种基因的大杂烩。说任何现代的人是盎格鲁-撒克逊人或拉丁人，就像说温斯顿·丘吉尔是朱特人或者是诺曼人，或因他母亲的缘故说他是美国人一样荒谬。

如果民族是混杂的“种族”的话，那么民族集团就更加混杂，这类集团的名字则完全没有意义。“北欧”一词不表示任何“血缘”或特征。即使某个民族据说注定会有某种命运，也总有人努力与这种命运抗争。我们已经看到，与决意把所有讲德语的人民团结起来的泛日耳曼联盟相对的是怀有同样目标的泛斯拉夫联盟，还有拉丁民族联盟殿后。显然，圆颅骨的人并非全然没有行动能力。

但在这种集合的基础之中，希特勒后来在他的第三帝国中所利用的原则隐约可见。一个民族由于历次战争和时间的流逝而融合为一个整体。如果没有达到这样的结果，就必须另找别的办法。伪科学和命定论把对种族的信念作为一种替代的办法，它是天生的，是“自然的”黏合剂，它存在于每一个公民的心中；如果把它变为有意识的东西，它就会消弭宗教、政治和阶级的差别。当然，如此武断地划分种族也会因增进了准种族或宗族的亲密气氛而有利于分裂主义。在德国对完美的一体化的寻求中，在目前按照自己的“根”分为越来越小的团体这种与前者截然相反的趋势中，西方看到的是促进统一的四股传统动力之间打作一团的混战：民族、阶级、种族和前文贬斥过的时髦意义上的“文化”。

※

大转变的立法虽然经过了激烈的辩论才得以产生，但它并未被视为社会或政治上的深远变革。两位名叫切斯特顿和贝洛克的作者对《奴隶国》的问世表示了忧虑，但是在暴力思想和事件的一片混乱之中，他们的话没人肯听。被称为无政府主义者或虚无主义者（其实是早期的恐怖主义者）的男男女女以暗杀的手段发表他们的观点。国家元首和首相成了濒危物种。前一类中的突出例子有法国和美国的总统，萨迪·卡诺和麦金利，以及奥地利女皇和意大利国王，他们都是在5年之内遇刺的。接下来有一些俄国官员，巴尔干地区国家中几个争夺王位的人，然后就是弗朗茨·斐迪南大公夫妇。[请读奥斯卡·王尔德的情节剧《维拉，或虚无主义者》(*Vera or The Nihilists*。]

战前在巴黎爆发的另外一种恐怖主义没有宗旨，而是穷则思变的造反。肇事者是有史以来第一个机动犯罪团伙。该团伙由20个青年人组成，包括17个男孩、3个女孩，他们在18个月内抢劫银行，洗劫枪炮匠的工场以获取武器，还杀了8个人。把他们捕获后发现他们面色苍白，营养不良。他们中间有4人在犯罪期间丧生。（值得一提的是巴黎当时的大木偶剧场专演渲染可怕的暴力和鲜血淋漓的场面的短剧。）

另一群丰衣足食的年轻人也赞同暴力，但是目标不同。他们是法国的学生和知识分子，决心要推翻共和国，拥立独裁者，或者复辟君主制，而且无论追求哪个目标都激烈地反对犹太人。一些受人尊敬的年长思想家启发激励着这些反德莱福斯和反共和的年轻人，有时甚至亲自走在街头示威游行的前列。这些思想家著书立说，表示对当时文化的彻底不满。不仅在法国，在意大利和德国也都有此类人。

在英国议会对女性争取投票权的要求仍然充耳不闻的情况下，新女性变成了激进分子。她们被屈尊俯就地称为主张妇女参政者，但她们的行为却没有一点儿淑女的样子。在潘克赫斯特夫人的领导下，这些年轻的女子在游行中声嘶力竭地呼喊口号，强攻下议院，把自己用手铐铐在公共建筑的门把上，或者放火焚烧这些建筑，在特拉法尔加广场与警察搏斗，被投入监狱后绝食抗议。有一位年轻的女英雄一心要做烈士，挺身站在赛马场疾驰而来的群马面前。与此同时，美国争取妇女投票权的运动在和平地进行。塔夫脱总统夫人也表示支持这一运动。为此目的，人们进行了许多游行和请愿，使得公众逐渐习惯于这个新奇的想法。

虽然谋财犯罪在各个城市日益蔓延，但它仍然是一种专业性的活动，一般不使用暴力，很少复仇式的犯罪，没有街上的偷袭抢劫。警察基本上知道对手是谁，双方在进行心照不宣的游戏。刑期短而监狱生活十分严酷。若有杀人行为，动机都清楚明白。

就在那个最终导致了战争的紧张争吵的月份中，巴黎和其他国家的首都正饶有兴趣地等待着一桩谋杀案的审判结果。一位著名人士约瑟夫·卡约是法国唯一一位努力与德国达成谅解的政治家，他通过放弃非洲一些不重要的土地化解了一场严重的危机。一份报纸激烈反对他的政策，发表了（偷来的）他在他的妻子还是他情妇的时候给她写的情书，以此来败坏他的名声。卡约夫人瞒着丈夫去报社要求总编停止发表那些信件，遭到拒绝时，她从手袋里拿出一支左轮手枪射杀了总编。[参阅彼得·尚克兰（Peter Shankland）所著《编辑之死》（*Death of an Editor*）。] 这位被杀的总编加斯东·卡尔梅特碰巧在帮普鲁斯特出版他的小说。

卡约夫人被无罪开释，但陪审团是历尽艰难才做出这项决定的。这件案子没有先例，各方进行政治辩论所使用的手段也绝无仅有。也许陪审团认为新型的新闻报道是煽动暴力。的确，法庭外面每日的喧闹使人无法进行平静的思考。暴民游行示威，对进出法庭的律师大声谩骂，每当卡约本人出现时就大喊"杀人犯"。暴乱者属于反对共和国的团体，特别是法国行动，这个组织因此被称为"国王的走狗"。他们并不是乌合之众，而是年轻的资产阶级知识分子，他们的意见与莱茵河另一边国家社会主义的先驱者别无二致。

※

鉴于后来发生的事件，应当在此介绍一下战前俄国的普遍心态。几十年来，俄国的知识阶层一直在以各种方式斥责或策划反对罗曼诺夫家族的专制统治。暗杀、处决和发配到西伯利亚的盐矿做苦工都没能扑灭他们的反抗精神。小说和戏剧激励着这种精神的继续，由于政治作品必须经过审查，结果产生了这样一种传统：小说和戏剧不仅是文学作品，而且还起政治宣传品的作用。1881年，宣布解放农奴并表示愿意考虑一些改革建议的沙皇被人鲁莽地杀害。这一事件造成了更多的处决和进一步的激进活动。到了19世纪90年代，反抗当局、渴望自由已成为普遍的情绪。马克西姆·高尔基的小说和戏剧最清楚地表达了这种情绪，他也因之成为反叛意见的领袖。1905年，俄国对日本战败后，知识分子和公众的不满情绪构成了起义的有利条件。举行了一次有效的总罢工后，在整整一年的时间内，暴力和政府的让步周而复始。工人同士兵交战，组织了苏维埃（行动委员会）。议会建立了起来，由自由主义者担任领导。各省也不甘落后。然后，形势急转直下。在军队的支持下，沙皇被宣布为独裁者（唯一的统治者），议会给予他控制所有立法的权力。反对派被以惯常的野蛮手段施以惩罚，流放到外省。

一切希望俱已破灭。消沉和耽溺声色取代了活力和不同意见。高尔基不再是英雄。列昂尼德·安德烈耶夫的小说和戏剧成了有代表性的声音，表现了无力和绝望的情绪，还有对死亡的执迷和在一个冷酷的宇宙中生存的忧惧。[请读《七个绞刑犯的故事》(*The Seven That Were Hanged*)。]

安德烈耶夫感到难以承受的不仅是人在宇宙中的孤独，还有城市中人与人的疏离。俄国刚刚开始工业化，工业化典型的拥挤和冷漠也伴之而来。值得注意的是，西方的社会观察家已经开始批评现代城市并提出改善计划使其较为适于居住。英国的帕特里克·格迪斯是这方面家喻户晓的人物，但这门同时也是社会科学的新艺术的开创者其实是中欧的卡米洛·西特和其他几个人。

1890 年到 1914 年这段时间既然有这么多流血事件和提倡流血的宣传，为什么人们在回顾那个时期时还认为它如此理想，甚至可以称为美好时期呢？前文对此做出了回答。这里只需说，知识分子和艺术精英生活在他们自己的世界中，专注于对新事物进行创造、批评和欣赏，上层社会在一定程度上也是如此。对发生的危机他们当然有所意识，但一两次危机过后，就不再去想它们可能会引起何种进一步的结果。无论如何，进行高等艺术和科学研究的人对这种事情毫不注意。是通俗文学描绘了现实情况。厄斯金·蔡尔德斯在《沙洲之谜》里面警告人们注意德国的图谋；柯南·道尔的夏洛克·福尔摩斯揭发外国窃取秘密计划的阴谋；才思无尽的 E. 菲力普·奥本海默在他的间谍小说中卓越地运用了新闻报道的资料，为后来一直大受欢迎的这一体裁确立了榜样。

国际主义精神依然牢固，因人们经常旅行于各个首都之间而得到维持。各种传记表明，著名的艺术家和作家经常离家去拜访他们在巴黎、维也纳、柏林、伦敦、布拉格、布达佩斯或圣彼得堡的同行。［可读约翰·卢卡斯（John Lukacs）所著《布达佩斯 1900》（*Buda-Pest 1900*）］。他们一定要亲眼看到创作、展览出来的那些赢得如潮好评或一片骂声的非凡的作品。由通信建立起来的相识发展成为友谊。期刊为数众多，一有新的东西随即报道。德国人特别以他们的放眼世界和从善如流而著称。［要读的书又是斯蒂芬·茨威格的《昨日的世界》。］

在美国，文化差距在缩小。整个西方都为充满活力的共同文化而欢欣，它由于不断的交流而得到充足的养分，超越国家和其他的物质利益而兴旺发达。很少有人注意政治方面的事情，因为很难把繁荣活跃，需付出大量精力的艺术生活同任何政治事业结合在一起。对许多艺术家来说，公共事务不值得他们注意。他们对政治家、群众运动和新闻工作的轻蔑正如他们对整个商业的鄙薄。他们不仅看不起他们自己家庭的财富来源，也鄙视富裕的"传统"艺术家，更蔑视出版商、艺术品经销商或音乐指挥。

高雅阶层这种对社会和政治现实傲慢的无知说明了战争来临时他们为何会做出那种反应：德国的几百名知识分子签署了一份宣言谴责"另一边"，好像被一个朋友和兄弟背叛了一样。几百名法国知识分子立即以相似的言辞做了回应。因为我们是无辜的，那么敌人就一定怀有恶毒的目的。

至于群众，他们听到报童喊道："宣战了！"就像挨了当头一棒，心乱如麻。似乎不可能的事情真的发生了。战争以前被说过无数次，说到战争的人怀着恐惧或希望描绘出所能想到的任何图景，但现在战斗迫在眉睫，这就像在灵魂深处发生了爆炸。各种各样的情感随即出现。有人惊恐万状，有人欢欣鼓舞；有因悬念终于结束而感到的安心，有积极的摩拳擦掌的热情，有消极的宁死不屈的决心；所有这些情感展开的背景是一张张脸庞——儿子的、兄弟的、丈夫的、朋友的。除英国以外，每个国家都有强制兵役制。所有从 18 岁到中年——中年的年龄各国规定不同——的男人都收到一本身份小册子，具体说明如果发生战争去哪里报到，不再需要额外的召集令。这样，简洁地称为动员令的政策执行起来就节约了时间。

人们在关心自己和亲人的同时突发了一种对无论尊卑所有同胞的兄弟之爱。危险和光荣使他们变为一个人人平等的紧密整体，共同面对不可知的邪恶。它还令人感到精神振奋，正义在握。战争这个大思想把一切都简化了，每个人都懂得战争并服从于它的单一目标。长期蛰伏的动机一下子迸发出来：英雄主义——无私地舍身捍卫祖国，保护妇孺；男子汉气概——冒着炮火做出惊天地泣鬼神的事迹，打败野蛮残暴、横行霸道的侵略者。在英国和法国，战争还有一层高尚的意义，那就是捍卫民主制度不受"普鲁士军国主义"的践踏，让那留着可笑的上翘的唇髭、头顶带尖刺钢盔的德皇尝尝厉害。

总而言之，战争意味着从日常的琐事以及自私的个人小算盘中解放出来。一个新的生活就此开始，没有邪恶的念头和庸俗的自我放纵。把战争作为好事来提倡证明是正确的。从主题上来说，工业化世界的第一次战争把原始主义——卡彭特呼吁采用的治疗文明的方法——与无人能够反对的解放结合在了一起。

结果，解放这一愿望在许多方面得到了实现。阶级界限不再严格，习俗规矩得到了放松。士兵摆脱了办公室朝九晚五或工厂朝六晚四的作息制度，也摆脱了家庭及其各种束缚。彼此窥视的邻居四分五散，分开的配偶如果愿意的话，各自获得了性自由，或至少逃离了一场不幸福的婚姻。对于同事、雇主或国家当局的敌意转而向着无名的敌人得到了合法的释放。这些很快就被认为理所当然的自由推动了女权运动。妇女在“战争工作”中不可或缺，她们不仅做护士工作和为部队提供娱乐，而且还担任司机、办事员、工厂工人和“农场女工”。她们表明，在男性专有的领地中她们可以和男人做得一样好，而且经常比男人更尽职尽责。战争结束后不可能再借口她们没有能力而不给她们投票权。

除了这些战时的副产品以外，不断变化的战局造成的一些想法和态度扰乱了民众的思想，使他们彷徨无依，不知何去何从。西方文化的连续性被打乱。艺术家跨国界的互相理解一瞬间消失于无形。曾经被认为是欧洲战争的自动制动闸的社会主义运动也遇到同样的遭遇。人们以为工人阶级最注重团结；党在不同国家的支部不会互相作战，而是会联合起来。事实却大相径庭。在英国，几个领导人退出了政治活动以示抗议；在法国，本来可能会如人们预期的那样采取行动的让·饶勒斯在宣战的两天前遭到暗杀。1914 年 8 月以后，社会主义者即使还记得唱《国际歌》，唱的时候也是口不对心。

但知识阶层的分裂比政治方面的分裂更为严重，高雅阶层没有为自己开脱的借口。根据定义——他们给自己下的自夸的定义——知识分子是独立的思想者，总是紧跟艺术、科学和社会思想的最新真理。在法国，他们在关于德莱福斯案件进行的两派斗争中意识到了自己的力量，但现在他们似乎丧失了判断能力，一夜间像羊群一样，集体变成了狂热的超级爱国者。

这个大转弯最值得注意的特点不是它发生在所有的交战国中，由于西方文化的共性，这完全在预料之中。真正令人惊讶的是那种一致性，除了战争和敌人以外在任何其他问题上都从未出现过。在文学、绘画、音乐、哲学、科学和社会学各界的伟大人物中，居然只有五六个人没有喊过所有流行的谩骂和浮夸的口号。如果把参与这种异常行为的人们那些言论——记录下来会有数页之长，语意重复，令人痛心。[可读罗纳德·N. 斯特龙伯格（Ronald N. Stromberg）所著《战争的救赎：知识分子和1914年》(*Redemption by War: The Intellectuals and 1914*)。] 举几个例子即可表明形势迫使那几个持不同意见的人说些什么，以及拒绝随波逐流或逆流而上需要多大的勇气。

首先，诗人对战争称颂讴歌。罗伯特·格雷夫斯写道：从未有过如此古老的浪漫 / 从心底涌出的蜜汁如此甘甜。鲁珀特·布鲁克说：感谢上帝让我们生逢此时。克洛岱尔、阿波里耐、埃兹拉·庞德、伊莎多拉·邓肯等人也都极力赞美战争。H. G. 威尔斯在他的畅销书《勃列特林先生看穿了它》中描写战争使人重回宗教的怀抱。次一等的诗人写作充满仇恨的歌词，由理查德·施特劳斯和马勒配曲，德彪西、阿尔邦·贝尔格和斯特拉文斯基则谱写宣传爱国的歌曲。弗洛伊德写道，要把"所有的力比多献给"奥匈帝国。历史学家和社会学家——兰普雷茨、迈内克、马克斯·韦伯、拉维斯、欧拉尔、涂尔干、托尼——都在他们研究领域的资料中找到了赞扬战争的有力论据或痛斥敌人的理由。阿诺德·汤因比著书宣传暴力，后来他写了10卷本的《历史研究》，希图以此作为抵赎。柏格森和其他哲学家也对当时的论调随声附和。

各地的教士是美化战争、煽动仇恨的最狂热的鼓吹者。人皆兄弟和不可杀戮这样的信条已经不能在布道中宣扬了。只有教皇本尼迪克特十五世可以宣传和平而不受攻击。尽管他在1915年和以后的时间内对交战各方发出实现和平的呼吁，但是各国主教却公然支持全面战争。他们打着上帝的旗号："他当然站在我们一边，因为我们的目标是无邪的，我们的心是纯洁的。"最温和的说法是："杀敌，但不要仇恨。"一位英国的布道者讲到"羔羊的愤怒"。另一位布道者推测说，虽然耶稣不会参加战斗，但他会加入医疗队。[可读卡罗琳·普莱因

（Caroline Playne）的《战争中的社会》（*Society at War*）。]

这种空前的文化现象需要花些笔墨进行解释。在拿破仑的战争中从未发生过这类的情况。那时的许多知识分子在全民参战时保持了冷静的头脑。20世纪的狂热使人联想到宗教战争或英国和美国的内战。然而，到1914年的时候，宗教已经不再是进行侵略的首要动力，“艺术的宗教”也不是任何有组织的力量的信条。确实，在19世纪，有一两位思想家在战争期间表示过与国民一致的对敌仇恨。比如托尔斯泰就两次做过这样的表示，尽管他是和平主义者；陀思妥耶夫斯基在1877年的俄土战争中也表示过这样的感情。但在1914年以前，知识阶层作为一个整体从未陷入过这种嗜血的狂热。是什么使得文化精英放弃了他们的理想、习惯和友谊呢？

刚才提到了战争对人的思想的“净化”。这方面过去早有论述，比将军和革命者的宣言更有说服力。我们知道，19世纪中期，丁尼生写了一部诗体小说《莫德》，里面讲到社会–政治的腐败被战争精神一扫而光。稍晚的时候，罗斯金给年轻的士兵讲过一次课，宣称战争分高尚的和卑鄙的两种。如战争是正义的，当士兵是怀着献身的精神而不是凭一时冲动而战，而且是按照正义的规则作战的时候，那么战争不仅是可敬佩的，而且会创造同样高尚的高雅艺术。他这一精彩推理的部分内容可以用来谴责全民皆兵和后来被艾森豪威尔总统所严厉批评的“军工产业”。但在1914年，没有人想到罗斯金和丁尼生的文学著作。“通过战争达到救赎”是民众自然的想法，但很快就证明是虚妄不可信的。发战争财的人、寻找安全岗位的胆小鬼、配给物品的黑市交易，以及性生活准则的松弛都表明把战争作为道德净化剂是过高地估计了它。[可读马格努斯·希施费尔德（Magnus Hirschfeld）所写《世界大战的性历史》（*The Sexual History of the World War*），“从德文翻译而来，只供成熟的、受过教育的人阅读”。]

下一个解释是，由意识深处古老的侵略本能所激励的正常的爱国主义精神可以变为一种使命感和高尚的情操，如同在中世纪时期和后来的几个世纪中的情况一样。也可以说，战前的危机和冲突使得和平的爱国主义退化成了暴力的各种主义——民族主义、帝国主义、君主主义、军国主义、侵略主义、无政府主义、虚无主义。但对这一解释还需三思。固然，一些知识分子是教条主义者，是“天生的民族主义者”，但大多数人却不是；他们的转变部分地是因为他们重新发现了公共事务中正义的重要性。德雷福斯案件激怒了他们，因为德雷福斯是遭到国家迫害的个人——好比被社会惩罚的艺术家。在战争的情况中，这一格式修正后适用到了国家身上：“小小的比利时”遭到了“一群野蛮人”的侵略，无辜的妇孺被屠杀，“照例”对他们施以暴行（砍下儿童的手和妇女的乳房）。交战各国的政府都用最后这项指控来谴责敌人。像在任何战争中一样，这种指控很有可能有一定的事实基础，不过通常数字都加以夸大。这些概念构成了无休止的宣传材料，用来进行“心理战”——这是一种新型的侵略，也是一种艺术形式。帮助这种艺术臻于完善的不仅有意料之中的新闻记者，还有小说家、诗人、批评家、画家和摄影家。

还有一个可能是下意识的动机在激励着这些文化的创造者：他们有生以来第一次变得重要、有用、为人所需。固然，在战争发生以前，社会对他们也相当重视，对他们进行赞扬或批评。“艺术”和其他东西一起被誉为一个伟大国家的标志。但大部分的崇敬都是献给死人的——献给已逝的艺术家和他们的作品。活着的艺术家只能满足于同行的赞许。高雅的国际交流的确形成了一个自我赞许的真正的精英阶层，但未能使每一位艺术家都得到他所向往的普遍承认。作为一个阶层，他们似乎不属于喧闹嘈杂、繁复混乱的“真正”世界。这些新事物的创造者鄙视那个世界，但感到那个世界也还他们以同样的轻蔑。

战争使这些未得到承认的领袖重新加入了社会，他们作为作战者受到欢呼，他们因他们的作战能力，或者说是写宣言、画海报、审查通信和为了“战争工作”研究历史的能力而受到表扬，得到酬报。他们终于成了真正的人。

不幸的是，军事和民事当局彼此的计划没有协调，使许多艺术家，特别是年轻人，牺牲在战壕中，境遇最好的也只是在其他地方浪费时间和才能：小提琴家雅克·蒂布在前线无法练琴；立体派画家阿尔贝·格莱茨则做炊事兵，在图勒削土豆皮。许多阵亡艺术家的名字，像青年作家迪克逊·斯科特，如今只能在旧期刊、回忆录或私人印刷的选集中偶尔一见。

※

如果双方都自认正确的话，他们还害怕什么？在对内对外的宣传中还争论什么呢？同盟国的首领德国人必须捍卫他们最近赢得的统一和他们在科学、工业和世界贸易中的伟大成就。他们的宿敌法国和英国心存嫉妒，想破坏俾斯麦取得的成果，重新分裂德意志帝国以消灭这个竞争对手；在东方，俄国这个野蛮国家会夺取领土，进一步扩大它的多民族帝国；对奥匈帝国来说，它要通过“遏制”俄国通过巴尔干造成的斯拉夫威胁来保证王朝的生存。除了自卫以外，每一方都有整个一套无懈可击的理由。以这种精神武装起来进行作战只能有一个目标，即务求完胜，所以才有了后面几年无休止的杀戮。

对西方阵营来说，前面说过，和平民主这一保障必须维护，使其免受帝国军国主义的蹂躏。但这一论点由于俄国的加盟而有点儿站不住脚。更为有力的说法是德国无法无天，公然违背了近一个世纪以来保证着比利时中立的条约。当德国人说那条约是“一张破纸”，长驱直入这个“英勇的小国”的时候，他们这些匈人开始本性毕露。其实，英国也曾计划出兵比利时，但那是军事秘密。后几年的情况表明，全面战争无视中立地位，也不顾国际法的规定。人海作战意味着无情的、违反一切规矩的消耗战。战争不是在战场上进行，而是在战壕中或掩体内，以及任何必要的地方进行的。

这种情况完全出乎预料。法国革命者在1792年首创的全民皆兵年代太久，人们已经淡忘。距离前一次在1870年发生的由机动的军队进行的欧洲战争也已过了44年。1914年8月，民众以为会听到前进、封锁和激烈战斗的消息。人们以为会由专业的军队，必要的话在征来的新兵的帮助下，进行规划周密的战役，以此来决定胜负。许多法国人确信“我们三个月内就会拿下柏林”。参谋部，至少协约国的参谋部也抱有类似的估计。他们估计骑兵会参加作战，1914年8月，士兵在巴黎周围的壕沟里填满大小树枝以阻碍马匹越过。制服还是显眼的颜色，法国士兵穿的长裤在德国染成红色，步枪、刺刀和大炮都是过去用过的。然而，德国的工业进步打乱了所有这些“备战工作”。

其他意料之外的事情中有些是全新的事物，并不都是德国人的发明：使用毒气；对首都进行空袭；用潜艇击沉船只，不管它们悬挂哪国的国旗，载有什么货物，以此切断中立国的粮食来源；使用教堂尖塔作为瞭望哨位，导致它们被毁；发行假货币以削弱敌人的财政；还有组织成大规模广告式的宣传。简而言之，集举国之力支持“前线”。

双方的战略都遭到了失败。德国原定经过中立的比利时迅速打败法国的施利芬计划没有得到彻底执行，因为东边的普鲁士告急说顶不住俄国的军队，于是只得从西面撤军去加强东线。在这样的情况下，没有制订相应的计划，只是视情况临时采取措施，结果形成了长达几英里的战线上的对峙胶着的局面。这条对峙线很快成为一片疮痍，拉起了铁丝网，挖出掩体和战壕。这方面丝毫没有准备的士兵只能尽自己所能来应付忍受这种苦难。他们身处污秽之中——泥、水、虱子、跳蚤；还要随时防备敌人发动攻击，攻击的目的是通过消灭战壕里的每一个人来占领阵地。先是狂轰滥炸，倾泻大量的炮弹来杀伤敌方有生力量，然后再赶尽杀绝。一切都是大规模的，包括伤亡人数：一天伤亡 5 000 人是正常的事。多年后，埃里希-马里亚·雷马克在他著名的小说中写道，战报把这样的一天说成是“西部战线没有新发展”。

在现代人对人的作战中，人是可以被牺牲的，如同火药和炮弹一样；士兵虽然重要，但比不上在军火工厂工作的男女。更重要的是制造军火的原材料、购买军火的资金和发明更好更新武器的创造才能。大战中发明了坦克和称作“法式 75”的小型机动炮，还有航程远的潜水艇、拦阻气球和防毒面罩、各种飞机、武装飞艇（齐柏林飞艇）以及大口径大炮，如“贝尔莎大炮”，它可以从 75 英里远的地方向巴黎发射炮弹。我还记得它的威力，比“吵闹的鸽子”（Tauben）进行的空袭还要可怕，因为大炮可以在一天中任何时候发射，而飞机夜袭只集中在短短的一段时间内，事先还有警报。夜间去防空洞藏身对我们孩子们来说是好玩的事情——刚开始时是这样。

战争接近尾声时，连 16 岁的孩子都被征召去当兵，去填那永远也填不满的战壕。首次动用了从非洲和亚洲殖民地征来的部队，但还是不够，不过这标志着第三世界的人民在欧洲国家定居的开始。人们始终希望能在长长的战线上突然向前推进，发动“进攻”，使敌人阵脚大乱，落荒而逃，就此结束战争。1916 年，德军在凡尔登的行动在 4 个月内消灭了大约 70 万人，但并未取得决定性的结果；同年在索姆，英军一天之内就牺牲了 6 万人。

海战同样没有结果。也是在 1916 年，在日德兰进行的战斗表明德国人在战术和准确度方面高于英国“伟大的海军”，但在规模和数量方面却不敌英国的主力舰。英方损失的战舰以吨位计是德方的两倍。后来，德国的所谓无限制潜艇战大肆破坏商业航运，结果促成了美国参战。美国带来的新兵力和军需给进攻注入了新的活力，最终消灭了德意志和土耳其帝国，把奥匈帝国分为小块，把骚动的巴尔干地区留给政治家和记者处置，由他们重新绘制西方的地图。

这项工作难于登天，主要是因为列强首脑之间谈判达成了一些秘密条约，商定了将来的分赃。他们互换省份，丝毫不考虑当地人民的民族权利或其他的权利。这还是老帝国的行事方法。这些条约在战后被披露出来，引起强烈反感，因而提出外交公开的要求。从此，大使不再重要，国家领导亲自去开“首脑会议”，这种会议总有新闻记者参加，与会者有意泄露某些情况，会议结果经常含糊暧昧。1919 年签订的和平条约中自私的、报复性的规定注定战后的新地图不会稳定。要求德国付出物质赔偿和企图使其永远处于衰弱状态，是因为战胜国仍然抱有关于胜利的过时概念，对中欧的特点也还是老观念。约翰·梅纳德·凯恩斯在他的《凡尔赛和约的经济后果》一书中对此进行的揭露使他一举成名。

远在此书出版之前，在战争还未爆发的时候，已经有人指出了以战争作为谋利手段的徒劳和危险。一位名叫诺曼·安吉尔的英国记者就此向西方所有有头脑的人发出了警告。1909 年，他写了一本题为“欧洲的视觉幻想”的小册子。主题很简单：大国之间的现代战争对战胜方和战败方都是极大的损失。这本小册子引起了广泛的注意，于是安吉尔把它扩大，写成了一本论据充足的著作，题目是“大幻想——对国家的军事力量与它们的经济和社会优势之间关系的研究”。他在书中引用了怀有这种幻想的各方领导人的话。他表明，现行的国际金融运作使得各国的财富息息相关。敌对行动会造成所有各国的共同损失；殖民地不是资产，而是消耗，因为需要给它们补贴；吞并它们或战败国的一部分领土，或占领战败国以索取贡赋反而更是浪费。此外，现代战争耗费巨大，难以承受。所有参战方的一切资源都会被榨干。没有任何国家或个人能从胜利中获益。20 世纪欧洲的大规模战争将是貌似争取自我利益、实系自杀的行为。

书中论点清晰、节制，说理有力，所有认真读过它的人都心悦诚服。但认为自己原来的想法错了是一回事，依照新提出的正确道理采取行动则是另一回事。习惯、社会压力以及听天由命的心理使得行动按照已经确定的轨道向前滑动。《大幻想》没有被人记取，而是一语成谶。

※

战争伊始，各交战方国内的思想宣传战也随之打响，伴以对持不同看法的少数人群起攻击。首先，“敌方艺术”必须从舞台上、博物馆里和音乐厅中禁止。这还不够，还必须通过学术著作来表明敌方的思想家早已造就了敌人凶恶的侵略本性。从历史中找出了论据：对协约国来说，日耳曼人从来就是野蛮的强盗；他们摧毁了罗马文明，横行于可怜无依的西方，他们永久的座右铭是“强权即公理”。黑格尔、费希特、尼采都颂扬战胜国或攻无不克的超人，用尼采形容这两者的话来说，它们是“金发的猛兽”。

德国人也有相应的理论，在某些方面立论还更实在一些：法国虽然衰落已久，但过去却一心要统治中欧。在他们兴盛的时代，中欧是他们的游戏场；他们一次又一次进行侵略，蹂躏那里的弱小国家，使它们贫穷落后、人口稀少、四分五裂，成为全世界的笑柄。慢慢地，从腓特烈大帝到俾斯麦，民族意识逐渐发展起来，最终于 1871 年在凡尔赛取得了胜利。德意志民族合法地结合为一个民族国家，这在法国造成了君主主义者、民族主义者、帝国主义者、反犹太主义者、复仇主义者的兴起——他们都是狂热的军国主义者，坚信再次分裂德国符合法国的根本利益，对他们自己派别的兴旺也有好处。

英国自然会插一脚。它的一贯政策就是干预欧洲大陆的事务，总是和最强大、最先进的国家作对，目的在于通过海上力量和贸易统治世界。德国人个性高尚、勇敢、真诚（再加上科技方面勇于创新），当然会鄙视堕落的法国人和拿破仑口中那群开杂货铺的英国人。双方的舆论领袖就这样集体背叛了他们最优秀的传统。这还没算上他们对真相的巧妙文饰，他们（等于是）在为十几年之后发生的事情做准备，到那时，作家、艺术家和学者又开始攻击或捍卫法西斯主义纳粹政权再次表现出来的侵略性。

在这一片狂热中有两个突出的例外，一位是法国的小说家和音乐学家罗曼·罗兰，另一位是剧作家和社会思想家萧伯纳。1914 年晚期，罗兰发表了一本小书，题为“超越混战”，在里面说明了西方文化的一体性和当时所有互相指责的愚蠢。他马上遭到谩骂，被斥为叛徒和间谍，他战前的名声被一笔勾销，说是当时看走了眼。他写这本书时住在中立的多民族的瑞士，但这一点不能磨灭他在战争期间直陈己见的勇气和头脑的清醒冷静。不过这一事实从一个侧面说明了欧洲各国的精英所受到的那种感染力的强烈程度——柏格森、阿诺德·本涅特和托马斯·曼等人都受到了传染，但请注意理查德·施特劳斯却没有受到传染，他拒绝签署德国的宣言，说艺术家不应就政治和战争发表意见。他前后一致，在 15 年后那场续发的战争中也没有提出抗议，因而招致了许多指责。

同样在 1914 年，法国的文坛领袖阿纳托尔·法朗士亦缄口不言，而且在被问及时表示愠怒，使朋友们和大众惊讶万分。他拒绝加入那场大合唱。最后，在各方的夹击下，他只得写了一些关于祖国的宣传品，但写得如此肉麻，只有头脑幼稚的人才会以为它们是发自真心。只有英国的几位政治家，包括未来的工党首相拉姆齐·麦克唐纳，辞去了公职，去过半退隐的生活。[可读萧伯纳的《关于战争的常识》（*Common Sense About the War*），他在书中巧妙地把因战争而发热的头脑中产生的套话口号驳得体无完肤。]

※

从个人言论到集体态度，目之所见尽是理想主义失去控制，并由于相信维持理想需要谎言和仇恨而进一步堕落。诚然，几百万人为国家和他们在前线作战的亲友的命运一直在担心，这种情况总是妨碍着冷静的思考。在初始的震惊和愤怒的愕然以后，人们找到了各种办法来应付现实，适应感情上的压力。现实不仅包括对战事的了解或猜测，而且还包括家里发生的眼见得到的事情：家庭生活破裂，像离婚一样糟糕；事业、职业中断，生活只能靠一点儿微薄的政府津贴；社会等级和礼仪淡化或被取消，连衣着谈吐都发生了改变，以适应新的人际关系，致使资产阶级的骄傲和舒适全部丧失。简言之，出现了一股未曾预料的平均主义的浪潮。

此外，平均主义还要求，任何人只要没有身体残疾，都必须参军去守战壕。这导致在艺术、科学、智力领域中，以及总的来说名流人士中最强壮的成员比例减少。艺术品、建筑、图书馆和类似的事物也同遭厄运。原本双方都宣称作战是为了捍卫每一个“真正文明的”国家的文化遗产，实际上却毫不顾及代表着这种遗产的物品和人员。考虑到当时的情绪和能力，这也确实很难做到。到了下次世界大战时，人们吸取了教训，宝贵的艺术品和工作者得到了更好的保护。[可浏览亨利·拉法热（Henry Lafarge）的《幸运的欧洲》（*L'Europe Blessée*）（虽然标题是法文，其实是用英文写的）。] 民意倾向也发生了变化，很少有人以言论或行动反对敌人的经典作品。只有零星的一两个哲学家或历史学家提出论文来证明，卡莱尔和哪里都少不了的黑格尔煽动了法西斯主义。

要描述平民如何调整适应1914—1918年不断变化的紧张和压力，需要对每个国家中不同的群体进行逐个调查，这本身就足以写成一本书。这里只能举几个有代表性的事实作为各国人民典型行为的代表。

抵御死亡景象的一个办法是求诸招魂术。柯南·道尔绝非唯一笃信此道的知名人士。许多男女——经常是无神论者或不可知论者——渴望同他们死去的亲友交流，算命先生突然大受欢迎，财源滚滚。另一些人因目击过死亡，心灵遭到创伤而变为无神论者。在前线，终结还有另外一个效果：经过了几个月的战壕生活后，危险的诱惑奇怪地转为死亡的诱惑。“来死吧，”鲁珀特·布鲁克喊道，“它将使你如此快乐。”弗洛伊德观察到这种新的迷恋后猜测人的心理中存在着求死的愿望。少数几个人出于伦理学或基督教教义变为“良心反战者”，只有英国对它的国民有这样一种分类，对这种人要处以监禁。在欧洲大陆，唯一相应的拒绝作战的办法是要求去抬担架或开救护车。

持续不断的焦虑助长了间谍怀疑狂。间谍确实是一种潜在的威胁，虽然雇主对他们提供的情报经常不予置信，或未能及时使用。事实上，两次以间谍罪处死的公开处决都是错案。伊迪丝·卡维尔只是一个帮助士兵逃跑的护士，玛塔·哈里（后来用她的故事写了一部音乐剧）只是在表演她自己做间谍的浪漫梦，其实并未进行任何间谍活动。任何人（或物）只要有德文名字，或听起来好像是德文的名字，都会被告发。许多本国人和外国人被拘留；还有人遭到解雇，夫妻离散；最好的下场是被社会所孤立。（1917年后，德裔美国人也经历了同样的遭遇。）那年8月初，欧洲凡有外国名字的店铺大都窗户被砸破，生意做不下去。比如在法国，一家叫作玛吉的瑞士乳品连锁店即因此关门大吉。

在英国，同在法国一样，改名成了一种安全措施或忠诚的证明。我们所知的小说家福特·马多克斯·福特原来叫福特·马多克斯·许弗，他父亲是位德国音乐家，长期侨居英国。英国王室开始是汉诺威王室，不久前成为萨克森-科堡-哥达王室，现在改名为温莎王室，而它的亲戚巴滕贝格（Battenberg）家族把名字中的一部分巧妙地做了翻译，成为蒙巴顿（Mountbatten）家族而煌赫显扬。不幸的是，谁如果有达克斯德国种的小狗（小猎狗）而招致嫌疑的话，做主人的除了把狗扔掉别无他法。狗的样子太明显了，改名是没有用的。

任何稍微偏离正统的言论都可能招致指控。G. 洛斯 · 迪金森这位出色的学者和散文作家就被他愤怒的同事们逐出了剑桥的国王学院。萧伯纳居然逃脱了迫害真是个奇迹，也得归功于他的论辩技巧。这种多疑一直持续到战争结束。这并不奇怪。战斗已经到了疯狂的地步，夹在理性的反感和对失败的恐惧之间，唯一的发泄口就是信口胡言，把自己的挫败感任意倾倒在他人头上。现在成为一种文学体裁的荒诞派就是在那场大战中崛起的。

有些人早在 1918 年之前就看穿了这场大幻想，或发现了互相消灭的徒劳，但他们只是默默地把厌恶藏在心里，同时又有一种听天由命的无力感。另一些人却正好相反，他们更加强了战斗的决心，不是希望取得光荣胜利，而是为了赶快结束战争，期望尽快把仗打完好恢复和平与理智。掌权的政治家也想早点儿终战，他们还有一个希望，想在和平时期的竞选中击败反对党和党内的其他领导人。这两个目的说明了政府内部为何不断出现不同意见，以及为何经常变换作战方法和撤换将领。除了在个别地方和个别时间，每个国家的作战都由于竞争和误解而大受掣肘，一片混乱，效率低下。

作战的任务实在十分艰巨。全民皆兵实际上是共产主义国家的运作方式，后方的人必须同前线的人一样领取工资，得到食物和保护，受到严格控制。必须维持人民的忠诚和对敌人的仇恨，这样，几次三番的征兵才不会受到反对。一方面宣传机器开足马力充分运作，另一方面必须对信件和报纸进行审查。战略及全局指挥方面的决定需要得到许多人的认可，包括内阁中持不同意见的成员、盟国的首脑，还有公共舆论。因此，失败必须予以粉饰或隐瞒不报。

具有说明意义的是，战壕里是思想控制最早和最经常溃败的地方，在那里，动听的言辞竞争不过实际的和道德的感受。战争爆发不久，对垒两军士兵之间的友好交往就开始了，并一直持续下去。在圣诞节、复活节和其他的节日时，双方停火，人在相同的处境中发展出一种同伴的感情。1917 年，经过了两年半的苦难和对一个无法攻克的阵地多次徒劳无功的攻击之后，法国前线爆发了兵变。兵变被镇压了下去，消息秘而不宣。（1998 年，法国的总理说那些哗变者值得尊敬和纪念，新闻界同意这一意见；英国人也宣布参加兵变的英国士兵无罪。）81 年前，当时占了上风的德国人提出讲和。这一建议遭到拒绝。然后传来了美国对德宣战的消息，给战争注入了新的活力。

对大幻想造成的损失有各种不同的估计。有人说 52 个月中有 1 000 万人丧生，两倍于它的人受伤。其他的估计有高有低。做这样的估计没有任何意义，因为损失涵盖的范围远不止死亡。伤残的、得结核病的、患不治之症的、患战斗疲劳症的、悲伤的、发疯的、自杀的、一蹶不振的、被毁的事业、被埋没的天才、未能出生的生命，这些都是损失，是无法估量的。20 世纪 20 年代早期由詹姆斯·肖特韦尔教授主编的战后调查报告《世界大战的经济和社会历史》卷帙浩繁，无法细读，直到第二次世界大战开始时还没编完。只要看一看里面的小标题就会使人充分意识到这场道德和物质破产中每一项的巨大程度。

此外，虽然停战了，但伤亡并没有停止。中欧爆发了斑疹伤寒，一种称为西班牙流感的致命病毒性传染病流行于全世界。另外，正如赫伯特·胡佛作为负责欧洲救济的专员所提出的著名报告中指出的那样，战后的欧洲大陆上，大片地区的人民忍饥挨饿，无家可归，疾疫横行。在年复一年地挥霍所有的人力物力资源进行血战之后，不可能指望战争一结束就马上恢复正常生活。

战斗也并未随着 1918 年的停战而终止，虽然那个日子仍然被庆祝为大战的结束。小型战争还在零星地进行，在苏联有反对布尔什维克政权的战斗，还有在波兰、捷克斯洛伐克、匈牙利、罗马尼亚、希腊、土耳其和北部意大利的战争。除了苏联要不惜一切代价实现和平以外，其他国家的人民没有经历过自己国土上长期的消耗战，似乎愿意为了并不明确的收益牺牲更多的生命。

战争中不顾一切地牺牲人员必然使战后世界的人才难以为继，更不用说切断了与战前文化的必要联系。这方面同样具有破坏性的是协约国的对德政策。它们采取的财政措施正是诺曼·安吉尔所揭露的谬误，在中欧制造了一个难以愈合的伤口。在此仅举一例用以说明它们的压榨：到 1921 年 1 月，即条约签署后大约 18 个月，德国已提供了价值 200 亿马克的货物，协约国却说那些货物只值 80 亿。作为惩罚，它们又用德国的钱占领了德国更多的工业中心，并对协约国进口的德国货物课以特别关税。

对德贸易顺差不断增加，同时还要求德国每年交出一定数额的现金和像煤炭这类的产品以达到 320 亿马克的总额。通货膨胀流行，煤炭运输滞后，于是法国占领了产煤地鲁尔。在那里，它煽动了一场把莱茵兰变为一个单独国家的运动，但没有得逞。与此同时，最富有的德国资本家对自己国家的命运漠不关心，把投资转向国外，进一步加深了德国人民的困苦。当然，协约国也得偿还所欠美国的债务，美国正在紧紧相逼。协约国以这样或那样的方法不断搬演着一幕接一幕的大幻想。20 年后，当希特勒经由德国人民正当选举登上权力之巅的时候，它们对这样的结局居然大为惊讶。

大战结束不久后，有远见的观察家就预言有可能会发生又一次大战。显然，西方文明进入了一种不可能完全复原的境地。无论是物质上还是道德上的破坏都深入肌髓，把创造的能量掀离了轨道，先是流于轻浮，然后就进入了自我毁灭的轨道。

作为预言家和小丑的艺术家

大战期间有一种值得注意的死亡没有得到宣扬，甚至没有记录在案，这就是不懂艺术的庸人的消亡。这个疏漏无疑是由于他们从未被称作过英雄，虽然他们是非常特殊的一类人。19 世纪每一派新的艺术和文学的产生总要经过这样一个过程——先是遭受嘲笑，然后得到接受，最后被人颂扬，花费公帑收藏在博物馆、图书馆和音乐厅中，而庸人对任何新形式的艺术和文学一代又一代地提出同样的批评抗议，这无疑需要最顽强的勇气。

立体主义十年晚期时，不懂艺术的庸人还是生龙活虎的，然后就同所有其他人一道消失在战壕里。到了 1920 年，他们中间活下来的人奇迹般地脱胎换骨，却没有变成审美家，而是变成了趋炎附势的胆小鬼。对于这新的一类人来说，任何作为艺术提出来的东西都自动值得尊敬和认真的研究。如果一件新作品或一种风格不容易让人喜欢，哪怕看了令人难受，甚至令人反感，它也仍然“有意思”。半个世纪以后，除非评论家认为它“令人不安”“令人心惊”，或显得“残酷”“变态”，否则它就被贬为“传统”，不只是没有意思，而且不值一顾。

经过战争的冶炼，愚蠢的资产阶级成了 20 世纪中期和晚期驯服的消费者。他把任何先锋派艺术的存在看得如同地球是圆的一样理所当然，哪怕它使人绞尽脑汁仍然不明所以；艺术的地位如同主教公会一样神圣。用这个比喻并不夸张。艺术多次被定义为人类最高的精神表现，它在一个方面甚至高于宗教，因为它是唯一不会导致杀戮的活动；它实际上是从人生注定的苦难中的解脱。此外，艺术家还是《圣经》意义上的预言家。艺术作品一贯被称为“对生活的批评”，是对现世罪恶的谴责。艺术巨擘强烈坚持对艺术的这种看法，公众中相当一部分人也接受了这一观点；对他们许多人来说，艺术是消遣，还有些人的生计与艺术有关。社会的柱石——商业、教会、政府——也表示同意。把艺术当作宗教来信奉的潮流在20年代早期赢得了最后胜利，大众现代主义即从此开始。19世纪初期首次发出的“为艺术而艺术”的呼声终于使有文化修养的人明白了它的真正含义：“为生活而艺术”。

把普遍意义上的现代主义的开端定在这个时间就不会与现代主义的两三个其他用法混淆起来，同时又不影响现代（没有主义）这一历来用以界定1500年以来时代的词语的含义。我们已经看到，1500年时，中世纪一词还未使用，现代意味着“常见”，含有新的、流行的意思（拉丁文 Modernus 的词根是 Modo =最近）。从新的、常见的这个意思发展到新的、非同寻常的意思，这一过程历时经久。在这方面，19世纪早期又是一个转折点。在19世纪30年代，戈蒂埃率先把现代用作褒义词；40年代，夏多布里昂提出了现代特色一词；50年代，波德莱尔发现已经可以用“现代”做文艺批评用语。举个小例子：法国书志学家奥克塔夫·于扎纳多年负责编辑《图书》，1890年他把它改名为“现代图书”。这种对现代性看法的改变使艺术同科学联起手来，共同传播“最新即最好”这一20世纪的信条。现代主义者总是向前看，是天生的未来主义者，因而扭转了前辈智慧弥足珍贵，应谨慎保存的旧观念。以此推论，任何旧的东西都是过时的、错误的、乏味的，或三者兼而有之。

这就是20世纪20年代一些青年才俊的深刻信念。他们热切地吸纳新的、惊世骇俗的东西，不像那些脱胎换骨的庸人，得强忍着肉体的反感才能接受。他们经历了战争的凶残，而这战争正是他们愚蠢或邪恶的长辈造成的。新生活必须摒弃一切旧的错误，充满新的愉悦。追求快乐是头等大事，要张开双手拥抱生活，宽容人的（包括自己的）怪异行为，满不在乎地面对压力。海明威说，勇气是在压力下仍然能表现出优雅，他下此定义时一定想到了上述最后一点——这是个古怪的概念，因为肉体的勇气可以表现得不优雅、丑陋，也可以是绝望的孤注一掷。不过，若用于道德上的抵抗，这个说法则贴切地反映了那时的情绪。在战争刚结束的宽松环境中，这种对过去的弃绝，加上为了不久前经受的苦难给自己的各种补偿，是最不费力气的解放。

※

尽管发生了信仰和感情上的断裂，但在大战和下一次战争之间这段时间中，有三个运动仍然在向前发展，它们其实在为了方便起见称为 90 年代的那个时期即已经崭露头角。19 世纪晚期开始的这些运动也是对当时的反叛，所以它们在战后继续发展与当时的普遍情绪正好契合。若不是发生了第二次世界大战，它们的目标可能在 20 年代即可达到，而不必推迟到 50 年代和 60 年代。这三个运动是性解放、妇女权利和福利国家。

因为这些是道德、社会和政治习惯的变化，而 20 年代和 30 年代在记忆中留下的印象主要是那个时期的艺术和浮嚣的风气，结果人们忘记了，在这个时期内，向着 20 世纪末的道德观和政治迈出了第二步。19 世纪 90 年代发端的解放到 20 世纪中期达到最后阶段，但 20 世纪中期反而被看作许多事情的开始。既然不可能一支笔同时描述艺术和其他方面的现象，就让我们先来看看艺术这一自始至终都更引人注意的方面。

20 年代早期，出现了可以当之无愧地称为划时代的五六部文学作品，使年轻的知识分子兴奋不已。那些作品出自上一代作家之手，在战争期间酝酿而成，触及了每个人最近都有过的经历。T. S. 艾略特的《荒原》无论是标题还是内容都代表了幸存者的思想和感情。诗的第一句“四月是最残忍的月份”点出了凄凉的主调。从乔叟到莎士比亚，再从莎士比亚到勃朗宁、惠特曼，历代诗人都把四月歌颂为最温柔、最亲切的月份。现在四月所代表的一切，特别是生殖力，引起的只是冷漠；生命令人厌恶。

《荒原》接下去记录了在那场苦难中产生或活跃起来的各种各样的事实、思想、迷信和兴趣。艾略特的第一组诗已经预示了“荒原”，荒原代表着大地和灵魂，代表着毫无意义地共存的东西。艺术和它的夜莺、卡巴莱歌曲的片段、佛教的虚无主义；高尚的渴望最终成为庸俗无味的玩笑；满心厌恶地承认性欲的存在——这些互不相干的形象和情绪证实了所有事物之间界限模糊，世界乱无条理。《荒原》本身是欧洲文化一个时刻的结晶，是自从歌德的《浮士德》和拜伦的《恰尔德·哈罗德游记》以来唯一的这类作品。

与它截然不同，但同样有象征意义的是乔伊斯的《尤利西斯》。这部长篇小说讲的是批判意识和生活中不可逃脱的要求之间的对比。故事开始时用简练的笔触勾勒了诗人艺术家，他的才智使他成为旁观者，成为一个冷漠疏离的世界中的异类。他的漫长探索始于下一个场景，以终篇的独白结束，两者都是关于肉体的：在前者，布卢姆在如厕，脑子里想的是排泄物；后者则描写莫莉对性器官和性交的幻想。在这两者之间，旁观者漫游称为城市的另一种荒原。污秽的后街小巷和繁忙的通衢大道构成了现代生活的疆界。毫无文饰的描写，通过滑稽的模仿表达的讽刺，精心铺开的漫谈在厌恶中表示出微妙的感触，有时甚至有一种悲哀的同情。从一个无名的法国作家那里借来的文学新手法，“内心独白”，与治疗精神病人用的“自由联想法”同时并用。

其他的两部杰作是在战争期间完成的，不过直到20年代早期才出版。它们对战争经历的体现在于显示出旧有的行为原则和信念已经过时，社会处于衰败之中。这两部杰作是萧伯纳的《伤心之家》和普鲁斯特的《追忆似水年华》。后一部著作的斯科特-蒙克里夫译本的标题虽然引人入胜，却没有抓住原文的精义。原文标题中说的是“寻找失去的时间”，利用巧妙的遣词表示了“被遗忘的日子”和“浪费了的时间”的意思。故事强调所有事物都转瞬即逝，不能长久，特别是叙述者试图追忆的社交和艺术世界。有意思的是，在回忆中直接或使用比喻的手法大量提及现代科学，对科学表现出尊敬的态度，这一点基本上无人注意，直到一位美国学者对此做了调查统计。

普鲁斯特这部小说杂沓冗长，这是他回忆方式的必然结果。小说中也使用了联想的手法，著名的蛋糕屑和其他的细节说明了思想归根结底是非理性的，这一观点现在强调得过了头。普鲁斯特还间接运用了内心独白的手法，在这方面树立了榜样。他没有采用无逻辑的“意识流”，而是创造了迂回的句法（法文是 phrase à tiroirs）。一个又一个的分句硬塞在一起，使句子越来越长，勉强保持为一个句法单位。这样的句子读来费劲，经常晦涩难懂。像此书刚出版时批评家指出的那样，这是反散文体。我们在前文看到，散文是一种精雕细琢的体裁，需要把言语理顺以达到意思的清晰，在普鲁斯特的手中，文字被拉到比言语更低的一层，变成了思想和形象的任意跳跃。

对这一批评的反驳说，若不是这样迂回曲折，就无法造成搜寻求索，以及艰难和疑惑的印象。只要读一读普鲁斯特的第一部小说，明快易懂的单卷本《让·桑德伊》，就看得出那里面使用的清晰敏捷的叙述法是不适合他后来这部著作的。他这种写作形式是因过去的已逝——更不用说对过去的重新发现——所决定的。虽然这部寻求记忆的著作确实开了后来各种文学体裁中的大量蹩脚文字的先河，但那不是原创者的错。

许多评论文章说普鲁斯特有意辛辣地揭露法国上层资产阶级和贵族的残余，把他们的爱好和恶习描写得令人作呕，使人觉得这样的上层社会应该像马克思所说的那样被炸为碎片。这种看法是把描绘误以为了宣传。读了巴尔扎克的《人间喜剧》，会看到他描写的就是他那个时代贵族和上层资产阶级的爱好和恶习。如果一个世纪以后这些东西依然存在，为普鲁斯特所观察注意到的话，就说明经过了历次革命和战争，新暴发户和老贵族仍然幸存了下来。问题是他们还有多少影响力？普鲁斯特所记录的是一个精英阶层的消亡，它像巴尔扎克担心的那样，被高涨的民主大潮所吞没。前文说过，在 1920 年以后，又一个比第一次更为强大的平民主义浪潮席卷了西方文化。它始自大战中各个阶级混合共处的经历，又因俄国革命而加速发展。人民成为兴趣和关注的唯一对象。艺术、文学、社会理论、礼仪和道德造成普遍感情的转变，为改变了的社会定下了基调。

萧伯纳的《伤心之家》更集中地描写了战后各种情感汇合的旋涡。话剧总比小说更加精炼。萧伯纳以他一贯的风格，把训诫寓于高雅的喜剧。伤心之家的住户或访客和普鲁斯特描写的人一样，是游手好闲的有钱人，还有两三类截然不同的人，包括一个窃贼和那个疯子船长，他是这所住宅的房主，把它称为他的船，但他管不了这艘船，它在无目的地漂流。他只能在船员们做爱、争吵、自我炫耀的时候评说他们的轻薄无聊，却懵然不知是什么造成他们如此不同的信念和行为。所有人都窝囊无用，极不开心，只除了年轻的埃莉，她迅速成熟起来，从天真烂漫变为世故老练。他们中间的商人和窃贼两个人对生活的真谛了解较多，但他们的生活动机却是狭隘的、损人又害己的。船长时而会灵感触发，大谈特谈他学来的智慧，有时使听者震惊，有时则被认为是疯话而不予注意。反正他的智慧没有产生任何作用。危急之中箴言没有用处，经验无法言传。生活、欲望、臆断和道德守则纠缠不清，理不出头绪，只能把它们全部切断。剧中的空袭就起到了这一作用，空袭带来的呼啸强音如同贝多芬交响乐的最后乐章一样令一切都陷入静默。两个贼——窃贼和商人——被炸死，幸存者欢天喜地，他们希望明天再来一次轰炸。这里的寓意显而易见：西方由于自己的邪恶污浊招致了罪有应得的清洗；任何人只要环顾周围思考一下，都会欢迎这样的清洗。

还有一位伟大人物以同样讽喻的方式表达了相同的看法，那就是最后一位伟大的诗人——叶芝。他曾经属于19世纪90年代忧思重重的象征主义派，是神秘主义者。他后来仍然是神秘主义者，但随着年龄渐长和政治责任的增加，又成了预言家。他的诗句变得日益凝练，像"中心无法维持"这样的句子已经成为描述"我们的处境"的常用语。

※

无论年轻一代对这些老一代的人钦佩与否，创新的时尚总是驱使他们转向别处。必须创新这一概念深入人心，无人质疑。这是19世纪造成的。但在上个世纪，创新的探索是由一些天才开始，很快形成学派，予以充分发扬光大。而在20世纪20年代，创新却造成了许多互相重叠的风格同时出现。表面的得是实际的失，它不仅使得该时代缺乏一个代表性风格，而且还使得相互竞争的每一派都受制于时尚的偶然性。到了20世纪末，一般来说一种风格的寿命不超过3个月。对这类风格的创造者来说，那句老话颠倒了过来：生命是漫长的而艺术是短暂的。

为什么现代主义没有一个具体的代表风格呢？答案不只在于艺术家叛逆性的自高自大。19世纪末之前全部历史的负担——所有的大大小小的杰作——造成的压力沉重得让人无法行动。能做的都做过了。内容和技巧已经用尽。

文艺复兴运动产生的推动力已经枯竭，1914年之前那几年刚刚开始的新开端被切断；创造者自己不能或不愿从中断处接着进行。年轻艺术家觉得被历史卡住，动弹不得。他们必须表现创意，却因丰富的遗产而无从着手，而建立新开端的手段又因文化的断裂而被剥夺。他们处在一个新的起点，眼前却没有开阔地，没有一张白纸供他们挥洒。

回过头去看，他们各自的努力可以总结为几个趋势：第一，通过滑稽的模仿、胡乱拼凑、嘲笑和亵渎来对过去和现在的一切进行取笑，以此表示对它们的摈弃；第二，回到艺术最基本的要素中去，不表达思想和掺杂别的目的，只通过对这些要素的不同组合来表现它们刺激感官的力量以及基本的技巧带来的愉悦；第三，保持严肃的态度，但通过消除艺术这一概念来摆脱过去。

艺术家在这几类活动中倾注了大量的心血，使人对他们的执着充满钦佩，也为他们所处的历史困境深感同情。他们都在尽艺术家的本分，反映他们眼中所见的生活，通过公开或暗含的批评来回应生活的压力。同样清楚的是，他们殊途同归，全部采用否定的手法：嘲笑、否认、反艺术和感官效果的简单化。这一切意味着文化和社会处于衰落阶段，每人都应尽自己一份清理的责任。这是原始主义大规模的表现。

一小群年轻人在大战仍在进行的时候首创了这种现代的破坏手法，其表现是有意地背离常规，不负责任。那是在1916年的苏黎世，他们受到瑞士中立国地位的保护，但在感情上无法“超脱于战争之上”。他们为自己的反叛运动起名为“达达”，这是法语儿语中木马的意思。它的含意是双重的：执迷和胡闹。以此命名的新文学形式藐视和丢弃所有先前诗歌和散文的确定格式以及理智的语言文字，也全然不顾印刷形式的常规。

除了提出宣言以外，达达派成员还写诗歌和散文，流传到国外。到1920年，由特里斯坦·查拉领导的达达主义成为得到批评家尊敬的新流派。它的作品被列为“逗笑”的一类，但其“重要性”并不因此而减少。通过嘲笑来进行破坏的手法由来已久。达达主义的新奇之处在于它的玩笑的虚无性。它不是以中规中矩的语言来针对任何具体的目标，而是通过打乱一切来攻击一切。此即达达主义及其在绘画艺术领域的对应体的重要性所在。它们提出了一个实现彻底摧毁的新模式，给雅里、洛特雷亚蒙和马里内蒂在战前发起的毁灭主义注入了新的动力。意思简明易懂，连孩子都明白。

同是1916年，詹姆斯·乔伊斯也在苏黎世。他师从布索尼学习音乐，想做歌唱家。不过，那时他的文学倾向即已显露。他的同学，美国作曲家奥托·吕宁在自传中回忆说，乔伊斯非常喜欢给音乐作品填词。达达派的写作方式与乔伊斯后来把一个字的音节拆开重组的做法有何关系，这仍然只是人们的猜测。如果两者只是偶然的巧合，那么它们体现了当时破除语言和文学习惯的时代精神。阿波里耐期冀能产生一种新的语言，马拉美希望有一种新的视觉表现形式来表达思想，H. M. 巴尔赞呼吁实现语音的协调配合。他们这种愿望经过一段时间的发展，在战后造成了众多新词的出现。战前就信奉未来主义的马里内蒂发表了《言词自由》，为他的信条增补了新的内容，列举出10条原则，其中包括：向理智开战，废弃句法和通常的拼法，创造丑陋、机械式的生活，同步感知，“最大的混乱”，等。这种自由产生了众多形式的诗歌和小说，时至今日，还有一些当代作家用排印术作为一种表达方式。人人都坚信自己有权无视读者的意见，也可以不管读者对自己的作品能否理解。

由安德烈·布勒东领导确立的超现实主义成为这种权利的公认基础。达达主义者宣称，他们完全跟着感觉走的宗旨使他们成为超现实主义的首创者，而超现实主义者的优势在于他们的“科学根据”。他们熟悉自然和潜意识的活动，依靠梦境和众所周知的自书动作这一现象，把它们作为诗歌和小说的正当基础。这一流派是新近大肆流行的心理分析的衍生物，似乎它可以解释为何应放弃文学中理性、连贯、易懂的表现手法。这些不正是日常生活、商业活动、政府运作基本上所不具备的品质吗？应该表现的是普遍存在的偶然性。

这种态度显示出个人主义主题的又一个转折。每一个艺术家从心理意义上说都在种自己的园地，读者或观者则运用自己储存的心灵形象去理解面前的艺术作品。19世纪90年代的批评理论说，每一部艺术作品都是“一个自立的世界”，这为上述做法提供了确证。从另一个角度来看，这样的作品也是“纯艺术”，因为它们发自潜意识深处，对世界上的一切固有意义都置之不顾。在精神和心理的领域中，交流处于低潮，无甚价值，因为交流毕竟要依靠常规，而常规已经过时了。无意义统治着世界。

使用这种艺术手法进行创造，结果充满着矛盾，但有着决定性的影响。艺术家不仅描绘社会的愚蠢，也描绘它的疯狂，并以此来谴责社会。他是借可笑的傻话向国王直言王国弊病的小丑。20世纪的作家没有义务一定要行文清楚——达达派的语言，正如《芬尼根的守灵夜》的语焉不详和格特鲁德·斯泰因的结结巴巴，在本质上是反社会的。像马拉美，他鄙视读者，却又作为唯一实事求是地刻画世界的人而引起读者的注意。此外，艺术品纯粹、自立，不受任何规则的管理，因而申明了艺术家无条件的解放。

达达派、超现实主义以及它们之后的各个流派共同产生了一个副产品——艺术和艺术家这两个词语的大众化。依靠潜意识使事情简单了许多。按照定义，潜意识人人皆有，既非后天学到也非经思考产生；以自由联想或自写的方式来表达潜意识无须修改，否则就失去了真实性。因此，一个不对任何人负责的艺术家其实是无从批评的。这是对古希腊“天才”概念的回归——如苏格拉底所说的半神，他是人体内的精灵，不受人的控制，反而指导着人的行为。

当然，超现实主义派最出色的艺术家不仅仅是简单地发掘受本能驱使的联想这种潜意识，他们对素材的表现有一种趋势，使超现实主义一词获得了一种狭义，也是现在常用的意义，即任何违反惯常的经验而使人惊愕的东西。既然下意识里似乎装满了恐怖和震惊，于是对它进行探索就使得残酷、变态、淫秽的那些“令人作呕的”东西越来越被作为自然和正常的东西接受下来。报纸报道不幸事件时常冠以“超现实主义”的称呼，这更促使作家争相创作骇人听闻的场面。科幻作品和电影同小说一样不断描绘触目惊心的场景来刺激受众的头脑，这可能对老老少少的人起了怂恿的作用，唆使他们把那些可怕的行为重现于实际生活。自从 18 世纪晚期的哥特式恐怖以来，这方面的进步真是显而易见。

※

从战壕里回来的老一代画家和音乐家茫然不知所措。世纪刚开始那十几年间开辟的道路已经断掉。用旧的方法绘画、雕塑或作曲是不可能了；像新手一样从头开始也同样不可能。而最新的年轻一代没有受过前一辈的正常指导，也没有机会对前辈的观点进行抵抗，因此这些对达达主义作品引不起共鸣的新人同样不知何去何从。

事实表明，老一代的人大都往回跳跃了一个或更多的世纪，向被遗忘的作品中寻求灵感。从东南战线上负伤归来的阿波里耐改变了手法，用 19 世纪中期的诗体给他的新爱人写情诗。1914 年以前曾领导音乐新潮流的明星斯特拉文斯基在佩戈莱西的作品中找到了启发自己的主题。

费尔南 · 莱热和毕加索放弃了分析与综合的手法，一反他们过去画的几何图形，在画作中描绘形象，采用圆形线条。人们一度以为一种严肃的新古典主义正在开始。

这些各种尝试中最后胜出的是极端现实主义，其代表杜尚也是老一代艺术家。他在战前就因不满于自己和同行们的作品而表现出离经叛道的风格。他的《走下楼梯的裸女》表现出来的才华是远方的一点光亮，但不是指路的灯塔。他对同辈人和后人的深远影响来自另一盏灯标：他在蒙娜·丽莎的一幅复制品上给蒙娜·丽莎画上了唇髭。这两个有力象征的结合摧毁了文艺复兴以及后来历次运动留下的成果；它是达达运动的对应。建设到了终点，相反的活动开始了。

混用不同的比喻来形容，可以说唇髭打开了一扇门，给了密语口令，开了永久的绿灯，使任何娴熟使用铅笔或雕塑刀创作出来的东西都可以算作艺术——或者应该说算作达成反艺术这一集体目标的努力。[杜尚的那幅复制品载于卡尔文·汤姆金斯（Calvin Tomkins）的《马塞尔·杜尚的世界》（*The World of Marcel Duchamp*）。]“任意形状”这一新用语总结了这场解放中使用的各种手法。有创造性眼光的人能从普通物品中看出别的物品的“任意形状”，正如阿尔普在他的唇髭帽子和唇髭手表中表现出来的那样。当互不调和的物体被融合在一起时，含义变得暧昧不明——只看文学的“任意形状”的结果便知——而含义不明又增加了混乱。

作品的标题更进一步令人迷惑。它们有的隐晦难解，有的明显地与内容无关，或淫秽下流。在以后的年月里，一切都使观者感到“好玩”。伦敦泰特美术馆展出腰间套着轮胎的山羊标本；纽约惠特曼美术馆墙上架着梯子，像是邀请观众顺梯而上；南美的一个房间四周22架小电视屏幕轻轻振动；慕尼黑展出的衣架上挂着一套灰色毡制男装——杜尚又是这方面的始作俑者，他的作品是一件绿色马甲，也是挂在衣架上。这些玩笑是严肃的，必须认真对待。帮助摧毁一个文化其实不是件轻松的事，尤其当一个人才华横溢，技巧娴熟，却不能任其恣肆汪洋，而是必须压制它们使其服从某种简化方法的时候。其他艺术家采用了较为容易，更加直接的手段来为这项共同事业做贡献。

捡拾艺术（沙滩上捡到的被船舶丢弃的物品）、垃圾艺术（被扔掉的冰箱门）、一次性艺术（被放大或用脆弱易坏的材料做成的物体；用布覆盖的桥梁和建筑物）——所有这些都向世界表明，艺术作为一种具有道德或社会目的的制度已经死亡。

传达同样信息的还有偶然艺术（以通过掷骰子或用电脑随意确定的点为基础制作）、活动艺术等。活动艺术包括用无目的不停运动的无用的小机器做成的“雕塑”，或一双前后踏动的鞋子。另外还有画着简单或复杂的几何线条的油画（有整个一系列的“探索方块”），这类油画为细菌、雪花或体内器官的绘画或摄影开辟了道路。中心意思是：放开手去设计，无论二维或三维，有色或无色。图案就是一切。几乎任何图案都受欢迎。

画家和雕塑家不再描绘人或物体，而倾向于创作没有任何暗示意义的形状，于是批评家开始称其为抽象艺术。这一用语认定那些形状是抽取出来的，也就是说从自然中某些现存的东西中提取的。这个名称很不合适，作为简称可能方便，但在几个方面极不恰当。首先，它抹杀了一个事实，即一切艺术，哪怕是口头和书面的文学，都是具体的，是由物质构成的，否则就不存在。如果有谁觉得音乐超越其外的话，请想一想在一场两小时的音乐会中以确定的形状振荡的大块空气。其次，“反映现实”的艺术也是抽象产生的。任何肖像画、风景画或胸像雕塑都不是对模特的原样照搬。最后，现代主义派的平面或立体的图案并非都是从自然的某个部分提取出来的，并非都是艺术家把他看到的东西层层剥离只留下一个架子。这一用语也不能适用于作品所要表达的某个抽象观念。乔舒亚·雷诺兹爵士给他的一幅画命名为“天真的年代”，但我们在画布上看到的是一个小女孩。对这些区别需要搞清楚，因为科学和技术把真正的抽象与现代生活中眼前可见的东西紧密地结合在了一起。那才是名副其实的抽象：它与直接的经验拉开了距离，比如去年的一场现场音乐表演，今天从录音带中听到，其效果有了微妙的减弱。

杜尚创造了他的形状世界之后不久，出现了达利，他的作品明显地脱胎于超现实主义。这位艺术家也感到需要通过给蒙娜·丽莎的上唇添点儿东西来独树一帜，他画的是他自己留的德皇式括号般的唇髭。他的一些画作反映的是物体在梦中，应该说是在噩梦中出现的或可能出现的样子。顺着桌边软瘫下来的表在那种不舒服的姿势中是不可能走得准的。不过，他使用的技术本身是非常老派的"照相式"，其他的超现实主义艺术家争相模仿，因而得以尽量发挥他们在传统艺术方面的明显才能。他们的风景画、裸体画和静物画，包括那无愧盛名的番茄汤罐头，是学院派艺术最糟糕的一类中的精品，因而表明就连被今人鄙视的学院派风格也难逃大劫。

有想象力的画家还找到了另一种方法来启发观者：把线条、颜色和结构作为唯一的兴趣所在。战前的批评家说这三者是任何作品中唯一值得欣赏的部分，但他们没有想到这会把其他因素排除在外。现在这一纲领被不打折扣地接受下来。大幅深浅不同或对比强烈的"颤动的"色彩，或点、线、平面、棋盘格图案，或没有形状的一摊摊颜色（有的是随意泼在画布上的）吸引着观众的注意，尽管它们实质上仍然是静物画。（音乐方面的对应晚些时候会谈到）思想和感觉必须被带回原始状态才能使高级艺术回归本质。

最后，最热切的艺术家走的是最直接的途径。他们在画布上，或通过石头、木头或金属雕塑表现出非人形状的人体——肢体扭曲、残缺、枯瘦，背景和点缀令人厌恶，色彩和结构使人联想到死亡。在纽约的一个展览会上，一位艺术家推出了这种艺术形式的终极模式：他把全身涂成绿色，裸体躺在一口打开的棺材里。后来一位英国画家用粪便作为创作工具。他们创作这样的作品有一个很好的借口，即战争造成的物质和道德的破坏。任何想象出来的破损的面目和碎裂的身体以及毁坏的风景都无法与炮火造成的结果相比，把毕加索的《格尔尼卡》称为“现实主义”的作品只能算是稍有夸张。从对于物质破坏的这些表现中可以推想现代人对自己存在的感受，以及他们从这些对人的形象极力扭曲的描绘中心领神会的东西。[可读奥尔特加·加塞特（Ortega y Gasset）的《艺术的非人化》（*The Dehumanization of Art*）。]

鉴于现代主义艺术这些表现手法，人们会自然而然地认为，文艺创作不需要任何特殊的禀赋。所有人，或几乎所有人，都有这方面的才能。首先，有些像捡拾艺术这样的体裁并不需要长期的学习或很多练习。再者，题材无足轻重意味着作品不必阐发心理或其他方面的真理。换言之，对天才的需要已经消亡。于是，西方世界一下子涌现出众多的博物馆、美术馆、创作室、路边展出，还有政府或商业的计划，要把日益增多的大量艺术作品展览出售，或送到外国作宣传。这种蓬勃发展不仅发生在首都，而且遍及大大小小的城镇、村庄。这些新的艺术中心还有学校、医院和其他场所做后援，它们都在墙上开辟了专栏来展览孩子们的艺术、残疾或智障病人的艺术、罪犯的艺术、黑猩猩的艺术。艺术还证明可用于治疗疾病，安抚监狱和精神病院中那些不服管教分子。

至于那些需要更多事先构思的艺术，观众经常发现他们必须对艺术的伟大传统有一定的了解才能欣赏。模仿作品和诙谐模仿只能是暗示性的艺术，如果它所暗示影射的对象不为观众所熟悉的话，这样的艺术就失去了意义。其他流派也同样包含着过去的回声，无论现代主义者喜欢与否，过去都牢牢地留驻在他们脑子里挥之不去。比如，毕加索似乎对德拉克洛瓦的《阿尔及尔的女人们》情有独钟。他照着这幅浪漫主义派的画作画了 15 幅画，每一幅都比上一幅更“潦草”，但所有都看得出原作的影子。这个系列可以命名为“责任战胜了赞佩”，这里所指的责任就是消灭过去。要了解另外一种影射，可读巴尔扎克1847年的剧作《梅尔卡代》，并请注意“等待戈多”这句多次出现的台词，人人都期望这个角色能解决自己的问题，但他永不出现。

※

建筑和音乐也必须以自己的方式实现现代化。建筑师和装饰艺术的工匠没有摒弃他们的前辈，可能是因为他们经营的领域是公共和家居的实用方面。前者得在一块狭小的空地上容纳成千上万的办公室工作人员，因而要建造高楼；后者在由于战争而推迟了10年的1925年装饰艺术博览会上展出了大量杰出的作品，给这个时期增添了光彩。展览会使装饰艺术一词成为一个历史名词。拉利克的玻璃、罗迪耶的纺织品、吕尔萨的挂毯，再加上桌椅灯具的新颖形状给人留下了不可磨灭的印象。它们不仅改变了公众对家具的期望，而且把设计变为一种新的专业，使它有了明确的地位。这一专业的成员为商业世界服务，决定其中一切物体的形状，包括香水瓶、电脑、吸尘器和浴室装置。这一类艺术家是随着90年代的新艺术兴起的，但装饰艺术从曲折的流线型线条转向了更为严厉的机器型线条。路易·沙利文倡导的“功能决定形式”这一功能主义原则现在仍然是现代派建筑学的主导原则。这条原则虽然有其谬误之处，却产生了很多美的作品。任何人工制品都很少只有一个单一的功能，设计者对一种功能的注重通常意味着对另一种功能的忽视：汽车为了“空气动力学”——风中的速度——的原因而被造成乌龟的形状，但驾驶人进出方便这一功能却全然没有顾及。这种不同目标的冲突甚至催生了一个新的形容词，制造商必须对只注意功能的产品进行修改以使它们“方便用户”，满足消费者的要求。

在弧线流畅、棱角分明、低矮贴地的装饰艺术派物品和家具出现之前，90年代出现了同样受到机器工业影响的反传统建筑学。这种建筑风格在战后蓬勃发展，被称为国际风格。它更重几何线条，去尽装饰，使现代城市街道的侧影看上去像是一排排竖立的鞋盒。即使有些或全部楼宇都平庸无奇，但总体效果仍令人肃然起敬。[可浏览亨利·拉塞尔·希契科克（Henry Russell Hitchcock）和菲利普·约翰逊（Philip Johnson）的《国际风格》(*The International Style*)。]只有比利时人奥古斯特·佩雷这位在战前率先在建筑中使用玻璃和水泥的建筑师在继续进行发明创造，用装饰艺术的装潢和缩进或突出的平面来使建筑物的表面多姿多彩。大部分其他楼宇都只是在窗户位置的安排上下功夫，再就是在二层楼的高度安装朴素的装饰线条或一点点挑檐雕带，以此造成些许效果。再往上去就都是如同考勤卡一般一面面耸立的灰色高墙。

与此同时，可以称之为技术建筑的风格也自成体系，产生了一些杰作，比如"诺曼底"号客轮、纽约市的乔治·华盛顿大桥，以及后来的圣路易斯城密西西比河边的拱门；它们都得到了热情的赞扬。纽约大桥的原设计是用石头把金属桥塔包镶起来，但艺术的考虑"救"了它，舍弃了原来的设计。这件事典型地说明了这种风格是多么流行。在这一时期，家中如果摆设装饰艺术家具，通常会在壁炉架上陈列用抛光金属做成的真正的阀门或齿轮。

这一体裁的泰斗勒柯布西耶为他设计的建筑的单调性辩护说，房屋是用于居住的机器。他使用同样的功能性（有人会认为是自杀性）的风格建造了大片的工人住房和莱茵河上一座船闸管理工的门房。第二次世界大战后，开始了对这种风格的反动，利用新发明的材料以及对老材料的新加工法，和别的艺术一样随心所欲，无视常规。教堂建成圆乎乎的动物形状；博物馆的外形看似双层蒸锅；豪华宅邸的最新设计像是一堆巨石。一切都宣称是纵情驰骋的想象力的产物。

说房屋是机器，并通过可移动的隔断、大块的玻璃和其他类似工厂的特征来使它居住起来也像部机器，这又是为了方便而牺牲了舒适。人类居住从新石器时代洞穴的紧小亲密进化为后来温暖舒适的家居，而上述类型的房屋把它尽量简化，是极端简化。任意形状和机械化共同加强了世上无难事这一积极进取的信念。

若以为现代派艺术这些特征只塑造了精英阶级的灵魂，就是忽视了“文化渗透”这一事实。商业广告总是从艺术和知识那里汲取灵感，组织严密的娱乐业把新艺术向大众普及，还有一种有人称为该时代明显特征的自觉的新型艺术活动：设计。设计在很大程度上产生自1925年的装饰艺术博览会，在大萧条早期开始出现。当时一位名叫雷蒙德·洛伊的法国上尉来到美国，他挟着文件夹到处向制造商游说，说他们的产品丑陋、笨拙，可能还会造成危险。他画出草图，接受订单，重新设计从口授机到火车机车的各种物品。是他造出了第一部流线型的机车模型。很快，想从他兴隆的生意中分一杯羹的其他设计者把目之所及的一切东西都变为流线型。洛伊还引进了色彩的因素。因为某些产品，像香水，彼此之间极为近似，广告达不到任何效果，于是他把包装也纳入了设计的范围。这一新专业的技能得到极力发挥，最后造成所购买物品的外部包装反而比里面的东西更惹人喜爱。[参阅洛伊对他的历程的回忆：《工业设计》(*Industrial Design*)。]

现代主义的各种艺术还起了另一个作用：它们在一定程度上促成了行为规范的普遍松懈，这种状况从世纪中期以来一直广受诟病。攻击权威，嘲笑任何确立的东西，歪曲语言和物体，不关心意思是否清楚，表现对人体形状的暴力扭曲，回归感觉的原始因素，越来越多的以“不存预设”为根本原则的反什么什么的体裁，所有这一切使得现代主义既是对社会解体的反映，也同时成为推动这种解体进一步扩大的力量。这一切都是早在60年代发生了震撼西方世界的道德、性和政治反叛很久以前发生的。

※

除了少数人以外，音乐家没有马上找到办法来在他们的艺术中实现与达达派和建筑家的成就相对应的结果。那一小群例外的先锋是未来派的一部分，自称 Bruiteurs——噪音制造者。他们的音乐既是真正的城市音乐，又回到了打击各种材料会制造声音这一基本事实中去。因此，他们的音乐是现实生活中各种各样的铿锵声，间以汽笛的半音部滑音和消防车喇叭的两个音符。最近在意大利和法国举行的纪念会上又重现了这一发明。未来派的音乐作品预示了前线炮火的和声。战后，安泰尔在这个发明的基础上稍作改动，写出了《机械芭蕾》。在我们的时代，约翰·凯奇和其他人又转回到纯噪音栩栩如生的表现方式中去。

凯奇用物理手段改变了钢琴声音的性质，他的作品中包括敲打木头的声音；在他著名的《4 分 33 秒》中，有精心设计的沉默。这些作品的目的是教人尊重沉默这一艺术的要素。在沉默期间，大厅中各种声音都听得清清楚楚；这一揭示帮听众放宽了对音乐的严格界定，而在作曲家的耳朵里，所有声音都是平等的。这些活动启发人们认识到 20 世纪艺术的一大部分是教诲性的。尽管不懂艺术的庸人已经消亡，但艺术家兼教师仍然诲人不倦，以防无知卷土重来，如马格里特的一幅画中画着一只硕大的石南根烟斗，标题是“这不是一个烟斗”——意思是当然它不是烟斗，它是一幅画。

20 年代的音乐家从战前的 10 年那里继承了一种强烈的信念，即音调体系必须完完全全地演奏出来。过分使用半音体系（使用选定音阶以外的音符）消除了音阶本身作为重要载体的价值。求助于多调性（同时使用两个或两个以上的音阶），后来又使用无调性，这在音乐领域引进了完全解放这一普遍的现代主义状态。管弦乐队不再是显赫的工具。作曲家更倾向于使用其中某些乐器的小型组合，特别强调打击乐器，因为它们反映了生活的嘈杂。不过瓦雷兹所作的微妙而复杂的《电离》表明，音乐不像文字和颜料，它不能没有体系。诗文中的一个音节就可以引起联想，画面上的一条线或一小块颜色就能够激起感情，而音符本身缺少这样的素质。勋伯格在创作了许多无调性（他更喜欢用泛调性这个词）的曲子后，创立了叫作序列的体系，这一体系吸引了大多数作曲家，却引起大部分听众的反感。

公众尽力去理解这样的音乐，没有人妄加批评，相反，人们对这种音乐敬而远之，不作审美方面的评论。造成这种普遍犹豫的原因是因为使用“十二音行”谱出的“序列曲”是对于头脑的锻炼，但并不悦耳。它解放了不谐和音，要求听众具有一种特别的敏锐，而这种敏锐是无法通过事先训练而获得的。这一体系要求从一开始就决定只有哪些音符可以使用，而这些音符无论怎么结合和互换都可以。这是一个挑战：“看你在这些限制内能谱出什么样的曲子来。”这是在确定限制内的创作。布莱兹宣布他决心“摧毁一切”，并因他“把音乐拆毁，根据新的法则进行完全的重建”而赢得批评家的赞许。

在勋伯格、布莱兹、布瑟、施托克豪森和别人的尝试之后，有些序列作曲家开始使用数学来确定音符排列的各种可能性。结果他们惊奇地发现音域比预期的要宽。于是，有些人使用电脑来随意选择——“偶然音乐”——如同用类似的手法写出的诗和泼洒颜料作成的画。其他作曲家把选择留给演奏者，至少有一位作曲家宣布写出来的不应叫作音乐，只是振荡。在五线谱上写下常规的音符这种传统的编谱做法有时改成了曲线，用不同颜色画下涡卷线，作为给半即兴演奏者的一般性指示。爵士乐手被举为先例来证明这种做法的合理。

技术、发明、偶然和唯科学主义不可抵挡的诱惑取代了音调有序的表现意图。新音乐的这些特征就像乔伊斯用别的词语组成的新词、建筑家“雕塑似的”房屋、画家繁复的几何图形，以及雕塑家寻求新的材料和现成的物品来组合“安装”的东西。20年代的艺术家在谈及他们的“研究”和其中的“问题”和困难的时候不时地谈及他们做出的巨大努力，比如斯特拉文斯基关于他的一部作品就对公众吐露说：“这是经过非常耐心的艰苦努力而成的。”

序列作曲法与抒情的声音——旋律——并不相合，但天才的阿尔班·贝尔格对这一体系的形式稍加改动创作的两部歌剧，《沃伊采克》和《露露》，却赢得了挑剔的歌剧听众的赞赏。虽然歌剧中的音乐不是注重美声的意大利意义上的旋律，但明确无误地表达了贝尔格所要表达的意思。若想知道这种体系最纯粹的应用，得去听韦伯恩的作品。他的作品符合这类作品的特征，都很简短，两张光盘就全装下了。

在20世纪后半叶的某个时候，一项巨大的技术进步似乎会启发作曲家朝着新的方向发展，它的重要性可与19世纪催生了管弦乐队的技术相比。这个进步就是音响合成器，用这种装置可以以所需要的任何音量产生出任何音符、节奏或音色并立即录制在磁带上。这就等于每一种乐器都有无限的音域和力度，而无须人的肺和手指的帮助。30年代出现过这种机器的先驱，当时列昂·塞里明向世人显示了如何用手控制电磁波振动来产生“电子声”音乐。但无人对他的发明表示兴趣。

20年后，不止一位受过古典训练的音乐家热情欢迎音响合成器，因为它用途多样，易于控制。他们用它来制造效果或与通常的乐器结合使用。这种“电子音乐”像打击乐的体裁一样，使作曲家得以反映生活的暴烈和严酷。但现代主义的敏感是与宏大格格不入的。正如诗人只培育自己个人的声音，不写大规模的有社会意义的作品一样，作曲家也倾向于小型的合奏，其乐器的组成常常出人意料。小型作品的优势在于更有可能演出。庞大的管弦乐队有固定的一套曲目，作品若由它演出，从印制各部乐谱到对困难的曲子进行额外排练，整个过程耗费巨大。而且如同在戏剧界一样，工会也构成了艺术家的作品与公众见面的障碍。

另外一项音乐方面的发明也受到同样的限制：哈里·帕奇使用 43 个全音音阶创作的独奏曲目。它们需要几部特别制造的乐器，乐器和音乐的奇特使得这些作品长期以来得不到大众的注意。[可读帕奇自己写的《一种音乐的起源》(*Genesis of a Music*)。] 到世纪末的时候，这些作品开始得到欣赏，一位作品得到广为演出的作曲家捷尔吉·利盖蒂承认自己受了帕奇的影响。不过伯纳德·范·迪伦同样自成一类的音乐仍然在等待着它应得的认真注意。

※

任何注意大战以来文化景观的观察家都知道他或她所看到的景象并不完整，对任何部分做出判断都极易失误。对帕奇和范·迪伦的忽视显示出对整个文化难窥全貌；对于包括瓦雷兹、施托克豪森、考维尔、卡特、吕宁、白比特、布莱兹、塞欣斯、沃瑞恩和乌撒谢夫斯基在内的一群作曲家，各种意见彼此冲突，关于电子音乐人们也争执不下，这表明了妄下判断的危险。所有其他艺术领域中的现代派莫不如此。认真负责的批评家面前摆着一大堆的意见，它们都说得通，却互不相容；他无法把它们全盘接纳下来，然而做任何取舍都需要阐述理由，说明证据。

确定一般性特点也很困难。首次用于现代主义的一个批评术语就这点提供了说明：现代艺术是作为“实验性”的艺术被宣传和接受的。这个词代表着无休止地努力标新立异的意思，它是我们时代中许多不合适的名称之一。一项实验是在严格的条件下进行的，它有方法，有其他最近的研究成果为基础，并要受到同行的审查。艺术家的努力则完全是个人的行为，不受任何控制。现代艺术也不是经多次试验后达成的结果，因为没有标准，无法在衡量误差后进行更好的试验。当然，现代主义的成就不会因缺少实验性这个尊称而有损其价值。对于它更恰当的形容词应当是暗示性艺术，理由不止一个。（首先跃入脑海的是法国俚语“放气球”。）暗示性可以包括艺术中模仿和戏仿的部分，以惊世骇俗而引起兴趣的部分，体现了潜意识中含糊暗示的部分，以及可能是最明显的，从过去的艺术中抽掉感情后剩下的那些部分的结合。不过实验性一词证明是开阔思路的一个方便的工具。它使得习惯于科学的大众泰然地接受任何匪夷所思的东西，它牢牢地压住庸人的棺材盖，使他不得翻身。

艺术家并不只靠暗示性的努力来推动现代主义的使命。创造者比过去任何时候都更加起劲地对公众宣传。各种理论层出不穷。书籍、期刊、访谈、展览会的目录和节目单都进行解释、说明，把技术推到至高无上的地位。不善表达的艺术家处于劣势，只能笨拙地做出一些姿态来跟随潮流。如果能言善辩的艺术家想在作品以外用别的方式哗众取宠，又感到实力不足的话，就借助于连篇累牍的套语。他们的艺术是“对空间和线性相互关系的专注研究”后产生的结果，或者是“根据其相对面和线的关系对空间的确定”。这些自吹自擂的文章大谈空间、线条、色彩、体积和材料方面的改变，或（在其他艺术中）使用自然、感觉、感情、研究、精密度和控制这样的字眼。大部分文章无疑是发自内心的，但观众早已知道画家和雕塑家关心的是空间、线条和体积，其他的艺术家关心的是他们所吹嘘的东西，这些文章并不能增加观众的知识。作品的标题若不是玩笑性或挑衅性的，就是显得渊博、艰深、科学性，例如：“第十二号调查”“两架钢琴的结构”“曲线和方块的研究”等等，最后这个标题其实是多余的。艺术大昭若隐这一古老的格言已不再流行。

20 年代和 30 年代玩笑和嘲讽的风格盛极一时，到现在仍被认为是有趣的新作品。喜欢认真严肃、埋头苦干的姿态的批评家和艺术家有时把它们称为现代主义的“幼稚因素”。这种说法部分是因为许多艺术家很年轻，也是因为玩笑比较浅薄。

达达派作品的用韵和内容并不风趣，嘲讽对象不明，措辞也不见如何出色新颖。在蒙娜·丽莎脸上画唇髭算不得什么激动人心的灵感，不会令人去愉快地反复欣赏。被公平地认作大师的曼·雷拍摄的那张照片也是一样，照片上是一个坐着的裸女的背部，上面装饰着模仿小提琴F状孔的图案。埃里克·萨蒂为他所作的曲子定的标题：“三片梨形”“风干的胚胎”“不戴眼镜看到的东西”，也使人感到莫名其妙。杜尚后来在未加改动的一幅蒙娜·丽莎的复制品上签字时写道“剃了须的”。现在这些艺术家已被供入艺术神殿，关于他们那时的这些顽皮的玩闹需要再稍加论述。

“幼稚”这个词意指以愚蠢的方式表达的智慧或聪明的蠢行。如果只把它作为贬义词来理解的话，那么它用于此处并不恰当，因为达达主义的成果及其主导精神的继续存在说明了他们的玩笑是有效的，并不愚蠢。然而，如果想到唇髭和小提琴状的背部本意就是要表明没有灵感和青少年心性，也就是说不是开玩笑，而是恶作剧的话，就会发现幼稚一词正好适用。嘲笑对象的同时也是自嘲。现代主义的嘲讽作品不引人发笑，那并不是它们的目的。它们是假可笑，真严肃；那些被称为“逗笑的”作品不为使人微笑，而是要促人深思。新风格的漫画也同样不会令人捧腹，保罗·克勒或罗纳德·塞尔的漫画即以此种风格迥异于过去从杜米埃到马克斯·比尔博姆的老式作品。

这种有克制的嬉笑为当时的人所竞相提倡，并引以为豪，却把它误称为“幽默感”。它指的不是能够把生活看作一场喜剧，那不需要什么特别的素质；它所指的是能够当着他人的面嘲笑自己。这样的自嘲很少会令人哈哈大笑，它其实是把自我意识变为自嘲自贬的习惯。用这种办法不需要自我改造，但能先发制人，堵住别人批评的嘴。这样的自贬和坦白不应归为虚伪。它们成为一时之风正与战后民主意识的加强相对应，民主意识要求的正是人不断表现出对自身缺点的了解。人不再潇洒自如或自视高于别人，而是通过承认自己“只是个凡人”或“毕竟是人”来使别人安心。与此同时，与嘲讽艺术相联系的现代主义的幽默感（它应当有个更恰当的名称）使人能够把一切都看穿看透。

※

虽然不懂艺术的庸人后继无人，但不能因此以为推动艺术解放的大运动完全无人反对。抵制和谴责现代主义的是些卓越的批评家、有高度教养的男男女女、无可挑剔的知识分子。他们的批评有高度水平，不只是把艺术先锋派的一些作品斥为重复、幼稚，或是批评先锋派不是出于艺术家的深刻而纯粹是因为懒散马虎而造成的暧昧模糊。他们所攻击的是这一文化真谛的所有创造者，除了艺术家以外还有作家、思想家和言论家。1928 年出版的一本题为“学者的背叛”的书流传甚广。(“学者”包括一切相关的人在内，如同柯勒律治的“文人”的含意。）这里的背叛包括抛弃理性以及用理性促进实现普遍目标的责任。精神的真理是永恒的，它们确定的界限不容逾越。作家朱利安·班达说，柏格森的哲学任凭意志自由发展，因此造成了现代主义率性而为的特点。

班达此论发表前后的许多著作也提出相关的论点和相似的论据。马西斯的《捍卫西方》、欧文·白比特的《卢梭和浪漫主义》，以及保罗·埃尔默·莫尔的谢尔本随笔（后两位作者是美国人）带读者回到100 年前去寻找西方文化衰落的种子，那就是浪漫主义，因为它倡导抛弃规则，逾越界限，嘲笑常规。简言之，普遍的解放现在占了上风。

反浪漫主义早已有之，特别是在法国，它还（对有些人来说）带来了政治和宗教方面的必然结果。这种结果在墨索里尼的全盛时期体现得特别突出。T. S. 艾略特不是唯一自称为古典主义者、圣公会教徒和君主主义者的人。不过，在英国以外的地方，后面的两个属性词意味着某种宗教信仰和某种形式的独裁。在美国，称为南方农夫的文学团体以做“反动派”而自得，反动即是抵制艺术、道德和政治的松弛。

能言善辩的人们因此而分为两个阵营，各自认为是不同的祸害在破坏着文明：一方认为破坏文明的是一种新的野蛮鄙俗，另一方则认为是一种逆时代潮流而动的压迫。还有一组人是马克思主义者，他们赞同“社会现实主义”，即在所有艺术中都直白平铺，以便向人民传达支持社会化国家的简明信息。这种艺术观现已消失，其他两种也从讨论的中心淡出，出现了后现代主义的说法。这个新名称的依据经常渺茫难解。绘画艺术中一个显著的事实是，仿真的再现又成了可以接受的东西；诗歌中也出现了意思清楚的常用语；“序列”作曲已不再是必为之事。至于使有些人动念要诉诸独裁的政治上的不满，它只能去找别的发泄口。世纪末激起强烈对立情绪的是关于道德和宗教问题的分歧。自称为“自由派”的观点到处都面临一个或更多的右倾派别与之抗衡，这些派别都像班达一样要求回到固定的规矩中去。

※

在两次世界大战之间，公众或兴味盎然或心怀厌恶地看着先锋派对于过去的文学和现在的社会大肆攻击。与此同时，幸存下来并仍在写作的战前作者则得到日益广泛的欣赏。萧伯纳、威尔斯、康拉德、叶芝、哈代盛名满天下。吉卜林的声望进入了一个新阶段。他战前写成的杰作《吉姆》被读者广为称道，然后他从写关于印度的故事和关于大英帝国的诗歌转而写作儿童故事——《丛林故事》，后来又转向发生在英国乡村的氛围故事、鬼故事、社会讽刺和关于船舶机器以及想象的越洋空中旅行的故事，这与一些艺术家和设计家对机器的敬意恰好吻合。一位批评家指责说，吉卜林从描绘人开始，然后去写野生动物，最后以蒸汽机和螺旋桨轴告终。对此可以反驳说，只有艺术家才能使成人读者对关于动物行为和机器的书读得津津有味。

另一群人——安德烈·纪德、罗曼·罗兰、高尔斯华绥、阿诺德·本涅特、诺曼·道格拉斯、西奥多·德莱塞、托马斯·曼——是西方小说界公认的领袖；新兴的一代——科克托、弗吉尼亚·伍尔夫、卡夫卡、莫洛亚、辛克莱·刘易斯、斯科特·菲茨杰拉德和厄内斯特·海明威——似乎是先锋派，但比超现实主义派扎实。还有几位——E. M. 福斯特、契诃夫和普鲁斯特——其实在战前就已出版过著作，但后来才得到承认。

源源涌现的大量小说有一个基本的思想和题材：中产阶级生活和制度对人严密束缚，给人的生活造成种种磨难。从曼描绘了一个家族瓦解的《布登勃洛克一家》，到高尔斯华绥的《福尔赛世家》、辛克莱·刘易斯的《巴比特》，以及普鲁斯特和纪德的长篇小说，这些小说的故事虽然发生在不同国家，但都表现了精神生活遭到压抑或摧毁的同样的冲突。社会对艺术家充满敌意，家庭严重压制普通男女的人的能力。那个时期的美国小说家得到了 H. L. 门肯的大力支持，他痛斥他所谓的“愚蠢的中产阶级”和它所控制的民主。听了他的言论，会以为 90 年代从未打破过之前维多利亚时期的狭隘，现在需要新的解放。

在这些作者攻击“制度”的同时，从战壕中回来的作家根据他们的经历写成了大量的战争小说，应该说是反战小说。许多这类的作品在描绘战争的恐怖，或从战争回到平民生活的情景时，掺入性自由的描写，这又是重复了 90 年代的情况。这一文学运动是由战时的情感和事件引发的，它们使许多人注意到性满足这一问题；把夫妻分开剥夺了这种满足，而分离又创造了机会使它得以实现。很快，小说中公开的性描写成了必不可少的部分。D. H. 劳伦斯被广为禁止的《查泰莱夫人的情人》实际上是这方面描写手法的范文，书里面的用词（虽然是方言）恢复了一种基本的英语。它引起了诲淫这个至今仍然存在的法律问题。在诗歌中，维多利亚晚期诗歌关于梦和叹息的内容被对丰乳肥臀毫无顾忌的描写所取代。后来对同性恋爱的赞美也随之而来，但较为谨慎。

由于玛格丽特·桑格和玛丽·斯多普斯这些勇敢女性的努力，20年代对避孕的知识大为增加，越来越多关于实现性满足的指导开阔了人们的思想。做爱成为一种艺术，更多的人开始希望掌握足够的做爱技巧以求胜任，更不用说以此谋生的人。性学在学术界有了一席之地。同时，弗洛伊德理论的普及导致人们相信压抑性本能会带来危险。礼仪的改变也有利于这种解放。不拘礼节成为风尚，简化了会面的程序；因为繁复的礼节是阻碍，而轻松随便是邀请的姿态。男女两性之间出现了一种新的亲密感情，鼓励着他们约会，驾跑车兜风，而软领子、软衬衫、无须系带的鞋子正适合这样的场合，此外跑车也是进行“拥抱接吻”这一消遣的方便工具。剪短的头发和平板的胸脯，齐脚腕的袜子和实用的鞋子使爵士乐时代“无拘无束的女子”与她的前辈淑女迥然不同。[可看小约翰·赫尔德（John Held Jr.）给那时女子作的素描像，然后读珀西·马克斯（Percy Marks）所著《爵士乐时代》（*The Jazz Age*）。] 年轻女子“结伴在一起”并不减少对性的兴趣，同伴之间经常谈论性这个话题，虽然她们把它婉转地称为“那个”——“她或他有那个了”。女子打扮得像男孩，这究竟是不是一种下意识的反应，以迎合男人因战壕生活中同性间亲密联系而产生的对男性体形和举止的喜爱，这个问题值得考虑。军旅生活容易激发男性之间的感情，并可能使它变为永久的倾向。

激情高涨的气氛和书报上的讨论鼓励了婚前性行为和“试婚”，并提出理由说这是为了“促进感情成熟”。一位名叫林赛的美国法官提倡“友爱结婚”，即一段有明确规则管理的同居试验期；现在这种做法已很普通，没有规则，也没人记得这位法官。伯特兰·罗素、A. P. 赫伯特以及其他一些人努力鼓吹改革离婚法。几乎在所有地方，原来只有发生通奸才能提出离婚，现在习性不合即可成为离婚的理由。要求承认性交是一项人权和公众永远的关注的运动来势凶猛，企图抵抗毫无胜算。一些书籍在不同的地方因诲淫而被告上法庭或排斥在公共图书馆以外，但一本书如果标有“在波士顿被禁”的字样，在其他地方就一定畅销。1927 年，伍西利法官判决《尤利西斯》适于在“清教徒的美国”发行，这标志着 19 世纪 90 年代的反叛终于大获全胜。各地的作家和艺术家认为他们的共同事业就是击败维护体面的负隅顽抗。萨默塞特·毛姆为体面重新定义为“蠢人掩盖其愚蠢的外衣”。

※

我们看到，经过了流血和悲痛的焦虑年代后，人们需要高兴快乐。怡情悦性而又吸引心智的娱乐于是应运而生。精致一词被用来形容这巧妙的混合。演出业一片繁荣景象，机敏风趣的话剧层出不穷。包括萨默塞特·毛姆、A. A. 米尔恩、诺埃尔·科沃德、费伦茨·莫尔纳尔、菲利普·巴里在内的作家培育出了客厅喜剧这一体裁。歌舞杂耍表演让位于表现更高级幽默的时事讽刺剧，比如洛伦斯·哈特和理查德·罗杰斯才华横溢的作品、比阿特丽斯·莉莉机智巧妙的滑稽短剧，以及巴利耶夫的蝙蝠剧团演出的剧目。音乐喜剧也兴旺蓬勃，歌词、音乐和舞蹈都比过去高明，制作也经过精心设计。

轻松的诗歌和幽默散文登上了文学的大雅之堂，不仅有书籍还有杂志，如《笨拙周刊》《法官》《生活》《巴黎生活》。马克斯·比尔博姆、罗伯特·本奇利、A. P. 赫伯特、多萝西·帕克、斯蒂芬·李科克这些人是知识分子型的讽刺家，他们使人发笑而不是令人受伤，还有一些漫画家也属于此类，像格鲁亚斯·威廉斯和卡朗·达什，比尔博姆也在漫画家之列。从这个时期开始，荒诞不经的散文或诗歌被视为文学的一个重要部分，莎士比亚的歌词被列举为证明。刘易斯·卡莱尔的诗作和两部爱丽丝的故事成为值得尊重的艺术作品，以那种风格写成的儿童读物老少皆宜——米尔恩的《小熊维尼》或 H. G. 威尔斯的《汤米》就是证明。与此同时，首先由爱德华·利尔为儿童写的五行打油诗在战前经过了现代化的革新，五行中最后一行原来是对第一句的重复，现在改为提出一个新的意思，让人出乎意料或吓一大跳。这一时尚启发了诗人和小说家，他们采用这种简略的形式发表大多是不合体统的幻想。诺曼·道格拉斯于1928年出版了一部五行打油诗的经典选集。

《名利场》一度在高雅精致类杂志中雄踞首位，后起的《纽约客》募集了一群天才卓越的散文家和美术家，几乎同期由门肯创刊的《美国信使》用嘲讽和讥刺的手法记述中产阶级的行为和想法。在英国，《生活和文学》《新政治家》《标准》和《笨拙周刊》恰恰是生活和文学的仲裁者。

诚挚的剧作家怀着同样的目的在剧作中反映社会和道德问题。在都柏林的阿贝剧院这一爱尔兰文学复兴的中心，叶芝、辛格、肖恩·奥凯西写出了传世之作。伦敦的塞德勒斯威尔斯剧院、巴黎的老鸽舍剧院、柏林的自由剧院，以及纽约戏剧联合会和普罗温斯敦剧团帮助推出青年剧作家。在戏剧联合会或百老汇的其他地方，不苟言笑的尤金·奥尼尔是一群剧作家的领头人，那些人包括马克斯韦尔·安德森、舍伍德、贝尔曼、悉尼·霍华德、桑顿·怀尔德。后来，克莱尔·布思和莉莲·海尔曼证明她们的才华与前面的那一群不相上下。

这些剧作家的作品由一大批出色的演员搬上舞台，他们是在斯坦尼斯拉夫斯基创立倡导自然不做作的表演体系之前最后一批经过声音和动作古典式训练的演员。这些老一代演员经常会从通常演出的莎士比亚剧目中找出一部来演，纽约的一个剧团上演了一次令人难忘的穿现代服装演出的《哈姆雷特》，剧中国王的书桌上放着一部电话机配合那句台词："来，格特鲁德，我要去召集我那些最有见识的朋友们。"

越来越多的人迷上了电影，并且形成了一个前所未闻的习惯：每周一次出去娱乐消遣。这是向着后来发明电视，使人每天每小时都沉迷其中这个方向迈出的一步。20 年代，格里菲思为电影发展了其特有的手法，可以用来演出任何景色或故事。早期只有一盘胶片的打闹剧和简单雷同的系列故事片消失了，代之以喜剧片、情节片和"豪华大片"。这些不同类型的影片给各种各样有表演才能的人提供了机会，他们饰演的角色类型逐渐固定，他们的生活和绯闻在电影杂志中常有报道。查理·卓别林是讽刺喜剧类影片中无与伦比的天王巨星；玛丽·璧克馥和道格拉斯·范朋克作为浪漫和冒险的化身受到影迷的崇拜；五六位面色阴沉的演员专演骑马打枪的西部片；在国外，像《卡利加里医生的柜橱》这种邪恶类型的故事片使观众紧张兴奋。还出现了一部后来意义重大的电影《蓝天使》，它是根据亨利希·曼写的一部严肃小说《垃圾教授》改编的。

另外一种与电影和小说竞争的娱乐形式是不自认为文学的短篇小说。各种杂志、周刊、月刊大量涌现，它们比书便宜，内容多样。每年出版一本《最佳故事》汇编，以满足读者无尽的需求。这半个世纪期间出版的这类作品中，只有几部有永久价值的流传了下来，有的具备了小说的最佳特点，比如凯瑟琳·曼斯菲尔德和契诃夫的短篇小说，后者的作品当时刚从俄文翻译过来。除吉卜林以外，其他应当在文学中占一席之地的作者及其作品有：阿瑟·梅琴的幻想小说、柯南·道尔的医学故事和其他离奇的冒险故事、M. R. 詹姆斯和阿尔杰农·布莱克伍德的鬼故事。最后，犯罪纪实和著名审判的记述在爱德蒙·皮尔逊和威廉·拉夫黑德这样的大师手里上升为一种确立的体裁，亨利·詹姆斯对这类作品读得津津有味。

两类传记也同样受欢迎。身为布卢姆斯伯里文化圈子一员的利顿·斯特雷奇树立了迂回“揭露生活”的榜样。《维多利亚女王时代名人传》中的章节继承了90年代嬉笑怒骂的文风，但对某些事实进行了歪曲，还有些凭空捏造。与此同时，安德烈·莫洛亚独创了一种传记体裁，其中掺入虚构的细节和对话，从而使内容生动活泼，不过他对他的虚构坦承不讳。此外，大为盛行的还有其他几种利用已逝者生平做素材的文体，对他们进行贬低或为他们辩解，比如像加梅利尔·布雷德福的“心理刻画”。自传也大批出现，许多作者还很年轻，他们在书中详尽记叙自己童年和上学时的各种痛苦。E. C.（爱德蒙·克莱里休）本特利发明的克莱里休四行打油诗也是传记性质的。这种自由体的四行诗用来叙述某个名人生活中的一件事。像五行打油诗一样，它使得保罗·霍根和W. H. 奥登这样的作家得以充分发挥他们的才能，写出一首首嬉笑戏谑的四行诗。总的来说，20年代和30年代喜欢由文化修养高雅的人玩的这类智力游戏，无论是达达派还是胡闹的作家的作品。这些作品令人放松，使人“更有人情味”。

但娱乐也有精力充沛的形式。美国黑人舞蹈家约瑟芬·贝克1928年来到巴黎，以她的野性舞蹈［Danse Sauvage，不是“野蛮的”（savage），而是“野性和原始的”（wild and primitive）］掀起了公众的狂热。巴黎已经有了这方面的基础，当时流行的舞步已经被认为相当原始，有一步舞、两步舞，还有狐步舞。同样来自美国的爵士乐表现了野性。这种吵闹、悸动、充满了切分和变奏的音乐震耳欲聋，令人头昏脑涨。只听它就足以令人迷醉，不用再喝另外一种舶来品——布朗克斯鸡尾酒（法国人念成布朗兹），这是一种橙汁和杜松子酒混合制成的奇怪饮料，有一股药味，很难与任何食物搭配。这种鸡尾酒后来被淘汰了，但爵士乐却不是昙花一现的时髦，它将长期持续下去。即使在那时就已出现了一些著名的爵士乐手，虽然有关的理论家和历史学家还未成长起来，它的历代形式的发明者也尚未进入音乐的神殿和古典音乐作曲家平起平坐。爵士乐后来逐渐成为乐迷和音乐学家所喜欢的音乐会节目，但同时它仍然是实用的，用来跳舞的音乐。

舞台上的“现代舞蹈”另有一种意义。在伊莎多拉之后，它成为一种新的艺术，任意自由发展，来自不同国家创意新颖的舞蹈家在各国都赢得了观众。玛丽·维格曼、拉阿尔真蒂纳、让娜·龙塞、哈罗德·克罗伊茨贝格、乔斯·利蒙，他们每人都有所创新，有些人还创办了舞蹈学校。(年长的）申卡尔从印度带来的舞蹈团使西方目眩神摇，他们的舞蹈和节奏在音乐和动作方面开辟了一个全新的天地。

在德国，保罗·欣德米特和其他人在努力倡导另一种也是实用的音乐，日常音乐（Gebrauchsmusik），它的目的是使音乐重新进入千家万户，使人们在家中和室外能够经常欣赏音乐。这种做法由来已久，后来中断，现在旧法重提是为了结束19世纪形成的那种情况，把音乐限制在音乐厅里，欣赏音乐只能偶一为之。这场运动并未取得任何结果，但它的目标预示了后来人们对室内音乐和巴洛克音乐的喜爱以及类似嚼口香糖一样开放背景音乐的习惯。在家中，在电梯和出租车里，在打电话的时候，背景音乐无处不在。

与此同时，在战争接近尾声时的巴黎，埃里克·萨蒂和科克托这两位作家身边围绕着一群年轻的作曲家。他们是所谓的“六人团”，其中著名的有奥里克、普朗克和奥涅格，很快米约也加入了他们的行列。他们创作了许多实用的作品，相当一部分以当时的轻松风格为特征。与其类似的是，德国的卡尔·奥尔夫把中世纪僧侣唱的喧闹欢乐的歌曲写成了一部现在十分流行的大合唱——《博伦伊之歌》。在美国，查尔斯·艾甫斯以独特的风格谱了许多歌曲、进行曲和舞曲，还有五部交响乐。除了已经提到过的安泰尔的《机械芭蕾》，还应当加上沃尔顿的《门面》，他把伊迪丝·西特韦尔的诗配上曲调加以吟唱，用一支小管弦乐队伴奏。康斯坦特·兰伯特创作了震撼人心的《格兰德河》。兰德尔·汤普森、珀西·格兰杰和弗吉尔·汤姆逊也谱写了一些类似的嬉闹快活的作品。这些作曲家对庄重严肃的题目也有兴趣，但总的来说，流行的都是他们的通俗或喜剧性的作品。他们向高处的冲锋被战争的高墙阻隔住了。

※

20年代期间，一种特殊的体裁得到了越来越多人的喜爱，因为它锻炼心智，使读者享受机敏的娱乐，又不涉及任何社会问题；自那以来这种体裁的地位和流行度不断提高，现在甚至成为大学教程和论文的题材。这个体裁就是犯罪小说，原来称为侦探故事，又叫破案故事和惊险故事。其实它们是彼此迥异的分类型，无须在此费篇幅阐述；书迷对它们的分别一清二楚，其他人即使知道了它们各自的一般性特点也还是辨认不出。重要的一点是犯罪故事是故事而非小说。读者应当还记得两者之间的区别，简而言之，小说把心理和社会的因素作为叙述中的主要关注，故事则描述合乎情理、扣人心弦的近似生活的事情，只涉及人们熟知的社会类型。小说对各个角色及其社会背景进行分析。故事讲述激动人心的经历，但对动机和背景则忽略不提。

侦探故事的理想形式有固定的格式，如同希腊悲剧一样。先是发现尸体，无疑是被谋杀的。警察无能，调查漫无头绪。接下来，天才的业余侦探出场，对他佩服得五体投地的朋友和记录人紧随左右，他通过对线索的推理分析追出凶手，破解了案子。故事的发展必须遵循某些限制，没有超自然的力量或科学未发现的毒药，没有实际上不可能发生的事，或哪怕是不可信的情况；主要兴趣在于从错综复杂的事实和动机中查出真相的过程，所以不能有深入的心理分析，也不能有全面展开的恋爱。

战后初期，喜欢“破案故事”被认为是有失身份；读者得为自己这一嗜好而自我辩解。一些著名的文学批评家用尽办法把他们贬为低级趣味的人。事实则恰好相反。侦探故事的作者和读者都是有高度文化修养的人。在这一体裁的黄金时代，英国女作家居于首位。塞耶斯、马什、阿林厄姆、海尔和克里斯蒂在创意和手法方面都无人能及，她们使用给读者带来愉快的文学艺术手法——情节、机智和叙事技巧——来讲述不断花样翻新的故事。威尔逊总统和伯特兰·罗素是热心的读者，更为近代的 J. L. 博尔赫斯和巴勃罗·聂鲁达也对这类作品深为喜爱。

后来的观察家运用心理分析，说读侦探故事使人的暴力倾向得以发泄。这是彻头彻尾的无知之谈，因为这个体裁并不渲染谋杀的实际行为，而且尸体通常在开头几页就已交代完毕。故事满足的是读者对于方法的迷恋——唯科学主义的一个方面，加之看到罪犯伏法的欣慰；换言之，理性和正义的伸张。如果四年的大屠杀与这些故事的流行有什么关系的话，也只能是否定性的关系，因为犯罪小说是对杀人者不利的，它集中描写的是正义和具有“三段推理能力”的罕见头脑。

分析线索的兴趣不是 20 年代的新生事物。在 18 世纪中期，伏尔泰写过一个以主角的名字为题目的故事《查第格》，他是一个“东方人”，为国王进行侦查工作，功劳卓著。晚些时候的博马舍以当时的背景写了同样的一篇小品。这两部作品都不涉及谋杀，讲的是根据推断来重现事件的发生。19 世纪初，一位名叫莱格特的人用这种技巧叙述了一个关于枪击的故事，接下来，埃德加·爱伦·坡这位短篇小说体裁的创始人在四篇侦查故事中表现了他的天才。从坡到阿加莎·克里斯蒂这段时间内，犯罪故事生出了两个分支。法国人发展了警察小说，注重耸人听闻的情节，对思维推理着墨不多；英国作家则倾向于短篇小说，柯南·道尔成为其中的大师。他不仅把故事情节写得复杂曲折，引人入胜，而且创造了世界上最为著名的一对角色。夏洛克·福尔摩斯和华生医生与堂·吉诃德和桑丘·潘沙齐名，很难想到还有哪对伙伴与他们两对一样闻名。事实上，他们两对从根本上说是同一对，追求的是同样的东西，只是相隔 300 年，穿着不同的服装而已。

这两位现代人写得栩栩如生，世界各地都有他们狂热的崇拜者，甚至建立了一种假想的学术：世界上成立了十几个夏洛克·福尔摩斯学会，学会成员假装福尔摩斯和他的朋友确有其人，就他们的生平写了 60 个细致入微的故事。因为这些故事彼此之间并不完全一致或并不完整，于是围绕着根据这些资料做出的推断兴起了无休止的争论，争论各方大都表现出道尔式含蓄的幽默，而这幽默本身也正是道尔的作品吸引人的一个方面。福尔摩斯学会成员这种迂腐的表现与专门研究某一位作者的学会成员的执着和收藏者对版本学的关心并无二致。但对福尔摩斯和华生生平的“研究发现”表明，在事实上不可能知道真相的情况下，从词语的暗示中多么容易达成可信的结论。

在福尔摩斯之后，如一位研究者所说，洪水汹涌而至。[可浏览 J. 巴尔赞（J. Barzun）和 W. H. 泰勒（W. H. Taylor）编辑的《犯罪的记载》(*Catalogue of Crime*)。] 最后占了上风的是长篇故事，但它开始时篇幅过长，而且障人耳目的假线索太多，影响了书的趣味性；然后缩减为中篇小说的篇幅；后来又再次发展为大部头著作。发生了这些变化是因为只靠内心推理的破案手法和供侦探思考的各种线索迅速枯竭。于是天才业余侦探的事迹让位于“警方探员”与“私家侦探”，还有律师、医生、保险视察员或其他专业人员，他们不如福尔摩斯那样显赫，但同样有效地协助着警察的工作。在福尔摩斯时代，小觑苏格兰场不为过分，因为在他出现之前不久，有好几个侦探因渎职和腐败而被定罪。

对犯罪小说的兴趣产生了两个相似的体裁：间谍故事和前面已经提及的犯罪纪实。所有这些类型的故事都有一个几乎无人注意的共同内容：它们忠实地记录了当时的品味和时尚。有一句话说得好，读者喜欢反复阅读夏洛克·福尔摩斯的冒险经历，因为那里面“永远是1895年”的伦敦，那个有着双轮双座马车、鸦片馆和在科文特加登剧院上演让·德·莱斯科主唱的歌剧的伦敦。福尔摩斯自己既是科学的信徒，又是90年代的唯美主义者。同样，美国的达希尔·哈米特和雷蒙德·钱德勒以及他们在西海岸的后代在作品中也反映了当时的流行用语和风尚，甚至反映出了对爵士乐、电影和他们那个10年的艺术品的喜爱，当然还有对性的痴迷。这种文化纪实给不是观察而来而是臆想出来的情节增加了逼真性。可惜，近年来这一层反映时事的表面越来越厚，大有掩盖体裁的中心目的之势。男女主角只顾炫耀对音乐和装饰艺术的丰富知识，却忘了表现破案的能力。

要知道对侦探故事的形式和长处最好的批评意见，应当去读——

多萝西·塞耶斯

她自小就表现出在文字方面的天赋和热情。出生在牛津的她是独女，父亲是教士和音乐家，母亲受的教育不多，但精力充沛，聪明过人，以自己祖上有一位威廉·黑兹利特的表亲而自豪。多萝西出生4年后，全家迁往剑桥郡一个地处偏僻但景色优美的教区，这对于母女俩是件不幸的事。妻子越来越对丈夫感到厌烦，孩子在成长期间几乎没有小朋友或别的交往的人。她自娱的方法就是如饥似渴地读书，写故事，写诗，想象外部的世界，并细细思考基督教信仰，她是把它当作故事来读的。同时她又爱玩爱闹，像她母亲一样充满活力，对日常事务讲究实际。这些特征形成了她后来的个性：天真无邪、精力充沛、脚踏实地但不限制想象力，还有对于所谓基督教史诗的特别钟爱。

她上了牛津的萨默维尔学院，成为一名出色的学生（请读她的倒数第二部小说《华丽之夜》)，是第一批被授予牛津大学正式学位而不只是一张证书的女学生；事实上，她在毕业典礼上接受了学士和硕士两个学位。至此为止，她的生活一直是顺畅愉快的：现在她得自己谋生了。她给一家与法国一个学校有关的服务公司的管理人做过秘书。他们有过一段文字上的恋爱，那是她在爱情领域中的第一次不幸。她相貌平平，身材一般，又性欲很强。后来的两次情事给她留下了一个长得英俊聪敏的私生子。她年岁稍大时找到了一个与她兴味相投的丈夫，但他晚年时生病，酗酒，脾气一反平常的暴烈，也给她造成了不少痛苦。

塞耶斯遭遇的这些痛苦经历没有给她的文学事业带来任何教益，在此仅点到为止。对她这位年轻女子来说，在伦敦最大的广告公司做广告撰稿人裨益良多，又令人愉快（请读《谋杀必须广而告之》)：即使广告也有好的文字。她在撰写所有广告方案时都力求简单明了。

亨利·詹姆斯提出了小说的一套完整理论，塞耶斯则时而严肃时而幽默地使用她的学术研究为侦探故事确立了理论。在一次接受关于这个题目的采访时，她表现了她口无遮拦的秉性。“白痴和一些杂志编辑”要她“从女人的角度”谈谈犯罪小说，“对这样的要求只能说‘滚开，别犯傻’。这等于是问关于等边三角形的女性角度”。关于审美学这个大题目，她写了一本杰出的小书《创造者的思想》。它的主题是：平常创造任何物品的经历，无论是创造艺术或是制造任何东西，都与三位一体所象征的意义相吻合。首先产生的是创造的念头，它预见到成品的样子。这是父体。接下来是创造精力，它与物质进行猛烈的斗争，克服一个又一个的障碍。这是子体。最后是完成的作品的创造性力量，它通过对用者——观者的灵魂产生的效果而对世界产生影响。这是圣灵。三者在作品中结为一体，缺一不可。

这一阐述有着批评和宗教的双重目的。在分析人的创造的时候，它表明基督教神学中揭示的上帝的创造也遵循同样的格式，人确实是以上帝的形象造成的。塞耶斯在写成这本立意新颖的书之前曾讲过学，并为在坎特伯雷大教堂和其他教堂举行的庆祝活动写过宗教主题的话剧。为此她研究了中世纪历史、文学和语言，她这方面的活动使她作为知识分子传道士而引起了全国的注意。英国广播电台请她就耶稣的生平和殉难以戏剧的形式编写一部六集节目，她写出的脚本文字意思都简明易懂，感情充沛又不失于滥情。像天生信教的天主教徒一样，她乐意对她所信仰的东西持一种幽默的态度。

她孜孜不倦地为履行她视为己任的使命而努力，那就是向世界表明信仰的作用和正确性。她的说理和论证的方法使《创造者的思想》一书可与 C. S. 路易斯的著作相媲美，令人百读不厌。但塞耶斯并不是上帝权力绝对论者。她认为，在这个世界中，对于上帝的信仰是不可缺少的，它是对不可避免的关于宇宙的问题的解答，也是解决尘世间难题的依据，但是，若迫使人们接受或强制执行关于上帝的某个特定的概念，就势必会造成分裂和压迫。她直言不讳地承认自己是讲求实际的相对主义者，她不止一次在不同的情况下写道："原则首先就会置某些人于死地。"

通过对中世纪历史和文学的研究，她自信可以翻译但丁的作品。她原来已经掌握了希腊文、拉丁文和法文，现在又学了意大利文，在译文中使用了但丁原文的格式。她年轻时用以自娱的写作训练了她，使她能够熟练掌握韵律。在翻译中，她选择用最简单利落的语言，恰如其分地转达了但丁的风趣、嘲讽和幽默；在她之前的译本对此几乎完全没有反映，那些译本都为了切合主题而翻译得庄重严肃。

她还未完成翻译便突然去世，时年 64 岁。不过所缺的部分由一位朋友补上，译文由企鹅经典出版社出版。出版后得到的评论毁誉参半，其中有一些评论表现出相当的热情。赞扬主要来自 C. S. 路易斯。塞耶斯的译文有两大优点：简明易懂，戏剧效果显著，如同塞缪尔·勃特勒对《伊利亚特》和《奥德赛》的散文翻译；另外，她对但丁的诠释是合理的，因为但丁自己在四处流亡时曾写过一首政治小册子性质的诗，谴责政敌和仇人，颂扬朋友，还提出了一些绝非全部正统的教条。

多萝西·塞耶斯的全部工作成果到底能留下多少还不得而知。犯罪小说的态度和文体到如今已经发生了变化，虽然她的几部小说还在不断重版。《创造者的思想》一书立意新颖，深思熟虑，论述精湛，足可流传后世。她其他关于宗教的著作在她那个时代是超前的。目前对《圣经》、耶稣和上帝创造世界的密切关心可以追溯到她的观点。即使她对但丁著作的口语化翻译没有得到长久的喜爱，但译本中博学精深的导言和说明对研究者来说应该还是有价值的。

塞耶斯是看到大战的爆发而得出原则会杀人的结论的。国家荣誉、海上霸权、用于炫耀而实际上并无好处的殖民地、必须予以征服以"恢复我们种族的名誉"的地区以及"不和不降"，这些一直是欧洲所顽固追求的目标，追求的结果是把自己变成了一块巨大的烧焦了的祭品。大战是一场浩劫，却没人看到造成这场浩劫的双方其实遵循的是同样的原则。有人说这种情况可能会再次发生。如果是那样的话，生命就不再有任何意义。流亡巴西的斯蒂芬·茨威格夫妇即在 1942 年双双自杀。

在第一次世界大战的胶着阶段，一位名叫奥斯瓦尔德·斯宾格勒的德国数学教师修改并完成了他几年前开始的一部巨著，这部著作出版得恰逢其时，两卷分别于 1918 年和 1922 年面世。《西方的没落》如同所有大型学术著作一样，引起了各种反应：有本能的或者是思考之后的拒斥；有心悦诚服或基于一贯信念的同意；还有关于有争议的事实和一般性原则的争吵。最终结果是，对于许多不能苟同于当时的欢乐气氛，对战争的徒劳无益感到愤激的人来说，斯宾格勒的理论已经得到了事实的证明。所有的新闻都证实了它：发生了严重的萧条和失业；在制订了漠视民族感情的和约之后，小型战争在欧洲此起彼伏；德国摇摇欲坠的共和国无力偿还战争赔款，协约国也付不起它们所欠的巨额债务；意大利出现了墨索里尼的独裁统治；难民仍然无家可归，啼饥号寒；各地瘟疫流行；还有人们脑海中夷平的地区和破碎的肢体这些挥之不去的景象。

如果这就是西方文明的结果的话，那么它的灭亡不仅势在必然，而且一点儿也不令人遗憾。一些有识之士没有沉迷于对艺术的喜爱或对享乐的追求，他们预言说大决战会再次爆发。其他人开始相信“光明来自东方”，苏联代表着唯一可以接受的未来。

拥抱荒诞

1917 年 6 月开往欧洲的美国远征军不仅帮协约国打败了同盟国，而且还吸收了旧世界的文化，使其成为对新大陆的贡品。在法国作战的美国士兵接触到了全新的印象和思想，使他们中间一些人想要回欧洲去进一步学习。20 年代晚期的所谓美国侨民都是年轻人，他们靠美元对外国货币的高汇率的好处一直在国外居留，直到 30 年代大萧条时被迫回国。他们在国外各地的逗留相当于流动留学，其结果是弥合了美国在艺术和思想方面落后于欧洲大约 10 年的差距。20 年代，毕加索、乔伊斯以及庞德和格特鲁德·斯泰因这些人都在巴黎。他们提供了交会场所，使胸怀大志的年轻艺术家和作家得以见到同业前辈，并彼此相识，大家在一起活跃思想，使得人人都从中得到启发教益。

[可读威廉·怀泽（William Wiser）所著有着中伤性标题的书《疯狂的年代》（*The Crazy Years*）。]

这些年轻人去国寻求文化之时，正值美国处于激烈的孤立主义情绪和“反赤色”的疑惧之中，这更使他们决然离去。但他们归来时，却发现学术界对他们从欧洲带回来的形象和思想欣然接受。已经打好了基础欢迎他们。美国的学校制度正处于其热诚和效率的巅峰。小学和初中同化了来自各国的成百万移民。免费高中这一大胆举措引起了所有工业化国家的羡慕。它的教程是开明的（以现在的用法来解释就是精英主义的），包括拉丁文、英国诗歌、美国和英国历史、一种现代外语，每年都有数学课和科学课，没有可以蒙混过关的课程。学校对学业和行为的要求都十分严格。在战争期间，除了程度上的不同，所有学校几乎无时无刻不在谈论欧洲，无论是在出售“自由公债”的时候，还是在为部队、难民和比利时的儿童募捐的活动中。欧洲大陆的概念是一个活生生的概念，当它的艺术和文学，还有奇怪的食品开始渗入美国社会时，人们的反应是热情地接受，而不是予以抵制。

这一点在高等教育中更为明显。一些大型大学，像自封为在欧洲的美国学者代表的尼古拉斯·默里·勃特勒所领导的哥伦比亚大学和由劳伦斯·洛厄尔任校长的哈佛大学，招生人数大大增加。第二代美国人表现出如饥似渴的求知欲，要获得他们的父母没能得到，似乎为上层阶级据为己有的所有知识。新兴阶层对学习很快驾轻就熟，而上层阶级显然并不想把知识作为自己的专属。

有些士兵复员后回到学院去继续中断了的学业，有的则刚刚开始，他们带来的成熟的思想也使得校园生活特别活跃。这种活跃的气氛一直持续到海外学子们的归来。当时他们的经济困境引发了一种空前的现象：学术界接纳了这些艺术家，给他们提供住处，让他们给学生授课。这完全是美国的发明。教员队伍中学者和艺术家并肩工作是前所未有的事。19 世纪 90 年代，罗曼 · 罗兰费了九牛二虎之力才使巴黎大学接受了他的一篇音乐学论文，授予他博士学位，这在当时是个极端的让步。在战后的美国，先是从一两个不显眼的科目开始，慢慢地在各大学建立了音乐系、美术系和戏剧系；批评家和小说家进入了英文系的教师行列，很快校园里就有了自己的诗人和弦乐四重奏乐队、剧团和艺术中心。

美国国内孤立主义的出现情有可原。虽然与传说的相反，威尔逊总统实际上在凡尔赛和会上运筹策划，极力阻止贪得无厌的战胜国，但他没能使美国加入国际联盟，欧洲各国的阴谋诡计和利益冲突照行不误，令人沮丧。凡尔赛和约（在其中几个部分中）没有像 1815 年打败拿破仑后的维也纳和约那样确定最后的解决，它的愚蠢为 20 年后的下一次大混战打下了基础。[有一本小书可以阅读，D. C. 萨默维尔（D. C. Somervell）的《两次战争之间》(*Between the Wars*)。]

在此期间，苏维埃政权牢牢控制了苏联；凯末尔帕夏（土耳其之父）领导着土耳其实现了现代化；意大利服从于墨索里尼的独裁统治；西班牙落入普里 · 德里维拉的独裁之下；日本入侵中国东北；中欧那些小国或屈服于武装的共产主义或与之进行抗争；缺吃少穿、国力虚弱、饱受通货膨胀之苦的德国没能巩固它的共和国制度。当魏玛政权无力支付协约国要求的赔款时，协约国占领了它的部分领土以示惩罚，这激起了德国人民对战胜国的同仇敌忾，使希特勒站稳了脚跟。历史学家和记者著书立说，把挑起战争的责任全部归咎于德国，这更使德国人民愤怒不平。与此同时，美国无法从协约国那里收回战争贷款，于是转而帮助德国恢复经济以弥补损失，此举的最终结果是为德国复仇的意志提供了物质手段。

共产主义在全欧洲和美国为越来越多的人所信仰。对大战与和平完全幻灭的知识分子在“俄国的实验”中看到了清白的新开始——列宁和托洛茨基那些伟大的领袖谴责战争，从中抽身出来，并击退了帝国主义和资本主义的军队。作家和艺术家相信苏维埃的辩护士所作的许诺，说脑力劳动者会和体力劳动者一样由国家养活；俄国的文化创造者不再需要像西方的艺术家那样去不择手段地寻求赞助，无产阶级也不必担心失业。为了迎合西方的读者，删节了马克思的著作以便于推广，组织起了共产党“支部”，由在莫斯科受过培训的管理人员来主持，按照所招人员的喜好施以智力或性的诱惑以促其皈依。许多称为同路人的同情共产主义思想的人没有入党，但帮助造舆论，加强它的力量。1929 年岁末，全球股票市场大崩溃触发了大萧条，企业和银行纷纷破产，造成几百万人失业，这证实了马克思关于资本主义固有的罪恶使它注定要灭亡的预言，各地不同程度的共产主义信仰者的行列因之急剧壮大。马克思主义压倒了所有其他的思潮，包括不久前吸引了一些著名人士的天主教的新托马斯主义。

前去苏俄的一位记者写信回来说：“他看到了未来——它真的实现了。”先前的平民主义者和社会主义者把这新出现的主义看作他们一直以来怀抱的梦想的实现。年轻的作家和其他艺术家协作发展马克思主义的戏剧和音乐，出版马克思主义的小说，绘制马克思主义的壁画。还成立起马克思主义的学院，在不表示政治倾向的学术机构中，马克思主义也是教授和讨论的课题，如果不知道这代表着“未来的浪潮”的信条就不算“受过教育”。如一位持怀疑态度的人所说，“《共产党宣言》是每一门课的必读书，只有卫生课除外。”法西斯主义和国家社会主义很快失去了它们在 20 年代和 30 年代的兴起时期赢得的支持者，成为思想正确的人与之战斗的敌人。世界看起来像是善与恶之间永恒的战场。那两个 10 年的后 10 年间，西班牙爆发了战争，起初是年轻的共和国与企图建立独裁统治的佛朗哥元帅的军队之间的战争，很快成了两个“法西斯”国家与自由和左倾（社会主义）力量之间的较量。许多来自英国、美国的作家和艺术家加入了自由和左倾力量的作战行列，结果许多年轻的人才战死沙场；战争中丧生的还有当地的西班牙人，最令人痛惜的是诗人洛尔迦的死亡。

后来发现，表面上站在自由力量一方的共产党的战士遵照莫斯科的命令帮助杀害了自由力量的一些领导人，因为他们被认为是共产党的敌人，这使得一些人感到幻灭。但东方那个闪光的国家并未因此而失去思想家的有力支持。苏联的“肃反”在国内进行的大屠杀被揭露出来之后，也只有一部分人放弃了他们的信仰。接着在不到6年之后，苏维埃社会主义共和国联盟变成了西方对德国和意大利法西斯主义作战的高尚盟友，虽然有几年希特勒和斯大林出于权宜的目的缔结了同盟。

这两个国家在历史上更为永久的联系在于它们都是把屠杀作为国策。20世纪的两场令人发指的大屠杀——俄国对富农的屠戮，和德国对犹太人、吉卜赛人以及其他由于所持的信仰而需要消灭的人的杀害——与其他大规模杀戮有所不同，因为它们是有计划有系统地进行的，德国的屠杀还有科学在为虎作伥。它们不是士兵在胜利时表现出来的一时狂暴，或民众为报宿怨对邻居的攻击。当然，在任何情况下屠杀都没有开脱的借口，但这些国家政策的行为更是违背了历史确定的标准。20世纪中期居然出现了类似罗马人灭绝迦太基人的行为。然而，即使罗马人的那次行为也有其可以理解的原因，它们两国以前打过两次仗，其中一次汉尼拔率军人侵意大利，使罗马人遭受了一次耻辱的惨败。

现代这两次种族灭绝的企图与思想理智有着极不光彩的紧密联系：富农的存在违背了苏联的激进共产主义理论，德国的被害者对国家“在种族上有害”。这两种理论已经发展成熟，在它们的实行地点以外有几百万人对它们深信不疑。大屠杀当然还有各种其他的目的：

德国人需要替罪羊，苏联人需要金钱和土地，它们两国都需要借大屠杀把民众团结起来。但这一对理论产生了这种特有的组织周密的罪行，这一污点是无论如何也抹不掉的。

国际法禁止不宣而战，但并非没有这方面的先例。日本偷袭珍珠港使美国再次卷入了欧洲的战团。1939 年爆发的战争开始时是“虚假的战争”。说它虚假是因为虽然宣战了，但没有作战的行动。罗斯福总统早就暗地里给英国提供帮助；德国占领法国；戴高乐领导自由法国运动；森林中的抵抗运动；贝当将军的维希政权——贝当是第一次大战的英雄，现在服从了德国的要求，希望最终能成为一个极端保守政府的首脑；还有世界各地长达 6 年的流血。这些与战争有关的情况在人们脑海中还记忆犹新。所知不足的是皮埃尔·赖伐尔这位二度担任反动的维希政府首脑的人所起的作用。为了维护法国的完整，他与德国占领方的首领阿贝茨抗争，不让他把工人送往德国的工厂和把犹太人送进死亡营。他坚持粮食和其他物资供应，维持了国家的基本服务不致陷入混乱。所有这些都是他在他高超的能力所及的范围内从敌人那里争来的让步，尽管不是绝对的让步。他的活动也是一种抵抗。1945 年，他被作为叛国犯枪决，但是他的业绩表明把他算作一位处于双重危险地位上的爱国者才更公正。[参阅勒内·德·尚布伦（René de Chambrun）所著《赖伐尔，爱国者还是叛徒？》（*Laval, Patriot or Traitor*？）。]

到了 1945 年，希特勒战败，自杀身亡，日本遭到原子弹轰炸后宣布投降，为美国所占领。战争使得西方经济起死回生，同时坚实地确立了福利国家的形式。读者还记得，它的起源要追溯到 19 世纪 80 年代的德国，然后是英国和它 1911 年的预算，到了 20 世纪 30 年代，罗斯福总统和他的智囊团中倡导大转变的自由主义者建立了各种机构来管理一整套方案的执行，福利国家至此羽翼已丰。当前，整个西方没人会想象建立其他类型的政府；对立的政党之间争执的问题只是政府是应当更为庞大还是更为精简，看起来对官僚机构来说，持久的减肥和对个人来说一样困难。

※

总而言之，在世界级战争再次爆发之前那头绪繁多的四分之一世纪中，存在着两种相对照的情绪。一种是轻松愉快的情绪，一些大幻想的幸存者为艺术和知识的新奇事物而欢欣，共同决心“再也不”为国王和国家或祖国而战。弗朗西斯·布克曼的牛津团契宣扬与这种普遍反战主义相结合的博爱，吸引了众多的男女老少。与此同时，接连发生的各种事件聚集起来引发了下一场生死之斗，这次战争波及面更广。社会从一开始就不像第一次世界大战初始时那样无忧无虑，严肃的情绪又回来了。但这只是金字塔的两面，第三面刚才已经提及，那就是现代主义对于知识和科学成就的普遍意识。哲学家闷闷不乐，科学工作者则踌躇满志；他们对宇宙有了新的看法，改变了科学的面貌，而心理学家、小说家和诗人使得民众的自我意识空前加强，坚信思想和行动都是由某种动力所驱使的。

爱因斯坦和弗洛伊德是新潮流的主要代表，但正如我们看到的那样，他们的成果体现了之前整整半个世纪的发现和积淀。庞加莱差一点儿就确定了相对论。詹姆斯、法国那些精神病医生以及他们以前的人都考虑到了潜意识和性的作用。与过去的这种联系丝毫不会减损这两位伟大人物的光荣，只是说明了他们在20年代时提出的思想的爆炸性仅仅是对外行的公众而言。公众不仅为这些思想而震惊，而且感情和态度也随之迅速变化，以适应对外部和内心世界的新看法，在此过程中自然免不了思想在传播过程中出现的歪曲。

爱因斯坦的相对论把光速作为最终标准，它提出了时空的连续和一个多维的世界，在这样一个世界中，观察者成了确定事实过程的一部分。太阳周围光波的弯曲为这一理论提供了证明，此外还提出了其他看似悖谬的观点，像认为除了光速以外任何物体都不是绝对的。这一切打消了科学是组织起来的常识这一令人心安的概念。牛顿的理论现在成了被束之高阁的古典著作，在一定程度之内虽仍有效，但在那之外就不再适用。

新科学已经不是聪明的业余爱好者所能掌握的了，它的概念和数学都需要经过特殊训练的头脑，能够从方程式中读懂概念而无须给概念起任何名称。这使得科学家更加了不起，但也使他完全成为另一类人。

普通人对出现的各种理论懵然不解，这些理论说一种无限比另一种无限更大，一个量值可以与另一个量值相加而总和不变，或是“电子仅仅是它的各个方面在它的环境中与电磁场相关的组合格式”。还有更令人迷惑的，说必须把人看作仅仅是各种事件的组合，做到这个必须可是相当难的一件事。结果，现代物理学使人失去了对宇宙空间进行思索的对象。天上的秩序和地上大自然的运作同样无法想象，诗人无法像卢克莱修和弥尔顿那样为它们写出一部史诗，或写一首赞美月亮的抒情诗。当然还可以凝望银河，但那已经是旧玩意儿了，银河在头脑中唤起的任何想法都已过时，任何情感都是原始的幻想。科学的造字厂中产生的新词没有一个是能引人遐想的。电子、光子、后来的夸克、粲数这些一直被科普人员愚蠢地称为宇宙“砖石”的词没有一点儿块状的意思。即使“粒子”（一共 40 来个）也是名实不副，因为它转瞬即逝，只在感应版上留下一个点，绝不可能飞进人的眼睛使人流泪。

物理领域中发生的这种情形也发生在其他为人所熟悉的科学中，一些新兴科学要把所有学科联系在一起，以期对万物万象提出一个最终的统一解释，结果也是同样的高深莫测。奇怪的是，就在普通人被科学完全拒之门外的同时，一些科学文献中却使用了先前被禁止的拟人化用语。力量一词曾经不准使用，因为它含有人用右臂进行工作的意思；能量才是正确的中性词。现在我们却看到弱力和强力已经成为正式用语。同样，在生命科学中，人们说一种物质对另一种物质转达“信息”，“中子告诉芯片，芯片又转告神经细胞”，还有管理着这种交流的“密码”。所有这些都给人一种不真实感，这成为阻碍思考的又一重障碍。

对广阔世界的各方面研究飞速进步，每天都揭示出更深刻的发现、更微妙的关系，使人愈加感到科学研究正像剥一头永远剥不完的洋葱。在这一进程中，不断进步的科学留下了一个影子：迷信。这是不可避免的。如果10年前事实是一个样子，如今则面目全非，可能还完全颠倒了过来，那么在前一个10年中人们的努力只不过是在为了一种迷信而操劳。可以慰怀的是，科学的立论是一个非常谨慎小心的过程。随着科学研究的发展，所谓可靠的知识不断变化，昨是今非，这确保了人们不敢稍有大意，虽然在任何时候，不同的科学工作者对科学真理的理解都各不相同，更遑论外行人了。

可能只有在医学方面，根据某个时候的发现采取行动会产生危害，因为医学方面的许多发现都是基于“发生在其后即必然是其结果”这一谬误之上的。有时采用某种治疗方法产生了一种结果，以后的研究却又产生了另外的结果。当然，除此以外别无他法，但若出了问题，即使没有致命也为害不浅。本世纪早期，身为托尔斯泰的医生，在全欧洲都赫赫有名的梅奇尼科夫医生曾断言说，消化后的残渣须尽快排出体外以免毒素渗入人体系统，造成“自体中毒”。头痛、恶心和脸色不好都被归因于这种自体中毒，对孩子尤为有害。结果，好几代的开明父母按照这条规定强迫孩子排便，使孩子痛苦不堪，直到新的研究表明根本没有毒素渗出。

在只涉及机器的方面，危险要少一些，虽然开始时放射线造成了人的死亡。死于这一原因的有工厂的工人，他们把放射性涂料涂到表针上使其在暗处发光，因而遭到辐射。其他人的死亡是因为看牙医时照 X 线剂量过大和对肿瘤病人使用了过多的放射治疗。这惨痛的教训产生了目前人们对铅和石棉的恐惧。它们在有的地方散布在空气中，对可能把它们吸入体内的人确实构成了危害，但在它们没有造成空气污染的地方，它们是否也有害呢？目前，尽管科学家都在进行认真的研究，但在许多问题上提出的"科学"报告互相矛盾，却都同样广为宣传，使外行人不知何去何从。人们对全球暖化、土壤中的氡气、橙剂、食品添加剂、基因工程等问题无法形成明智的意见。后来有证据表明，不止一份"科学"报告受了商业和政治的影响，结果，19 世纪时人们对科学发自内心的信赖一去而不复返。

与此同时，原子弹的发明及其对日本的使用提出了一个道德上的问题：科学家应当研究发展破坏性的项目吗？在好几个国家中，"关心社会的科学家"联合起来确立了科学不得超越道德考虑之上的原则。不久后，遗传学方面的进步使人对一些看似有益的行为提出了同样的道德上的疑问，这样的问题涉及帮助不孕的人，改造植物和动物物种，最后是"克隆"——把一个人如同复印机复制文件一样一点儿不差地复制出来。

两次大战之间，技术的发展造出了惊人的新机器。在航空方面，虽然建造了巨型的飞艇（齐柏林飞艇），在旅行方面优势良多，但很快就被淘汰了，因为它容易受到大风和暴雨的干扰。为了战争的目的而得到迅速改进的飞机确定为四片机翼，和莱特兄弟创造的"飞行机"一样，一对机翼位于另一对机翼的上方；已经开始设法用涡轮机产生的气流推动力来取代螺旋桨。第二次世界大战期间，德国的火箭技术发展到了相当高的水平，几年后人类就首次穿出了地球的大气层。

苏联的人造卫星（Sputnik 意思是“共同旅行者”）在 1957 年发射进入轨道。沿着这一行动所开辟的道路，美国人实现了首次月球漫步。外层空间现在成了所有人的游戏场，挤满了漫游的各种设备和有着像阿波罗这样古典名字的活动房屋。这些成就没有任何道理地再次引发了其他星球可能有人居住的想法，给科幻小说提供了推动力和素材（H. G. 威尔斯在 1898 年已经想象出了《星际战争》）。先是电台，然后是电视的广播使人们尽情地享受视听的乐趣。世界各地莫不如此。通信的速度和遥测侦察的手段，比如雷达，也同样迅猛发展，发展到今天成为各种各样的装置，如同章鱼的触手一样连接在计算机上，这种机器虽然名叫计算机，但就其实质来说并不是用来计算的机器。时尚的任何变化都不可能使科学和技术失去它们所获得的巨大的力量和影响。

※

欧洲再次滑入战争深渊之前各方所犯的政治错误如今已尽人皆知，绥靖、第五纵队、勾结者、慕尼黑这样的字眼仍然被报刊用作言简意赅的代名词。关于那段时间英国的公众情绪、风尚、电影和戏剧、小说和音乐，有一部真实可靠、趣味盎然的记录，它也是它那种体裁中的杰作。这就是涵盖 15 年历史的 9 部简洁的日记，题目是“自我”，作者是——

詹姆斯·阿格特

这位来自兰开夏郡的年轻人在战争期间曾在法国服役，战后又在那里逗留了一段时间，学会了法文，对法国文化有相当的了解，因此他在著作中经常提及法国文化的有关方面。他原来根据自己的经历写过一本小说，从而意识到小说不是他的强项。于是他试用另一种写作形式，到 30 岁时即已成为拥有众多读者的戏剧和电影评论家。他在同事当中是对舞台历史和文学最为了解的一个。他的评论文章简短、果断、可读性极强。他的品味、爱好和来往的朋友又使他成为伦敦的一位突出人物。

他是位极其出色的音乐家，经常去听音乐会，喜欢美食和最好的香槟酒，打高尔夫球时表现出科学性的一丝不苟，还参加表演性马术比赛。1932年，他决定开始记日记，决心在日记中把他的全部生活都描述出来，也就是说不仅要记录他的日常思想和活动，而且也要记下他与别人，包括同与他一样出色的兄弟姐妹的交谈和通信。这样写出的叙述，杂以令人忍俊不禁的仿小说片段，使他的日记在人物描述的生动性和历史细节的完整性方面可以同佩皮斯的日记媲美。

阿格特（他自己把名字发音为阿格特，但许多认识他的人都念作阿盖特）的各种嗜好花费巨大，使他总是囊中空空，于是他为了赚钱什么都写。他下笔快捷，但一丝不苟，把他每年出版的几十万字的作品都清清楚楚记下来。他写了一部关于法国女演员拉歇尔的出色小传；在《八点半》《特别的夜晚》和《英国舞台之近观：1900—1926》中收集了他最好的评论文章；他还编辑关于这一题材的经典著作，他为数众多的通信从未收集成册，可能至今已大部逸失。

他的工作有历任秘书帮助，其中艾伦·登特任职最久，登特自己也是与阿加特同样敏锐的思想家和出色的批评家。登特在《自我》一书成书期间发挥的作用给此书增添了许多对话方面的光彩。阿格特还帮助提携了一些作家和音乐家，包括肯尼思·泰南，他也大力支持艺术新人以及在音乐和文学方面的新探索。不过，他有着约翰逊式的常识，使他不至成为一个彻头彻尾的现代主义者；他并没有像其他人那样为克里斯多弗·弗赖的剧作而狂喜陶醉，而是认为他创造的形象矫揉造作。他厌恶巴尔托克的音乐。由于这些，有些人把阿格特贬为半个庸人。他对马匹表演走侧步赢得的点数兴趣浓厚，这似乎为这一指控提供了证明；虽然他自己对莎士比亚的著作了如指掌，但他说应该为休假的士兵演出音乐喜剧而不是《麦克白》，这种低级趣味使自诩高雅的人士对他鄙夷不已。

阿格特的洞察力使他意识到了那些以自我为中心的先锋派未能看到的预兆。正如丽贝卡·韦斯特在评论《自我》的其中一部时所说的："在轻快的表面下跳动着末日来临的意识，如同低音部中壮丽的主题。"1940 年，朋友们以为他会中止《自我》的写作。当他表示拒绝时，他们规劝他说："这等于说你把你的日记看得比战争还要重要。"——"难道不是吗？战争是生死攸关的，但不重要。譬如我突然得了癌症，难道癌症就必须占据我的整个世界吗？除非我胆小怕死，否则它并不能占满我的全部思想。"

正是因为阿格特的灵与智与无论是朴实无华还是机敏睿智的感情和思想都息息相通，才使他成为一位出色的戏剧批评家；他对音乐也有着广泛的爱好，对两者都了解透彻。他涉猎面广，率性表达对下里巴人的东西的喜爱，这一点像萧伯纳：喜爱精致的东西但也不必挑挑拣拣，装腔作势。阿格特自成一派，这可以从他所有成熟的作品中看得出来；他的声音是他自己的，他的才能是天然的；如果他文才不济的话，他就不可能写出几百万字的著作。《自我》一到九卷何时能回到读者的手中不得而知。可惜他的日记不是像佩皮斯的那样隐晦费解，因为若是那样，它就会引起不相干的兴趣，因而得以保存，许多伟大的著作正是由于这样的不相干的兴趣而得以流传的，像司汤达的著作。（不过图书馆的书架上还是有一本《后来的自我》，是第八卷和第九卷的合订本，由 J. 巴尔赞编辑。）

※

"荒诞"是阿纳托尔·法朗士听说了爱因斯坦的宇宙论时所用的词，后来它越来越多地被用来形容战后国家和社会的情况。也是在那些年里，一种既是专业，又通俗流行的哲学把"荒诞"规定为人的存在的一种定义，因而产生了“荒诞派戏剧”并造成了其他文学体裁的各种变化。这个词究竟是什么意思呢？根据词源学，它意味着“不能听”。惯用法又加上了如下的意思：不合逻辑；明显的不对；令人不屑一顾的错误；违背常识到了可笑的地步。

然而，哲学家，或者那些发现自己陷入了由当时的社会情况造成的“荒诞的困境”中的人却一点儿也笑不出来。社会中的荒诞意指互相矛盾的目的，自我拆台的安排。任何社会都会有一些相互矛盾之处。一个庞大的人群在不同的时候建立了众多不同的机构，难以想象这些机构会产生完全一致的目标和行动的格式。然而除非差异深刻得无法弥合，比如像结为联邦的奴隶国家和自由国家之间的差异，否则文化会把局部和暂时的荒诞涵盖过去，直到它们变得太多或太突出。

哲学上的荒诞代表着另一类东西，那是对于现行生活状况的一种心态。哲学家认为这种自发的心态是焦虑。当丹麦神学家瑟伦·克尔恺郭尔首次提出这一概念时，他指的是一种宗教上的焦虑感。他对黑格尔的宇宙观极为反感。黑格尔说，在宇宙中理性与现实天衣无缝地互相契合，人可以因自己作为这如此井然有序的绝对秩序中的一部分而感到欢欣。人的灵魂从这一绝对秩序中产生，目击了理智被变为现实之后又回到绝对秩序之中。克尔恺郭尔看到的却是，在上帝与生活在混乱世界中的人之间存在着一条不可逾越的鸿沟，这需要个人对上帝有一种完全归心低首的崇仰。

20世纪把这一直觉改头换面，变成了无神论的存在主义。人存在于世界之中，他只能尽量去应付一个不仅充满敌意而且是奇怪和不确定的宇宙。人从未有过命定的目的或使命，他必须为自己制定目标，同时又清楚地知道达成这些目标没有任何外在的理由或回报，所有这一切就是一种荒诞的局面。产生了这种形而上学观点的感情和思想即是对目前这个世纪的评价。两次大战的疯狂和徒劳，人类无法沿着精确的轨道推动文明的发展，特别是人的行为与他们固守的理想之间的差距，这些都表明人类没有固定的命运。

这种理论并没有说明存在主义者如何以及为何从几种不同的信条中挑选了这一种。他们的总原则是现代哲学必须以人所看到的事物、经历的生活为起点，而不是依靠任何先入为主的想法。在这一前提的基础上，可以认为，经过了20世纪的第一次和第二次世界大战之后，确定了人的思维基调的不是人的生存的永久性状况，或大部分人类生存的各种不同条件，而是思想者对自己生活的自发的评估。这样一来，他们由于身陷西方文化的困境所感到的罪恶、焦虑、漠然和疏离就都有了依据。

一些心理学家和社会学家同时提出的一些观点认为，对存在主义荒诞的这种解释言之成理。根据他们的观点，人和世界处于疯狂的状态。苏格兰的精神病医生罗纳德·D. 兰恩提出了一个著名理论，说疯狂是对一个非理智的世界的理智的反应；他还写了一些短诗来显示典型的现代人原地转圈的思维方式，以表明他的病人状况的荒诞。

另外，研究马克思和弗洛伊德，统称法兰克福学派的成员提出，应把马克思主义自由开放的内容与心理分析的色情部分结合起来使人类得到新的解放，以摆脱难以容忍的肉体、社会和经济上的压迫。美国作家诺曼·布朗在标题醒目的《生与死的斗争》一书中提出了同样的要求，获得了与法兰克福学派在美国的代表赫伯特·马尔库塞同等的影响力。这些导师与提倡通过吸毒来促进自由生活的蒂莫塞·利里一起，被认为是促成了1968年全世界青年反叛的负责人。

小说家和剧作家也不甘落后。他们认为“现实主义”是虚假的表象，事实上，它现在成了对现实的感伤性的文饰。为摒弃这种手法，他们创造了各类文学的荒诞形式。有以荒诞命名的戏剧，其实原来的名字“残酷戏剧”更具有说明意义，作者有安托南·阿尔托、贝克特、哈罗德·品特、尤内斯库等；阿尔贝·加缪和其他一些小说家也在作品中表现出同样的新道德规范。这些人的努力一致表明，荒诞与反理性是用以解释社会和个人生活的方法，也是各种艺术的表现格式。这与科学的情况构成了奇怪的对应，科学研究大自然所得到的结果也是与常识格格不入的。

存在主义的怨尤无论多么符合时代的状况，看起来都是微不足道的。它感到不平是因为人必须在一个冷漠超然的宇宙中自己制定目标。这两个假设都值得怀疑。可以说人与自然是一体的，自然在人心中，并通过人产生自我意识。人在智力上和物质上对自然进行解释和处理，这就是他的使命，这确实是由人自己选择的，但这一选择如此之普遍，它已经相当于一种注定的、固有的使命。另外，自然究竟有多么不友好，多么不可思议？它肯定没有任何意图，无论是友好的还是不友好的；它甚至不是一个实体；它是人根据自己的经验，为了自己的目的造出来的概念。但一旦成立之后，"它"滋养着人，顺从于他无数种方式的摆布，并且美丽悦目。在它的景观面前，人经常会产生单纯的发自内心的喜悦。若把人在崇拜和颂歌中所赞扬的所有这些与宇宙的联系斥为谬误，就是忘记了这样一点：如果头脑犯了错误，那是因为它首先"接受了"有关的东西，目前对荒诞的趋从是人的内心感受，不是对生命外部的接受，因而不能对外部世界做出永久性的否定。

科学与哲学和文学理论在反理性问题上的联合使人回想起 1916 年苏黎世的达达派年轻作家。他们奉行的也是荒诞的概念，虽然当时这一名称及其理论还未出现。后来的超现实主义派，特别是画家和雕塑家也是一样。此中的结论是众所周知的：这些艺术家和思想家出于对周围环境的同样看法，并没有在他们的作品中仅仅"反映"或"临摹"周围的事物，而是重现了那一环境的实际特征。但其中有一点分别：荒诞派的作品并不发出积极的火花，没有对荒诞派的荒诞之处的反叛。恰恰相反，荒诞被接受为生活中固有的东西。

对比之下，早期的哲学家把生活作为理智的来源；它作为正确性的衡量标准永不会受到腐蚀。这其中暗含着生活和某个具体的时刻我们的生活之间的区别，新思想、新艺术表示的是生活的要求。即使是清心寡欲，并不因活着而欢欣鼓舞的斯多葛派也相信生活和宇宙的正确性。荒诞则标志着精神力量的丧失。

确实，有些法国存在主义者，其中著名的有加布里埃尔·马塞尔，把他们的哲学与天主教的信仰结合到了一起，后者教人要听天由命而不应奋起反叛。但由萨特和波伏瓦所代表的主流却采纳了马克思主义，成为它忠实的宣传者。这算不上是对荒诞的具有创意的对抗，它其实是个矛盾。追随马克思就必须相信决定未来行动的因素是历史阶段，即它目前的社会存在，而不是人的意志的自由选择。马克思主义历史观的目标是要实现一个没有法律，也应该没有忧惧的乌托邦。

自从第二次世界大战在20世纪中叶结束以来，这种思想迅速地从哲学家的头脑传到大众和报纸。关于违背常识的科学真理的报道充斥一时，另外还有“表现我们时代的”诗歌、戏剧及绘画，然而它们是没有答案的谜；一些批评理论宣称表面的意思只是外衣，外衣下面掩藏的意思才是重要的，或者说作者没有任何意图，作品中没有可以确定的意思；最后，法律和规则把人圈在荒诞不经的尴尬处境之中（卡夫卡小说的材料），每天接触到的许多荒诞事情源源不断地给头脑输送着材料。日常生活中总是有大量荒诞的事情发生，谁若是怀疑的话可以去查伊拉斯谟的《愚人颂》。但20世纪比16世纪更胜一筹的地方在于把荒诞推为正确的标志，成为一定能引人注意的东西。任何号称违背常识的原理或方案都被认为是高见，预示着一项重大的发现即将做出。过去提出此类主意的人被斥为骗子，现在他却是先进的新事物的发明者。

这类原理和方案为数众多。在此仅列举几个实际生活中荒诞的例子。在公众要求达到卓越的呼声的催促下，西方国家花费了数以十亿计的资金来为所有人提供公共教育。与此同时，社会对任何精英主义的表现都立即予以扼杀。同样是这些国家，对暴力和年轻人的性滥交痛心疾首，但为了“思想的自由”不准压制电影和书籍中，商店和俱乐部里，电视和互联网上，以及流行音乐歌词内的色情和暴力的内容。在这样的规则下，言论（至少在美国）的意思得到了扩大，也包括了行动，可以烧毁国旗而不受惩罚，因为它是意见的宣示。按照这种条文，似乎暗杀也可以允许了。

第二次世界大战尚未结束，西方的一些团体就开始催促采取办法保护即将到来的和平。建立一个大西洋联盟和加强国联的计划得到了广泛支持，产生了北大西洋公约组织和联合国，后者包括一些在教育、劳工关系等领域中做好事的机构。与此无关的另一件事是英国和其他一些国家的政治家再次发出呼吁，要求发明一种国际语言以便利互相理解。这个想法由来已久，在 17 世纪首次提出，在 18 世纪得到解决，19 世纪 80 年代产生了双重成果，发明了世界语和沃拉卡克语。20 世纪早期一位著名数学家朱塞佩·皮亚诺创造了国际语，这种语言与上述几种一样以欧洲语言为基础，但简化了语法，主要用于科学目的。

1945 年后，这种语言再次被提出，但另一种迥然不同的新方案取得了胜利，那就是基本英语。它是 C. K. 奥格登在他的朋友和合作者，受人尊敬的文学批评家 I. A. 理查兹的推动下产生的成果。他们二人正确地认定英语已经流行国际，于是努力把它减到最基本的内容以适应初学者的需要。这样产生的结果其实是归谬法。基本英语的词汇并不真正简单，它把许多常用词排除在外，偏重含有 make 或 have 的短语，组成这样的短语已经很难，更别说记住了。若忠实地遵照这种学习方法，就不可能通过读报或听英国人讲英语来改善自己的基本英语。一个熟知基本英语规则的人能够对一个真懂英语的人说出什么令人感兴趣的话很值得怀疑，而后者若想与前者交谈则很难不越出基本英语词汇的限制。全部词汇只有 850 个字，其中包括 600 个名词，18 个动词。汤这个字可以用，但想说土豆的话得说：有着棕色厚皮破土而出的植物。这样的话，饭店里的侍者除了掌握多种语言之外，还得能猜透人的心思。奇怪的是，温斯顿·丘吉尔这位驾驭文字的大师居然对这种艰涩用语表示赞扬。

目前，人们热衷于使用字首字母来代表名字，并给机构起长长的名称以造成似字非字的缩略语，这是幼稚的荒诞。光是记住这些缩略语就要费不少力气，而且有着同样缩略名称的不同机构越来越多，结果造成意义不明；由于这类缩略语的使用，让人看不懂外地城镇的地方报纸，也看不懂外国某个时期的文学作品。这一切造成时间的浪费，而当这种做法侵入传记，把人名也加以缩略的时候，它就成了对传主和读者的侮辱。

关于艺术中严肃的荒诞已经着墨不少了，只需再谈一下它的副作用，那就是使古典戏剧和歌剧跟上时代要求的标准做法。对多数导演来说，实现现代化意味着标新立异，通过改变剧的背景或要旨来使观众惊讶或受到震撼。他们演出的达尔杜弗不是自私自利的伪君子，而是真的坠入了情网，在爱情的激励下不得不要些花招；唐璜则在歌剧中始终坐在轮椅里，因为他炫耀自己征服了众多异性其实是为了掩盖他的性无能。

这些（还有别的）作品的台词和音乐与导演对作品的“诠释”互相矛盾，观众已经不再对此感到不安。这种修正主义的做法带来了一种习惯，那就是以不雅观的动作来强调剧中的意思：动辄下跪，满地打滚，用长时间的紧密拥抱来向观众表示情人们急切地想发生性关系。所有上述，加之演员不是念台词，而是大声吼叫，使舞台荒诞登峰造极。

在现代的理论推定方面，逆常识而动的趋向中出现的新发展造成了人们的意见分歧。一种原理引起有些人的排斥，因为它企图用稀奇古怪的方法使我们忘记事物的多样性和具体性；别的人却喜欢这种异想天开的办法，因为它用常常是有趣的语言上的抽象取代了经验。列维-斯特劳斯、麦克卢汉、库恩这三人虽然通常彼此并不相关，却因他们确立的类似系统而站到了一起，并因这些共同的特点而得到追随者的热情支持。

三人中第一位是人类学家，他研究生活在原始阶段的人群，使用了结构这一方法。这是一种格式，由像食物是做熟还是生吃这类指示性的项目组成。这样的分类掩盖了人群的多样性。结构主义轻易地扩展到其他领域，在语言学家当中风行一时，把语法搞得繁复异常，无法在学校中讲授；对文学批评家来说，它提供了新的标准和更新语汇的方法。对行为理论家马歇尔·麦克卢汉来说，“媒介即信息”这一引人注意的说法指的是系统性、强制性的技术压倒了语言和含义。文字已经过时，视觉的图案印象主宰着思想，形式消灭了内容。现代人的思想摆脱了“直线型”的思考习惯，正无所适从，于是欣然接受以新的结构型关系出现的事物。这样就去除了文艺复兴运动培养成的画家的直线型视角，和古登堡发明的贻害无穷的印刷术。

托马斯·库恩是物理学家和科学历史学家，他提出了“范式转换”的概念，得到同行的一致赞扬。范式指的是科学中定期出现的新观念。它是一种格式，而非单个的真理，因此会造成研究涉及的所有方面的变化。它可以一下子席卷整个领域，因为旧的学说不足以抵抗新的有机的结构。

在这三个运动中，唯科学主义显而易见，更具体地说，它们都采用了科学的传统，依靠仅仅勾勒出事物轮廓的模型。通过把模型与经过新的实验得来的数据相比较，可以验证假设，把新的一般规律纳入已有的系统。剔除经验中的事实，就格式达成尽可能简练的数学公式，这的确是科学家的事，那么别的学科是否也能这么做呢？就这一哲学论点，人们根据具体事例对列维-斯特劳斯的结构主义以及麦克卢汉和库恩的公式都提出了质疑。无须深究就看得到，尽管麦克卢汉提出了他的理论，但对文字的使用从未停止；技术产生了电视，播出大量的访谈节目，那是言辞的洪流；技术还发明了电子邮件，那也是一种印刷。语言和批评方面的结构主义现已被别的理论所取代，要请求库恩恕我直言，许多研究具体专业的历史学家指出，科学思想的转变并不像在锅里面翻饼那样一蹴而就。

※

在道德领域中，当今最明显的荒诞包含在相对主义这个莫名其妙的词中。目前该词的误用后果严重，因为它影响到了人对物理学和社会科学的理解，打乱了关于目前道德的任何推理过程。反对相对主义的强烈抗议十次有九次是习惯使然，而且是未经思考脱口而出的。每个人似乎都理应明白这个词的意思；它变成了一句老生常谈，代表着造成所有放纵行为的原因；腐败或丑闻被算作相对主义人生观的产物。若与自由主义政治联系在一起的话，它就意味着自我感觉良好的不负责任的表现。

相对主义者（据对他的指控说）否认存在着固定的对与错，好与坏。这样就为跟随任何时髦的行为铺下了基础——“做什么都行”，“谁都这么干”。相对主义和良知是截然不同的对立面。这里面说的相对究竟是什么意思呢？它指灵活、适应性强、不断变化、在类似的情形中提出不同的标准。道德规定“不能撒谎”。相对主义者则说：“考虑到这样或那样的情况，我会毫不犹豫，或毫不后悔地撒谎。”——比如为了阻止罪犯，免使他人焦虑，或任何其他的正当理由。于是反对相对主义的人引申说，这样的人会欺骗，偷窃，沿着不道德的梯子一级级走上去，每次总会提出一些“相对”的具体情况作为借口；或更为可能的是没有任何借口，因为相对主义变成了习惯，支持它的唯一理由就是自我放纵。

另一项指控说相对主义者在道德守则、宗教或文化之间不作区分。所有这些相对于它们的地点和时间，它们的历史和它们的存在方法在价值上都是相等的：正如 5 之于 10 等于 10 之于 20——乘了之后就得出 100=100。这种意见针对的是历史学家和人类学家的态度，他们在著作中使用的是与地方和时间相关的标准，不是一成不变的永恒的标准。他们认为有同情才能理解。举例来说：人类学家宣称，在一个不懂数字的部落中，如果有一个人能数到 5，他就是数学天才。历史学家把 16 世纪一位容忍所有基督教派别的统治者称为道德主义者和人道主义者的先驱。谴责相对主义的人从这些相对的判断中推断说，相对主义者认为只会数到 5 的人和爱因斯坦不相伯仲，宽容的统治者与美国宪法的制定者平起平坐。这是个逻辑上的严重谬误。相对的判断并不代表最终的评价或倾向。

从这里可以看到对这一词语的误用中隐藏着的荒诞。西方文明可以当之无愧地夸口它发展了多元的思想和机制。它在一个政体中容纳了互相矛盾的宗教、道德守则和政治学说。它们都具有平等的地位，对于它们各自的优点或价值则不予评说，更不提它们彼此平等，因为这样的说明毫无意义。攻击相对主义的人对这种社会和文化的容忍并无异议，他们是受益者，但他们对此却绝口不提。与相对主义对立的是绝对主义，而绝对主义意味着只有一条原则，只有一个衡量思想和行为的标准。因此要问相对主义的反对派：“我们该采取和强制推行谁的绝对？”多元国家中各种派别多如牛毛，每一个宗教都分好几个教派。两种主要语言的彼此竞争会造成国家的严重分裂，比利时和加拿大就是例子。但如果每当多样性造成混乱时都归咎于相对主义，就掩盖了那些必须通过政治手段予以解决的问题。与此同时，一方面拥护多元主义，另一方面又抱怨没有一个治愈道德疾病的绝对办法，这样的荒诞仍在继续。

稍加思考就会看到，任何运用思想的人都在不停地使用相对的标准；这是头脑进行判断的运行方式。对比两个长度时，会把它们与尺子相对比。法官或陪审团把案情与法律相对比。在绝对的法则下，仍然需要同样的对比程序来判罪量刑。没有哪个标准能像自动机器那样运作，一个文明社会也不能没有需要斟酌适用的可变标准。法律是法律，但法官对初犯者的判决就比对有前科的累犯者的判决轻。在具体情况中的不平等待遇是明智的行为规则，例如，儿童的饭量或药量就是相对于他的年龄和体重所规定的。

有没有哪怕是几条根本的行为原则是四海皆准、不容更改的呢？看来是没有的。就连"汝不可杀人"都不是。在 11 世纪，绝妙的习惯法刚开始的时候，偿命金是通用的规则，即杀人要付罚金；murther（谋杀）最开始是罚款的意思。过去在爱斯基摩人中，一个人杀了人会被逐出自己的部落，他离开后，邻近的部落会二话不说地接受他。最先进的国家也允许自卫杀人。战争亦然，它可以算作远程自卫。大战时基督教神职人员就是以这种相对的方法来解读第六诫的。绝对一致的人类良知似乎并不存在。

确实，为了社会的和平与安宁，大部分社会都严厉谴责并惩罚杀人和对人身的各种伤害，在严肃的事情上撒谎和毁诺，以及欺骗和偷窃的行为，如果财产是社会制度的一部分的话。但具体的法律却千差万别，在不同的时期相互矛盾。在财产领域，1880 年西方商人的道德良知与他 1980 年的后代迥然不同。这种分歧也存在于各地之间：重婚在西方是触犯刑法的，在非洲的一些地方却是向着获取社会地位迈出的第一步。当反对相对主义的人对道德的现状痛心疾首的时候，他是在把现状与先前的一种状态相对比，他以为先前的那种状态是固定而永恒的。

为了把这个顽固的套语从头脑中清除出去，可能应当把它改为关联主义。这样就会看到，科学正是不折不扣的关联主义。科学的全部努力就是通过使用物质或数字的标准来确定各种现象之间的关联，最终确定一对对精确的感官印象之间的关联。做到了这一点后，即可为了实用的目的导出各种比例。艺术的形式是由各部分之间微妙或生动的关联所构成的，无法通过绝对的公式来达成。社交技巧是一门伟大的艺术，它造成了开化和文明，而技巧则纯粹是最微妙的关联主义。

※

20 世纪的第二次世界大战与第一次一样，在许多地方留下了小型的冲突，只有美国和苏联这两个大国似乎有足够的力量来影响世界发展的道路。这两个超级大国无法达成和解，打了 40 年的冷战，也就是代理人战争。对德对日战争结束之后，殖民帝国紧接着分崩离析，产生了一大批小国——不是民族国家——它们和它们的战争越来越受到重视，因为它们代表着两个主要大国的对抗。自那以来尽管苏联已经解体，但西方民众一直对在东欧和东南欧、中东和远东、南非和非洲各地的争斗密切关心。

获得解放的殖民地不断分裂，共产党夺取政权，随后又发生反独裁斗争，这样的情况连续不断，造成旋转门似的效果（还有地理名称的不断变化），使得和平的大国受制于侵略性的小国。在许多地区，宗教极端主义煽动民众的情绪却不促进团结。为了在有战略意义的地区维持一定的秩序，原有的国家担负起了警察的任务，但也只能管理某些地区，因为在许多边远地区，仍有武装分子在进行抢劫和屠杀，以图在刚刚从一个大国分裂出来的小国中再割出一块自己的地盘。有人说通信的速度和世界各地对西方娱乐和西式便利的需求终于创造了一个统一的世界，这样的夸耀在各个人民之间阿米巴变形虫式的分裂面前不攻自破。

在美国，掀起了一场争取另一种自由的运动，改变了全社会的人际关系。经过了漫长的岁月之后，愤慨引发了南部各州对当时现状的反叛。黑人举行各种形式的抗议以争取自己的权利，这些权利早在一个世纪之前美国内战结束时就已经写入了宪法，但罪恶的习惯却一直不准他们享受。在明智、勇敢、雄辩和温和的领袖的指引下，他们的群众行动自制而不过火，没有酿成血腥的混战。全国上下都认为黑人运动合情合理又合法，带领黑人运动取得巨大成功的杰出人士，以先知命名的马丁·路德·金的生日现已被定为全国的节日。

以后发生的事并不完全如人所愿，消除偏见的过程是缓慢的。此外，采取的一些步骤凸显了种族的概念，把它变成了文化各个方面中决定性的因素。1964年，立法者通过了一项强迫实现公平的法令，这是明智之举，但后来，某些公共和私营部门做出强行规定，以确保给“少数群体”就业或升学方面的优先，妇女也被包括在“少数群体”这个荒谬的词中。这种新特权增加了个人和团体之间的相互敌视。在欧洲，同样的混乱政策破坏了本地人和移民之间的关系。在美国及国外，国家丧失了不偏不倚的美德，因此也丧失了道义上的权威，无法再要求所有人都奉行平等。

20世纪60年代的越南战争是美国意在遏制远东共产主义势力的一场战争。在那次战争期间，爆发了广泛的青年反战运动。法国在印度支那的势力土崩瓦解，在越南的丛林中作战的美国军队无法击败来自北方的游击队。在美国国内，机警的大学生逃避兵役。学生中天生的领袖依靠各方提供的帮助和金钱领导学生反对学校。很快，这种不满就变成了对“制度”的谴责和破坏。

暴力冲突于1965年从加利福尼亚州开始，随即向东蔓延；到了1968年，东部各所大学都陷于瘫痪。运动发展到了欧洲，几乎推翻了法国戴高乐的政府，影响到了英国和德国，对欧洲大陆的其他地方也有零星的影响，它还给本来是纪律森严的日本大学造成了动乱。动乱以各种形式一直延续到70年代中期，它给一代人的思想打下的烙印至今仍然影响着政府的政策和学术界。

美国年轻人以20年代英国和平主义的反战情绪——要做爱，不要作战——为出发点，吸取了马克思主义风行的30年代反资本主义的激情，再根据自己的倾向把这些感情与原始主义或虚无主义糅合在一起。有些反叛者组成公社，像早期基督徒或19世纪向往乌托邦的团体一样生活，大家都是兄弟姐妹，财产共有，劳作分担；还有些人躲在地下室制造炸弹，用炸毁工商企业的方式来宣扬自己的观点。欧洲的大学生无须住宿，人数比美国多得多，而且自12世纪就有暴乱的传统。他们的愤怒产生了政治上的结果，从政府那里获得了让步，这些让步改善了他们的生活，并使他们得以继续构成威胁。

当然，运动的纲领因各国或各城市的情况不同而各不相同。在发生于芝加哥的一场遭到残酷镇压的示威运动中，散发了一份传单，上面列举了八条要立即实现的愿望，其中有废除货币和“人人都是艺术家”。一些艺术家很可能认为他们自己一直在进行着这种对社会现状的反叛。后来，加利福尼亚州一所著名大学举行的一次抗议邀请了一位在国家政治中十分活跃的教士参加，示威中，他和人群高喊“西方文明不能要”的口号，这次示威即因此在人们脑海里留下了印象。他们所说的西方文明是核心教程中的一门课，但对它的谴责却不是因学术的原因而起。这个题目表达了一种普遍的感情，今天这种感情仍然广为接受，在大学讲堂上得到有系统的阐述。

1968 年的美国学生有一条真正值得抱怨的理由，但在他们的讲演和传单中却几乎没有得到反映，那就是教师对他们完全不管，把他们丢给助教。教授缺席是由双重的原因造成的：一方面，联邦政府不仅把科学领域中的专家招去为战争服务，而且还征用了从外国语言到海洋历史各个领域的专家；另一方面，各基金会重金贿赂大学，请它们派教师队伍中的出类拔萃者去掌管基金会所设的社会学和其他方面的项目，设立这些项目的人过去也曾是教授，他们掌握着决定拨款的大权。他们还在校园里建立了研究中心和研究所，基金会因此取代学校和学生成为教师忠诚的对象，也成为他们的经济依靠。

大学的反叛者采用的抗议方式是占领大楼，特别是校长办公室，并随意进行破坏，甚至毁坏研究笔记和设备。学校的行政管理人员则表现得极端谨慎，到了怯懦的地步。他们听从学生的传唤乖乖地前去讨论“不容谈判的问题”，忍受各种侮辱。一次学生大会上，台上的校长竟然允许别人把一桶油漆倒在他的头上。面对学生的慷慨陈词，没人敢讲理反驳。有几次，校方叫来警察保护员工和校外人员，却遭到全社会的斥责。在这样的骚动之中，有些教授说他们从未感到如此浑身是劲；冲突使人振奋，1914 年的知识分子已经体会到了这一点。英国的动乱为时较短，这要归功于剑桥大学的副校长，他与对手进行了接触，起草了一份联合声明，保证双方将保持沟通，如果需要的话要进行改革，但不容忍诉诸暴力手段。

这场非同寻常的运动给西方带来了严重的震撼，但没有颠覆政权；对它进行评估是有风险的。学生领袖中一些最激烈和最能干的人后来从了商或成为专业人员，从此销声匿迹；有些人成功地进入了正常的政治活动。但除了欧洲的一人以外，他们中间没有出现一位国家领导人。他们的广泛影响造成的结果是把对教授的傲慢无礼变成了司空见惯的事。师道尊严，无论是基于学术成就之上还是教授这个头衔带来的，现在受到了制约，制约的方式使人联想到中世纪的做法。现在学生每年都给老师评分，他们给的分数被用来决定老师的薪金多少和提升与否。在一些学校中，学生参加制订课程的题目和阅读材料，并可以因不服自己的分数去和老师理论。60年代的反叛情绪使得权威四面受敌（就连权威这个词都是忌讳），做任何决定都必须先经协商。这就是解放的逻辑。

※

这几页中重点提及的两个主题，抽象和分析，是与实际事实联系在一起的；原因显而易见，联系也是实实在在的。但也有一些现代的习惯和事情不那么明显，包括这两个主题经常结合在同一件事中。发生的场合或造成的结果可能会有荒诞的味道。

可以说，"机器造成抽象" 是一条普遍原则。它在经验和感知之间放入了一个中间人——应该说是中间物，产生的只是提取而成的非自然的经验。比如，电话里或电影里的声音不是人的声音，而是把人的声音分解后再合成的经过歪曲的结果。这和所有其他用机器造成的变换都可以称为抽象，因为机器的作用是突出或修改现实的某个部分以求达到更好的效果。而在这一过程中其他部分的丢失可算作一种公平的交换。食品制成罐头可以经久不坏，其代价是食品的微妙味道丧失殆尽；有时甚至从原来的食品中提取出全然不同的产品，正如立体派画家对人脸或人体的处理方法。

所谓的网络世界更进一步，给用户提供了多种多样的人为制造的经验，从复制的名画到栩栩如生的女人搔首弄姿，极尽诱惑之能事。在欧洲人眼中，这些数码妓女比真正的女人更吸引人，自此可见他们对抽象的喜爱。"虚拟现实" 比具体现实更鲜明，机器制造的爱征服了一切。

在机器出现之前就有从真实中提取抽象的做法。没有抽象，人的生活是无法进行的；抽象自婴儿时期就开始了。名称即是抽象：母亲、父亲、树、椅子、五、六，它们都是抽象，是对具体事物的粗略缩减，玩具是以实物方式表现的抽象，烹煮食物也是一样。高度发达的文明不断增加抽象的手法，发展出通过分析产生的超级抽象。我们已经看到，分析把整体分成部分，为的是更好地理解物体的特性和行为。这种增加理解的做法另一方面又造成了减少，因为分析忽略了那些使得整体变得有趣或宝贵的特征。人们通常会把钟表和它的零件看成是一回事，但零件在没组装之前不是钟表：它们不能上弦，它们是实物的抽象，在重新组装起来之前不过是一堆废铁而已。

计算时也需要进行智力上的抽象分析。如果一位社会学家想了解本国平均每家有几个孩子，他就必须在分析了可见的现实之后设立一组抽象的概念：一个家庭是指一对结了婚的夫妇，还是包括任何一对育龄男女？领养的孩子算不算？死胎怎么算？如果使用抽样法而不是计数法，就又涉及通过分析人口的某些特征来确定如何抽样这一新的抽象手法。调查结果是每家有 3.2 个孩子，这当然是一种超级抽象。

成百上千的统计数字，用于无数活动的“指数”和“等级”都是分析性的抽象，与真实的事物有着一种人为武断但希望是有用的关系。数字是确定的，但它们的价值经常是不确定的；这种不确定导致了对统计报告一贯的三点批评：分析中包括了不相关的部分；统计方法失当；未能考虑到干扰因素。人们经常忘记，精确计算出来的关联并不意味着一对事物之间的因果关系。统计——如同这几页显示的对生活现象的统计——充其量只能提供有一定可信度的对现实的重现，与真正的现实还是有一定距离的。

如果考虑到某些抽象中一个进一步的步骤，对“指数”的依赖，那么这距离还相当大。指数是用来代表某些难以直接获得的情况的标志。依靠标志的做法也由来已久：皮肤上出现丘疹表示得了麻疹，医学这门艺术根据症状诊断治疗取得了很大成功。但是，如果仍然使用这个比喻的话，若是抽象的丘疹则不太可靠。求职人对问题单上有关他的爱好和习惯的回答能说明他将来的表现吗？使人事官员深感兴趣的两者间的关系可能只是求职者为达到目的编造出来的。给出的回答可能大部分都是假的；即使回答是诚实、正确的，两者之间到底有什么关系？这就是反对民意测验的意见的要旨。

可以说，目前文化的运作方式好像斯威夫特笔下勒普泰岛上浮在空中，脚不踩实地的居民做事的方法。对人的直接判断得不到信任。我们的社会是迷信证书和文凭的社会，对人的能力和品格的判断是迂回的。面对面衡量一个人被认为是不合适的："不要妄下判断。"其实当面衡量并非没有指数，它的主要缺陷在于为它辩护的理由难以服人，而用数字表现出来的评分可以截断任何有理或无理的争论。

同样，在学术科目中，分析提供材料，抽象提供表达结果的模式，即学科中的专用语汇。结果报告和课本常常没有具体的词语，读者必须把一连串以什么什么化结尾的词转换为生活中相关的图景，要极尽发挥想象力，直到疲惫不堪。

经济学家与科学家一样，也使用各种模式，其中包括关于制成和售出的产品的数字，一段时间之内的比率，等等。对抽象的相互联系进行精确的测量后，产生了完全以数学公式表达的模式——这一研究分支叫作计量经济学。过去的十几年间，经济学家的日子不太好过。由于生产者、消费者和投资者我行我素，结果他们发出的警告和预测全部落空。这各色人等自行其是，使得凯恩斯主义者与反对派之间的争论更加复杂化。他们争论的问题是什么才是有利的政策。有人呼吁采取措施支持经济中的供应方，有人想要政府加大需求，必要的话可通过赤字开支的手段。不过双方事实上都同意凯恩斯在他开创性的著作《就业、利息和货币通论》中陈述的机制。

有人试图在历史中也使用数字，比如说“衡量”暴力，似乎暴力是一种均一的物质。这种努力并不成功。更老的一种形式的抽象，也是一种结构主义，是历史哲学。前文曾对它有所介绍，并说明它容易把人引入歧途，主要是因为它宣称历史只有一个单一的原因。根据历史哲学，历史事件被大略地归成重复出现的格式，而这些格式就构成了历史的结构。本世纪早期亨利·亚当斯希望通过引进科学思想来加强这一系统。他试图在一个循环往复的系统里面放入他对于中世纪和现代历史的了解，以及他作为人的生活经验，后者表现出人在生活中受制于他既无法抵抗也不完全理解的力量。但是，他没有提出一个单一的原因和固定的格式，而是把总的能量作为历史的原动力，并利用热力学的原理来解释文明的发展过程。这一原理指出，虽然能量不灭，但它会变得越来越松散不稳，就像木头燃烧发热只能有一次。亚当斯认为，现代文化和社会中日益增加的多重性和多样性造成了能量的丧失。他还提出“阶段法则”，用来确定能量在什么时刻比平时丧失得更快更多，这是他从威利亚德·吉布斯那里借用的概念，而且他显然对这个概念理解有误。亚当斯预言说 1917 年就是这样的一个时刻，此类情况的不断出现最终会造成文明的混乱和灭亡。

“把事件结构化”是时髦的抽象用语，意思是“理出秩序”。这样做不一定会产生荒诞。事实、思想、意图中的秩序是必要的。没有格式，记忆会被芜杂的事件淹没。为了以后的行动和控制，当时的事实必须理出秩序，即使会忽视一些例外的情况。这种结果可以称为“社会学意图”。但若认为秩序就是真理，事实可以忽略不计，这种思想习惯就是荒诞。同样糟糕的是，在没有必要的情况下使用固定的思维模式和专业用语，比如，宁肯说：“每个人都愿最大限度地实现自己的价值。”却不说：“寻求快乐，避免痛苦”——如果这含义不明的抽象句子本意如此的话。在任何情况中，现行用语中最空洞的非价值一词莫属。总而言之，分析和抽象不是应予祓除的魔鬼，而是像机器一样，应对其掌握而不是盲从。松散的语句和模糊的思想只能勉强地与具体的意思沾上边，它们会耗竭生活的能量，扼杀生活的喜悦。从一个非专业的普通人口中说出来，“降水概率是 20%”就比“不太可能下雨”少了活力与生气。

※

今天，关于国家的概念和宗教的地位正进行着一场激烈的论战，不同地方的人也在就此苦苦思索。对这些人来说，有一份文件可以帮助他们集中思想并指导他们做出选择。那是陀思妥耶夫斯基的《卡拉马佐夫兄弟》中大约 20 页长的一段。它是名叫伊凡的兄弟郑重其事地提出的一首诗，准备朗诵给最小的兄弟阿廖沙听。诗的标题是“宗教大法官”，伊凡首先说明这首诗并不押韵，也没有写下来，如果阿廖沙愿意听他就念。可以把它称为一篇幻想小说，一个寓言。伊凡是既不信天堂也不信地狱的理性主义者和无神论者，他大概可以算作一个厌恶生活的存在主义者。阿廖沙坦率、善良、信仰纯朴，他表示很愿意听他哥哥的“诗”。

故事发生在西班牙宗教法庭盛极一时的塞维利亚。在对 100 名异教徒处以火刑的第二天，基督现身了。人们马上认出了他，跪下对他顶礼膜拜。他们恳求他使一个躺在棺材里被抬到教堂的小女孩复活。他一开口说话，小女孩就微笑着坐起身来。他还使一位老人复了明。基督是实实在在的，不是幽灵或幻影。在这些奇迹发生的时候，年迈耄耋的大主教法官出现了。他也认出了这个陌生人是谁，命令卫士把他逮捕收监。出于向来的畏惧，噤若寒蝉的人群没有抗议，而是跪下膜拜起大主教来。

是夜，大法官去了基督的囚室，痛斥他的所作所为。他的罪行不仅是在地上现身，还有从一开始就给人提出的残酷的高要求。法官的指控内容详尽，是一篇关于政治学和基督教信仰的小型论文。法官重提了魔鬼为了把基督拉下水而提出的三大诱惑：先是当基督在沙漠中挨饿时请他吃面包；然后催促他从高处跳下以表示他可以奇迹般地得救；最后向他展示地上的帝国，用权力对他施以诱惑。法官说，基督拒绝了所有这些诱惑，以实际行动重申了人类的自由天赋；人的良心在做选择的时候是不受强迫或限制的。

但是，大法官说，普通人软弱、糊涂、罪孽深重、不堪如此重负。看到这样残忍地压在普通人头上的负担，人群中一些智者主动担起重任，给人们提供使他们安心的东西；采用的方法就是教会的僧侣统治。它提供了面包。人需要面包，但生活不能光有面包；软弱无依的心灵还需要确定性，希望有奇迹、神秘感和权威。这些教会也可以提供。人的最终愿望是一致性，是人同此心的安定感。由于思想控制和其他礼物，特别是面包的不可抵挡的吸引力，这一愿望的实现指日可待。

在大法官慷慨陈词期间，基督一直微笑不语。大法官又继续说，基督不仅通过给人以自由而伤害了这些上帝的产物，他还给智者们——在地上维持着这个大骗局的10万人——带来了无法承受的压力。他们生活在悲伤之中，被剥夺了自由，因为他们必须把戏演下去并“收拾他留下的残局”，他们这样做不是因为热衷于权力，而是出于对人类的怜悯。

阿廖沙不时打断伊万的朗诵，对他对福音书和教会意义的解释表示抗议。伊凡疼爱弟弟，不与他争论，只是接着往下念。虽然微笑的基督一言不发，但这四人之间的戏剧张力绷得紧紧的。最后结局如何且不必管它，倒是这一僵局正与我们所关心的问题相连。[这段摘要应诱使读者去读这篇杰作，它载于《卡拉马佐夫兄弟》第五卷，第二部分，第五章。也可找到《宗教大法官》的单行本。]

陀思妥耶夫斯基曾经是伊凡，后来变为成熟的阿廖沙，但他对于人的观点并没有太大改变。他选择了自由，但赞同教会法院院长波别托诺采夫的政策——院长当然不是宗教法庭的大法官，但他是掌管着与天主教相似的东正教僧侣统治阶层的独裁者。小说中卡拉马佐夫们的私生兄弟斯梅尔迪亚科夫具有陀思妥耶夫斯基在伊凡的寓言中揭露的大多数人的个性：软弱、轻信、罪孽深重，还充满着虚荣心、愤懑和通过对理解不了的书籍生吞活剥而得来的半吊子知识。陀思妥耶夫斯基与从波德莱尔到奥尔特加·加塞特的社会批评家一样，把所有阶级都聚拢在大众人这一形象中，他们无论出身或教育如何，都一样卑劣可鄙。

苏联举着共产主义的旗帜，企图执行宗教大法官所说的给大众提供面包和神秘感的计划，伊凡的创造者对此不会感到吃惊。无情的权威和完全的一致，这样的传统可以追溯到彼得大帝时代；农奴的解放和工业化的开始来得太晚，来不及培养别的习惯，反叛的知识阶层缺乏政治技巧，多次遭到镇压。和在西班牙发生的寓言中说的一样，面包确保了对苏维埃的顺从，但苏维埃干部的效率却比不上大法官所说的 10 万智者，造成苏联政权解体的是面包而不是思想。

20 世纪晚期西方的福利国家既不是苏联，也不是 16 世纪的塞维利亚，但在某些目标和手法方面却有相似之处。人民向往安全的愿望是一样的，虽然在西方还有与其相伴随的享受自由的愿望。像大法官暗示的那样，这种结合是自相矛盾的，而且可能根本行不通。在西方经历了漫长的斗争，把所有人从祖辈的束缚和自然的限制中解放出来的时候，提出这个问题恰好让我们来考察一下西方制度的成败。但在进行这一风险很大的评估之前，必须勾勒出构成时代的基调和情绪、礼仪和道德的要素，而寻找这些要素的地方是个人的行为。

大众生活和年代

由 1917—1919 年俄国发生的事件所触发，迄今仍远未结束的第四次革命，或称社会革命，改变了世界许多地区的政府。许多国家成为共产党国家，它们给自己起的正式国名常常表示它们是继西方民主之后的新民主国家。当时的领导人口头上宣称“人民统治”。但这些新政权的选举和议事大会制度并未充分体现这一点。还需指出，即使西方国家也无权自称民主。民主的意思是全体人民参与统治——如同市民大会上每个人都参加辩论和投票。没有一个国家是如此统治的。真正实至名归的应叫作代议制政府。民主一词进一步泛滥，被用来赞扬各种杂七杂八的事物，例如：一家餐馆的“价格民主”，或一个人的作风“非常民主”。为了清楚地了解那个衰落时期的特点，应当使用的词是大众（demotic）——意思是“人民的”。

这样咬文嚼字并非学究式的迂腐，在西方的那个时代结束之际，个人与社会的思想和行为无论在广义上还是狭义上都很不民主，比如上街示威反对一项合法的决定，或在进行了民意测验之后要求立法机构根据民调的结果投票。

为了试图描绘一个接近尾声的文化，需要考虑的因素可分为时尚和社会两类，时尚指个人所做的选择，社会指制度运作的方式。虽然两者之间并非泾渭分明，但实质上有着个人或私人与公众或官方的区别。两者的目标和愿望或有重复之处，但总的来说是互相抵触的。这是一场小型的内战，因为决定和执行官方命令的必然是个人，而对官方命令提出质疑或抵抗的也是个人。

※

20 世纪晚期最强大的趋势是分离主义。它影响到了所有先前形式的统一。本书开头时关于文化就提到了这一事实。多元化的理想分崩离析，分离主义取而代之；正如一位支持新目标的人士所说：“色拉碗比熔化锅强。”熔化锅没有消除多样性，只是创造了一个共同的核心。

开始时，分离主义可能看起来只是一种流行一时的情绪。但如果看一看西方，再看一看世界的话，就会看到民族国家这一西方最伟大的政治发明遭到了重创。大不列颠的前苏格兰和威尔士王国赢得了自治议会。法国的布列塔尼人、巴斯克人和阿尔萨斯人要求得到地区的权力，科西嘉想实现独立并使用自己的语言。意大利有一个同盟想把北方同南方切断，威尼斯出现了一个小党，该党想使他们的城市成为另一个国家。北爱尔兰、阿尔及利亚、黎巴嫩等地的内战绵延不绝。

西班牙的巴斯克人多年来一直为脱离西班牙而战，加泰罗尼亚也继续一如既往地表示它的不满。比利时的两种语言各有自己的地盘，结果把那个国家分为两半，在大部分问题上都针锋相对。德国不久前重新获得了统一，但并没有天衣无缝地融为一体。苏联许多部分状况凄惨，在仍称为俄罗斯的那部分，叛乱导致了车臣和达尔吉斯坦的战争。土耳其和伊拉克都要镇压库尔德分裂主义分子。阿富汗人也在打仗。墨西哥须面对萨帕塔主义者的叛乱。魁北克人不时提出从加拿大分离出去的要求。巴尔干地区那些未来的国家在继续为了分离而进行着民族和宗教的屠杀。

这一问题在美国基本上只是些表面的症状。有一个小团体想使得克萨斯州重获其独立共和国的地位，政府不得不动用武力把它的活动平息下去；还有一些武装集团和宗教组织，从其言论和行为看来，似乎完全独立于国家的现行制度。在更小的范围内也存在着威胁：玛莎的葡萄园说要从马萨诸塞州分离出去，斯泰坦岛区也提出过想脱离纽约市。一个自称伊斯兰国的团体使用国这个字，却没有招致其他团体或当局的抗议，这具有象征性的意义。若是发生在此前美国历史中的任何一个时期，这一用法难道会顺利通过，不引起任何评论吗？非自治领土波多黎各摇摆不定：民众中有些想成为美国的一个州，有些想自立为国家。几个美洲印第安人部落也称自己为国家，他们终于开始收回旧有的条约规定的他们应得的利益，不过他们的要求是分享权利，不是分治。为把英语定为美国官方语言曾多次做出努力，但每次都以失败而告终。

别的力量也在推动着非国家化。来自遥远的前殖民地的移民给欧洲带来了陌生的语言和风俗。这些移民聚集在各自孤立的贫民窟中，这里一个土耳其人的居住点，那里一个阿尔及利亚人的小镇。法国有一个非洲村，里面巫医、宗教仪式的吟唱和舞蹈应有尽有。20 世纪这种对西方的“殖民”只能聚集起弱者的力量。外国移民不是无业就是只能从事低下的劳动，他们是受害者，主要靠宗教信仰团结在一起，这激起了福利国家帮助他们的愿望。当移民群体受到邻近同样穷苦的白人骚扰，或被要求顺从西方习惯的时候，政府站出来保护他们，既是出于同情，也是因为害怕要求移民同化会被称为“种族主义”。国家警察为避嫌不愿涉足某些移民居住区。政府出于同样的尊重鼓励重新起用地方方言。欧洲又一次出现了自罗马帝国晚期开始到中世纪逐渐消除的各人民之间的大混乱。

分离主义肆虐于整个世界。印度甫一摆脱英国的统治，巴基斯坦就脱之而去，而这个新国家才从印度分出，孟加拉国又宣告独立。古老的锡兰这个巨大的岛屿改名为斯里兰卡，20 多年来内战频仍。在喜马拉雅地区，印度为了克什米尔与巴基斯坦作战。东帝汶人几乎毁掉了印度尼西亚。放眼望去——爱尔兰、中东、南美洲、东南亚、整个非洲、加勒比海地区以及星罗棋布着岛屿的大洋，到处都可以看到有某个国家或想成为国家的地方用打仗来争取或防止独立。在印度洋中，从马达加斯加岛的顶端往东 300 英里处是科摩罗群岛：一组四个岛屿，总面积830平方英里，人口共49.3万人。这组群岛摆脱了法国殖民统治后组成了科摩罗伊斯兰联邦共和国。但好景不长，最小的昂儒昂岛上的人民与中央政府斗争了十几年，最后宣布分立。邻国都派代表来参加庆祝解放胜利的典礼。很清楚，民族国家已经不再是人人所想要的政治社会的形式，尽管冒此名称的碎片越来越多——到20世纪末已近200个。

由15个生产力最强的国家组成的欧洲联盟是另一种分离方式。它逐渐赢得了干预国家事务的权力。位于布鲁塞尔的欧盟总部可以管理重要的经济交易，推翻司法决定，迫使成员国接受移民，并为它成员国中的11个确定中央银行的利率。学者们撰写关于主权的专著，向自己也向公众发问："国家的构成要素是什么？"答案中的一个主要因素是：共同的历史记忆。当学校忽视民族历史的教学，年轻人不懂历史，懂历史的年长者以摒弃历史而自豪的时候，对传统的意识就只剩了要摧毁它的愿望。固然，历史一词仍然经常使用，但方式和场合均牵强附会。电影和"纪录片"中的歪曲和虚构是历史的耻辱，报刊把任何从地里挖出或从海底捞起的物件都欢呼为"历史的一部分"，这些共同造成了历史感的消亡。

在这些事实面前，当代人说无处不在的武装冲突是民族主义的表现，实在大谬不然。它们其实完全相反，正如艺术家的反艺术，如今反国家正在出现。成为一个单独的国家，却并不真正独立，而是依靠某个大国的金钱和保护，这是倒退。这半个千年的结尾摧毁了在它开头时费尽力气所取得的成就：通过把毗邻的地区融合为一体，结束了封建战争，同化外国的飞地，在大片领土上建立强有力的国王统治，并尽一切手段培养对更大的对象的忠诚。共同的语言、有英雄和奸慝的核心历史记忆、强制公共教育和兵役终于使得19世纪的民族国家成为文明的载体。

现在所有这些要素都在衰败，无法复苏。1996年法国政府举办了一次庆典，纪念“克洛维的受洗”，这位5世纪的法兰克酋长皈依了基督教，并命令他的部落一齐皈依。敏锐的观察家一定认为法国政府这一行动可悲复可怜。这一庆典是为了提醒现代法国勿忘它古代的团结，似乎是克洛维缔造了法国。其实5世纪时根本没有团结这回事儿。20世纪举行的这场庆典立即受到占全国人口一半以上所有左派的抗议，今天的涣散由此可见一斑。

※

民族国家的主要好处在于它减少了广大领土上的暴力，先是贵族，然后是公民，都被置于一套得到普遍承认和实施的法律之下。在民族国家纪元最后的日子里，暴力重新抬头，西方犯罪猖獗。在家中、办公室里和城市街道上发生人身侵犯成为寻常之事，而且特别狠毒。儿童或婴儿经常遭受父母的毒打，乱伦的奸污或杀害，这一情况令人百思不得其解，使人不禁开始怀疑关于“人性”的神话中疼爱自己的后代这一人的特征是否属实。监狱人满为患，而且还在不断建造新的监狱来接纳无故杀人犯、毒犯和有组织犯罪分子。即使如此，被起诉和定罪的人数还只是报警犯罪中的一小部分。监狱本身不能发挥法律的充分力量，反而成为暴力永不停息的场所。出于人道的考虑，监狱不再那么严酷，里面的条件可以用“舒适”来形容，囚犯的权利越来越多。在押犯组成帮派称王称霸，威吓狱警，对别的犯人进行性虐待和其他方面的虐待，暴动和越狱是家常便饭。

令人不解的是公立学校也成了暴力行为经常发生的场所。武装校警在走廊巡逻，维持学生间的和平；教师经常受到袭击，危险已经成为这一职业随带的风险。在一个大州内，一年中可以发生50 000起事件。学生刚进入青春期就携带枪支，互相袭击，偶尔还会用速射武器随意射击人群进行小型屠杀。

我们将看到，与权利和掌管权利的机构有关的某些情况如果多次重复发生会使人暴怒不已，可能产生危险的后果。人一方面感到被规则所束缚，另一方面觉得被人群所阻碍，两者都多得过分。个人主义发生了始料未及的转变：在福利的精神下，个人与和他平等的其他个人起了长期的冲突。除了在工作或专业中竞争以外，还加上了在私生活领域中的对抗，经常是关于一些虽然琐碎却重要的事，如郊区社区规定每家大门必须漆成某一种颜色。

以为确定纠偏规则即可实现美好生活是乌托邦式的想象在作祟。福利的理想不仅使穷人得以生存，而且提供了各种办法使每个人都安全舒适。除了提供保健、养老金（“社会保障”）和工伤补偿外，还通过工作场所条例来保护每一个雇员，通过法律来保护每一个消费者不受食品、药品和工业造成的多种危险的伤害。所有器械在设计阶段就严格控制，投产后又须经出厂检查。还必须保护公民不受没有明显敌意的行为或本质并非犯罪行为的影响，比如说头脑灵活的人可能在贸易、投资和银行业务中钻空子。

与此同时，国家还有责任支持艺术和科学、医学研究和环境保护，另外还要确保所有儿童不仅能识字，而且要一直上完大学。这各种各样的规则、规定、定义、分类和例外之中，有些必然引起人的愤怒，甚至诉讼。福利国家注定会变为好讼的国家。

福利需要巨大的资金和超常的努力。此外还得顾及政府过去的一贯作用，如国家防卫，维持治安，建造公路，执行法律，递送邮件，以及管理行政机构自身。只分配福利这一项任务就已经难以招架。重税势在必然，浪费也在所难免。此外还有腐败，只要还存在监察管理工作，腐败就不可避免。考虑到这一切，福利国家的纲领得不到完全实施当不致令人惊讶。贫困、街头流浪者和得不到治疗的病人仍然存在，各个享受福利的团体继续轮番抱怨说福利“不够”——无论是工人、农民、商人、医生、艺术家、科学家、教师、囚犯，还是无家可归者。

※

在一个基于机器之上的文化中，福利国家是必然的结果。只是那一套防范危险的保障就足以说明为什么需要这一制度。机器产生的第二个结果是大规模生产。人民必须有不停购买的能力，“社会保障”也必须涵盖制造出如此大量产品的生产者。只有人人不断购物才能保持伟大的机器的运转。这一显而易见的真理并不是说福利的出发动机都是物质性的。人道的感情与实际需要和某些历史的回忆混合了起来。没有人想回到19世纪那种经济活动全无限制，以至于时时造成“丰足中的贫穷”的情形中去。如果现在出现那种情形，中产阶级就会同工人站在一起，与他们一道抗议和造反。社会真是大众化了。

于是，出现了广告业这一可合法进行诱骗的奇怪行业。既然技术在不断促进生产，就必须维持新生和旧有的高度消费欲望，这等于使富人和穷人都生活在一种匮乏的感觉中，总要有新的必需品。看到这种经常导致长期负债的无休止的怂恿和花费，有识之士对“消费者社会”发出痛斥。社会如此注重满足物质的需要，几乎与动物别无二致。消费者可以反驳说他无能为力，达到某种生活标准是一种官方的压迫手法。

有人在谈到20世纪时说，行政管理的艺术自从拿破仑以后无人给予过注意。福利国家需要为每一个添加的方案都设立一个新的部门，因此，缺乏训练有素的人员来负责各种不同的工作就成为严重的掣肘。固然，关于管理——即对大公司的掌管——出版了许多指南性的书籍。不过那些书所提供的不过是掩藏在军事用语似的行话下的陈词滥调，行话每年都变，实质内容却依然如故。只有一本值得注意的著作是鲜有的以第一人称撰写的，记叙自己所取得的成就。[感兴趣的读者可以从路易斯·B. 伦德伯格（Louis B. Lundborg）的《做经理的艺术》（*The Art of Being an Executive*）一书中了解良好的 20 世纪商业管理办法。]

因规模之故，公司、医院、大学与政府机关有着同样的困难。其实，它们的情况基本一样。管理人员为应付眼前的问题临时制订程序，随着规则的增多，又订下长达数百页的细则，无论是对老百姓还是对官员来说，这些复杂众多的规则都如同无法穿越的丛林。报纸曾报道 1999 年一个大城市发布了一项新法令，控制为建造低价房屋而拆毁旧房；这条新闻报道接着顺便提到在它之前已发布过了 56 条类似的法令。实现一般的目标已是困难重重，执行大项目若无帮助则全无可能。于是顾问生意兴隆，具有耐心的企业家需要靠这些对某一套复杂的规则谙熟又有着坚强头脑的人来帮助他达到目的。

普通人只要是因需要或为行使权利而去和任何机构打交道，就会被支使得团团转。他的存在导致了众多需要他填写的表格，他得在同一页纸上把自己的名字和地址写三遍，好像他是那个机构不带薪的文秘。如果他需要在一个机构的不同部门之间奔波，他就开始了与这一机构众多代表的接洽，他们有的和蔼可亲，有的不情不愿，但都有电脑作为装备，或是帮助他早些摆脱纠缠，或是任他在其中挣扎更久。正如法国大革命前的那个时期，大众化的社会成了迷宫。不要忘记，大众化社会的目标是整整 15 代精明强干、无所畏惧的男男女女集体智慧的结晶。按照常理可以推论，继续他们的事业不仅要求同样的集体才能，而且需要高度的常识和敏捷的反应。良好的意愿一旦超越了实现它们的能力就标志着文化衰落的开始。[参阅菲利普·K. 霍华德（Philip K. Howard）所著《常识之死》（*The Death of Common Sense*）。]

※

福利的责任妨碍并歪曲了“政治民主”的运行。在西方真正民选的政府中，这一制度已经离它原来的目标和运作模式愈行愈远。首先，选民投票率大为下降；国家大选的胜出者常常是以不到选民人数一半的票数当选的；人民已不再为拥有选举权而自豪。这种漠然出自对政治家的不信任和对政治的轻蔑，尽管这两者正是代议制政府的组成部分。政治成了贬义词，被冠以此词的行动或机构被人们嗤之以鼻。

在立法方面，领导层无权颁布得到多数民众赞同的政策，而是必须在联合阵线的各党派之间走钢丝。政党太多，同盟中有一打政党是常有的事。若是采用比例代表制，则使这一弊病进一步加深。一心要达到某个目的的选民自己组党，选出几位候选人参加同盟，以他们对一个脆弱的多数的支持票来换取对他们袖珍政党单一纲领的支持。这对立法质量的影响不难想象，由于福利国家必须通过大量的法律，所以后果也是大规模的。

美国政府虽然不是议会制，然而也陷于相同的处境之中。它的两大政党内部各自分为有着互不调和目标的多个派别，所以党纲也是同盟的产物。总统要想使他的方案在国会中得以通过，就必须安抚好不止两个政党，而是好几个次级政党。在国会中（正如外国的相应机构一样），大权在握的各委员会有辛勤的职员就相关的问题给它们提供指导。这些职员构成一支相当大的队伍，他们是不经选举，有自己的想法的人才；立法方面最切中要害的辩论可能就是在他们这些幕后人员之间进行的。像预算这样的法案长达数千页，国会议员变成了把独立思想闷在心里的旁观者，自始至终他和他的同事们都是院外活动集团和利益集团雇佣的专家进行宣传游说的对象，这些集团代表的利益五花八门——石油、生猪或老年人。

代议制的假设明显地发生了改变。原来，国家利益应由每一个成员决定，他的观点决定他的政党归属和投票倾向。但现在是由一个委员会主席斟酌游说者的陈述并与其他委员会的主席讨价还价来事先决定投票的结果。集团利益固然一直是有影响力的，但当院外活动集团成为体制的一部分时，政府的目标就变成了在众多相互竞争的集团之间达成平衡，而不再是了解主要的选民集团——土地、商业、金融、大企业和穷人的需要。在大众的时代，议会辩论不再引起公众的兴趣，新闻业对它们也置之不理。

在美国，这一变化由于竞选公职所需的巨大花费而进一步巩固。当选的费用动辄数百万美元。这些钱由经济和意识形态的利益集团来出，它们通常对竞选双方都提供资金，这样无论哪方当选都对它们有利。竞选活动基本绕过问题不谈，而专门进行性格方面的攻击。候选人有专家指导，教他们该说些什么；用30秒钟的电视“广告”来向公众宣传。最后，民意测验从根本上歪曲了议会的基本观念。任何人都可以进行民意测验，根据其结果宣布人民想要什么。然后候选人和代表就试图把公众意见与他们财政后台的要求和游说者的希望调和起来。

民主国家为努力维持福利而泥足深陷，没有能力维持政府机器的正常运转。多少次人们讨论要实行改革，许多改革实际上是没有争议的，于是政治家宣称要“再造政府”。结果只是一项又一项的法案提交给立法机构，然后就任其或快速或缓慢地自行消亡。这种意志的缺乏，只表示愿望却没有行动，标志着制度的衰落。

※

在所有上述现象中，20世纪的大众都是作为公民以其公共面目出现的：移民、自由战士、罪犯、没精打采的投票人、法治不力的受害者，还有从政府那里获益的人和不称职的公司办事员。唯一一次把个人作为私人提及的时候是说他感到缺少呼吸的空间，受到各种条例的束缚，被迫与众多对手争夺一些互相冲突的权利。下面我们要在属于他个人的活动范畴内对他进行观察——看一看可以统称为他的作风的爱好和习惯。

他最想要的莫过于不受制约的生活。经过了500年的不断解放，这一倾向当在预料之中，它已经成为西方人性格的一部分。对于那些直到20世纪中期之前一直被看作下等人而遭到无视和虐待的人群来说，获得共同的权利和日益增长的尊重自然而然地促使他们想要更多。但是，不受制约地生活同享受权利以及受人礼遇不是一回事。不受制约意味着率性而为，似乎每一个愿望都能不受阻碍地实现。这种态度根本不考虑可能会遭到抵制，对于它所引起的抵制也视而不见。当一个非凡的头脑产生了对不受任何限制的渴望的时候，可以称其为浮士德式的渴望，这种渴望可能会导致新的知识和精神方面的发现，但普通人渴望的却是小小的满足。在这种态度的影响下，这一时期的男男女女做出的选择形成了通常所谓的时尚作风：大众年代的时尚作风是不合常规。

它起源于第一次世界大战时开始的轻松随便的时尚。随便有许多形式，牛仔裤撕破弄脏后还继续穿只是开始，但是当可以在店里买到事先弄上斑点，打上补丁，裤管剪短的毛边牛仔裤时，新的用意即昭然若揭。年轻女子身穿旧毛衣，却戴着珍珠首饰，脚蹬出席晚宴的高跟鞋。年轻男子穿的衣服袖子长至手背，裤脚拖在地上。他们这样做表示的是对优雅的唾弃，对女性魅力的否认，和对"劣势群体"的同情。这样的衣服并不便宜，它们的风格是反得体，反资产阶级；这表示出对只能穿破烂的二手货衣服的穷人的支持。整个时代的关键特征就是衣衫不整，不修边幅，最理想的是肮脏邋遢。过去，想往上爬的人，无论是贵族还是上层资产阶级，都努力做到举止"高雅"，现在却是努力使自己看起来像是挣扎在社会最底层的一员。在此之前，人们修饰打扮——爱美之心——的通常动机是掩盖身体面貌的瑕疵，这样做的好处是表现了对旁观者的尊重。现在的人反其道而行之，故意不事修饰；这既代表大众年代的反势利，也是这一时期自我中心的表现。

不合常规为年轻人所喜爱，但并非他们的专属。成年人作风随便的一个例子是穿着上班的衣服去听歌剧；这又进一步扩大为在几乎任何场合，甚至是教堂里，都敞开领口不戴领带或穿运动套衫和T恤衫。机场的人群是典型的时装表演。虽然雇主仍然规定办公室的工作人员必须穿正装，但在“休闲星期五”，他们就可以随便着装，放松迎接周末。在学校，极端的不合常规造成了逆转。学校不顾学生的抗议和罢课，强制执行着装规定，使学生不致因看到同学身穿式样怪异，有时甚至是有伤风化的服装而心神不属；学生自己设计奇装异服，家长则不闻不问。强令遵守着装规定的结果是造成了教室内和走廊里纪律的改善，这从另一个角度证明不合常规是无拘无束生活的一个方面。

服装只是大众时尚作风最为明显的标志。其他方面的选择也表现了同样的作风，比如在地铁车站或身穿泳装在游泳池边举行婚礼。既然不合常规意味着自由，那么别的习惯也应予以藐视，特别是称为礼貌的习惯。礼貌一词很少使用，这方面的行为也相差很大。商业公司和航空公司对顾客极尽感谢，但人与人之间的礼貌却少得可怜，尤其是在城市中。

对女性的尊重减少了，有时尊重女性会被女权主义者看作对她们的轻视。老年人也不再因为年长而得到更多的礼遇。认识不久就弃姓而直呼其名这种奇怪的现象成为常规，体现了大众年代摈弃常规，却又遵守常规的自相矛盾。

无论是否真有必要，人人都总是匆匆忙忙，快餐于是应运而生。任何时候都有快餐供应，因而造成随时随地都有人吃喝。商店、办公大楼、图书馆和博物馆不得不贴出“禁止吃喝”的牌子，以防人们倾洒食品饮料或乱丢废物。消费者社会在不停地消费。在一定程度内，这种冲动是可以同情的。在一个人与人之间互不关心，毫无礼貌的世界中，疲于奔命的人一有需求就马上满足，似乎是通过自我娇惯来酬劳自己。这种耽溺其实不过是解放的习惯的延伸。许多遏制和妨碍着欲望的东西都已清除，新法律和新准则扫清了法律和准则方面的障碍，有科学为后援的技术去除了自然的障碍。放任宽容实际上源自福利的成果和一按按钮即可坐享其成的力量。

在一个本质上非压迫性的社会中把及时行乐作为头等大事一定会培养本能的叛逆。工作中受到批评或申斥不能忍受，因为人有犯错误的权利。观察家大谈权威的衰落，但在一群平等的人中权威怎么可能生存呢？任何有一点儿权威影子的东西都招致不信任，无论是老人、过去的思想，还是关于领导或教师责任的旧时观念。本着同样的精神，这一时期培养了反英雄。具有积极意义的英雄应该是令人信服的榜样。人们确实也大谈特谈“行动榜样”，但所选的名人中却很少有人能堪此任。体育冠军的确是爱好体育的年轻人竞相效仿的榜样，不过只有娱乐界的名人才能使大众趋之若鹜。不幸的是，在舞台或银幕上光彩夺目的明星们私生活却一塌糊涂，他们的私生活每天都被道德家详细地记录下来并加以批评：吸毒、坐牢、性滥交、自杀等等，体育界的某些名人也是如此。

无论如何，大众年代的个人本应形成自己特别的“生活方式”，这个新词本身就具有“特别”的含义。然而，实际上怪僻的人却很少。与 19 世纪对维多利亚女王的虎视眈眈睥睨以对的人们相比，他们后代的表现实在差劲。大多数怪僻的人是罪犯，这些人本来是正常人，因他们特别的生活方式而自成一类，他们在那种生活方式里似乎可以获得从一切事物中的解放，只除了不能摆脱他们的同类。

※

看完了爱好和习惯，现在让我们转向品味。在这方面，研究 20

世纪晚期的历史学家会注意到人们对联合体的喜爱。联合体一词原来用于企业，在这里含有把娱乐、活动和其他东西合在一起在同一个地方供人享受的意思。这一目的本身一直存在，乡间的杂货店，城市的食品杂货商店或百货商店，这些都是传统的模式，目的就是为方便顾客。但促使艺术博物馆出售珠宝首饰并为观众提供电影、讲座和弦乐四重奏的还另有原因。不止一个大图书馆也有这类的活动，还加上下午茶和晚会；大学为校友提供去世界各地风景区的导游，给它们所在地的居民提供各种艺术活动。连锁书店开辟出一角安放咖啡桌，还提供玩具供孩子们和妈妈玩耍，等着店员在网上搜寻他们想要的书。在重新装修火车站时，专门留出地方建造附属教堂，以备乘客中有人等车等得不耐烦而想要祈祷或结婚。有些这类联合体的出现不是单纯经济需要的原因解释得了的。它们的出现是对已存需要的回应，并不是因先有了它们才有需要。在大部分的混合中都有一种因不合常规而引起的惊喜。多种满足和多种媒介暗示着多个自我，造成一种奢侈的感觉，使人情绪高涨，其代价则是不同事物间界限的模糊。

还有思想联合体，其实说头脑糊涂才更恰当。这在使用“作为”一词的习惯中表现得十分明显：作为语言的姿势、作为演戏的曲棍球赛、作为活动雕塑的服装、作为活着的艺术的风景。头脑清楚的人会指出，语言取代了姿势，并因与姿势截然不同而更加有效。姿势可能有它的意思并传达了那个意思，但语言就是语言，别的东西不能取而代之。同样，曲棍球比赛偶尔会有戏剧性，也就是说球员之间会打起架来，但演戏是连贯性有意义的戏剧，是事先确定的。

最成功地实现了时代理想的联合体是大型学院和综合大学提供的课程选择。已经不能称其为课程单了，字典上课程单这个词的定义是“毕业前需要完成的固定的一系列课程”。权威人士说现在大学提供的课程选择不是营养平衡的膳食，而是大杂烩，其中很大部分几乎没有任何营养。课程的题目日益增多，因为人们相信人类的任何消遣、兴趣、业余爱好或困境都可以充实学术课程的实质内容，所以必须给接受高等教育的老少学生提供各种课程。从摄影到吹长号，从婚姻咨询到酒店管理，众多的各色体面职业都设有可以拿到学位的课程。许多学校中都有一些学生不喜欢“阅读”，于是“转向视觉教育”，还有的学校有助理教授开课讲授家庭生活。

设计几百门选修课是为了吸引想得到无条件的各种选择的学生。提出这许多课程并非难事，因为外部世界也是同一趋势。大学文科由于专门化而分为一小块一小块的学术专区，但对于没有对整个领域事先了解的年轻学生来说却不能给他们多少收益。对社会解放的关注在分离主义的支持下造成各种科系的出现，每一个都孤立地专门教授某一个民族或性别群体的成就。不过并非所有群体都能得到如此的重视。

※

大众年代中互相平等的人怀疑习俗，经常在日常与人的接触中不知所措：是应该谦逊还是应该为自己的权利大声疾呼？职业能否用来自我炫耀？我在整个大机制中该处于什么地位？我到底是谁？这些问题构成了“身份危机”，是精神病医生研究的课题，他们的病人“找不到自我”。有的人为“缺乏自尊”而困扰；还有人经历着痛苦的彷徨，直到为一种皈依的行为所拯救——或是皈依宗教，常常是邪教教派，或是寻求精神治疗的帮助。据称有此类问题的人数很多，为家庭、雇主和社会服务造成了不断的麻烦。

说找到自我其实是用词不当。自我是找不到的，它需要培养制造；反英雄、反历史的偏见是这方面的障碍，因为没有可以借鉴的过去，只能从零开始。这就像一个无家可归的人遇上了困难，雪上加霜。没有人像伊拉斯谟或华兹华斯那样感叹：“哦，活着是何等令人欢欣！”相反，无数小说中描绘的角色都沉湎于自我厌恨，并发展为对生活的仇恨。有一个情节经常被用来说明问题：反英雄看到一张使他立即产生反感的面孔——那是反映在玻璃窗上他自己的脸。自我意识随着心理学的每一个进步，随着诗人、小说家和其他专家日益深入的分析而不断加强。这种自我折磨与路德和班扬的痛苦不同：他们集中关心的是他们的灵魂和他们信仰的纯粹性；现代人的自我烦恼则遍及每一个冲动。

形象至为重要，而行为的好坏则毫无价值，这更加深了自我鄙视。形象这个含义广泛的词可以定义为一组标志，暗示而不是明示人所需具备的条件。以貌取人古来皆然，而且几乎不可避免，当外观是个性的表现的时候，这样做出的判断也是公平的。但这一时代要求的是刻意营造的东西，人是通过建立和维持形象在社会中立足的。这也不只限于个人。商业、政党、学校、博物馆、教堂——任何有群众的机构都必须展示出为时人所赞许的形象。制造门面有公关手段的帮助，旁观者也坦白说“印象就是一切”。不过，如果探索一下大众人思想的另一个角落，会看到印象可能并不是一切；那里有对做戏的厌恶，有幸存的一点儿真实感，有真正独立思想的不时迸发。这一切在敏感的人的心中造成一种被压抑的冲突，酿成人的罪恶感。

※

在上述如此令人丧气的种种之后，有必要作一点提醒。任何时代的作风时尚都不能影响全体人民。相当多的人不会加入最明显的时代潮流，虽然这改变不了他们所不愿追随的时尚。这些人的存在并不影响新闻中不断报道，被说成是重要的、生动的和可取的时尚。过去的爱好和愿望依然存在，但遭到忽视，或已经习惯成自然，存在与否都已引不起注意。时尚如同名人，因出名而出名。当然，与时尚保持距离的多数人并未与它隔绝；他们拒绝时尚，但了解它的思想和态度，可能对其中的一两点还有同感。大众年代有三个突出的思想：同情、无礼和创造性。

同情是思想正常，具有人性的人的特点；有同情心是对生者或死者所能做出的最高赞扬。所有受害者都值得怜悯和帮助，因为任何人一夜之间都有可能变为受害者，所以（可以说）受害者的人数超过了任何其他人群，因此表现同情心的机会是很多的。赞美同情心不只是口头上说说，全体人民很容易就能动员起来帮助国内外处境悲惨的可怜人。除了众所周知的红十字会和和平军之外，世界上有几十个组织在到处活动，教书，治病，帮妇女脱离卖淫，救儿童逃脱血汗工厂和饥饿，援救蒙冤下狱的人，为难民提供住房和食物，谴责独裁暴政，并为上述和所有其他慈善事业募款。20世纪延续了19世纪的传统，但摆脱了宗派主义，而且政府也参与其中，因而导致援助的数量和种类大为增加。

在国内，火灾、水灾和地震一有发生，灾民立即得到个人自发的和有组织的帮助。身残智障和以任何方式被排除在社会主流之外的人都有公共舆论的支持，帮他们得到补偿。受害者要求得到适当援助是人权原则的逻辑性延伸，而人权原则载于国际公约，不受任何定义的限制。权利不断扩大，团体的宣传和个人的诉讼是促成的因素。囚犯获得了守法公民所享受的大部分权利，动物、婴儿、胚胎都在相似的保护之列。1999年，纽约州规定，在公共场所袒胸哺乳为公民权利。这种不停扩大援助和准许范围的现象为任何先前的文明所未见。

第二个思想——无礼——是聪明放肆，没有同情心的人的专属。他们看穿了一切，带着顽皮的微笑率性直言。这一能力在讣告中和对初露头角的新人的介绍文章中总是得到提及，人们却很少想到，当一切事物都已不受尊敬的时候，无礼即不再是有批评性头脑的表现。

但大众年代思想中最令人喜爱的莫过于每个人都有创造潜力这一主张。回顾过去，它与其说是一个错误，不如说是用词不当。确实，几乎所有人都感到这方面的强烈欲望，许多人也有能力做出一样东西或想出一个新的念头。绘画、唱歌、作诗、使人发笑和以散文记录感情的能力许多人都有。但这样的活动不应称为创作。事实上，这种创造性活动的产物很少能称作创作，那是天才的作品的专用名称。

不过，这一不当用词还是给个人和社会造成了伤害。资质平常的人在它的鼓舞下想要成为专业人士，因而注定要失望；其他仅具起码能力的人进入艺术界，造成艺术水准的降低和艺术品过剩。这些人的错误在于以为只要有天赋的能力，再加上后天学会的技巧，就能产生艺术。其实这样只能产生刻意模仿的艺术。创造需要非凡的头脑和坚强的意志，用它们来阐发对生活和世界的独特观点。[参阅马克斯·伊斯特曼（Max Eastman）所著《新闻对艺术》(*Journalism Versus Art*)。]

特别是在工业化社会中，有天赋的和敏感的人非常向往艺术家的生活，他们过分夸大了那种生活的自主性和任意性。白领阶层的诈骗行为和人们对娱乐的沉迷，包括醉心于性的表现，这些可能是对于艺术生活的替代。诈骗像暴力一样，也是新近才如此频繁出现的，也是似乎没有任何目的，虽然诈骗和暴力的行为一定都是为了满足某种萌生的念头，也都需要就行为的手段做出选择。无论如何，白领犯罪需要智能：每个国家中都有成群的高级主管和政要在坐牢或受到起诉。他们不需要金钱或名望，可以猜测，他们所需要并找到了的是冒险和一个与制度斗智的战场。诈骗是头脑精明、心高气盛、想超越商业和虚幻的人的运动。它是以丰富的手段表现的创造性，职业道德守则不得不再三重写以包括新的犯罪。简单的欺诈行为在大学学生中司空见惯，校报甚至就这一习惯的价值和道德展开辩论，而学生富裕的父母则在商店顺手牵羊，从汽车旅馆中拿走任何没有锁牢的像样的物品。

这种活动表现出一种行动的欲望，对精力充沛的人来说，娱乐是满足不了这种欲望的。无论是运动会还是肥皂剧或摇滚音乐会，20

世纪娱乐的主要形式都是坐着的、被动的。娱乐节目的数量前所未有，使帝国时期的罗马望尘莫及。在两者的情况中，娱乐都成为人们生活的主要目的，因为对成百万的人来说，工作已经失去了使精神得到满足的能力。工作不产生任何成品，只是在纸上和通过电线抽象地进行，使人没有任何成就感。它是没有回报的苦工，无休止的厌倦；工厂的流水线真实感强得多，但它也会造成相似的“蓝领忧郁”。对比之下，最常规的娱乐也有颜色和形状，它通过描绘暴力和性，使麻木不仁的感觉苏醒过来。

容易厌倦、活泼好动的孩子们一连几小时地盯着电视机，也是因为在学校得不到向着获取知识做出进步的感觉。

对性过度痴迷的气氛也造成了貌似真实生活的幻觉。气氛一词只是指它无处不在，它的力量则是侵略性的。姿势暧昧的半裸身体的画面比比皆是。广告、电影和通俗杂志就靠它们吸引并抓住公众的注意。

性行为本身在任何可能的地方都有模仿，在舞台上、银幕上，有些表演者甚至在现场观众面前做出猥亵行为。在严肃的戏剧中和公共海滩上，专门有崇尚裸体的信徒，殊不知在那些场合，全裸的身体会把人的色情遐想彻底打消。色情文学在言论自由规则的保护下充斥市场，但质量低下，无法与自佩特罗尼乌斯以降的经典相比；即使 19 世纪的作品也比它们的文学质量高。与色情文学紧密联系的是无数医生和心理学家的著述，再加上杂志和报纸的专栏文章。作者提供关于性交技巧的建议，或引诱异性的方法，或鼓励老人不要放弃性生活。12 岁的孩子就开始关心性的问题，关心的程度与这方面的宣传煽动的激烈程度成正比。

性解放带来的最大破坏是在公立学校中。对于性方面的言辞和行为的容忍使学生无法集中精力学习。因之产生的早孕造成各种各样的严重后果。但对性的沉湎如此之深，学校当局的应对方法只能是开设性教育课，提供免费避孕药具，并发布手册全面介绍性知识，包括它的变型和变态。同样令人痛心的是全社会如此强烈的自我意识所造成的结果。根据一份与女性实现摆脱男性取得独立的理想有关的匆忙写就的公约，所有女性不喜欢的“挑逗”（这是过去的叫法）都被定为“性骚扰”。一个手势，甚至只是盯视，就可能招致指控，后果各种各样，从受到法律的惩罚到强迫接受“敏感性训练”。

现实中的性经常是半心半意、令人失望的，沉迷很深但没有激情，像D. H. 劳伦斯所谓的“脑子里的性交”。人们并未如预期的那样从大肆吹嘘的“革命”中受益。革命确实给了一些人他们所向往的自由，但它把更多的人推上了与他们的个性和能力不相适合的道路。

革命没能在地上建起穆罕默德的天堂，虽然目之所及的各种事物似乎都表明，天堂已经到来。色情作品是一种形式的乌托邦文学，像对欲望的宣传一样，它确定的标准使人无法达到，因而陷于性无能。当一种有助勃起的药品上市后，几百万争相购买的人中有体衰的老人也有健康的年轻人，妇女则立即要求得到女用的相应药品。人们显然不明白，要自我恢复必须抑制欲望才行。

※

不从流于目前这种沉迷，而是把精力转用于艺术的人发现，他们走上了前文所详细描述过的自我毁灭之路。视听艺术作品如此之多，只是如此巨大的数量就贬低了艺术的意义。世纪的最后一年展出了沃霍尔名为“布利洛肥皂盒”的雕塑，这件与商店货架上的陈列一模一样的雕塑据说向观众提出了：“重要的问题，当一件艺术品与一件非艺术品之间看不出分别的时候，两者的分别到底在哪里？”这清楚地表明，艺术已经走进了死胡同。杜尚和毕加索这一对无所匹敌的破坏者终于大功告成。

文学也充斥着暴力和性，作品中尽是富有想象力的细腻描写和性变态描写，还经常夹杂着伪技术术语，比如亨利·米勒那句臭名昭著的话："塔尼亚，我使你的卵巢白热。"黑色幽默成为用来替代活力的最常用修辞手法；另一种是精神病医生所谓的嗜污癖（le goût de la boue）。黑色幽默与黑人没有关系，但与过去残忍的恶作剧相似；它用文字描述出一个以残酷的恐怖而告终的困境。里面最终把受害者毁掉的可能是他的敌人，或者命运，或者——依照20世纪的风格——不相干的陌生人。对黑色幽默的喜爱从一个角度说明了为什么萨德得到了平反，它可能包含着一种保护自己免受未来灾难打击的愿望——这是米特拉达梯所用的方法，他为了防备被毒死而吃毒药。黑色幽默不能使人发笑，只会使人脸扭曲收缩成难看的一团。

对于污秽的突出描写同样是过去自然主义小说中反映出来的兴趣的极端表现。时至今日，它得到了两场大众化战争的加强，参战的士兵亲身经历了泥和血。电视发明之后，它把这两者带入了千家万户。在此之前，诗歌和小说也出了一份力，描写"庸俗、粗鄙和污秽"，一位意大利批评家提到"垮掉的一代"运动时对此表示赞扬。在"垮掉的一代"这一流派出现之前，乔伊斯就常常有意进行令人厌恶的描写。与其像拜伦那样描写蔚蓝色的海洋，他宁愿写"脓鼻涕颜色的海"。到这一时代终了的时候，演员和剧团也知道该给自己取什么名字才能吸引观众的注意：垃圾、腐烂的强尼、性手枪、感恩而死，诸如此类。

如果谁还记得一个世纪前康拉德为艺术下的定义——"全心全意地努力对可见的宇宙做出最忠实的描绘"——他就会猜想，20世纪的作家是否已不再想对宇宙进行忠实的描绘，或如果他们还想的话，是否可见的宇宙已经发生了重大的改变。这个问题没有简单的答案，头脑严谨的人会考虑到各种复杂的因素：艺术家仍然是忠实的描绘者，但一个世纪以来，他的努力帮助造成了可见宇宙的退化。不幸的是，在这种像兰波所呼吁的各种感觉的混淆中，艺术家和普通人都不知如何是好。批评放弃了它根据理智进行评论这一主要责任，转而进行赞扬和鼓吹，而不是在混乱中理出头绪。即使评论家并不是有意使用晦涩的文字，他的评论也因意思不清或互相矛盾而使混乱进一步加剧。

※

每日面对着这种种费解的、惊人的、怪诞的（称为超现实主义的）、令人反感的、（性方面）狎昵的、令人不安的和心理反常的一切，人必然会去不断寻求对动机的理解。这导致了对心理分析的普遍热衷。在弗洛伊德的思想传播之后，心理分析得到普及，一种使用或误用技术术语的新形式迷信——通俗心理学——开始成为谈话以及小说和新闻报道的内容。心理分析通过解释行为或观点的成因，消除了讨论的必要——没有必要想出道理去应对所提出的观点；对方的心理动机已经说明了他为何有此观点。它相当于另一种形式的辱骂，对一个人盖棺定论。心理分析在传记中特别具有破坏性。其中的人物被压缩为一个案例，把他或她拉到与所有其他案例相等的水平；任何著名人士归根结底都是反英雄。但大众年代的探究并不到此为止。对个人事务的兴趣使得作者去采访与传主同时期，现仍健在的人，把所有的闲谈碎语都写入传记。传记的热心读者和别人一样口口声声要维护人的尊严，但他们忘了尊严是与一定程度的隐私相关联的。

考虑了大众时尚所有这些因素之后，就明白寻求轻松和自由的道理了。必须把过分的要求从自己身上转给他人，对自己有这些要求不是因为自己出类拔萃，而是基于人所共有的权利。所以集体的能量虽然给民众提供了充满便利的生活，却没能为文明增添任何内容，使一大群人处于不同程度的不满和愁苦之中。关于自身相对于世界的关系的想法，其原因随着西方的故事逐渐展开已经详细地讲述过了。从那个角度来看，这些原因是可以引起同情的，同时它们也帮助解释了西方文化终结之际的茫然。

必须记住，虽然形成大众时尚的习惯和欲望是存在于个人之中的，然而是他们——他们当中最能干最活跃的分子——制定了规则并领导着所有人都依赖的制度。前文表明有些这样的公共制度正在解体，运作的结果事与愿违，而且无法改变。再简单地看几个制度，特别是非官方或没有组织的制度，比如说语言，观察者就可以确定文化作为一个整体是否应算是陷入了衰落。

大众年代的语言衰落是因为言辞的膨胀和使用不当干扰了语言的力量、精确和清晰。正确性不再是优点，反而受到谴责。由此产生的如下障碍妨碍着行文的顺畅：词汇中尽是技术词语和仿术语，时髦的比喻泛滥，还有喜欢用表示一般性意思的长长的抽象词，而不用表示动作和物品、有具体意思的短词。语言地道的作家被认为头脑简单。西方所有语言都有同样的毛病。

过去说过，公立学校这一 19 世纪的伟大发明已经失去了教孩子识字的能力。毫无用处的教学方法，对教师荒谬的训练，对努力学习的反感，对仪器设备的喜爱以及模仿和改变外部世界的企图毁坏了整个西方的教育。这些方法和概念一从美国产生便马上被外国所采纳。[参阅劳伦斯 · 克雷明（Lawrence Cremin）所著《学校的改变》（*The Transformation of the School*）。] 在美国学校衰退的最后阶段，家庭成为归咎的对象。要求家庭插手帮助，指责家长不“参与”孩子的学习，不认识老师，或者不了解教学大纲，子女受到管教的时候还与校方作对。他们应当成为制度的一部分，没有他们制度无法运作，而制度绝不是与他们为敌的。

学校智竭计穷，诿过于家庭，但到底什么是“家庭”？从 19 世纪 90 年代开始对这一社会制度的攻击，加之后来的破坏性战争和关于性关系的新观念，已经使它发生了巨变，发展到“家庭价值观”这个短语居然成为信徒和异端的分水岭的地步，然而信徒并不总是行为的模范。传统的结合形式没有消失，但（肥皂剧渲染的）各种变体也变成了传统，包括双亲都上班的家庭，父母一方或双方受外面的雇主雇用但在家中工作的家庭，单亲家庭，家长可能有工作或者没有工作，有从前次婚姻带过来的孩子的“重组家庭”，连续几个月或几年闹离婚的家庭，抚养孙辈的家庭，有孩子或没孩子的未婚同居男女，有一个领养的或不是领养的孩子的同性恋伴侣。从这些情况中产生了两个新鲜事物：日托中心和半孤儿。

调整时间安排，付出大量精力和感情来抚养孩子并按学校的要求帮助孩子的教育，这是一项令人气馁的艰巨任务，更何况许多家庭还面临贫困和语言不通的障碍。结果，越来越多的孩子在家中得不到对学习的鼓励，没有起码的礼貌教养，没有丝毫道德意识。在这样的家庭里成长起来的孩子有的吸毒，有的十几岁就开始盗窃，并从事所谓没有意义的，但其实是没有良知的犯罪。他们组成帮派，男女都有，领导有力，规则严格。是他们而不是首相们重新发明了政府。他们在帮派活动中搞所谓的撒旦崇拜，因而重新发现了仪式的重要，虽然他们对宗教没有兴趣。那些在城市建筑物墙上乱涂乱画的人同一次性艺术制造者一样，一心要将文化与媒介一并摧毁。

※

19 世纪 90 年代，当时处于新生时期的体育运动因培养称为运动家品格的崇高道德境界而得到赞扬。不到 100 年后，体育运动虽然还保留着光彩，却已失去了它的荣誉。竞赛极大地提高了技能，营养的改善也增强了人的体能，运动员和观众数以百万计，但运动作为业余爱好却在走下坡路。体育界中腐败猖獗；专业运动员为了金钱而作弊，或服用增强体力的违禁药物；运动冠军强暴妇女或进行其他的暴力犯罪。当两国的运动队打对手赛的时候，一群狂热的观众对另一群观众进行群殴；暴乱、受伤和死亡成了今天的运动家品格。与此同时，若没有体育运动，学院和大学就会失去它们的地位和校友的捐款。体育是爱国主义最后的栖身地。1998年，法国赢得世界杯足球冠军时，举国欢腾，就连敌对政党的领导人都握手言欢，宣布这一事件再次把全国团结在了一起。此后不久，也是在19世纪90年代中得到重生的奥林匹克运动会的管理人员被发现接受奥运会申办国的贿赂。

其他称为文科领域的专业也同样失去了自尊，不再享有从前的威望。曾经被奉若神明的医生被指控对病人漠不关心，只认钱，行医草率。在第二次世界大战期间，教授曾作为不可缺少的专家被延请入各个智库，如今已不复往昔的荣光。他们给学院生活注入了“政治正确性”的概念，并因这一概念造成的种种怪现状使他们自己成为笑料。学问成了包装在晦涩难懂的语言中的矫饰。律师不再分为值得敬重的和被人鄙视的两类。从莎士比亚作品中断章取义抽出来的“把律师都杀光”成了流行语。由于本着福利精神出台了众多保护性规则，因而造成诉讼激增，也引起了对律师的敌意；律师因追究产品赔偿责任对公司起诉而大发横财，因为陪审团确定的赔偿数额经常高得惊人。

在一些人看来不算专业的记者行业也未能逃脱公众的厌恶。新闻业抛弃了公正持中的理想，记者粉饰真相，在报道中塞入自己的评论，同时迎合据称是大众的需要，把新闻“人性化”。过去新闻报道首段概括事实的做法被抛弃，代之以小说似的开头，先描述场景，然后随意选择一人，引用他的一些可以预料得到的话来标出主调。在重要的信息披露之前经常先引用一连串专家的意见。新闻报道成了悬疑故事。新型“调查记者”侵犯隐私，纵容偷窃机密文件，并宣布自己是在履行“公众了解真相的权利”，因此不应受到惩罚。

比官方宣布之前早一个星期从报纸上读到自己升迁或贬谪的消息是常有的事。对公共人物来说，记者是反复无常的狗，只有经常给它提供新消息才能使它平静。广播新闻则内容贫乏，经常重复，只限于可以拍照的消息；自然灾害和其他灾难是它最好的题材。

记者自身对行业的状况也不满意，在报刊和讨论小组中不断批评同行们的表现。欧洲大陆上的记者协会和英国的一个半官方组织试图限制新闻报道中的过分行为。大部分从业人员对此类行为都不以为然，但为了挖到重磅新闻却欲罢不能。与此同时，报纸的实际生产令人叹为观止。每天的报纸都版面众多，几百万单词和数字，排放合适的标题和图片，用户购买的各项广告，星期日按顺序排列的厚厚的一叠增刊——所有这一切都行文通顺，几乎没有大错，这是每天凌晨时分完成的奇迹！

关于“传媒”，还需要指出它们把构成统计生活的最新发现广为传播。通过新闻报道和广告，每人或早或晚都知道了健康方面的需要和生活中的危险，还有行为的日常规范。统计生活是一支抽象的警察部队，在人的内心规范着人的行为。

※

对越来越多的电脑迷来说，互联网提供了一个充满无穷奇迹的未来。就连不常接触电脑的人也为之目眩神迷。它证明了技术力量之强大。但这一新的德尔斐神谕并非每种用途都能使事情简化。就拿图书馆来说，研究者反而因此遇到了新的障碍。详情只有专业人员会感兴趣，此处只提两点明显的障碍即已足够。在大图书馆内，电脑终端机永远不敷使用，而以前人们可以同时在墙边排列的目录卡柜前进行查找。在小图书馆内，当唯一的一部电脑有人在用或“出了故障”的时候，所有的藏书就暂时无人能用。

科学和技术是唯一没有衰退的制度，这说的是在结果方面。做这个说明是有必要的，因为科学和技术并未免于严厉的社会和哲学批评。即使没有发生伪造数据的事情，它们也已失去了神圣性。一种颇有见地的观点认为，正是科学和技术造成了当今社会中最恶劣的弊病。太多理性和机械的东西破坏了人的精神生活。另外，无处不在的数字、技术术语和概念、对体系和公式——无论其是否可靠——的依赖，这一切造成了一种监狱似的气氛。没有变化，没有闲暇，没有未经加工的东西；这种情况扼杀了对生活的简单的热爱。再者，复兴的宗教渴望仍然得不到满足，内部四分五裂的各个教会企图与其他教会团结起来却徒劳无功；20 世纪早期在智力方面资本雄厚的神学已经衰弱，无力把文化推离它世俗——科学的基础。

在这种不安之上还要加上对核武器造成的毁灭和对操纵基因造成的混乱的恐惧。克隆是这方面令人不安的各种步骤的登峰造极。但任何担心和抗议都挡不住研究者和工程师的热情和巧思。确实，如今再也没有什么巨大的创新性想法能导致对确立的概念进行重新调整。只有一个重要的新生事物，尽管它的名字引人注意，其实它只是对现有知识的补充，没有造成什么改变。混沌这一物理学的新分支研究像天气或瀑布内部的运动这类不规则的事物。混沌不是把整体分为确定的部分，而是从整体中找出格式，因此，与分析的标准方法正好相反，避免了极端简化。它对记录物质和能量如何不断分解的热力学理论提出了怀疑，但没有提出解答。不过，混沌没有影响人对知识就是力量的信念，他们可以夸口证实了从培根到 T. H. 赫胥黎所有人提出的设想。

至于技术，外空方案的奇迹就足以证明它的想象力和万能。1993 年 6 月，位于佛罗里达的外空中心向空间伸出了一根 1640 英尺长的铜缆，在缆端的一根管子里发电，这是技术进步的一个生动的证明。它使人想到富兰克林，可以说把他的实验颠倒了过来。

外层空间是展示技术奇观的舞台，网络世界则是表现人类好奇、时髦、饶舌和贪婪的场所。万维网对大众人特性所产生的作用难以确定。它使了无生气的生活方式更为普遍，人人都只是坐在那里盯着计算机屏幕，因而进一步加剧了个人的孤独。它扩大了抽象的领域，对虚拟世界的掌握减少了对具体事物的兴趣。与此同时，网上的内容还是旧有的东西，不过是以多种混乱的方式表现出来罢了。说用户可以“掌握整个知识世界”完全是荒谬可笑的，正如以为计算机最终会思考一样——要等到有一天计算机学会对人冷嘲热讽了才能这么说。只有当人已经有了很多知识，并想得到更多的信息，以求在确定了这些信息的价值后把它们变为知识的时候，“整个知识世界”才能为人所掌握。互联网把错误的想法和信息与其他数据一样不加区别地传播，而最好的知识仍然是通过图书馆的书籍传播的。

20 世纪最后关于“万维网”的报道说，它大受欢迎的结果是造成了进入网络的通道的拥塞；没有任何管理，可以随意向网上输送文字、数字、意见、图片和荒唐的东西，这种情况正在引起混乱，换句话说，正在以电子的形式复制世界。真实世界剩下的优势是它的内容分散在广袤的土地之上，如果脑子里已经没有地方，就不必往里塞更多的东西。

※

在大众年代的高潮——20 世纪的下半叶，竟然找不出知识界中的一位人物与过去历史中的人物相提并论。只能回到世纪的上半叶去寻找有相应广度和力度的思想家。明显的人选是奥尔特加·加塞特，《群众的反抗》一书的作者。他的许多其他哲学著作也是对文化史的贡献。[可先读他的《现代主题》(*The Modern Theme*)。] 奥尔特加·加塞特于世纪中期逝世，但这位当时最敏锐的观察家在对艺术、教育、心理和社会理论的处理中也勾勒出了下一个时期的主要特征。他身后名字并不常被提起，学说并不常被引用，但这不等于对他的定论。[可读约翰·T. 格雷厄姆(John T. Graham)所著《奥尔特加·加塞特：对生活的现实哲学》(*Ortega y Gasset: A Pragmatic Philosophy of Life*)。] 早晚有一天，人们必将注意他作为目击者的论述；他也并非唯一的目击者。要充分地了解整个世纪，历史学家也必须倾听另外几个也是生活在那个时代的形成阶段的人的声音。只举三个美国人为例：约翰·杰伊·查普曼、阿尔伯特·杰伊·诺克和利奥·斯泰因。

※

从以上对个人时尚作风和社会制度的概述中，可以清楚地看出衰落中的大众文化并没有沉于惰性。它的活跃是与它所处的困境成正比的。一个领域中的瘫痪以及许多领域中的无能激起了克服它们的积极努力。许多思想敏锐的人准确地注意到文化的停滞，竭力主张采取看似可行的补救办法；谁都明白除了科学和技术之外，没有实现任何进步。但他们对宣称整个西方和这整个时代都已衰落却有些犹豫，而我们现在离那时已经有了一段时间的距离，所以可以毫不迟疑地使用衰落一词。

当时的有识之士不愿提及衰落，这种勉强是自然的，但话说回来，这并不意味着他们缺乏深刻的见解或勇气。那时留下的一份既没有日期也没有署名的文章最出色地表明了大众的思想和个性，恰好可以作为本书的结尾。它的标题为——

让我们以序言来做终结

“谨慎的历史学家在准备预测历史未来的发展之前会喃喃自语‘舍德尔’。这不是什么魔咒，而是一位学识渊博的德意志人的名字，他在 1493 年，请注意这个日期，汇编并出版了《纽伦堡编年史》。编年史宣布人类历史七个时代中的第六个即将结束，并留下几张空白页用以记录最后的日子中可能还会发生的任何令人感兴趣的事情。我们现在已经知道，后来发生的是新大陆的开发和随之而来的所有发明创造——很难算是结束。我对这一风险心知肚明，但在我们自己这个时代到达终点的时候，还是想在这里写下我觉得可能、可信和有理的东西。

我们的时代

一些描述性的称呼：不确定的时代、科学时代、虚无主义时代、屠杀的时代、群众时代、全球主义时代、独裁统治时代、设计的时代、失败的时代、通信时代、普通人时代、电影和民主时代、儿童时代、焦虑的时代、愤怒的时代、充满荒诞期望的时代

“有些作家称我们的年代为欧洲时代的结束。这样说从一个意义上是正确的，但从另一个意义上是错误的：它忽视了全球的欧洲化。技术、科学和民主远未在各地占据主导地位，在某些地区它们还在遭受着激烈的反对，但它们共同唤起了人们的向往，激发了他们的渴望。全世界人民想要的不是自由，而是解放和享受。在地球上西方这一角，人民尽情吸收别处人民的长处，指出了实现解放的道路，提供了拥有享受的手段。[值得浏览的一本书是汉弗莱·詹宁斯（Humphrey Jennings）所著《大混乱》（*Pandemonium*）。] 下个时代的情况和特点无可确知，若能猜测得到也就不是新东西了。但关于我们的现在和真正的明天之间这段间隔的特点尽可以进行揣测琢磨。史学家内心总有一股不可救药的冲动，想要从事件中辨识出模式，甚至不惜遭受因预言未来而可能招致的惩罚。

“描述这段过渡时期时，让我们暂且使用过去时态，像是从 2300 年回头来看的编年史。睿智的古人迪斯累里说过：‘我们不会错的，因为我们研究了过去，而且我们的专长就是在未来发生时宣称我们发现了未来。’

“人民大致分为两组，他们不喜欢用阶级这个词。第一组人数较少，里面的男男女女天生有能力掌握技术的产品和自然科学的方法，

特别是数学。数学对他们而言正如拉丁文之于中世纪的僧侣。这个现代精英阶层具有几何头脑，因此特别适合于研究和工程行业。培根勋爵预言说，一旦科学的方法和倾向受到尊崇，这类头脑就将变得相对普遍。标度盘、触发器、蜂音器、测量仪、屏幕上的图像、发光的二极管、节约时间的标志和公式——这些东西给这群人提供感情上的满足，统治他人的手段，以资谈助的内容，以及生活的乐趣和存在的理由。

“这些复杂的东西形成了人们的思想，激发着人们的幻想，如同早时神学、诗歌和高雅艺术所做的那样。新人类把世界看作一个储物库，可以用键盘从中提取所需之物，谁若能增加库中存货就会大受尊敬。能做到这一点的人——越来越经常是女性——可能是发明家或理论家，因为比起前一个时期，对关于宇宙形成和生命起源的各种假设的兴趣不仅维持了下来，而且进一步加强。近 200 年来，人们一直认为找到最终的答案指日可待。

“从这个阶级——不，群体——中出现了行政长官和机构领导。这种情况与中世纪时几无二致，那时是僧侣，现在是网络专家（cybernist）。后者引以为自豪的是古希腊文 cybernetes 一词的意思是舵手、统治者。它证实了他们作为大众统治者的地位。大众既不能读也不会算；这些能力较差的公民绝不是野蛮人，但任何学校教育对他们来说都是浪费时间；这一点在世纪晚期已经证明了。现在有人说错不在学生，而在于教学方法不当，但连教师自己都宣布学生不可造就。于是，废除传统学校的运动迅速赢得了所有人支持。

“拯救了大众使之不致沦为粗野的蛮人的是 500 年来西方文化遗留下来的大量文学和历史（虽然存留的形式相当奇怪），再加上可观的东方文化的输入。在这一未受教育的群体中，有些人自己学会了阅读，汇编了文摘，对伟大的故事进行删改，把伟大的思想予以冲淡，给普通人提供了一种高于电视的文化。在21世纪时它的内容就已经相当庞杂了。公共朗读，背诵以旧诗改写的新诗，简单的话剧，还有关于（使上层阶级感到厌烦的）永恒的问题进行的辩论，这些活动滋养着普通公民的思想和灵魂。这种渴望、形象和信息的混合物近似中世纪的修道士、诗人和吟游诗人在古希腊和古罗马遗产的基础上创造出来的东西。这两个时代中的宗教信仰都多种多样，从深挚或一般的虔诚到神秘主义。

“至于社会组织，人民自动按照住区和职业分为不同的利益集团，社会给予的某些个人特权也是形成利益集团的因素。民族国家已不复存在，取而代之的是地区，面积小得多，但是确定的方法明智合理，是由经济而不是相同的语言和历史所决定的。商业事务掌握在公司主管手中，他们对自己作用的看法与他们中世纪的祖先相似。他们生活中的唯一目标不是扩张领土，而是收购公司和加大对市场的控制，这样做的重要理由是可以提高效率。这一理由很少得到事实的证明，但这方面的活动还是进行得热火朝天，行为者的个性也与中世纪的另一个典型相符合：神经永远紧张，经常对个人和公司采取粗暴的专断行为。开除、辞职、大批解雇工人和职员每天都有发生。然而没有流血事件，伤害和困苦也并不显而易见。自成立以后不断改善的全面福利制度修复了造成的伤害。福利制度的决定是在每个公民的身份号码的基础上由电脑做出的，很少有真正成立的冤情。由于打字错误造成的不公会得到纠正，只是时间早晚的问题。因此不需要公民投票人，也没有造成代议制政府瘫痪的永远的意见冲突。

“平等的目标不仅得以维持，而且平等感得到了加强。对科学的信念排除了在重要问题上的不同意见，科学方法使得人同此心。在日常工作中，数字研究的要求指导着消费者、父母、老人和病人。这一伟大的时代正如它开始时一样，也是以一种新的世界范围内的疾病结束，这一点无疑是凑巧。这种病（也同时代开始的那次一样）是通过性接触传染的。不过，经过密集的医学研究，在一段时间后找出了防治的方法，结果主要的致命疾病仍然还是心脏病，经常是由肥胖引起的；对自然的控制显然没有导致自我控制。由许多专门政府机构所保证的统计生活在安全社会的许多领域中都激发了成功的方案和宣传。过渡时期早期肆虐的道德无政府状态突然让位于人们彼此之间的严格监督。后来这种监督逐渐放松，虽然欺诈、腐败、性滥交和在家中或办公室内的暴政没有消失，但因为这些恶行必须偷偷地进行，所以只有胆大妄为或不顾后果的人才敢涉足。就连他们也同意，掩饰是出于对人的尊严的尊重，而不是虚伪的表现。

“至于和平与战争，前者是西方有别于世界其他地方的特点。西方和美洲的许多地区组成了一个松散的联盟，遵守布鲁塞尔和华盛顿协调订立的规则；它们经济繁荣，遵纪守法，拥有优势的进攻性的武器；它们决定任由世界其他地方的不同人民之间和他们内部的各个派别互相残杀，直到他们筋疲力尽，不得不寻求和平。

“过了一段时间，估计有一个多世纪，西方人的思想遭受了一种灾祸的侵袭：那就是烦闷无聊。在这种极为剧烈的侵袭面前，娱乐过度的人们在少数上层阶层焦躁不安的男女的领导下要求改革，最后通过通常的办法，即多次重复一个思想而终于实现了改革。这些激进分子开始学习原来被忽视的文学和哲学著作，并坚持说它们才反映了更充实的生活。他们号召大家以新的眼光来看待那些至今犹存的纪念碑，他们重新开放了长期以来被认为是如此之乏味以至于无人问津的作品或艺术的收藏。他们辨别出这些作品的不同风格和创作的不同年代。简言之，他们发现了一个过去，并且用它来创造一个新的现在。幸运的是，他们（除了几个学究以外）对过去模仿得并不逼真。他们对过去的东西投入了自己特有的看法，因此而为我们新生的，也许应该说是再生的文化奠定了基础。它在年轻有为的人的心中重新激起了热情，他们不断惊叹活着是多么令人欢欣。”

※

毋庸说明，这位无名作者的侃侃而谈不代表任何当代的意见潮流，只表示了他自己的想法，也无法确知他对未来的这种设想是什么时候，根据什么形成的。但是前面这段对大众生活和年代的概括在时间上可以归置于并说成是——

1995年左右纽约所见

图书在版编目（CIP）数据

从黎明到衰落：西方文化生活五百年，1500 年至今．下 /（美）雅克·巴尔赞著；林华译．-- 北京：中信出版社，2021.4

（中信经典丛书．008）

书名原文：From Dawn to Decadence: 500 Years of Western Cultural Life, 1500 to the Present

ISBN 978-7-5217-2897-2

Ⅰ．①从… Ⅱ．①雅… ②林… Ⅲ．①西方文化—文化史— 1500-1999 Ⅳ．① K500.3

中国版本图书馆 CIP 数据核字（2021）第 048339 号

从黎明到衰落：西方文化生活五百年，1500 年至今（下）

（中信经典丛书·008）

著　者：[美] 雅克·巴尔赞
译　者：林华
责任编辑：卢建勇
出版发行：中信出版集团股份有限公司
（北京市朝阳区惠新东街甲 4 号富盛大厦 2 座　邮编　100029）
承 印 者：北京雅昌艺术印刷有限公司

开　本：880mm × 1230mm　1/32　　印　张：137.75　　字　数：3681 千字
版　次：2021 年 4 月第 1 版　　印　次：2021 年 4 月第 1 次印刷
京权图字：01-2013-3984
书　号：ISBN 978-7-5217-2897-2
定　价：1180.00 元（全 8 册）

服务热线：400-600-8099
投稿邮箱：author@citicpub.com

扫码免费收听图书音频解读